Tolerance Design

공차설계

서정환 · 양해정 지음

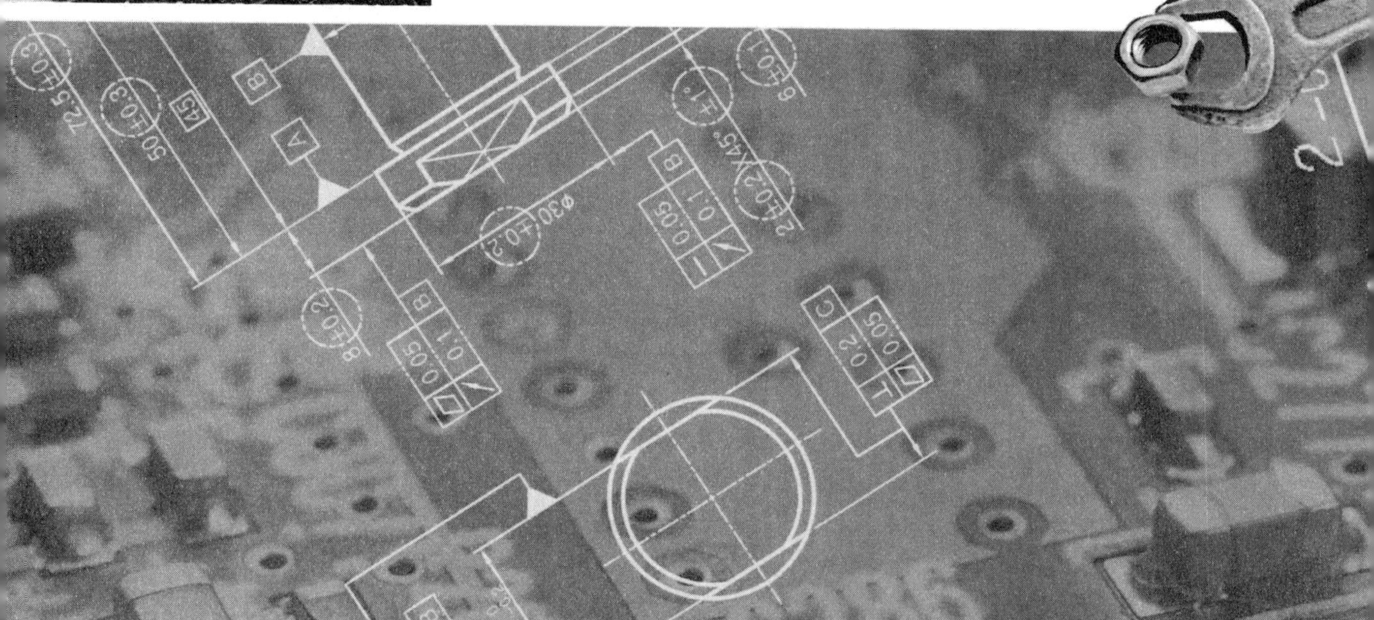

머리말

최근 산업기술의 급속한 발전으로 기술 수준이 향상되고 경쟁이 심화됨에 따라, 고품질은 물론, 제품의 호환성 및 신뢰성 향상, 가격 경쟁력 확보와 같은 요소가 크게 요구되고 있다. 종래에는 치수공차에 의한 설계도면으로 제작된 제품으로도 소비자의 니즈(needs)에 충족할 수 있었지만 소비자가 요구하고 있는 고품질과 경제성을 갖춘 제품을 제작하기 위해서는 치수공차 뿐만 아니라, 제품의 기하학적 형상, 자세 및 표면 상태를 적절히 규제할 필요성이 크게 증가하고 있다. 이와같이 기하공차를 적용하여 설계하게 되면, 최대의 제작 공차를 적용하고 대량 생산제품에 게이지를 이용하여 검사함으로써 생산 비용을 획기적으로 절감할 수 있을 뿐만 아니라, 전수 검사가 가능해져 제품의 신뢰성을 높일 수 있다.

본 교재는 먼저 I 편에서 치수공차로만 설계된 도면의 문제점, 치수공차와 끼워맞춤, 제품의 표면조직 등 치수공차에 대하여, 제 II 편과 제 III 편에서는 기하공차의 기본 내용에 대하여 기술되어 있다. 제 IV편에서는 치수공차와 기하공차를 적용하여 설계한 사례를 제시하여 독자 스스로가 기하공차를 적용하여 설계하는데 도움이 되고자 하였다. 마지막으로 제 V편에서는 치수공차와 기하공차가 적용된 제품에 대하여 한계게이지와 기능게이지를 이용하여 효과적인 검사를 할 수 있도록 구성되어 있다.

본 교재에서는 한국산업표준(KS 규격)에서 규정된 용어를 주로 사용하였으며, 여러 규격에서 사용된 동일한 의미의 용어에 대해서는 통상적으로 산업체에서 많이 사용되는 용어로 표기하였다.

내용상 부족하고 부정확한 부분이나 적지 않은 오류가 있으리라 생각되며, 이를 점차 보완해 나가고자 합니다.

본서의 저술에 있어 인용된 문헌이나 그림, 참고 자료의 저자에게도 심심한 사의를 표합니다. 또한 이 책이 출간되기까지 도와주신 모든 분들과 대영사 출판사 사장 등 여러분들께 진심으로 심심한 감사를 드리며, 여러분의 무궁한 발전을 기원합니다.

저자

차례

제 I 편 치수공차

I
치수공차

제 1 장 서론

인간이 생산하는 모든 제품은 크기, 위치, 방향뿐만 아니라 다양한 기하학적 형상을 요구하고 있다. 설계자는 그 제품의 기능, 신뢰성 및 균질성 등 여러 요인을 고려하여 크기, 위치, 자세 및 표면에 대한 적절한 규제가 필요하다. 제품을 설계하고 생산하는데 있어 가장 중요한 요소 중의 하나가 공차설계로 설계자는 설계 시 사용목적(기능)과 제작비용(경제성)를 고려하여 적절한 공차설계가 이루어져야 한다.

공차에는 표 1.1에서 보는바와 같이 크게 치수공차와 기하공차로 분류할 수 있다. 치수공차에는 치수의 속성에 따라 크기, 위치 및 방향을 규제하는 것으로 세분화된다.

그림 1.1에서 ①로 표시된 치수는 형체의 크기를 규제하지만 모양도 규제하는 효과를 가지고 있는 치수이며, 이를 size라 칭한다. 또한, ②로 표시된 치수는 형체의 방향(자세)을 규제하는 치수, ③은 형체의 위치를 규제하는 것으로 이들을 모두 dimension이라 부른다. 이러한, 치수공차 방식의 설계에서는 주로 표면 상태를 규제하기 위하여 일반적으로 표면 거칠기와 같은 표면조직 파라미터를 사용하고 있다.

치수공차만을 적용하여 도면을 설계할 경우, 그림 1.5에서와 같이 규제되는 공차영역이 사각형 모양으로 규제됨으로 인해 불합리하게 적용된다든지 조립에 영향을 미치는 형체의 크기에 대응하여 위치공차를 달리 적용할 수 없는 단점이 있다. 또한 형체의 표면에는 흠, 결, 표면 거칠기 및 파상도 등으로 구성되어 있는데 이를 표면 거칠기와 같은 한 가지 파리미터로 표면 상태를 규제하기에는 부족한 점이 있다. 가장 바람직한 공차설계 방법은 그 제품의 사용 목적에 적합하고, 제작이나 측정을 고려하여 적절한 치수공차와 기하공차를 적용하는데 있을 것이다. 기하공차에서는 모양을 규제하는 모양공차, 방향을 규제하는 방향공차, 형체의 표면 상태를 규제하는 흔들림 및 위치공차가 있다.

〈표 1.1〉 공차의 분류

공차의 종류	구분	내용	형체
공차의 종류	치수 공차	① 크기(size)	
		② 방향(dimension)	
		③ 위치(dimension)	
		※ 표면 조직(surface texture): 거칠기, 파상도, 1차 단면곡선	
	기하 공차	① 모양공차(진직도, 평면도, 진원도, 원통도, 윤곽도)	단독형체
		② 방향공차(평행도, 직각도, 경사도, 윤곽도)	관련형체
		③ 위치공차(동축도, 대칭도, 위치도, 윤곽도)	관련형체
		④ 흔들림(원주 흔들림, 온 흔들림)	관련형체

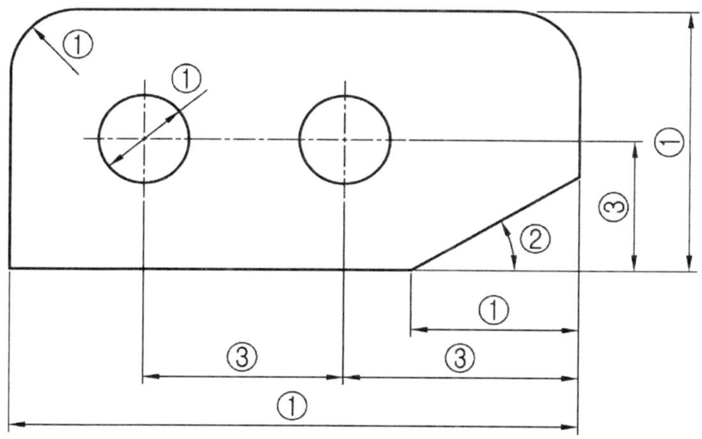

[그림 1.1] 치수의 분류

예를 들어 소량생산이며, 제품의 신뢰성이나 호환성이 크게 요구되지 않을 경우에는 치수공차만을 적용하는 것이 보다 경제적이다. 그러나 생산 수량이 많고 제품의 신뢰성과 호환성의 요구가 커질수록 기하공차를 설계에 많이 적용되어야 할 것이다.

기하공차에는 기하공차를 규제시 형체의 기준이 되는 데이텀(datum)이 필요없이 규제되는 형체에만 기하공차가 적용되는 단독 형체와, 규제 대상이 되는 형체를 기준(datum)과 함께 규제되는 관련 형체로 분류할 수 있다.

윤곽도에는 선의 윤곽도와 면의 윤곽도가 있으며, 윤곽도의 속성상, 모양뿐만 아니라 방향 및 위치 등에도 적용이 가능한 기하공차이다. 본 교재에서는 KS 규격에 따라서 윤곽도를 모양공차, 방향공차, 위치공차로 분류하였다.

제 2 장 치수공차로만 설계된 도면의 한계

먼저, 치수공차방식만을 사용하여 크기, 방향, 위치 및 표면 상태를 규제할 경우에 어떤 문제점이 발생할 수 있는가 하는 점을 먼저 살펴볼 필요가 있다. 생산되는 제품의 수량이 적고, 제품의 신뢰성이 크게 요구되지 않는다면 경제적인 관점에서 치수공차만을 적용하여 설계할 수 있다. 그러나 치수공차만을 적용하여 설계할 경우 발생할 수 있는 여러 문제점을 예방하기 위해서는 기하공차를 함께 적용하여야 한다.

2.1 크기(size)로 규제된 도면

그림 1.2에서 기준점에서 높이의 크기가 60±0.3로 규제되어 있다고 하자. 그러면 이 형체는 59.7~60.3의 범위내에 형체의 모든 요소가 존재하면 된다. 극단적으로 그림(c)와 같은 형상이 되어도 이는 무방한 제품이 된다. 이와 같이 크기치수(size)는 형체의 크기를 규제할 뿐만 아니라, 형상을 규제하는 효과를 같이 지니고 있다. 형상과 크기를 동일한 값으로 정밀하게 규제하고자 한다면 치수 공차의 크기를 작게 하면 될 것이다.

만약, 모양을 좀 더 좋게 하기위해 공차 역의 폭을 60±0.1과 같이 작게 규제한다면 기하학적으로 보다 완전한 모양이 될 수 있다. 그러나 현실적으로 정도가 높은 공작기계를 사용하여 표준 작업 환경에서 숙련된 작업자가 본 제품을 가공할 경우, ±0.1의 공차영역은 쉽게 도달할 수 있는 공차의 크기라 볼 수 있다. 그런데 제품의 특성상 그 크기는 59.7보다 크고 60.3보다 작은 범위에 있으면 무방하다고 한다면 이와 같이 크기와 모양에 대한 이 두 가지 요구 조건을 만족하기 위해서는 어떻게 규제해야 할까?

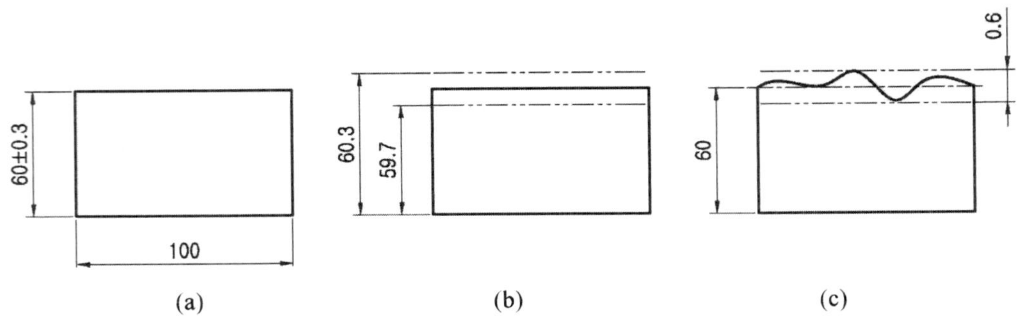

[그림 1.2] 치수공차만으로 규제된 형체의 크기

그림 1.3과 같이 크기에 대한 규제는 치수공차 60±0.3으로 하고, 모양에 대한 규제에 대하여는 "윗면은 폭 0.2의 공차 범위 이내에서 평면이어여야 한다."라고 주기(note)로 원하는 규제를 할 수 있지만 이는 매우 번거롭고 불편하다. 이를 간단하게 기호화하여 그림 1.3(b)와 같이 기하공차로써 규제한다면 이는 치수공차에 의하여 형체의 크기를 규제하고 기하공차에 의해 형체의 모양을 규제함으로써 설계자가 원하는 모양과 크기의 제품을 경제적으로 제작할 수 있을 것이다. 크기를 나타내는 공차에는 크기와 형상이란 요소가 결합되어 있다. 보다 정확한 형상을 규제하기 위해서는 이를 분리하여 크기는 치수공차로, 형상은 모양공차로 각각 독립적으로 규제하는 것이 바람직하다.

어떤 부품을 설계할 경우에 치수공차만을 적용할 것인지, 기하공차를 함께 적용해야 하는지는 그 제품의 사용목적, 기능, 제품의 신뢰성, 제작 및 측정 등 여러 요인들을 고려하여 결정해야 한다.

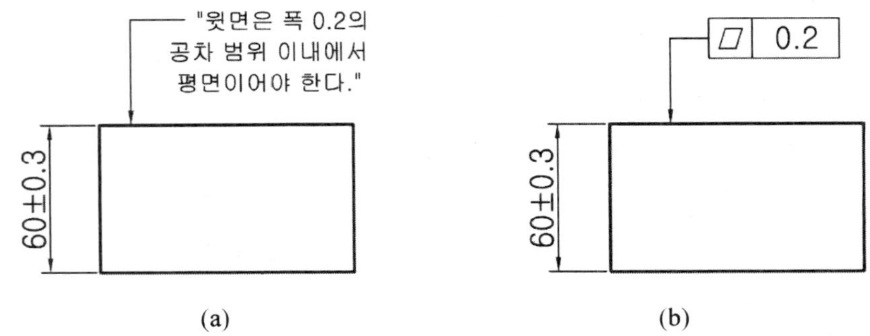

[그림 1.3] 주기와 기하공차를 적용한 도면의 규제

2.2 위치 규제 도면의 경우

그림 1.4의 도면에서 두 구멍간의 위치를 직각 좌표에 의한 치수공차방식으로 규제되어 있다. 이때 구멍중심간 오차에 의해 형성되는 공차역(공차영역)의 크기는 사각형 모양으로 폭의 크기가 가로×세로 각각 0.05×0.05의 크기를 갖는다.

이 공차영역을 확대하여 그린 도면이 그림 1.5이다. 두 구멍의 가장 정확한 위치는 중심이 될 것이며 중심에서 멀어질수록 구멍의 위치 정밀도는 나빠지게 된다. 설계자는 사각형안에 표시된 영역의 위치 정밀도를 갖는 제품을 합격으로 규정하고 있다. 그러나 이러한 치수공차에 의한 직각좌표 설계 방식에는 크게 세 가지 문제점이 있다.

첫 번째로 사각형을 벗어난 영역에 존재하면서 꼭지점을 반지름으로 하는 원 안에 존재하는 공차영역의 정밀도를 갖는 제품은 허용 공차역을 벗어나 있지만 실질적으로는 합격으로 처리해도 문제가 없는 제품들이다. 따라서 사각형의 공차역이 아니라 지름의 공차역으로 위치 정밀도를 규제할 필요가 있다.

두 번째로 구멍에는 일반적으로 축과 같은 제품과 끼워 맞춤이 된다. 4 개의 축이 동시에 끼워진다고 가정 할 때, 구멍의 실제 크기가 조립에 크게 영향을 끼치고 있다. 즉 구멍의 크기가 커지게 되면 설령 이 제품의 위치 정밀도는 ±0.05를 벗어나더라도 사용상 문제가 없다. 즉 치수공차만을 사용하여 설계시 조립에 대하여 크게 영향을 끼치는 구멍과 축 등 조립형체의 크기에 대하여, 위치 정밀도의 적절한 대응 설계가 되지 않아 과도한 공차 적용으로 생산 원가 상승의 원인이 될 수 있다.

그림 1.4에서 구멍의 크기가 ∅7.9~8.1의 범위로 공차역이 가로 세로 각각 0.05의 크기이다. 이 사각형의 대각선 길이가 지름의 크기가 됨으로, 이 공차역을 지름 공차역으로 표시하면 ∅0.07의 크기가 된다. 구멍의 실제 크기가 가장 작은 ∅7.9에서 이와 같은 공차역이 만족한다면, 이보다 큰 실 치수에서는 큰 위치 공차역이 주어져도 조립에 문제가 발생하지 않을 것이다. 일예로 가장 큰 치수인 ∅8.1에서는 최대치수와 최소치수의 차인 0.2과 최소구멍에서의 지름 공차역의 크기인 0.07을 더한 ∅0.27의 크기를 갖는 공차역의 크기도 허용가능하다. 이는 구멍의 크기가 ∅8.1이 될 경우에는 위치공차의 공차역이 ∅0.27보다 작을 경우에는 간섭 없이 조립이 될 수 있다는 것을 의미한다.

세 번째로 구멍의 위치나 모양이 작업방법에 따라서 달라질 수 있다는 점이다. 즉 긴 밑변의 형체를 먼저 위치결정한 후 작업한다면 구멍의 자세는 밑변과 평행을 잘 유지할 것이며, 반대로 우측 형체를 먼저 위치결정 한다면 우측면을 기준으로 평행한 모양의 구멍이 가공된다. 이와 같이 치수 공차방식에서는 작업이나 검사 방법이 명확하지 않아 균일한 제품을 생산하는데 문제가 될 수 있다.

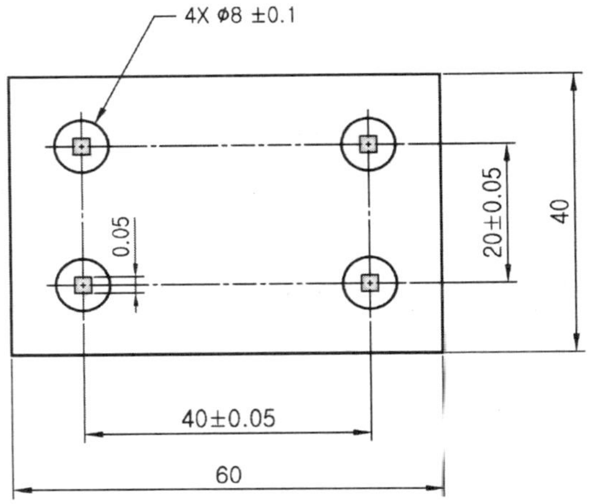

[그림 1.4] 직각좌표 공차 방식과 그 공차역

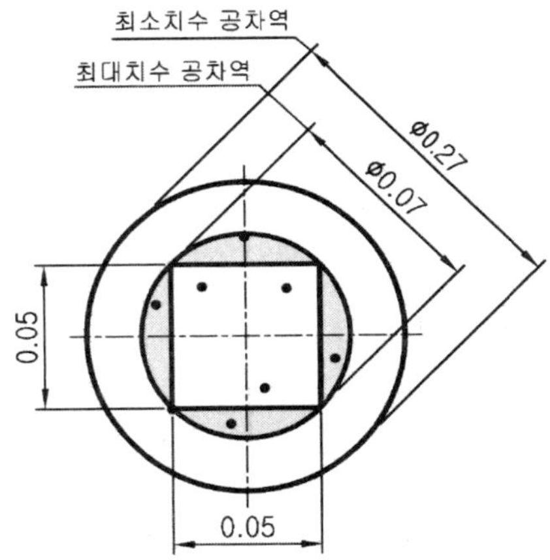

[그림 1.5] 지름의 공차역

2.3 방향 규제 도면

그림 1.6과 같이 형체의 방향을 각도로 규제한 도면에서 각도가 45°±0.5°라 하면 형체의 각도는 44.5°~45.5°의 범위가 된다. 이때 공차역의 형상은 부채꼴의 모양으로 꼭지점 부분에서는 공차역의 크기가 작지만 꼭지점에서 멀어질수록 공차역의 크기가 매우 커지게 된다. 따라서 이러한 문제점을 해결하려면 공차역의 모양을 그림 1.7과 같이 기하공차 방식을 사용하여 폭의 공차로 규제하는 것이 바람직하다.

또한 치수공차 방식에서는 기준(데이텀)이 불명확하여 형상의 모양이 달리 적용될 수 있으므로 그림 1.6과 같이 치수 시작기호를 표시하여야 하나, 기하공차 방식에서는 정확한 기준에 의하여 규제됨으로 규제되는 형체의 모양은 같다.

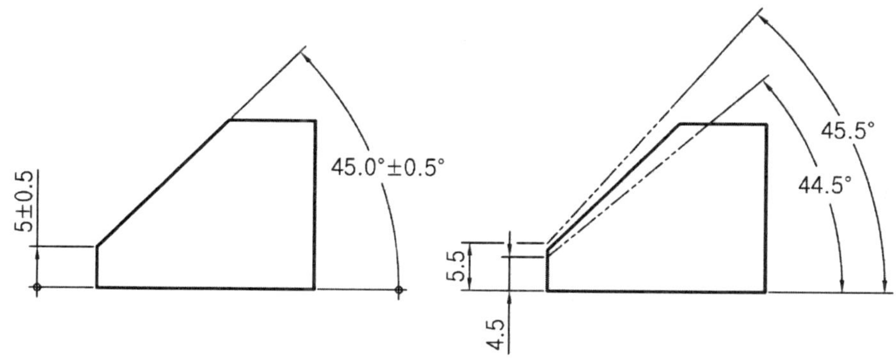

[그림 1.6] 치수공차에 의한 방향 규제와 그 공차역

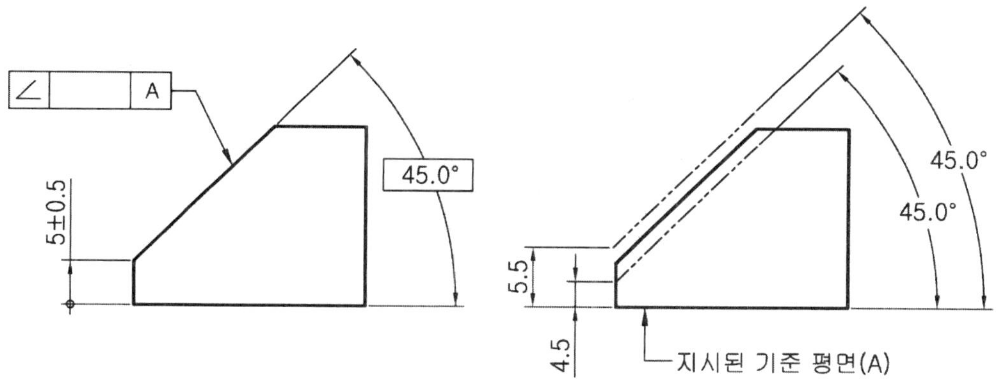

[그림 1.7] 기하공차에 의한 방향 규제와 그 공차역

2.4 표면에 대한 규제

표면의 입체적 구조를 형성하는 형체의 표면에는 표면 거칠기, 파상도, 결, 흠 등 여러 요소들로 구성되어 있다. 다음은 각 용어에 대한 정의이다.

(a) **표면 거칠기**(surface roughness) : 어떤 가공된 표면에 작은 간격으로 나타나는 미세한 굴곡으로 주로, 공작과정에서 가공 방법이나 사용하는 공구, 절삭 조건에 따라 모양과 크기가 결정된다.

(b) **파상도**(waviness) : 거칠기의 간격보다 큰 간격으로 나타나는 표면의 굴곡으로 주로 연삭숫돌의 불 평형, 이송 나사의 불 균일, 부적당한 공작물의 고정, 진동이나 재료의 열처리에 따른 불 균일 등 여러 원인에 의해 나타난다.

(c) **결**(lay) : 결은 주로 가공 방식에 따라 다르게 나타나는 표면의 전체적인 무늬로 수평, 수직, 교차, 무방향, 동심원, 방사형 등이 있다. 거칠기의 측정은 결에 대하여 직각방향으로 한다.

(d) **흠**(flaw) : 흠은 비교적 불규칙하게 공작물 표면에 나타나는 결함으로 긁힘(scratch), 갈라진 틈(crack), 기공(blow hole) 등이 있다.

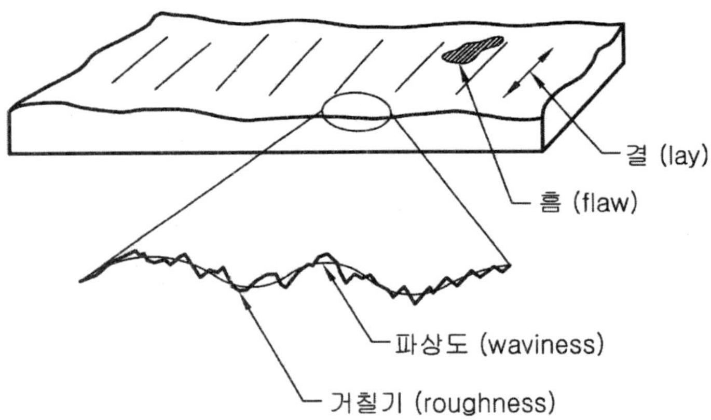

[그림 1.8] 형체의 표면구조

그림 1.9에서 형체의 표면을 표면 거칠기(A), 파상도(B), 형상(C) 등의 여러 요소 구분하여 나타내고 있다. 치수공차 방식에서는 형체의 표면에 대한 규제로써 표면 거칠기를 주로 사용하고 있는데, 이는 필터를 사용하여 형체의 표면상에 존재하는 이들 여러 요인들을 제거하고 표면 거칠기 요소만 나타낸 것이다. 그러므로 형체의 표면 상태를 규제하는데 있어서 용도에 따라서는 이러한 표면의 여러 구성 요소를 배제하고 이 표면 거칠

기만을 가지고 규제하는 것은 불완전한 설계가 될 수 있다.

따라서, 필요에 따라서는 표면 거칠기만을 사용하여 표면 상태를 규제하는 것이 경제적이지만 형체의 표면 상태가 기능에 크게 영향을 끼치는 기어, 캠과 같은 요소의 표면에서는 이런 모든 요인뿐만 아니라 치수의 편차까지도 포함하고 있는 흔들림 공차와 같은 기하공차 방식으로 표면 상태를 규제하는 것이 바람직할 것이다.

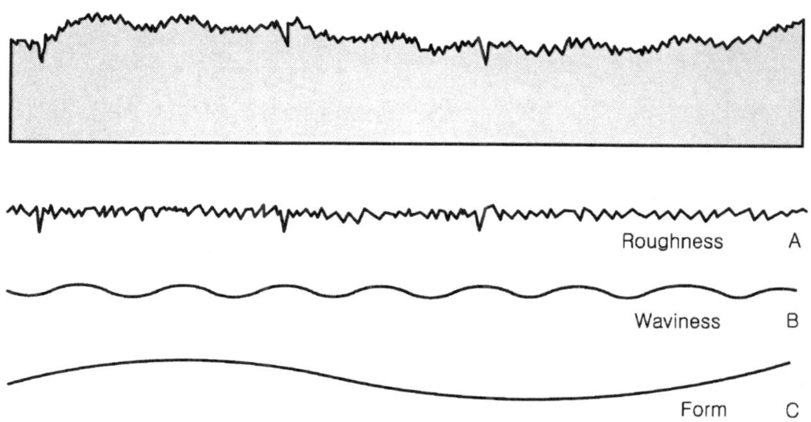

[그림 1.9] 형체의 표면구성

제3장 치수공차

3.1 치수공차의 필요성

도면상에 표기된 여러 치수 중에서 예를 들어 45mm로 지정된 어떤 기계요소를 가공한다고 할 때 어떤 작업자가 어떤 방법으로도 정확하게 45mm로 가공할 수도 없으며 설령 가공되었다 해도 측정할 방법도 없다. 따라서 설계할 때에는 사용 목적(기능)과 제작원가(경제성)를 고려하여 가공 제작 상 허용할 수 있는 적합한 허용 범위를 지정해야 한다. 이와 같은 허용 범위를 공차(tolerance)라 하며, 이 공차가 작으면 기능은 양호하지만 제작 시간과 비용이 증가되고, 반면에 이 공차가 커지면 기능은 저하되지만 제작 시간과 비용이 감소됨으로 사용 목적에 맞는 적당한 공차를 부여하여야 한다.

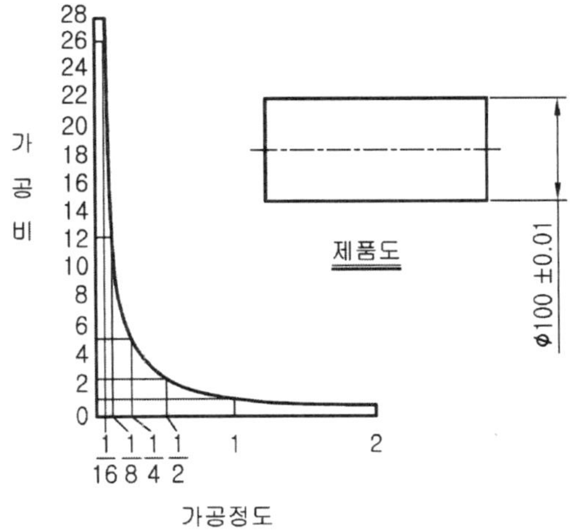

[그림 1.10] 공작물의 가공 정도와 가공비

그림 1.10은 둥근 축의 제품에 대하여 공작물의 가공 정도와 가공비의 관계를 나타낸 것이다. 일반적으로 가공정도가 높은 제품이나 표면 상태가 양호한 제품을 제작하기 위해서는 고정도의 기계사용, 장시간의 가공, 숙련된 작업자에 의한 고도의 가공기술, 적합한 환경조건(온도, 습도 등) 구축, 새로운 작업공정 추가 등과 같은 여러 요인들로 인해서 생산 제조비용이 크게 증가하게 된다.

3.2 용어의 정의

치수공차와 관련하여 사용되는 주요 용어에 대한 설명은 다음과 같다.

(a) **치수**(size) : 형체의 크기를 나타내는 양으로, mm 단위로 나타낸다.

(b) **실 치수**(actual size) : 측정에 의하여 얻어진 형체의 치수

(c) **국부 실 치수**(actual local size) : 어떤 형체에서 임의의 단면상에 대한 개개의 거리, 즉 상대하는 2점간에 측정한 치수

(d) **허용한계치수**(limits of size) : 형체의 실 치수가 그 사이에 들어가도록 정한, 허용할 수 있는 대소 2개의 극한의 치수. 즉 최대 허용치수 및 최소 허용치수

(e) **최대 허용치수**(maximum limits of size) : 어떤 형체가 허용할 수 있는 최대치수

(f) **최소 허용치수**(least limits of size) : 어떤 형체가 허용할 수 있는 최소치수

(g) **기준치수**(basic size) : 위 치수 허용차 및 아래 치수 허용차를 적용하는데 따라 허용한계 치수가 주어지는 기준이 되는 치수로 목표 치수가 된다.

(h) **위 치수 허용차**(upper deviation) : 최대 허용치수와 대응하는 기준 치수와의 대수차. 즉, 최대 허용치수-기준 치수 (1.1)

(i) **아래 치수 허용차**(lower deviation) : 최소 허용치수와 대응하는 기준 치수의 대수차. 즉, 최소 허용치수-기준 치수 (1.2)

(j) **치수공차**(size tolerance) : 최대 허용치수와 최소 허용치수와의 차. 즉, 위 치수 허용차와 아래 치수 허용차를 뺀 값 (1.3)

(k) **기본공차**(IT) (standard tolerance) : 치수공차 및 끼워 맞춤 방식에 속하는 모든 치수공차로 IT는 international tolerance의 약어이다.

(i) **공차등급**(standard tolerance grade) : 치수공차 및 끼워 맞춤에서 모든 기준 치수에 대하여 동일 수준에 속하는 치수공차의 한 군이다. 공차등급은 IT7과 같이 기호 IT에 등급을 나타내는 숫자를 붙여서 나타낸다.

(m) **공차역**(tolerance zone) : 치수공차의 크기와 기준선에 대한 그 위치에 따라 정해진다. 최대 허용치수와 최소 허용치수를 표시하는 2개의 직선 사이의 영역이다.

(n) **치수공차방식** : 표준화된 치수공차와 치수 허용차를 이용한 방식

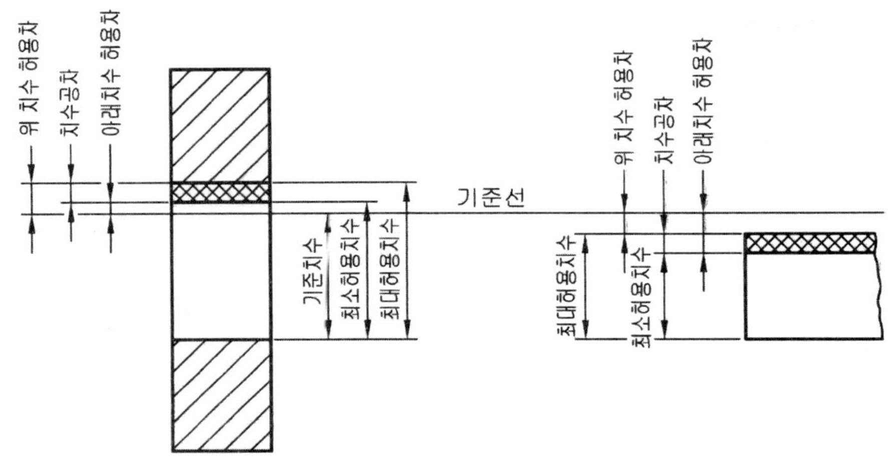

[그림 1.11] 구멍과 축의 치수 허용차

3.3 IT 공차 등급의 종류와 용도

치수공차·끼워 맞춤 공차방식에서 전체의 기준치수에 대하여 동일 수준에 속하는 치수공차의 일군(一群)을 IT 공차 등급이라 한다. KS규격에서는 기준치수의 구분에 따라 01, 0, 1, 2, ...와 같이 IT01에서 IT18까지 총 20등급으로 구분되어 있다. 표 1.2는 치수의 구분에 따른 IT 기본 공차의 수치를 나타내고 있다. 예를 들어 기준치수 40mm에서 IT 7등급 공차는 25㎛이며, IT 6등급에서는 16㎛이 된다. 즉 IT 공차 등급이 커지면 공차는 커지고 공차 등급이 작을수록 공차는 정밀해진다.

IT 공차등급은 크게 3 분야로 분류할 수 있는데 이들 중 IT01~4급은 게이지나 고정밀도의 주축 등과 같이 고 기능이 요구되는 부품에, IT5~10급은 끼워 맞춤이 필요한 부품에, IT11~18등급은 끼워 맞춤이 필요 없는 부분에 적용한다. 공차 등급은 H7과 같이 구멍이나 축의 기호에 IT 등급을 나타내는 숫자를 연속하여 나타낸다.

대량 생산의 경우 치수공차로 규제된 형체에 대하여 그림 1.12와 같은 한계 게이지를 사용하면 효과적인 검사가 가능하다. GO라고 표시된 쪽은 통과측 게이지이고 NOGO라고 표기된 쪽은 정지측 게이지를 나타낸다. 한계 게이지는 검사할 제품의 구체적인 측정값을 구하는 것이 아니라 제품의 크기가 허용 범위 이내에 있는가의 여부를 검사하는 것으로 통과측 게이지를 통과하고 정지측 게이지에 정지가 될 경우 합격이 된다.

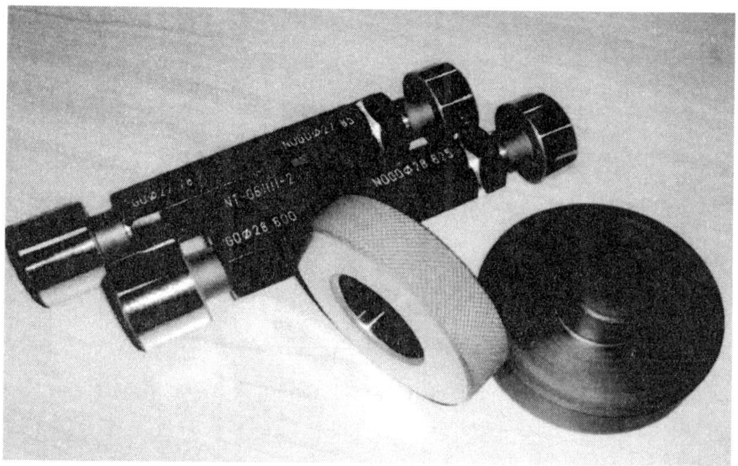

[그림 1.12] 한계 게이지의 종류

〈표 1.2〉 IT 기본 공차 값

기준치수 구분(mm)		공 차 등 급																	
		1	2	3	4	5	6	7	8	9	10	11	12	13	14	15	16	17	18
초과	이하	기본공차의 수치(μm)											기본공차의 수치(mm)						
-	3	0.8	1.2	2	3	4	6	10	14	25	40	60	0.10	0.14	0.26	0.40	0.60	1.00	1.40
3	6	1	1.5	2.5	4	5	8	12	18	30	48	75	0.12	0.18	0.30	0.48	0.75	1.20	1.80
6	10	1	1.5	2.5	4	6	9	15	22	36	58	90	0.15	0.22	0.36	0.58	0.90	1.50	2.20
10	18	1.2	2	3	5	8	11	18	27	43	70	110	0.18	0.27	0.43	0.70	1.10	1.80	2.70
18	30	1.5	2.5	4	6	9	13	21	33	52	84	130	0.21	0.33	0.52	0.84	1.30	2.10	3.30
30	50	1.5	2.5	4	7	11	16	25	39	62	100	160	0.25	0.39	0.62	1.00	1.60	2.50	3.90
50	80	2	3	5	8	13	19	30	46	74	120	190	0.30	0.46	0.74	1.20	1.90	3.00	4.60
80	120	2.5	4	6	10	15	22	35	54	87	140	220	0.35	0.54	0.87	1.40	2.20	3.50	5.40
120	180	3.5	5	8	12	18	25	40	63	100	160	250	0.40	0.63	1.00	1.60	2.50	4.00	6.30
180	250	4.5	7	10	14	20	29	46	72	115	185	290	0.46	0.72	1.15	1.85	2.90	4.60	7.20
250	315	6	8	12	16	23	32	52	81	130	210	320	0.52	0.81	1.30	2.10	3.20	5.20	8.10
315	400	7	9	13	18	25	36	57	89	140	230	360	0.57	0.89	1.40	2.30	3.60	5.70	8.90
400	500	8	10	15	20	27	40	63	97	155	250	400	0.63	0.97	1.55	2.50	4.00	6.30	9.70

3.4 일반 공차

(1) 일반 치수공차

공차에는 끼워 맞춤과 같이 기능적으로 중요한 것과 단지 형체의 외형과 같은 제작상 필요로 하는 공차가 있다. 이렇게 제작상 필요로 하는 공차를 일반 공차라 하고 여기에는 일반 치수공차와 일반 기하공차가 있다. KS B ISO 2768-1에는 일반 치수공차에 대하여 규정하고 있다.

여기에는 각각의 공차가 지시되지 않은 길이치수 및 각도치수, 모떼기에 등에 대하여 규정한 것으로 정밀급(f), 중급(m), 거친급(c) 및 아주 거친급(v)의 4등급으로 정해져 있다. 이외에도 KS 규격에서는 주조품, 단조품 및 프레스 가공품 등과 같이 공정에 따라 각기 다른 일반 공차를 각각 규정하고 있다. 이러한 일반 공차는 주기사항으로 "일반치수 허용차 : 보통급(m)" 또는 "일반치수 허용차는 KS B IS0 2768-1 : 보통급(m)" 등으로 일괄하여 표시하거나 도면 용지에 일반 공차를 인쇄하여 사용한다.

(a) 적용범위

① 파손된 가장자리(모떼기나 모서리 라운딩)를 제외한 선형치수에 적용된다. 선형치수는 형체의 외부크기, 내부크기, 눈금크기, 지름, 반지름, 거리, 외부 반지름 등이 포함된다.

② 파손된 가장자리에 대한 것으로 모떼기나 모서리 라운딩에 대하여 적용된다.

③ 일반적으로 공차가 표시되지 않는 각도 치수 등에 적용된다.

그러나 일반 공차에 대하여 다른 규격으로 대신할 수 있는 선형 및 각도 치수나, 괄호 안에 표시된 참고 치수 및 직사각형 안에 표시된 이론적으로 정확한 치수 등에는 이 규격에서 정한 일반 공차는 적용하지 않는다.

(b) 일반 공차 사용의 이점

① 도면 사용자에게 도면을 읽기 쉽고, 보다 효과적으로 의사를 전달하게 된다.

② 지시된 공차보다 큰 공차를 허용하는 것을 알고 있기 때문에 설계자가 상세한 공차 계산을 할 필요가 없으며, 시간을 절약할 수 있다.

③ 지시된 일반 공차는 이미 정상적인 수행 능력으로 충분히 도달할 수 있는 공차로 검사를 생략하여 검사 비용을 줄일 수 있다.

④ 대부분의 경우, 개별적으로 표시된 공차는 상대적으로 정밀한 공차를 요구하며, 이로 인해 생산시 주의를 하게 된다. 이것은 생산 계획을 세우는데 유용하며 검사 요구사항의 분석을 통하여 검사 수준을 향상시켜 품질을 향상시킬 수 있다.

⑤ "일반적인 공장 정밀도"를 알고 이를 적용함으로써 사용자와 공급자 사이에서 사전에 협의를 통해 발생할 수 있는 분쟁을 예방할 수 있다.

제조 과정에서 일반 공차가 초과되지 않을 것이라는 충분한 신뢰성이 있는 경우, 즉 특정 제조공장에서의 공장 정밀도가 도면상에 표시된 일반 공차와 동일하거나 일반 공차보다 양호한 경우에만 가능함으로 공장 정밀도가 도면상의 일반 공차와 동일하거나 그보다 양호하도록 관리되어야 한다.

그러므로 제조 공장에서는 먼저, 해당 공장의 공장 정밀도가 얼마인지를 측정하여 알아내고, 공장 정밀도와 동일하거나 이보다 큰 일반 공차를 갖는 도면에서만 적용하며, 공장 정밀도가 저하되지 않았음을 확인하기 위해 주기적으로 샘플링 작업으로 조사할 필요가 있다.

〈표 1.3〉 파손된 가장자리를 제외한 선형 치수에 대한 허용편차

공차등급		일반 치수에 대한 허용 편차(mm)							
호칭	설명	0.5에서 3이하	3초과 6이하	6초과 30이하	30초과 120이하	120초과 400이하	400초과 1m 이하	1m초과 2m 이하	2m초과 4m 이하
f	정밀 (fine)	±0.05		±0.1	±0.15	±0.2	±0.3	±0.5	-
m	중간 (middle)	±0.1		±0.2	±0.3	±0.5	±0.8	±1.2	±2.0
c	거칢 (coarse)	±0.2	±0.3	±0.5	±0.8	±1.2	±2.0	±3.0	±4.0
v	매우 거칢 (very coarse)	-	±0.5	±1.0	±1.5	±2.5	±4.0	±6.0	±8.0

〈표 1.4〉 파손된 가장자리에 대한 허용 편차

공차등급		일반 치수에 대한 허용공차(mm)		
호칭	설명	0.5에서 6이하	3초과 6이하	6초과
f	정밀(fine)	±0.2	±0.5	±1
m	중간(middle)			
c	거칢(coarse)	±0.4	±1	±2
v	매우 거칢(very coarse)			

〈표 1.5〉 각도의 허용 편차

공차등급		각을 이루는 치수(mm)에 대한 허용 편차				
호칭	설명	10이하	10초과 50이하	50초과 120이하	120초과 400이하	400초과
f	정밀(fine)	±1°	±0°30′	±0°20′	±0°10′	±0°5′
m	중간(middle)					
c	거칢(coarse)	±1°30′	±1°	±0°30′	±0°15′	±0°10′
v	매우 거칢(very coarse)	±3°	±2°	±1°	±0°30′	±0°20′

(2) 일반 기하공차

KS B ISO 2768-2에는 도면 표시를 단순화하기 위하여 개별 표시가 없는 일반적인 형상에 대한 기하공차를 H, K, L급의 3개 공차 등급으로 규정하고 있다. 다른 공정에도 적용은 가능하나 주로 가공에 의해 생산되는 형상에 적용되며, 일반적인 공장 정밀도가 일반 기하공차 이내에 있는지를 확인할 필요가 있다.

(a) 일반사항

공차 등급을 선택할 경우 일반 공장 정밀도를 고려한다. 작은 기하 공차가 요구된다면 그러한 공차는 개별적인 형상에 대해 KS A ISO 1101에 따라 직접 표시되어야 한다. 일반 기하 공차는 도면 또는 관련 명세서에 이 규격이 도면에 표시되고, 개별적인 공차 표시를 하지 않는 형상에 적용한다.

일반 기하공차는 기하공차가 규제되어 있지 않은 부품에 적용하는 기하공차로 진직도, 평면도, 진원도, 평행도, 직각도, 원주 흔들림 및 대칭도에 대하여만 규정되어 있으며, 원통도, 윤곽도, 경사도, 동축도, 위치도 및 온 흔들림에 대한 규제는 없다.

(b) 진직도 및 평면도

진직도 및 평면도에 대한 일반 기하공차는 표 1.6에 따른다. 표 1.6에서 진직도는 대응하는 선의 길이를 기준으로 적용하고, 평면도의 경우에는 표면의 가장 긴 가로방향 길이를, 원형의 경우에는 원형상의 지름을 각각 기준으로 한다.

〈표 1.6〉 진직도 및 평면도의 일반 기하공차

공차등급	공칭 길이에 대한 진직도 및 평면도 공차(mm)					
	10이하	10초과 30이하	30초과 100이하	100초과 300이하	300초과 1000이하	1000초과 3000이하
H	0.02	0.05	0.1	0.2	0.3	0.4
K	0.05	0.1	0.2	0.4	0.6	0.8
L	0.1	0.2	0.4	0.8	1.2	1.6

그림 1.13(a)에 길이가 250mm, 지름이 150mm인 축에 일반 치수공차와 기하공차를 적용하여 보자. 직경에 대한 일반 공차는 표 1.3의 m(중간) 공차등급을 적용하면 축의 치수는 $\varnothing 150\pm0.5$가 된다. 또한 표 1.9에 따라 축의 표면에 대한 원주 흔들림 공차에 대하여 K등급을 적용하면 최대 원주 흔들림은 0.2가 된다. 또한, 250mm의 길이에 대하여 표 1.6에서 K등급을 적용할 경우 진직도 공차는 0.4가 된다.

따라서 일반 치수공차와 기하공차를 적용할 경우 직경은 $\varnothing 150\pm0.5$ 이내에서 최대 원주 흔들림은 0.2이내가 되고 250mm의 길이에 대한 진직도는 0.4이내가 되어야 함을 규제하고 있다.

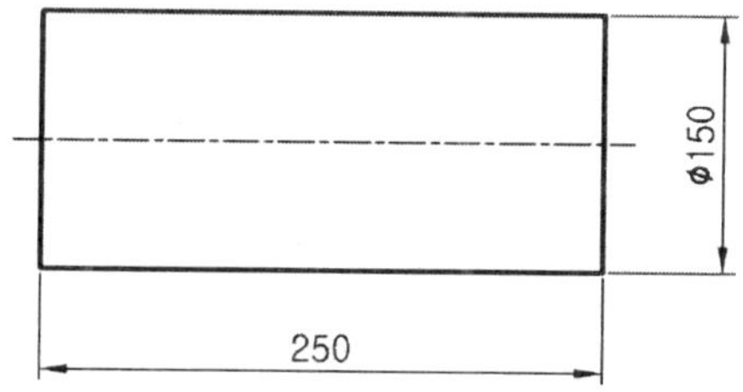

(a) 치수만으로 규제된 도면

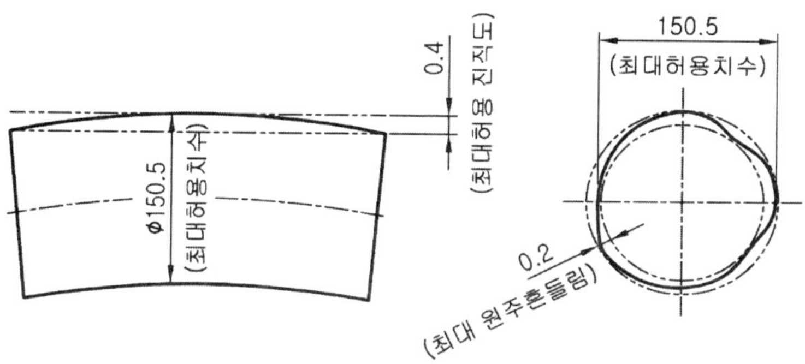

(b) 일반 진직도 공차의 적용 (c) 일반 원주 흔들림 공차 적용

[그림 1.13] 일반 치수공차와 일반 기하공차의 적용

(c) 진원도

원통의 형체에 적용된 지름의 공차가 표 1.9에 따른 원주방향 흔들림 공차보다 작으면 지름 공차가 진원도 공차가 된다. 원통도 공차는 진원도, 진직도, 평행도 공차의 3개 성분을 포함하고 있다. 원통도에 대한 일반 공차는 규정되어 있지 않으므로, 각 성분에 대하여 개별적인 값이나 일반 공차를 적용하여 간접적으로 원통도가 규제된다. 기능적인 이유로 원통도에 대한 공차는 진원도, 직각도 및 평행도에 대한 일반 공차의 조합 결과보다 작아야 한다.

개별적인 원통도에 대한 공차는 관련 형상에 대해 KS A ISO 1101에 따라 표시하는 것이 바람직하다. 예를 들면 끼워 맞춤이 되는 원통 형체에 대하여 Ⓔ 기호를 부가한 포락(envelope) 조건에 의한 규제가 있다.

그림 1.14 (a)에서는 KS B ISO 2768-K에 따라서 일반 공차가 적용 될 경우 원주 흔들림 크기가 0.2로 규제되어 있으나, 지시된 치수공차의 크기는 ∅25.0-24.9 범위로 크기와 더불어 형체를 규제하는 효과를 갖고 있다. 따라서 치수공차를 만족하면 기하공차 값을 충족할 수 있으므로 0.1이 진원도 대한 일반 공차가 된다.

그림 1.14 (b)에서는 KS B ISO 2768-mK에 따라서 일반 공차가 적용 될 경우 지름 25mm에 대한 허용 일반 공차는 ±0.2mm이다. 이러한 편차는 원주 흔들림의 K 등급의 일반 공차 값 0.2mm보다 큰 0.4mm가 됨으로 0.2mm의 진원도 공차가 적용된다.

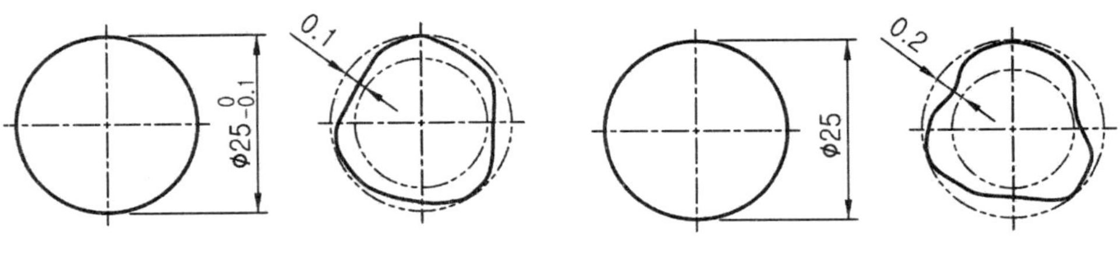

(a) KS B ISO 2768-K (b) KS B ISO 2768-mK

[그림 1.14] 일반 진원도 공차와 일반치수공차의 적용

(d) 평행도

평행도에 대한 일반 공차는 치수공차 또는 평행도/진직도 공차 중 큰 쪽과 동일하다. 두 개 형상 중 긴 것을 데이텀으로 설정하고, 양쪽이 동일한 공칭 길이를 가진다면 2개중 어느 하나를 데이텀으로 설정해도 무방하다.

그림 1.15 (a)에서 일반 치수공차의 m급을 적용할 경우 폭의 치수는 30±0.2mm가 된다. 윗면과 아래면의 길이가 같으므로 아래쪽 면을 기준으로 윗면은 0.4mm의 범위 내에서 평행해야 한다.

그림 1.15 (b)는 길이 100mm에 대한 일반 진직도 공차가 K 등급에서 0.2mm로 규정되어 있으므로 0.2mm 이내에서 진직해야 한다. 즉 치수 100×30으로 규제된 도면은 평행도 0.4, 진직도나 평면도 공차가 0.2mm 이내가 되어야 한다.

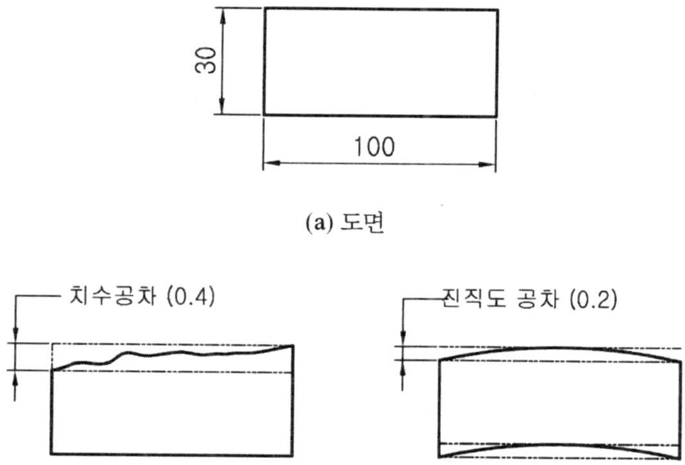

(a) 도면

(b) 평행도 공차역 (c) 진직도 공차역

[그림 1.15] 평행도 및 진직도에 대한 일반 기하공차

(e) 직각도

직각도에 대한 일반 공차는 표 1.7에 따른다. 각도를 형성하는 2개의 측면 중 긴 것을 데이텀으로 설정한다. 양쪽이 동일한 공칭 길이를 가진 제품이라면 어느 쪽을 데이텀으로 설정해도 상관없다.

〈표 1.7〉 직각도에 대한 일반공차

공차등급	짧은 측면의 공칭 길이의 범위에 대한 직각도 공차(mm)			
	100이하	100초과 300이하	300초과 1000이하	1000초과 3000이하
H	0.2	0.3	0.4	0.5
K	0.4	0.6	0.8	1
L	0.6	1	1.5	2

(f) 대칭도

대칭도에 대한 일반 공차는 표 1.8에 따른다. 2개의 형상 중 긴 것을 데이텀으로 지시하고, 양쪽이 동일한 공칭 길이를 가진 제품이라면 2개중 하나가 데이텀이 된다. 대칭도에 대한 일반 공차는 2개의 형상 중 적어도 어느 하나가 중앙 평면을 가지거나 2개 형상의 축이 서로 직교하는 경우에 적용한다.

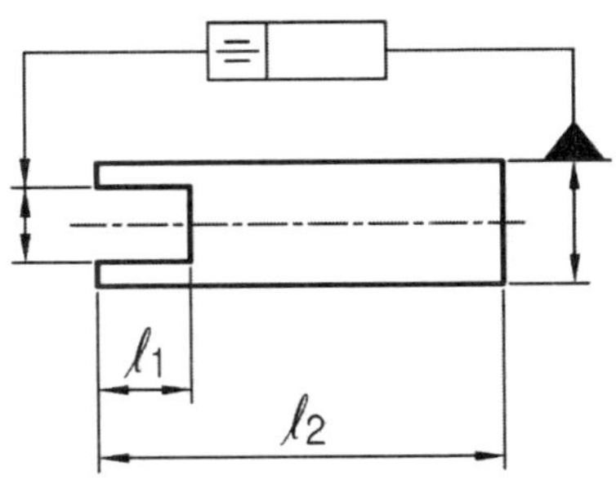

(a) 긴 형상(l_2)에 의한 데이텀 설정

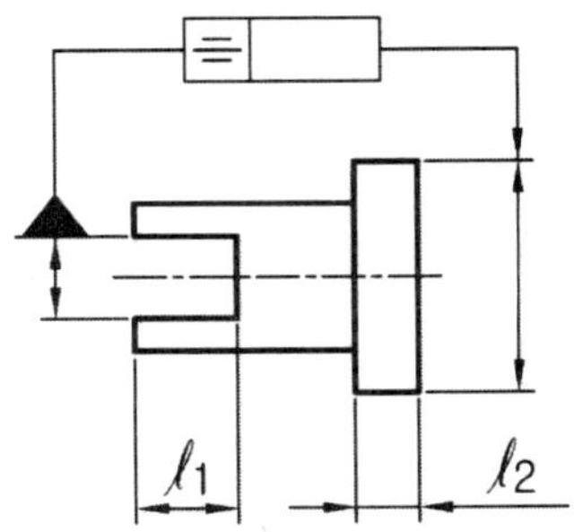

(b) 긴 형상(l_1)에 의한 데이텀 설정

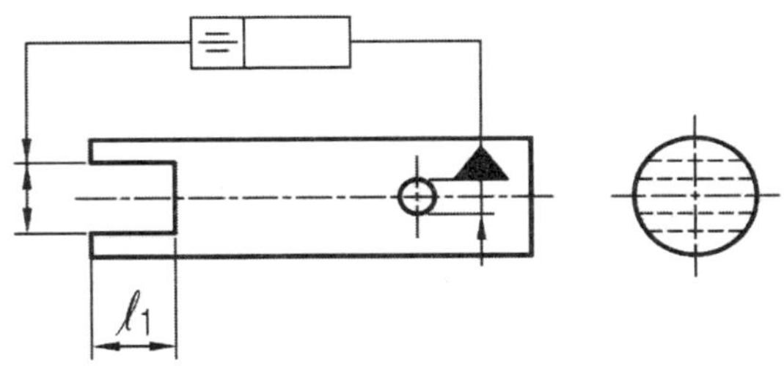

(c) 긴 형상(l_1)에 의한 데이텀 설정

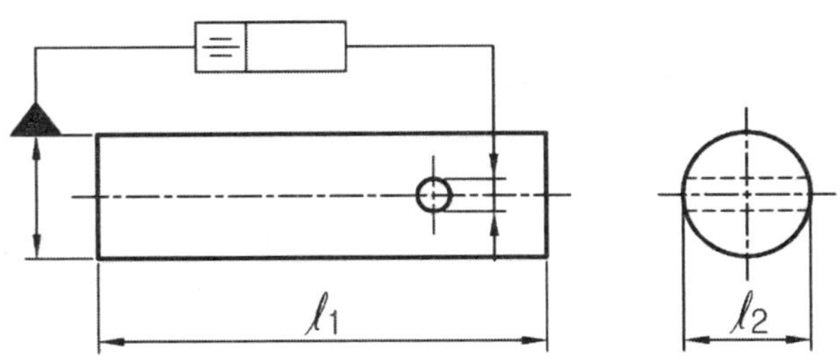

(d) 긴 형상(l_1)에 의한 데이텀 설정

[그림 1.16] 길이가 긴 쪽을 데이텀으로 적용한 일반 기하공차

〈표 1.8〉 대칭에 대한 일반 공차

<table>
<tr><th rowspan="2">공차등급</th><th colspan="4">공칭 길이의 범위에 대한 대칭도 공차(mm)</th></tr>
<tr><th>100이하</th><th>100초과
300이하</th><th>300초과
1000이하</th><th>1000초과
3000이하</th></tr>
<tr><td>H</td><td colspan="4">0.5</td></tr>
<tr><td>K</td><td colspan="2">0.6</td><td>0.8</td><td>1</td></tr>
<tr><td>L</td><td>0.6</td><td>1</td><td>1.5</td><td>2</td></tr>
</table>

(g) 동축도

동축도에 대한 일반 공차는 규정되어 있지 않다. 극단적인 경우 원주방향 흔들림에서의 공차가 동축에서의 편차 및 진원도에서의 편차를 포함함으로 동축에서의 공차는 표 1.9에 규정한 원주 방향의 흔들림에 대한 공차만큼 커질 수 있다.

(h) 원주 흔들림

원주 흔들림에서의 일반 공차는 표 1.9에 따른다. 도면상에 데이텀이 지정된 경우에는 그 형체를 데이텀으로 하고 데이텀이 지시되어 있지 않을 경우에는 지름이 다른 두 개의 형체 중 긴 쪽을 데이텀으로 한다. 2개의 형체가 동일한 공칭 길이를 가진다면 2개중 어느 하나를 데이텀으로 설정해도 무방하다. 원주 흔들림의 일반 기하공차는 표 1.9와 같이 호칭 길이의 구분 없이 공차 등급만 규정되어 있다.

〈표 1.9〉 원주 흔들림에 대한 일반 공차

공차등급	원주 흔들림 공차
H	0.1
K	0.2
L	0.3

(i) 도면 표시

일반 기하공차가 KS B ISO 2768의 규격에 따라 적용되어야 하는 경우 다음의 예와 같이 표시한다. 만약 이때, 일반 치수공차(공차등급 m)가 적용되지 않는다면 해당되는 문자는 도면에 표시되는 명칭에서 생략한다. 또한, 모든 크기의 단일 형체에 포락선 요구

Ⓔ가 적용되는 경우에는 명칭 "E"가 규정된 일반 명칭에 부가한다.

① "KS B ISO 2768"
② "KS B ISO 2768-mK"
③ "KS B ISO 2768-K"
④ "KS B ISO 2768-mK-E"

만약에, 작업 과정에서 일반 공차가 초과되었다 하더라도 반드시 그 부분의 기능이 손상되는 것은 아니다. 특별한 규제가 없다면 일반 기하 공차를 초과하는 제품이라도 그 기능이 손상되지 않는 경우에는 사용해도 무방하며, 기능이 손상되는 경우에만 제외하는 것이 바람직하다.

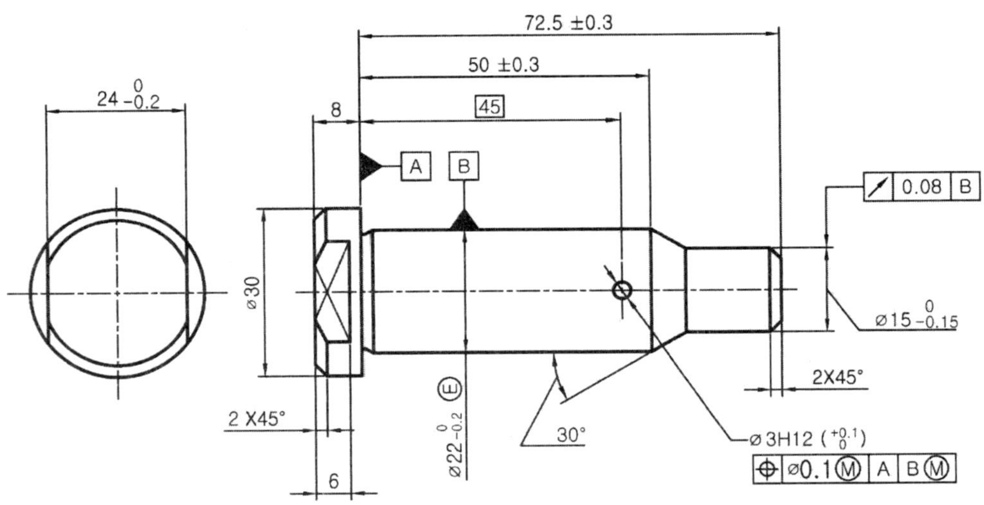

[그림 1.17] 일반 도면표시(KS B ISO 2768-mH)

그림 1.17에 도면상에 지시된 일반 치수공차 및 일반 기하공차를 적용하여 나타낸 도면이 그림 1.18 도면이다. 도면에서 가는 이점쇄선으로 표시된 것은 일반 공차 및 일반 기하 공차를 나타낸 것이다. 이러한 공차는 KS B ISO 2768-mH와 동일한 또는 양호한 일반 공장 정밀도를 가진 공장에서 기계에 의해 자동으로 달성되며 특별히 이를 검사할 필요는 없다.

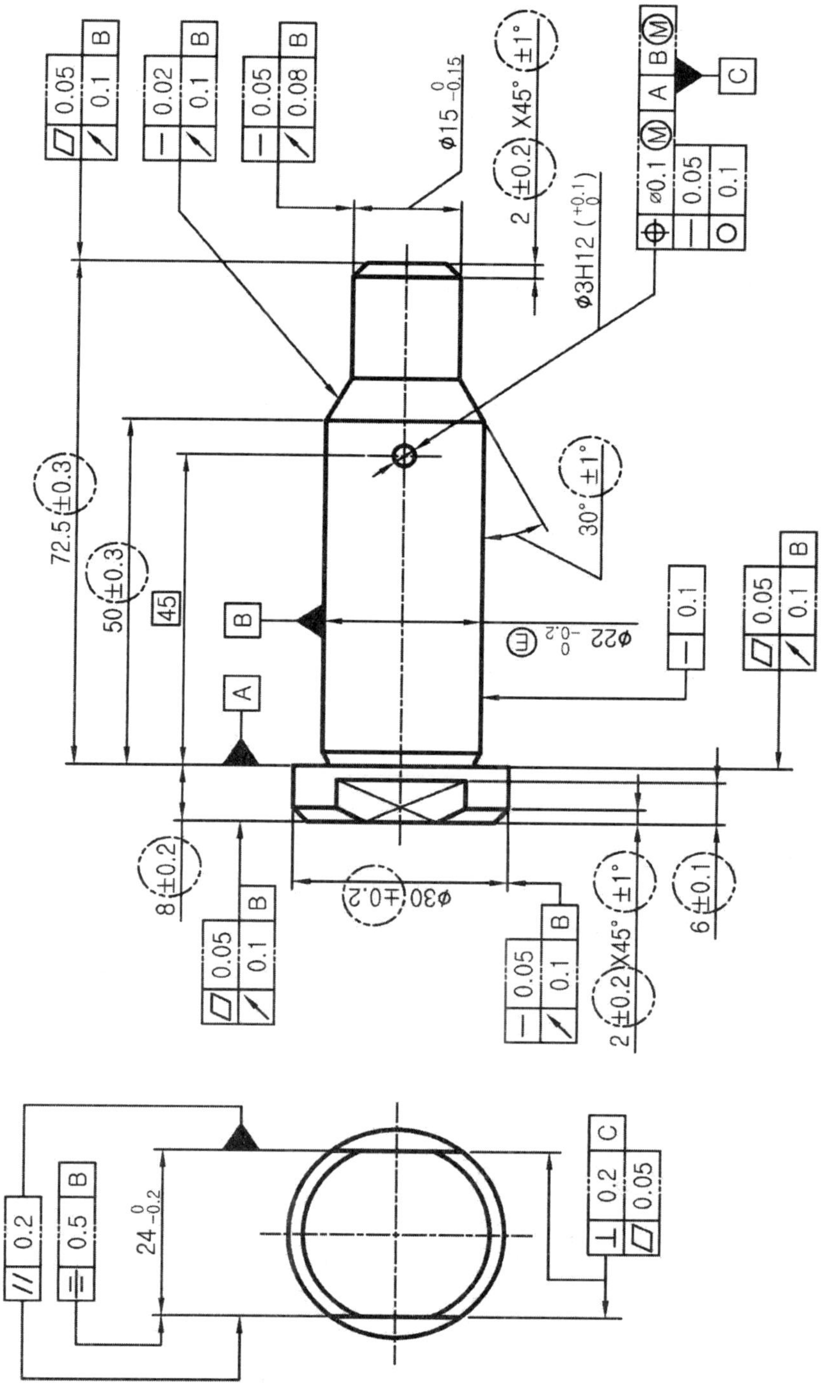

[그림 1.18] 도면에서 일반 공차의 적용 예

제4장 끼워 맞춤(fit)

4.1 틈새(clearance)와 죔새(interference)

끼워 맞춤이란 구멍과 축이 조립 전에 치수의 차이에서 생기는 관계를 말하며, 틈새와 죔새에 특히 유의해야 한다. 틈새는 구멍의 치수가 축의 치수보다 클 때 구멍과 축과의 치수 차를 말하며, 죔새는 반대로 구멍의 치수가 축의 치수보다 작을 때, 조립 전 축과 구멍 간 치수 차를 말한다.

(a) **최소틈새**(minimum clearance) : 헐거운 끼워 맞춤에서의 구멍의 최소 허용치수와 축의 최대 허용치수와의 차(구멍의 최대실체치수-축의 최대실체치수) (1.4)

(b) **최대틈새**(maximum clearance) : 헐거운 끼워 맞춤 또는 중간 끼워 맞춤에서 구멍의 최대 허용치수와 축의 최소 허용치수와의 차 (구멍의 최소실체치수-축의 최소실체치수) (1.5)

(c) **최소죔새**(minimum interference) : 억지 끼워 맞춤에서 조립 전 축의 최소 허용치수와 구멍의 최대허용 치수와의 차 (1.6)

(d) **최대죔새**(maximum interference): 억지 끼워 맞춤에서 조립 전 축의 최대 허용치수와 구멍의 최소 허용치수와의 차 (1.7)

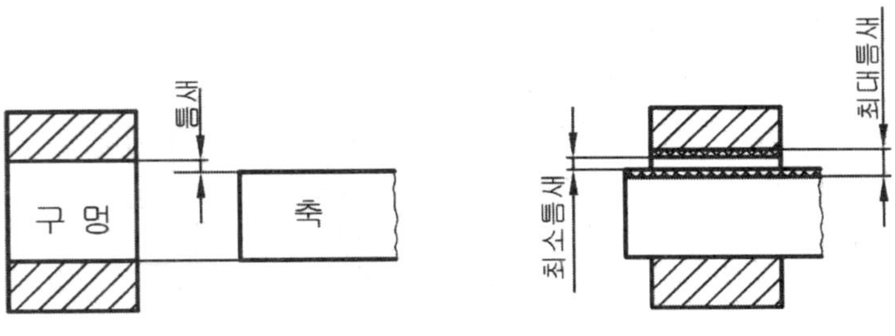

[그림 1.19] 최대 및 최소틈새

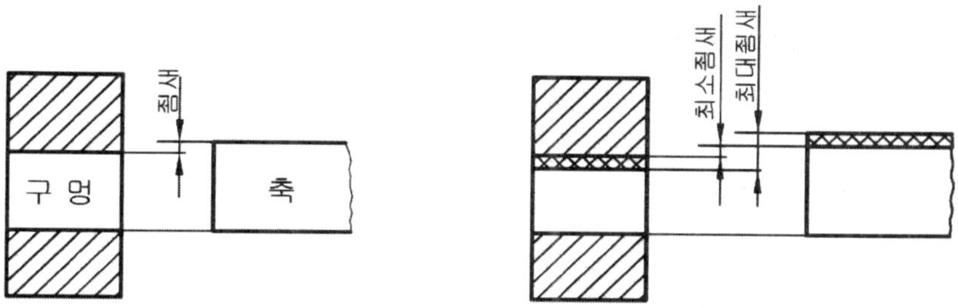

[그림 1.20] 최소 및 최대죔새

4.2 헐거운 끼워 맞춤(clearance fit)

축의 치수가 구멍의 치수보다 작아서 항상 틈새가 생기는 끼워 맞춤으로 축과 구멍의 허용 한계치수에 따라서 최대 틈새와 최소 틈새가 있다. 즉 이와 같은 헐거운 끼워 맞춤은 끼워 맞춤이 된 두 부품사이에는 항상 상호 움직임이 허용되어야 할 경우에 적용된다.

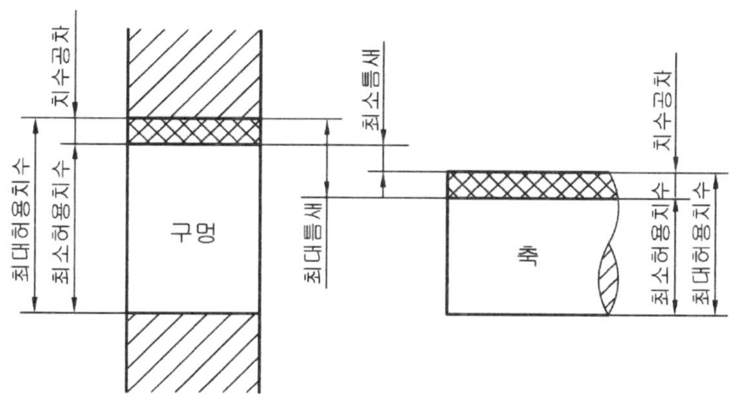

[그림 1.21] 헐거운 끼워 맞춤

4.3 억지 끼워 맞춤(interference fit)

축의 치수가 구멍의 치수보다 커서 항상 죔새가 생기는 끼워 맞춤으로 축과 구멍의 허용 한계 치수에 따라서 최대 죔새와 최소 죔새가 있다. 이와 같은 억지 끼워 맞춤은 끼워 맞춤이 된 두 부품간에 외력이 작용하여도 빠짐이 생기지 않아야 할 곳에 적용된다.

억지 끼워 맞춤은 적용되는 외력이 비교적 작을 경우에 적용하는 가벼운 억지 끼워 맞춤과 작용되는 외력이 매우 크거나 빠짐이 발생하면 심각한 상황이 발생하는 경우에 적용되는 강력한 억지 끼워 맞춤으로 구별할 수 있다.

억지 끼워 맞춤에서의 고정력은 주로 소재의 탄성력에 의해 크게 좌우됨으로 반드시 죔새 만을 크게 한다고 해서 큰 고정력을 얻을 수 있는 것은 아니다. 즉 소재의 탄성과 소성의 특성을 잘 고려하여야 한다. 또한 죔새가 작은 가벼운 억지에서는 기계적인 힘만으로 조립이 가능하나, 죔새량이 크거나 강한 재질일 경우 조립이 매우 어렵게 되므로 구멍은 가열하고 여기에 끼워지는 축은 냉각시켜 조립하는 수축 열 박음을 고려하여야 한다. 수축 열 박음 후 가열된 구멍은 수축되고 수축된 축은 팽창됨으로 인해 기계적 힘에 의하여 끼워 맞춤된 제품에 비하여 양호한 고정력을 얻을 수 있다.

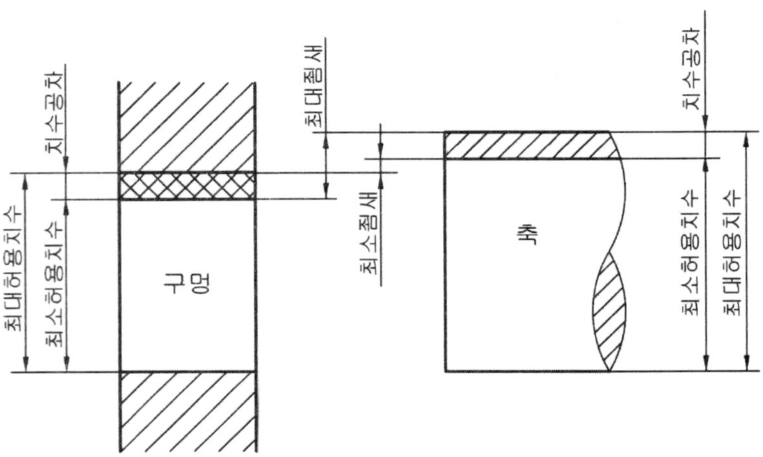

[그림 1.22] 억지 끼워 맞춤

4.4 중간 끼워 맞춤(transition fit)

조립 시 축과 구멍의 실 치수에 따라서 틈새나 죔새가 허용될 수 있는 끼워 맞춤이다.

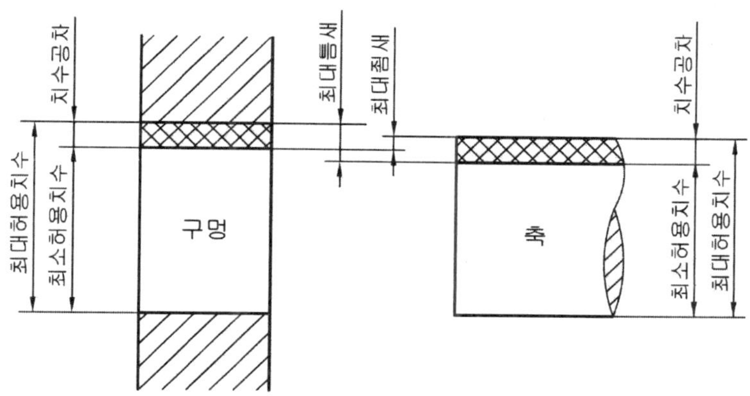

[그림 1.23] 중간 끼워 맞춤

4.5 끼워 맞춤 방식(fit system)

구멍과 축에 따라 결정되는 끼워 맞춤의 방식으로 구멍기준 끼워 맞춤과 축 기준 끼워 맞춤이 있다.

(a) **구멍기준 끼워 맞춤**(hole basis systems of fit)
가공이 어려운 구멍을 기준으로 해서 제품의 기능에 적합하도록 가공이 쉬운 축을 끼워 맞추는 방법으로, 구멍의 아래치수 허용차가 "0"인 H 구멍을 기준으로 끼워 맞춤하는 방식이다. 축 기준 끼워 맞춤보다 유리하므로 이 방법을 많이 사용하고 있다.

(b) **축기준 끼워 맞춤**(shaft basis systems of fit)
하나의 축을 기준으로 여기에 구멍을 끼워 맞춤하는 방식으로 전동축과 같이 하나의 축에 여러 개의 구멍이 결합할 때 적합한 방법이다. 축의 위 치수 허용차가 "0"인 h축을 기준으로 끼워 맞춤하는 방식이다.

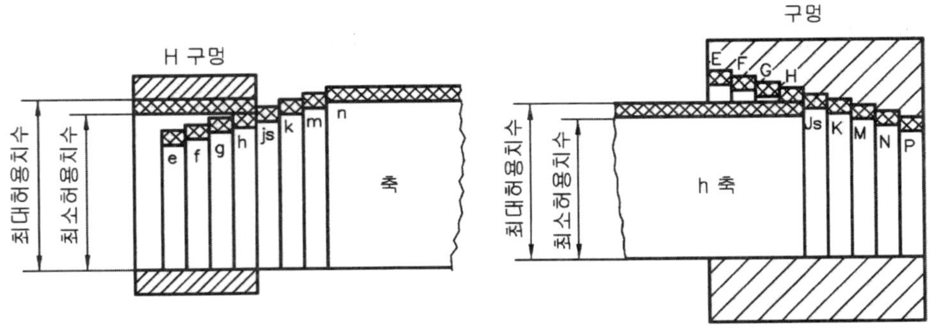

[그림 1.24] 구멍 기준식과 축 기준식

4.6 공차역 위치 및 공차역 클래스

공차역이란 최대 허용치수와 최소 허용치수를 나타내는 2개의 직선 사이의 영역이다.

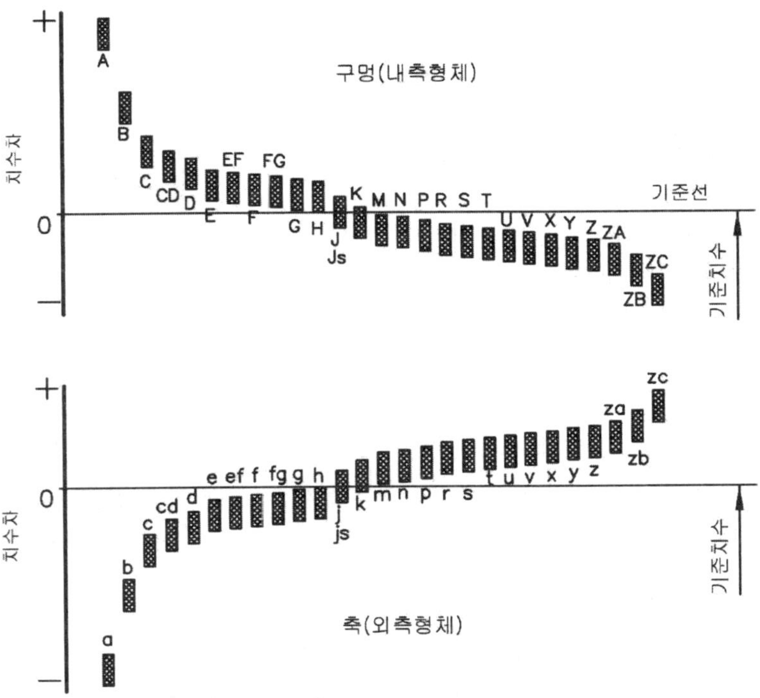

[그림 1.25] 공차역의 위치에 따른 구멍과 축의 종류

구멍의 공차역 위치는 A에서 ZC까지의 알파벳의 대문자로 표시하고, 축은 a에서 zc까지 소문자 기호로 나타낸다. 다만, 혼동을 피하기 위해 I, L, O, Q, W (i, l, o, q, w) 등의 문자는 사용하지 않는다. KS 규격에서는 끼워 맞춤을 용이하게 하기 위하여 그림 1.25와 같이 27종의 표준 구멍과 표준 축을 규정하고 있다. 구멍은 A구멍이 가장 크고 축은 zc 축 일 때가 가장 크다.

공차역 클래스는 구멍이나 축의 종류를 나타내는 기호에 IT공차 등급을 나타내는 숫자를 연속해서 나타낸다. 예로, 구멍의 경우 H7, 축의 경우 h6과 같이 나타낼 수 있다. 구멍과 축에 대해서 표 1.10에 있는 구멍과 축을 우선적으로 사용하도록 권장하고 있으므로 선정시 이를 참조하는 것이 바람직하다.

〈표 1.10〉 우선 사용을 권장하는 구멍과 축의 종류

구멍	A11, B11, C11	D10	E9	F8	G7, H7, H8, H9, H11, Js7, K7	N7, P7, T7, S7
축	a11, b11, c11	d9	e8	f7	g6, h6, h7, h9, h11, js6, k6	n6, p6, r6, s6

4.7 상용하는 끼워 맞춤

상용하는 끼워 맞춤에서 구멍기준식은 H 구멍을 기준 구멍으로 하고, 이에 적당한 축을 선택하여 필요한 죔새 또는 틈새를 주는 끼워 맞춤이며, 축 기준 끼워 맞춤은 h 축을 기준 축으로 하여 여기에 적당한 구멍을 선택하여 필요한 죔새 또는 틈새를 주는 끼워 맞춤으로 두 방법 중에서 선택하여 사용한다.

이 상용하는 끼워 맞춤에서 공정의 난이도를 고려하여 보통 구멍의 기본 공차 등급을 축의 등급보다 1등급 크게 선정한다. 예를 들면, 6급 축에 7급 구멍을, 7급 축에는 8급 구멍과 같이 조합하여 끼워 맞춤하면 좋다.

〈표 1.11〉 상용하는 구멍 기준 끼워 맞춤

기준 구멍	축의 종류와 등급																
	헐거운 끼워 맞춤							중간끼워맞춤			억지 끼워 맞춤						
H6						g5	h5	js5	k5	m5							
					f6	g6	h6	js6	k6	m6	(n6)	(p6)					
H7					f6	g6	h6	js6	k6	m6	n6	(p6)	(r6)	s6	t6	u6	x6
				e7	f7		h7	js7									
H8					f7		h7										
				e8	f8		h8										
			d9	e9													
H9			d8	e8			h8										
		c9	d9	e9			h9										
H10	b9	c9	d9														

〈표 1.12〉 상용하는 축 기준 끼워 맞춤

기준 구멍	구멍의 종류와 등급																
	헐거운 끼워 맞춤							중간끼워맞춤			억지 끼워 맞춤						
h5							H6	JS6	K6	M6	(N6)	P6					
h6					F6	G6	H6	JS6	K6	M6	N6	(P6)					
					F7	G7	H7	JS7	K7	M7	N7	(P7)	R7	S7	T7	U7	X7
h7				E7	F7		H7										
					F8		H8										
h8			D8	E8	F8		H8										
			D9	E9			H9										
h9			D8	E8			H8										
		C9	D9	E9			H9										
	B10	C10	D10														

주 : 표 중에 ( )를 붙인 이들의 끼워 맞춤은 치수의 구분에 따라 예외가 생긴다.

4.8 온도의 영향

온도가 변화하면 물체는 신축되어 길이가 변화함으로 20℃의 표준온도에서 측정한다. 수축 열 박음과 관련하여 온도 변화에 의한 길이 변화량은 다음과 같다.

$$\cdot \delta L = L \cdot \alpha \cdot \delta t \tag{1.8}$$

L : 물체의 길이, α : 선평창 계수, δt : 온도변화량

이때, 형체의 모양이 외측형체(축)나, 내측형체(구멍)에 따라, 신축의 상태가 달라지므로 이를 고려하여 설계하여야 한다.

〈표 1.13〉 주요 재질의 선 평창 계수(1×10^{-6}/℃)

재 질	선팽창계수	재질	선팽창계수	재질	선팽창계수
납	29.2	구리, 황동	18.0	스테인리스강	10.4
아연	26.7	양은	18.0	크롬강	10.0
마그네슘	26.1	청동	17.5	백금	9.0
일렉트론	24.0	콘스탄탄	15.2	유리	8.1
알루미늄	23.8	금	14.2	크롬	7.0
주석	23.0	니켈	13.0	초경합금	5.5
듀랄루민	22.6	철	12.2	도자기	3.0
은	19.5	강	11.5	인바아	1.5

〈표 1.14〉 상용하는 구멍기준 끼워 맞춤 적용의 예(6급 구멍)

<table>
<tr><th>기준구멍</th><th colspan="2">끼워맞춤의 종류</th><th>가공법</th><th>조립, 분해 작업 및 틈새상태</th><th>적용 예</th></tr>
<tr><td rowspan="5">6급구멍</td><td>H6/n5</td><td>억지 끼워맞춤</td><td rowspan="5">연삭, 래핑, 피팅 및 정밀 공작</td><td>프레스, 잭 등에 의한 가벼운 압입</td><td rowspan="5">각종 계기, 항공엔진, 그 부속품, 고급공작기계, 롤러베어링, 기타 정밀기계 주요부분</td></tr>
<tr><td>H6/m5
H6/m6</td><td rowspan="3">중간 끼워맞춤</td><td rowspan="3">손 해머 등으로 때려 박음</td></tr>
<tr><td>H6/k5
H6/k6</td></tr>
<tr><td>H6/j5
H6/j6</td></tr>
<tr><td>H6/h5
H6/h6</td><td>헐거운 끼워맞춤</td><td>윤활유의 사용으로 쉽게 손으로 이동이 가능</td></tr>
</table>

〈표 1.14〉 상용하는 구멍기준 끼워 맞춤 적용의 예(7 · 8 · 9급 구멍)

기준 구멍	끼워맞춤의 종류		가공법	조립, 분해 작업 및 틈새상태	적용 예
7·8급 구멍	H7/zc ~H7/u6	억지 끼워 맞춤	연삭 또는 정밀 공작	수압기 등에 의한 강력한 압입, 수축 끼워맞춤	철도 차량의 차륜과 타이어, 축과 바퀴, 대형 발전기의 회전자와 축 등의 결합 부분
	H7/t6 ~H7/r6				
	H7/p6 (H7/p7) ~H7/n6			수압기, 프레스 등의 가벼운 압입	주철 차륜에 청동 또는 강제 타이어를 끼울 때
	H7/k6 H7/m6	중간 끼워 맞춤		쇠망치로 때려 박음, 뽑아내기	자주 분해하지 않는 축과 기어, 핸들차, 플랜지 이음, 플라이 휠, 볼베어링 등의 끼워 맞춤
	H7/j6			나무망치, 납망치 등으로 때려 박음	키 또는 고정나사로 고정하는 부분의 끼워맞춤, 볼베어링의 끼워맞춤, 축 컬러, 변속 기어와 축
	H7/h6 (H7/h7)	헐거운 끼워 맞춤		윤활유를 공급하면 손으로 움직임이 가능함	긴축에 끼는 키 고정 풀리와 축 컬러, 가용성 축 이음과 축, 기름 브레이크의 피스톤과 실린더
	H7/g6 (H7/g7)			틈새가 근소하고 윤활유 사용으로 서로 운동	연삭기의 스핀들 베어링 등 정밀공작기계의 주축과 베어링, 고급 변속기의 주축과 베어링
	H7/f7			작은 틈새, 윤활유 사용으로 서로 운동	크랭크 축, 크랭크 핀과 베어링
	H8/e8			조금 큰 틈새	다소 하급인 베어링과 축, 소형 엔진의 축과 베어링
8·9급 구멍	H8/h8		보통 공작	쉽게 끼고 빼고 미끄러질 수 있음	축 컬러, 풀리와 축, 미끄러져 움직이는 보스와 축 등
	H8/f8			작은 틈새, 윤활유의 사용으로 서로 운동가능	내연 기관의 크랭크 베어링, 안내차와 축, 원심 펌프 송풍기 등의 축과 베어링
	H8/d9			큰 틈새, 윤활유의 사용으로 서로 운동 가능	차량 베어링, 일반 하급 베어링, 요동 베어링, 아이들 휠과 축 등
	H8/c9 H8/d8			대단히 큰 틈새, 윤활유의 사용으로 서로 운동 가능	

제 5 장 치수기입과 끼워 맞춤의 표시

5.1 치수의 기입 원칙

도면의 치수는 아무렇게나 기입하는 것이 아니라 일정한 규칙에 따라 기입해야 한다. 이러한 치수의 기입방법과 원칙은 다음과 같다.

① 치수는 치수선, 치수 보조선, 인출선, 치수 보조기호 등을 사용하여 대상물의 기능과 제작, 조립 등을 고려하여 필요하다고 생각되는 부분에 잘못 기입하지 않도록 정확하게 기입한다.

② 치수는 대상물의 크기, 자세, 위치 및 표면상태 등을 가장 명확하게 나타낼 수 있도록 기입한다.

③ 치수는 될 수 있는 한 주 투상도(정면도)에 기입하고, 주 투상도에 나타낼 수 없는 치수는 관계도(측면도, 평면도)에 기입한다.

④ 치수는 중복 기입을 피한다.

⑤ 치수는 될 수 있는 한 계산해서 구할 필요가 없도록 기입한다.

⑥ 관련되는 치수는 될 수 있으면 한곳에 모아서 기입한다.

⑦ 치수는 되도록 주조, 가공 등 공정별로 분리하여 기입한다.

⑧ 치수기입상에 모순이 발생하지 않도록 하고, 공차 누적이 제품의 사용 목적에 지장이 없는지 이를 검토하여 적합하게 기입한다.

⑨ 치수는 필요에 따라 기능이나 제작을 고려하여 기준을 잘 설정하여 기입한다. 일반적으로 기준이 되는 형체를 기준으로 가공이나 측정이 이루어짐으로 기능이 요구되는 부품인 경우 올바른 기준 설정이 매우 중요하다. 치수 기입은 기준으로 하는 점, 선, 면을 기준으로 기입한다.

⑩ 치수 중 참고로써 표시하는 것, 즉 참고 치수는 치수에 괄호를 붙여 기입한다.

⑪ 도면에 표시하는 치수는 특별히 명시하지 않는 한 마무리 치수를 표시한다.

그림 1.26에서 축은 핸들을 고정 지지하고 있다. 조립의 관점에서 보면 축의 측단이 기준이 되는 형체로 이 형체를 기준으로 그림 1.27에서 보는 바와 같이 치수기입이 되어있다. 이는 기능적 관점에서의 치수 기입으로 정밀한 기능이 요구되는 부품일수록 기능이나 조립의 관점에서 치수기입이 되어야 한다.

한편, 그림 1.26에서의 축은 길이 방향으로 큰 공차가 부여되거나 공차 누적이 되더라도 기능적으로 별 문제가 되지 않는다. 이런 경우에 가공이나 측정의 관점에서 축의 최고 좌측 측면을 기준으로 치수기입해도 무방할 것이다.

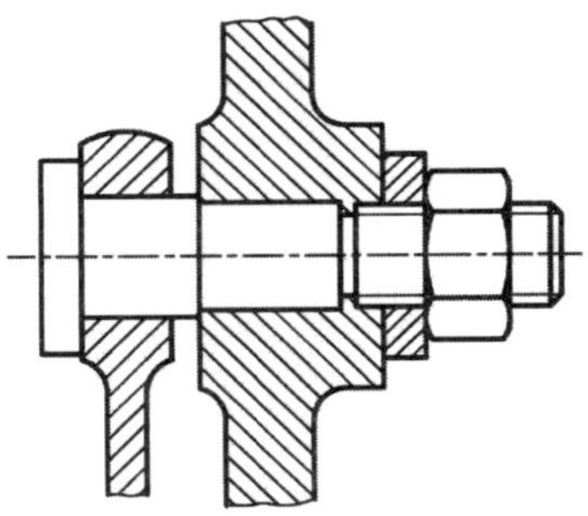

[그림 1.26] 조립도면

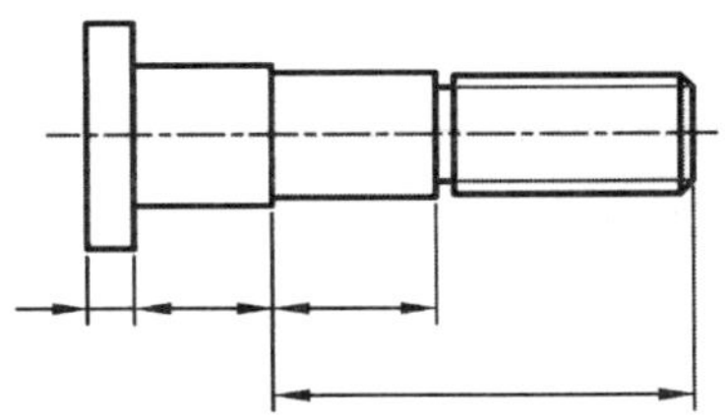

[그림 1.27] 축의 치수기입

5.2 공차역 클래스에 의한 치수 기입법

도면에 나타내는 끼워 맞춤 치수허용차를 공차역 클래스로 표시하는 경우에는 아래 그림 1.28 (a)와 같이 기준 치수 다음에 끼워 맞춤의 종류(구멍 혹은 축의 종류), IT 공차 등급을 순서대로 기입하여 표시한다.

또한 이것에 위·아래의 치수 허용차를 참고로 기입하는 경우에는 그림 1.28 (b)와 같이 공차역 클래스 다음에 괄호를 넣어 위 치수 허용차는 위에, 아래 치수 허용차는 아래에 기입한다.

또, 그림 1.28 (c)는 최대 및 최소 허용 치수를 기입한 예이다. 치수 기입은 어느 방법을 사용하여 기입하든지 관계없지만 도면을 이용하여 작업하는 작업자, 측정자 등의 편의를 고려하여 별도의 공차 도표를 참조하거나 계산할 필요가 없도록 기입하는 것이 바람직할 것이다.

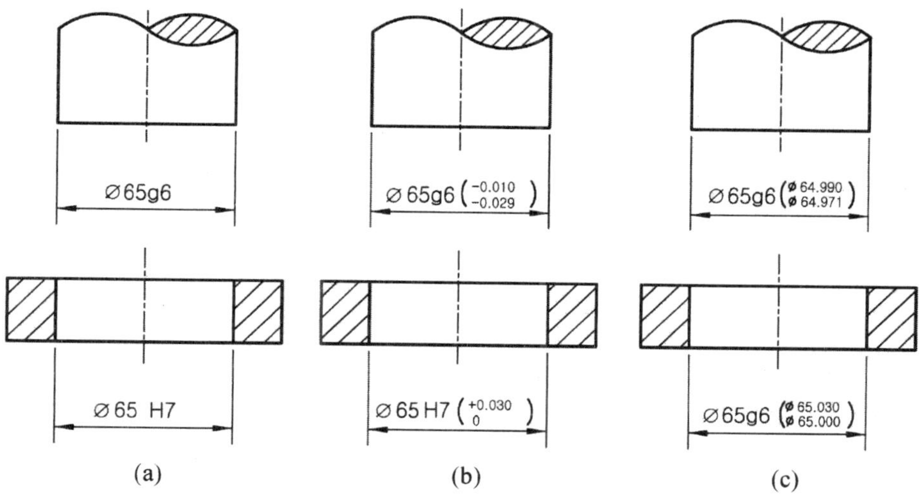

[그림 1.28] 공차역 클래스에 의한 치수 허용차의 표시

5.3 조립한 상태에서의 끼워 맞춤 표시방법

조립한 상태에서 치수 허용차를 동시에 기입할 경우에 그림 1.29의 (a)와 같이 공통의 치수 보조선을 긋고 치수선을 그어서 기입한다. 또 그림 1.29의 (b)와 같이 하나의 치수선에 기준 치수를 공통으로 기입하는데 이런 경우에, 구멍 및 축의 문자나 부품번호를 사용하여 어느 부품의 치수 허용차인지 분명히 한다. 또한 그림 1.29 (c)와 (d)와 같이 기준 치수 다음에 구멍 및 축의 공차역 클래스의 기호를 가로선 또는 경사선을 사용하여 이 순서로 분수와 같은 형으로 기입한다.

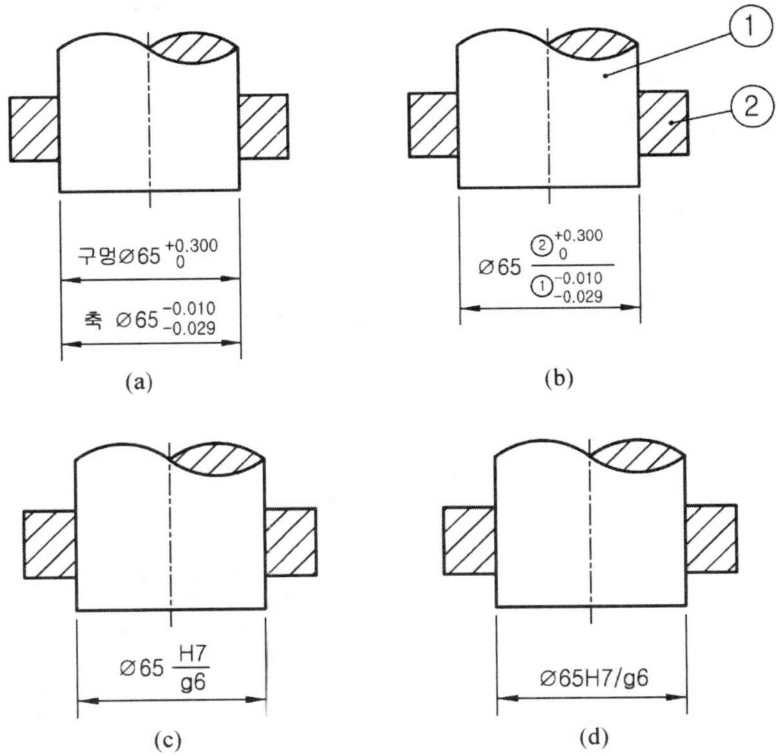

[그림 1.29] 공차역 클래스에 의한 치수 허용차의 표시

5.4 치수 허용차의 기입법

(a) 치수 허용차를 기입할 경우 기준 치수 다음에 위 치수 허용차는 위에, 아래치수 허용차는 아래에 기입하는데, 이 경우에 치수 허용차를 나타내는 숫자의 크기는 기준 치수보다 약간 작게 하는 것이 좋다.

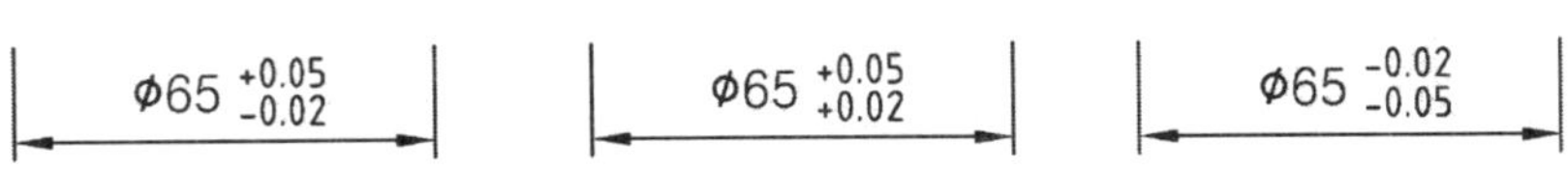

(b) 위·아래 치수 허용차의 어느 한쪽이 "0"인 경우에는 숫자 "0"을 표시한다. 이때에는 +기호나 −기호를 붙이지 않는다.

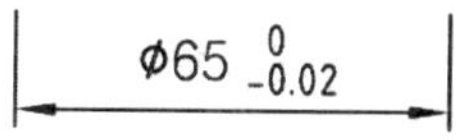

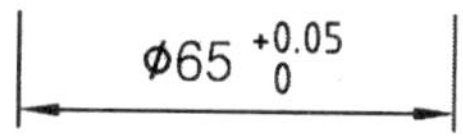

(c) 위 치수허용차와 아래 치수허용차가 같은 양측 공차의 경우에는 하나의 치수허용차로 나타내는데, 그 숫자 앞에 ± 기호를 붙인다. 이때 치수 허용차의 숫자의 크기는 기준 치수와 같게 한다.

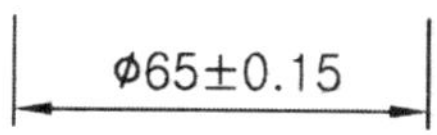

(d) 최대 허용치수와 최소 허용치수에 의한 한계 치수로 표시할 수 있다. 이때 최대 허용치수는 위에, 최소 허용치수는 아래의 위치에 표기한다.

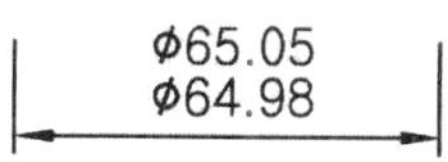

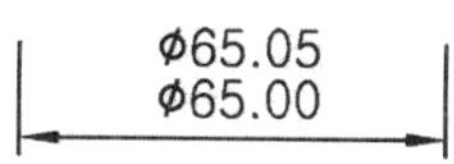

(e) 최대 허용치수 또는 최소 허용치수 어느 한쪽만을 지정할 필요가 있는 경우, 치수의 수치 앞에 최대 또는 최소라고 기입하든지 치수 뒤에 max 또는 min라고 기입한다.

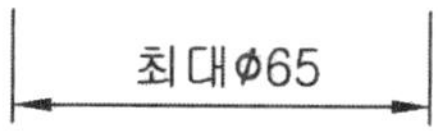

5.5 각도치수의 허용한계 기입방법

각도의 치수 허용한계 기입 방법은 길이 치수의 허용한계를 지시하는 경우의 기입 방법을 적용한다. 이때 치수 허용차에는 반드시 단위 기호를 붙인다.

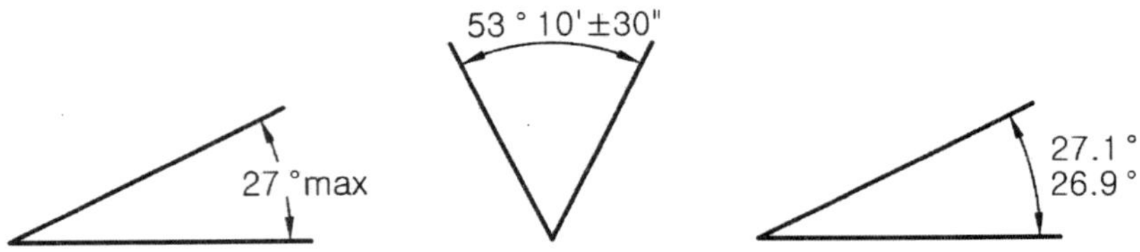

[그림 1.30] 각도 기입법

5.6 허용한계 치수 기입의 일반사항

(a) 직렬치수 기입법

그림 1.31에서와 같이 형체의 모든 치수에 허용차를 기입하면, 공차 누적에 의해 전체의 치수와 각각의 치수 허용차에 모순이 생길 수 있다. 이와 같은 경우 그림 1.32에서와 같이 중요하지 않은 부분의 치수는 기입하지 않거나, 괄호로 넣어서 참고 치수로 기입하는 것이 좋다. 이와 같이 기입하지 않은 치수는 다른 부분을 가공한 나머지 치수로 만족한 것을 의미한다. 그림 1.33은 그림 1.32에서 각 구멍의 위치에 대한 공차역을 나타낸 그림이다.

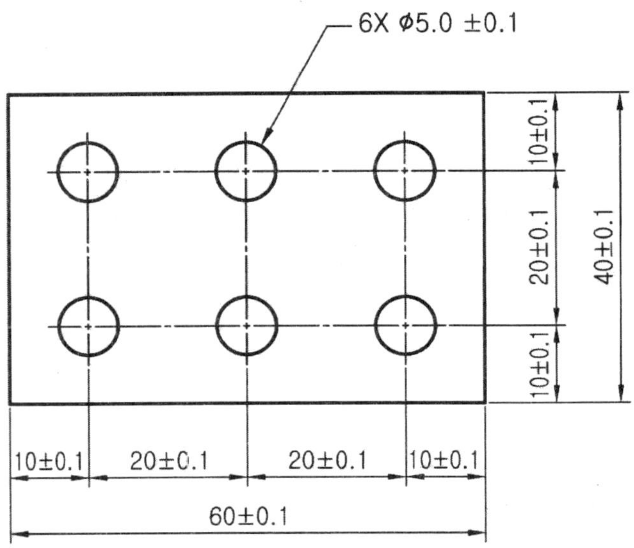

[그림 1.31] 직렬 치수기입에서의 치수모순

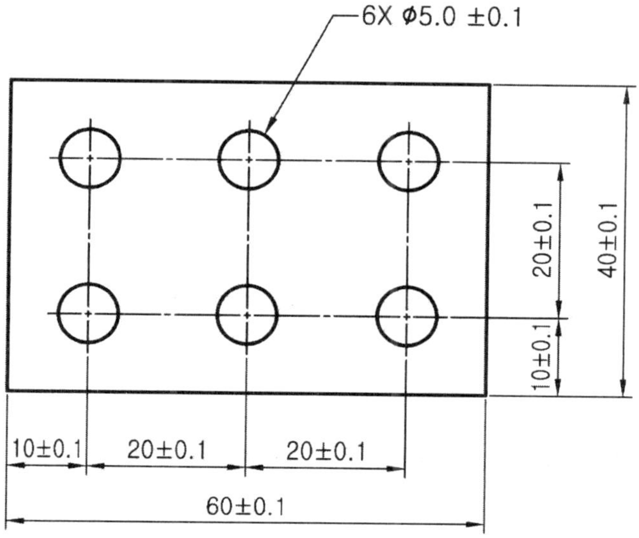

[그림 1.32] 생략된 치수기입

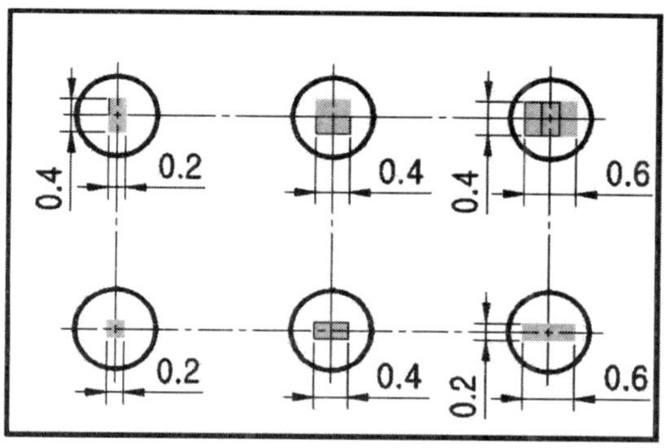

[그림 1.33] 직렬 치수기입 공차역

(b) 병렬치수 기입법과 누진치수 기입법

병렬치수 기입법은 그림 1.34에서와 같이 물체의 어떤 기준으로부터 계단식으로 치수를 기입한 것이며, 각각의 치수가 독립되어 있으므로 공차 누적이 생기지 않는다. 이와 같은 치수 기입법에서 구멍의 공차역은 모든 위치에서 동일하다. 누진치수 기입법은 병렬치수기입법과 같이 1개의 기준점으로부터 연속한 치수선으로 치수기입한 방법이다. 치수의 기점 위치는 작은 둥근 원으로 표시하고(기점기호) 다른 끝은 화살표로 표시한다. 누진치수 기입법에서는 병렬치수 기입법과 동일하게 공차 누적이 없으며, 그 공차역도 같다. 또한, 공차누적을 방지하는 방법으로 위치를 이론적으로 정확한 치수로 규제하고, 기하공차로 공차역을 규제하는 방법이 있다.

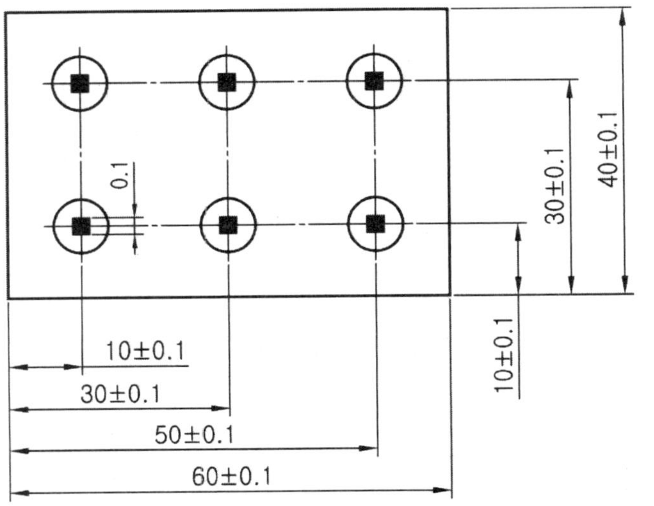

[그림 1.34] 병렬 치수 기입과 공차영역

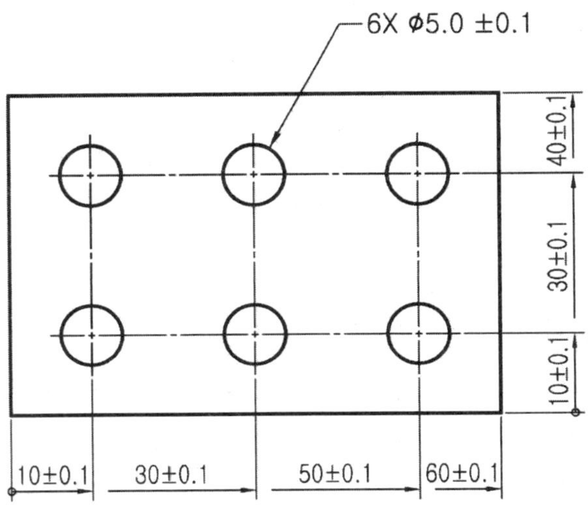

[그림 1.35] 누진치수 기입법

(c) 치수 기입시 기준점 설정

그림 1.34에서 6개의 구멍이 모여 특정한 모양을 구성하고 있으며, 이러한 형체를 패턴(pattern)이라 한다. 10±0.1의 치수는 6개구멍으로 구성된 패턴의 위치 정밀도를 나타내는 것으로 이 위치정밀도를 크게 적용하게 되면 구멍과 구멍간 위치 정밀도가 같이 저하됨을 알 수 있다. 이는 패턴 자체의 위치 정밀도와 그 패턴을 구성하고 있는 형체 자체의 위치 정밀도를 구분하지 않고 치수 기입함으로써 기인되는 현상이다.

그림 1.36은 위에서 언급한 문제를 해결하기 위한 치수 기입법이다. 즉, 6개의 구멍간 위치 정밀도는 기준점을 달리 적용하여 치수 기입하였다. ①로 표시된 위치 정밀도는 패턴의 위치를 규제하는 효과를 지니고 있으며, ②로 표시된 위치 정밀도는 패턴을 구성하고 있는 요소간의 위치 정밀도를 규제하고 있으므로 위치 정밀도의 속성이 각각 다르다.

만약, 이 패턴에 일정한 간격을 가진 6개의 핀이 조립된다고 가정하자. 그러면 이 구멍에 핀이 조립되기 위해서는 ②에 해당하는 구멍과 구멍간의 위치 정밀도가 정밀해야 함으로 ±0.1와 같은 정밀도를 적용하고, ①로 표시된 패턴 자체의 위치 정밀도는 ±0.3과 같이 크게 적용해도 무방할 것이다.

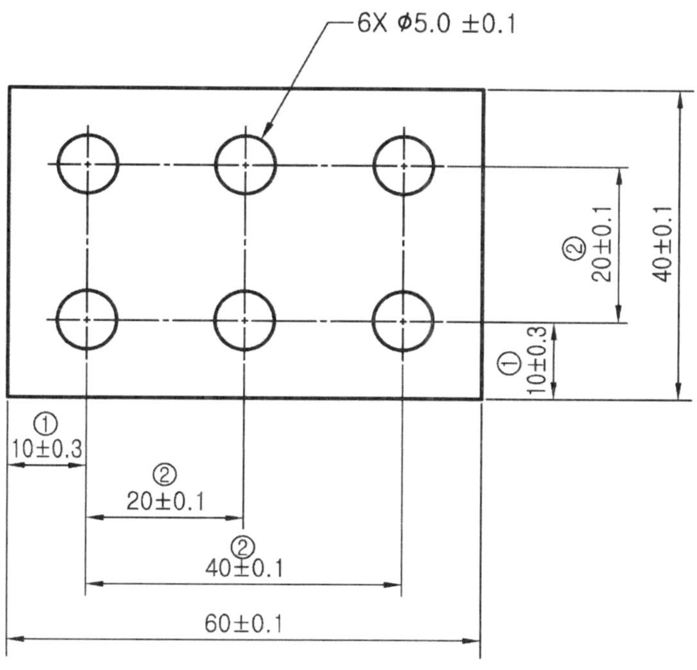

[그림 1.36] 기능적 관점에서의 치수 기입법

〈표 1.15〉 상용하는 끼워 맞춤 구멍 치수의 허용차((단위 ㎛=0.001mm)

치수구분 (mm)		C		D			E			F			G		H					
이상	이하	C9	C10	D8	D9	D10	E7	E8	E9	F6	F7	F8	G6	G7	H5	H6	H7	H8	H9	H10
-	3	+85	+100	+34	+45	+60	+24	+28	+39	+12	+16	+20	+8	+12	+4	+6	+10	+14	+25	+40
		+60			+20			+14			+6		+2				0			
3	6	+100	+118	+48	+60	+78	+32	−38	+50	+18	+22	+28	+12	+16	+5	+8	+12	+18	+30	+48
		+70			+30			+20			+10		+4				0			
6	10	+116	+138	+62	+76	+98	+40	+47	+61	+22	+28	+35	+14	+20	+6	+9	+15	+22	+36	+58
		+80			+40			+25			+13		+5				0			
10	14	+138	+165	+77	+93	+120	+50	+59	+75	+27	+34	+43	+17	+24	+8	+11	+18	+27	+43	+70
14	18	+95			+50			+32			+16		+6				0			
18	24	+162	+194	+98	+117	+149	+61	+73	+92	+33	+41	+53	+20	+28	+9	+13	+21	+33	+52	+84
24	30	+110			+65			+40			+20		+7				0			
30	40	+182	+220	+119	+142	+180	+75	+89	+112	+41	+50	+64	+25	+34	+11	+16	+25	+39	+62	+100
		+120			+80			+50			+25		+9				0			
40	50	+192	+230																	
		+130																		
50	65	+214	+260	+146	+174	+220	+90	+106	+134	+49	+60	+76	+29	+40	+13	+19	+30	+46	+74	+120
		+140			+100			+60			+30		+10				0			
65	80	+224	+270																	
		+150																		
80	100	+257	+310	+174	+207	+260	+107	+126	+159	+58	+71	+90	+34	+47	+15	+22	+35	+54	+87	+140
		+170			+120			+72			+36		+12				0			
100	120	+267	+320																	
		+180																		

〈표 1.16〉 상용하는 끼워 맞춤 구멍 치수의 허용차((단위 ㎛=0.001mm)

치수구분 (mm)		C		D			E			F			G		H					
이상	이하	C9	C10	D8	D9	D10	E7	E8	E9	F6	F7	F8	G6	G7	H5	H6	H7	H8	H9	H10
120	140	+300 +200	+360																	
140	160	+310 +210	+370	+208	+245 +145	+305	+125	+148 +85	+185	+68	+83 +43	+106	+39 +14	+54	+18	+25	+40	+63 0	+100	+160
160	180	+330 +230	+390																	
180	200	+355 +240	+425																	
200	225	+375 +260	+445	+242	+285 +170	+355	+146	+172 +100	+215	+79	+96 +50	+122	+44 +15	+61	+20	+29	+46	+72 0	+115	+185
225	250	+395 +280	+465																	
250	280	+430 +300	+510	+271	+320 +190	+400	+162	+192 +110	+240	+88	+108 +56	+137	+49 +17	+69	+23	+32	+52	+81 0	+130	+210
280	315	+460 +330	+540																	
315	355	+500 +360	+590	+299	+350 +210	+440	+182	+214 +125	+265	+98	+119 +62	+151	+54 +18	+75	+25	+36	+57	+89 0	+140	+230
355	400	+540 +400	+630																	
400	450	+595 +440	+690	+327	+385 +230	+480	+198	+232 +135	+290	+108	+131 +68	+165	+60 +20	+83	+27	+40	+63	+97 0	+155	+250
450	500	+635 +480	+730																	

〈표 1.17〉 상용하는 끼워 맞춤 구멍 치수의 허용차(단위 ㎛= 0.001mm)

치수구분 (mm)		J		K			M			N		P		R	S	T	U
이상	이하	JS6	JS7	K5	K6	K7	M5	M6	M7	N6	N7	P6	P7	R7	S7	T7	U7
-	3	±3	±5	0 -4	0 -6	0 -10	-2 -6	-2 -8	-2 -12	-4 -10	-4 -14	-6 -12	-6 -16	-10 -20	-14 -24	-	-18 -28
3	6	±4	±6	0 -5	+2 -6	+3 -9	-3 -8	-1 -9	0 -12	-5 -13	-4 -16	-9 -17	-8 -20	-11 -23	-15 -27	-	-19 -31
6	10	±4.5	±7	+1 -5	+2 -7	+5 -10	-4 -10	-3 -12	0 -15	-7 -16	-4 -19	-12 -21	-9 -24	-13 -28	-17 -32	-	-22 -37
10	14	±5.5	±9	+2 -6	+2 -9	+6 -12	-4 -12	-4 -15	0 -18	-9 -20	-5 -23	-15 -26	-11 -29	-16 -34	-21 -39	-	-26 -44
14	18																
18	24	±6.5	±10	+1 -8	+2 -11	+6 -15	-5 -14	-4 -17	0 -21	-11 -24	-7 -28	-18 -31	-14 -35	-20 -41	-27 -48	-	-33 -54
24	30															-33 -54	-40 -61
30	40	±8	±12	+2 -9	+3 -13	+7 -18	-5 -16	-4 -20	0 -25	-12 -28	-8 -33	-21 -37	-17 -42	-25 -50	-34 -59	-39 -64	-51 -76
40	50															-45 -70	-61 -86
50	65	±9.5	±15	+3 -10	+4 -15	+9 -21	-6 -19	-5 -24	0 -30	-14 -33	-9 -39	-26 -45	-21 -51	-30 -60	-42 -72	-55 -85	-76 -106
65	80													-32 -62	-48 -78	-64 -94	-91 -121
80	100	±11	±17	+2 -13	+4 -18	+10 -25	-8 -23	-6 -28	0 -35	-16 -38	-10 -45	-30 -52	-24 -59	-38 -73	-58 -93	-78 -113	-111 -146
100	120													-41 -76	-66 -101	-91 -126	-131 -166
120	140	±12.5	±20	+3 -15	+4 -21	+12 -28	-9 -27	-8 -33	0 -40	-20 -45	-12 -52	-36 -61	-28 -68	-48 -88	-77 -117	-107 -147	-
140	160													-50 -90	-85 -125	-119 -159	
160	180													-53 -93	-93 -133	-131 -171	
180	200	±14.5	±23	+2 -18	+5 -24	+13 -33	-11 -31	-8 -37	0 -46	-22 -51	-14 -60	-41 -70	-33 -79	-60 -106	-105 -151	-	-
200	225													-63 -109	-113 -159		
225	250													-67 -113	-123 -169		
250	280	±16	±26	+3 -20	+5 -27	+16 -36	-13 -36	-9 -41	0 -52	-25 -57	-14 -66	-47 -79	-36 -88	-74 -126	-	-	-
280	315													-78 -130			

〈표 1.18〉 상용하는 끼워 맞춤 축 치수의 허용차 (단위 ㎛= 0.001mm)

치수구분 (mm)		c	d		e			f			g			h					
이상	이하	c9	d8	d9	e7	e8	e9	f6	f7	f8	g4	g5	g6	h4	h5	h6	h7	h8	h9
-	3	-60	-20		-14			-6			-2			0					
		-85	-34	-45	-24	-28	-39	-12	-16	-20	-5	-6	-8	-3	-4	-6	-10	-14	-25
3	6	-70	-30		-20			-10			-4			0					
		-100	-48	-60	-32	-38	-50	-18	-22	-28	-8	-9	-12	-4	-5	-8	-12	-18	-30
6	10	-80	-40		-25			-13			-5			0					
		-116	-62	-76	-40	-47	-61	-22	-28	-35	-9	-11	-14	-4	-6	-9	-15	-22	-36
10	14	-95	-50		-32			-16			-6			0					
14	18	-138	-77	-93	-50	-59	-75	27	-34	-43	-11	-14	-17	-5	-8	-11	-18	-27	-43
18	24	-110-1	-65		-40			-20			-7			0					
24	30	62	-98	-117	-61	-73	-92	-33	-41	-53	-13	-16	-20	-6	-9	-13	-21	-33	-52
30	40	-120 -182	-80		-50			-25			-9			0					
40	50	-130 -192	-119	-142	-75	-89	-112	-41	-50	-64	-16	-20	-25	-7	-11	-16	-25	-39	-62
50	65	-140 -214	-100		-60			-30			-10			0					
65	80	-150 -224	-146	-174	-90	-106	-134	-49	-60	-76	-18	-23	-29	-8	-13	-19	-30	-46	-74
80	100	-170-2 57	-120		-72			-36			-12			0					
100	120	-180 -267	-174	-207	-107	-126	-159	-58	-71	-90	-22	-27	-34	-10	-15	-22	-35	-54	-87
120	140	-200-3 00	-145		-85			-43			-14			0					
140	160	-210 -310	-208	-245	-125	-148	-185	-68	-83	-106	-26	-32	-39	-12	-18	-25	-40	-63	-100
160	180	-230 -330																	
180	200	-240 -355	-170		-100			-50			-15			0					
200	225	-260 -375	-242	-285	-146	-172	-215	-79	-96	-122	-29	-35	-44	-14	-20	-29	-46	-72	-115
225	250	-280 -395																	

〈표 1.19〉 상용하는 끼워 맞춤 축 치수의 허용차 (단위 ㎛= 0.001mm)

치수구분 (mm)		j			k			m			n	p	r	s	t	u
이상	이하	js5	js6	js7	k4	k5	k6	m4	m5	m6	n6	p6	r6	s6	t6	u6
-	3	±2	±3	±5	+3	+4 0	+6	+5	+6 +2	+8	+10 +4	+12 +6	+16 +10	+20 +14	-	+24 +18
3	6	±2.5	±4	±6	+5	+6 +1	+9	+8	+9 +4	+12	+16 +8	+20 +12	+23 +15	+27 +19	-	+31 +23
6	10	±3	±4.5	±7	+5	+7 +1	+10	+10	+12 +6	+15	+19 +10	+24 +15	+28 +19	+32 +23	-	+37 +28
10	14	±4	±5.5	±9	+6	+9 +1	+12	+12	+15 +7	+16	+23 +12	+29 +18	+34 +23	+39 +28	-	+44 +33
14	18															
18	24	±4.5	±6.5	±10	+8	+11 +2	+15	+14	+17 +8	+21	+28 +15	+35 +22	+41 +28	+48 +35	-	+54 +41
24	30														+54 +41	+61 +48
30	40	±5.5	±8	±12	+9	+13 +2	+18	+16	+20 +9	+25	+33 +17	+42 +26	+50 +34	+59 +43	+64 +48	+76 +60
40	50														+70 +54	+86 +70
50	65	±6.5	±9.5	±15	+10	+15 +2	+21	+19	+24 +11	+30	+39 +20	+51 +32	+60 +41	+72 +53	+85 +66	+106 +87
65	80												+62 +43	+78 +59	+94 +75	+121 +102
80	100	±7.5	±11	±17	+13	+18 +3	+25	+23	+28 +13	+35	+45 +23	+59 +37	+73 +51	+93 +71	+113 +91	+146 +124
100	120												+76 +54	+101 +79	+126 +104	+166 +144
120	140	±9	±12.5	±20	+15	+21 +3	+28	+27	+33 +15	+40	+52 +27	+68 +43	+88 +63	+117 +92	+147 +122	-
140	160												+90 +65	+125 +100	+159 +134	
160	180												+93 +68	+133 +108	+171 +146	
180	200	±10	±14.5	±23	+18	+24 +4	+33	+31	+37 +17	+46	+60 +31	+79 +50	+106 +77	+151 +122	-	-
200	225												+109 +80	+159 +130		
225	250												+113 +84	+169 +140		
250	280	±11.5	±16	±26	+20	+27 +4	+36	+36	+43 +20	+52	+66 +34	+88 +56	+126 +94	-	-	-
280	315												+130 +98			

제6장 표면 조직(surface texture)

6.1 표면 조직의 필요성

기계가공 부품 표면에서 미세한 요철의 성질을 나타내는 파라미터, 즉 표면 거칠기나 거칠기의 간격보다 큰 간격으로 나타나는 표면의 굴곡인 파상도 등은 기계의 기능이나 표면의 품질에 크게 영향을 미친다.

표면 조직이 거친 경우, 접촉 부분에 하중이 집중되어 발생하는 고체마찰로 인해 마모나 변형 등이 빠르게 진행되어 정밀도가 낮아지고 수명이 단축된다. 반면에 표면 조직이 좋은 경우, 하중이 분산되어 윤활막이 균일하게 형성되어 원활한 윤활작용으로 기능과 수명이 향상된다.

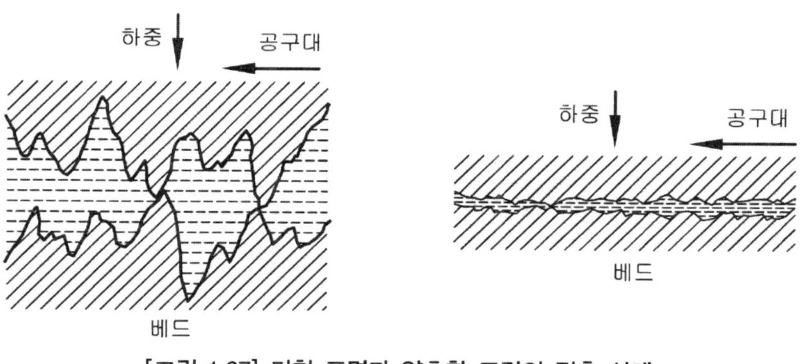

[그림 1.37] 거친 표면과 양호한 표면의 접촉 상태

6.2 표면 조직 상태를 지시해야 할 기계요소

(a) 기구적으로 기능 향상을 필요로 하는 부분
- 기계류의 운동부분 : 베드면, 피스톤, 축, 기어 등
- 측정의 기준 형체 : 게이지 블록, 마이크로미터 엔빌과 스핀들 등
- 유밀, 기밀을 요하는 부분 : 피스톤 링, 밸브, 유압 실린더 등
- 절단용 날 부분 : 커터 날, 공구의 표면
- 전기적 접촉 부분
- 광학부분

(b) 접착력을 요하는 부분으로, 도장이나 프린팅 회로 등

(c) 내식성을 요하는 부품으로 보호피막이나 도장 부분

(d) 외관 향상을 요하는 부분

(e) 시각적 선명도를 요하는 부분으로 활자, 인쇄용 종이 등

6.3 표면 조직의 정의 및 기호

표면 조직과 관련하여 각 용어에 대한 정의는 다음과 같다.

(a) 표면 단면 곡선 : 규정된 평면에 의해 실제 표면과 교차하여 생기는 단면 곡선이다. 실제로, 실제 표면에 평행하고 적합한 방향에서 공칭 법선인 평면을 선택하는 것이 일반적이다.

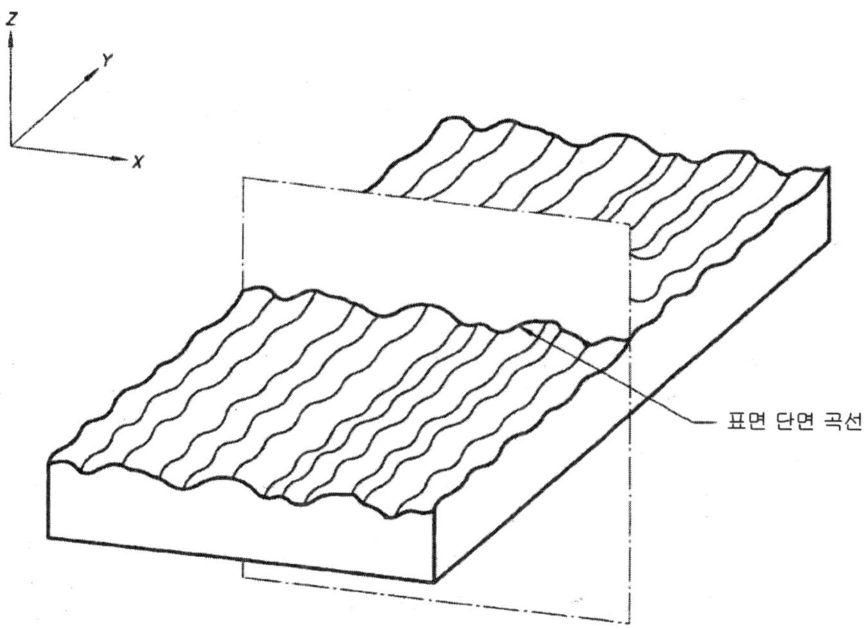

[그림 1.38] 표면 단면 곡선

(b) **단면 곡선 필터** : 단면 곡선을 장파와 단파 성분으로 분리하는 필터이다. 거칠기, 파상도, 1차 단면곡선을 측정하는 기기에 사용되는 필터에는 3가지가 있다. 이들 위상 보정 필터의 컷 오프 파장은 진폭의 50%가 단면 곡선 필터에 의해 전송되는 사인파 단면 곡선의 파장으로 동일한 전송 특성을 갖지만, 컷오프 파장은 서로 다르다.

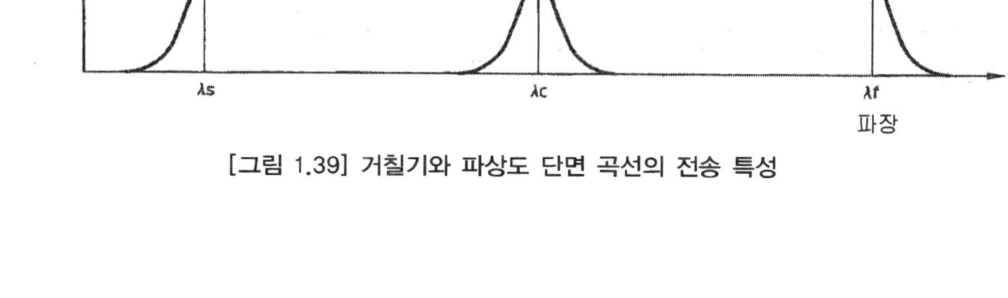

[그림 1.39] 거칠기와 파상도 단면 곡선의 전송 특성

(c) λs **단면 곡선 필터** : 거칠기와 표면에 나타난 훨씬 더 짧은 파장 성분 사이의 교차점을 정의하는 필터

(d) λc **단면 곡선 필터** : 거칠기와 파상도 성분 사이의 교차점을 정의하는 필터

(e) λf **단면 곡선 필터** : 파상도와 표면에 나타난 훨씬 더 긴 파장 성분 사이의 교차점을 정의하는 필터

(f) **1차 단면 곡선** : 1차 단면 곡선은 1차 단면 곡선 파라미터를 평가하는 근거가 된다.

(g) **거칠기 단면 곡선** : 단면 곡선 필터 λc를 이용해 장파 성분을 억제하여 1차 단면 곡선으로부터 유도한 단면 곡선이다. 거칠기 단면 곡선의 전송 대역은 λs와 λc 단면 곡선 필터에 의해 정의되며, 거칠기 단면 곡선 파라미터를 평가하는 근거가 된다.

(h) **파상도 단면 곡선** : 단면 곡선 필터 λf를 이용해 장파 성분을 억제하고 단면 곡선 필터 λc를 이용해 단파 성분을 억제한 다음, 단면 곡선 필터 λf와 단면 곡선 필터 λc를 1차 곡선에 적용하여 유도한 단면 곡선이다. 파상도 단면 곡선을 분리하기 위해 λf 단면 곡선 필터를 적용하기 전, 최적 최소 제곱법으로 전체 단면 곡선으로부터 공칭 형상을 먼저 제거해야 한다. 파상도 단면 곡선의 전송대역은 λc와 λf 단면 곡선 필터에 의해 정의되며, 파상도 단면 곡선 파라미터를 평가하는 근거가 된다.

(i) **이송길이(traverse length)** : 측정을 위해 촉침이 움직인 표면 전체 구간의 길이로, 양끝에 초과 이송을 두어 기계적, 전기적 천이성(transient) 신호를 배제한다.

(j) **파라미터** : 1차 단면 곡선에서 산출한 파라미터를 P, 거칠기 단면 곡선에서 산출한 파라미터를 R, 파상도 단면 곡선에서 산출한 파라미터를 W로 나타낸다. 파라미터 기호에서 첫 번째 대문자는 평가된 단면 곡선의 형태를 나타낸다. 예를 들어 Ra는 거칠기 단면 곡선에서 산출된 것이며, Pt는 1차 단면 곡선에서 산출한다.

(k) **기준 길이(lp, lr, lw)** : 평가 대상 단면 곡선을 특성화하는 불규칙성을 식별하는데 사용된 X축 방향에서의 길이로 샘플링 길이(sampling length)라고도 한다. 거칠기 단면 곡선 lr과 파상도 단면 곡선 lw에 대한 기준 길이는 단면 곡선 필터 λc와 λf 각각의 특성 파장과 수치상으로 동일하다. 1차 단면 곡선 lp에 대한 기준 길이는 평가 길이와 동일하다.

(l) **평가 길이**(evaluation length, ln) : 평가 대상 단면 곡선을 평가하는 데 사용되는 데 사용되는 X축 방향에서의 길이로 기준 길이를 하나 이상 포함하는 길이이다. 평가 길이(evaluation length)의 표준 값은 기준 길이의 5배로 한다.

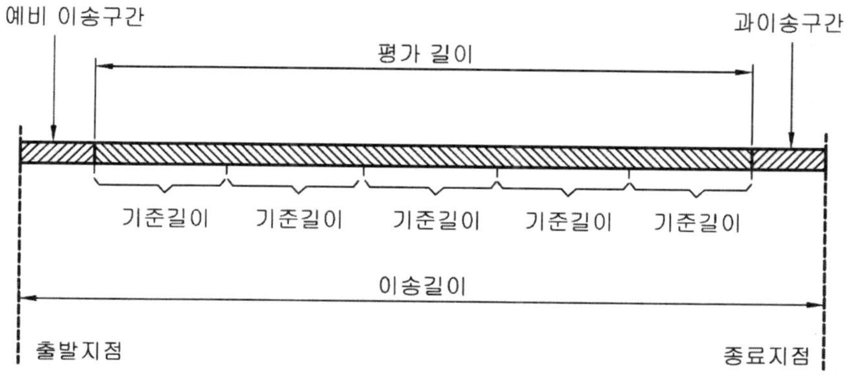

[그림 1.40] 표면 거칠기의 구성

(m) **단면 곡선 산** : X축과 단면 곡선 교차점의 두 개의 인접한 점을 연결하는 평가된 단면 곡선에서 평균선의 위쪽에 있는 부분

(n) **단면 곡선 골** : X축과 평가된 단면 곡선 교차점의 두 개의 인접한 점을 연결하는 평가된 단면 곡선에서 평균선의 아래쪽에 있는 부분

(o) **높이 및 간격 판별** : 고려되어야 하는 평가된 단면 곡선의 단면 곡선 산과 단면 곡선 골의 최소 높이와 최소 간격이다. 단면 곡선 산과 골의 최소 높이는 통산 Pz, Rz, Wz 또는 다른 진폭 파라미터의 백분율로 규정되며, 최소 간격은 기준 길이의 백분율로 규정된다.

(p) **거칠기 단면 곡선에 대한 평균선** : 단면 곡선 필터 λc에 의해 억제된 장파 단면 곡선 성분에 해당하는 선

(q) **파상도 단면 곡선에 대한 평균선** : 단면 곡선 필터 λf에 의해 억제된 장파 단면 곡선 성분에 해당하는 선

(r) **1차 단면 곡선에 대한 평균선** : 1차 단면 곡선을 통한 공칭 형상의 최소 제곱선으로 맞추어 결정된 선

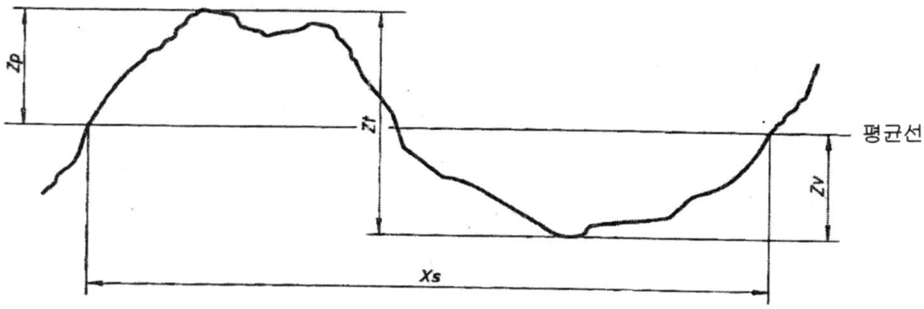

[그림 1.41] 단면 곡선 요소

(s) 국부 기울기 $\frac{dZ}{dX}$: 위치 X_i에서 평가된 단면 곡선의 기울기

(t) 단면 곡선 산 높이 Zp : X축과 단면 곡선 산의 최고점 간 거리

(u) 단면 곡선 골 깊이 Zv : X축과 단면 곡선 골의 최저점 간 거리

(v) 단면 곡선 요소 높이 Zt : 단면 곡선 요소의 산 높이와 골 깊이의 합

(w) 단면 곡선 요소 폭 Xs : 단면 곡선 요소와 교차하는 X축 선분의 길이

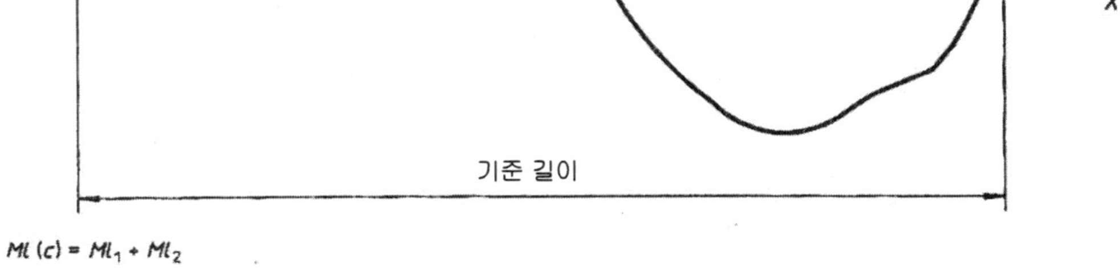

[그림 1.42] 재료(실체) 길이

(x) c레벨(level)에서 단면 곡선의 실체 길이 $Ml(c)$: 주어진 c레벨에서 X축에 평행한 선에 의해 단면 곡선 요소와 교차하는 구간 길이의 합

6.4 표면 단면 곡선 파라미터의 정의

(1) 진폭 파라미터(산과 골)

(a) 최대 단면 곡선 산 높이(Pp, Rp, Wp) : 기준 길이 내에서 최대 단면 곡선 산 높이 Zp

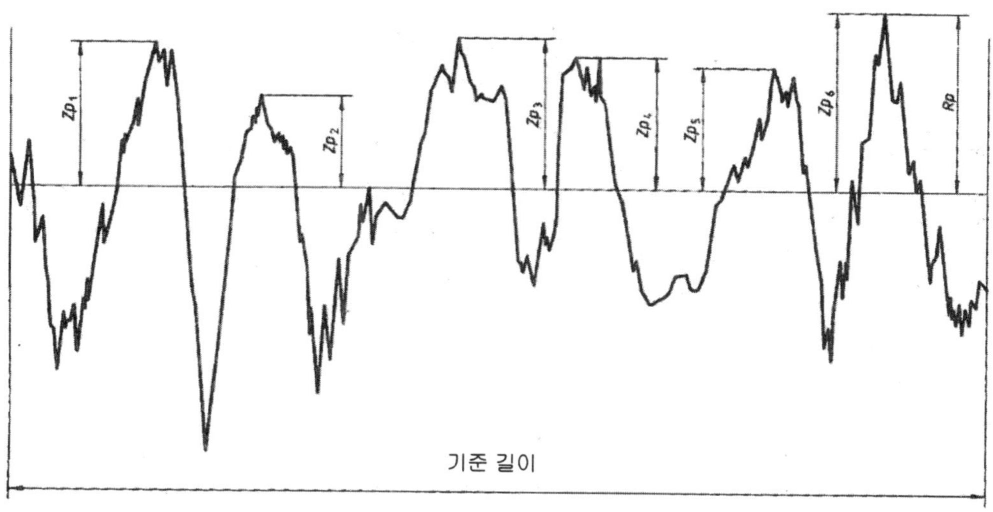

[그림 1.43] 최대 단면 곡선 산 높이(거칠기 단면 곡선의 예)

(b) 최대 단면 곡선 골 깊이(Pv, Rv, Wv) : 기준 길이 내에서 최대 단면 곡선 골 깊이 Zv

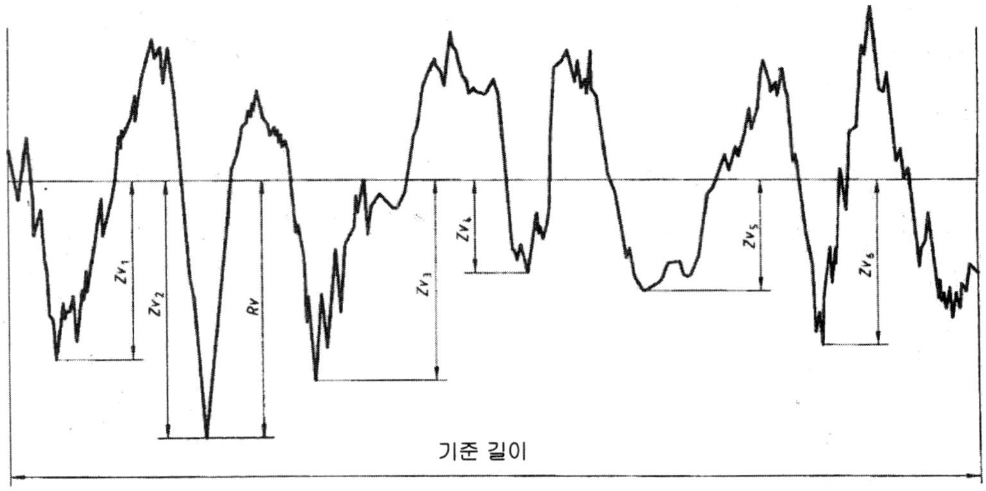

[그림 1.44] 최대 단면 곡선 골 깊이(거칠기 단면 곡선의 예)

(c) 단면 곡선의 최대 높이(Pz, Rz, Wz) : 기준 길이 내에서 최대 단면 곡선 산 높이 Zp와 최대 단면 곡선 골 깊이 Zv의 합

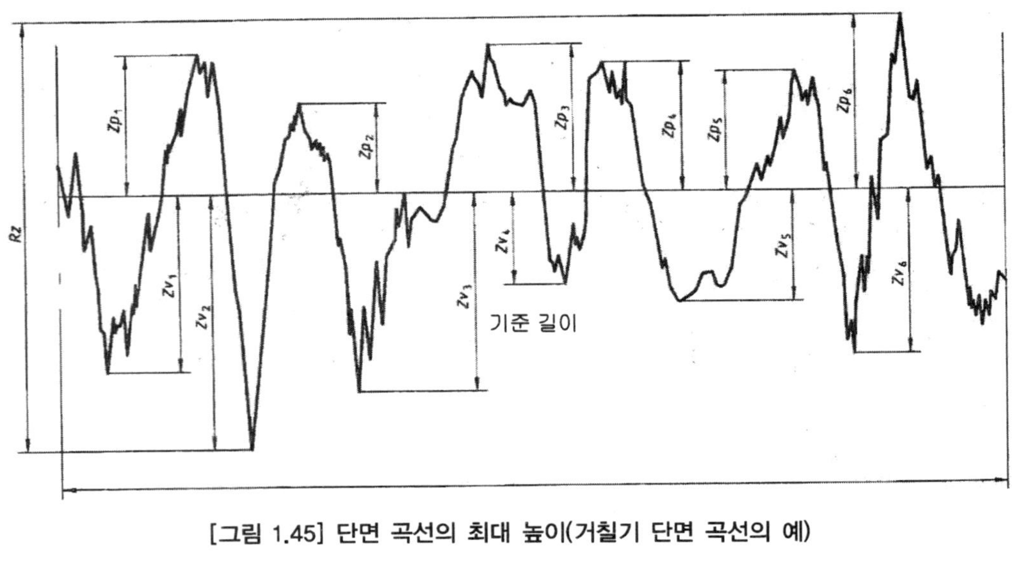

[그림 1.45] 단면 곡선의 최대 높이(거칠기 단면 곡선의 예)

(d) 단면 곡선 요소의 평균 높이(mean height of profile elements, Pc, Rc, Wc) : 기준 길이 내에서 단면 곡선 요소 높이 Zt의 평균값이다.

$$Pc,\ Rc,\ Wc\ =\ \frac{1}{m}\sum_{i=1}^{m}Zt_i \tag{1.9}$$

파라미터 Pc, Rc, Wc 는 높이와 간격 구별을 요구한다. 별도로 규정하지 않은 경우, 기본 높이 구별은 Pz, Rz, Wz 의 각각 10%이고, 기본 간격 구별은 기준 길이의 1%이어야 한다. 이 두 조건은 모두 충족되어야 한다.

(e) **단면 곡선의 전체 높이**(Pt, Rt, Wt) : 평가 길이 내에서 최대 단면 곡선 산 높이 Zp 와 최대 단면 곡선 골 깊이 Zv 의 합이다. Pt, Rt, Wt 는 기준 길이가 아니라 평가 길이에 대해 정의되기 때문에, 다음은 항상 모든 단면 곡선에 대해 참이다.

$Pt \geq P_z$, $Rt \geq Rz$, $Wt \geq Wz$

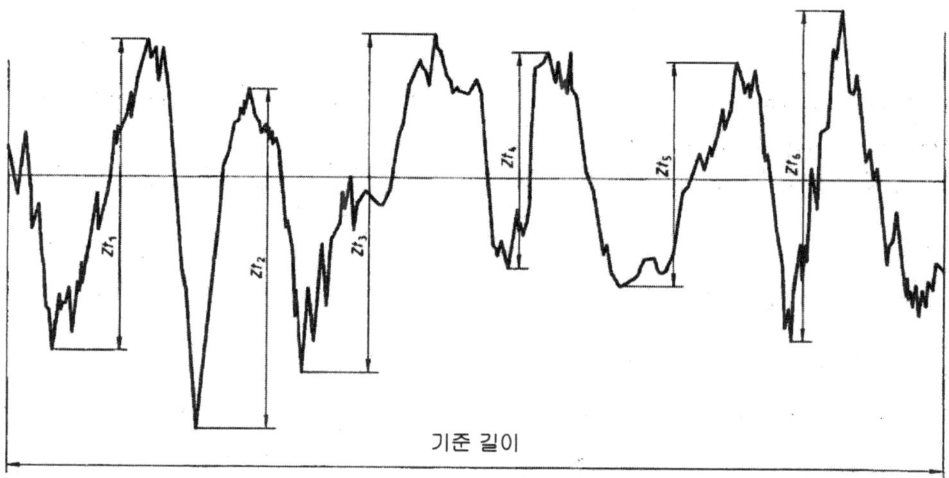

[그림 1.46] 단면 곡선 요소의 높이(거칠기 단면 곡선의 예)

(2) 진폭 파라미터(세로좌표의 평균)

(a) 평가된 단면 곡선의 산술 평균 편차(Pa, Ra, Wa) : 기준 길이 내에서 절대 세로 좌표값 $Z(x)$ 의 산술 평균값이다.

$$Pa,\ Ra,\ Wa = \frac{1}{l}\int_0^l |Z(x)|\,dx \tag{1.10}$$

여기에서 l은 기준 길이로 경우에 따라서 $l = lp$, lr 또는 lw 가 된다.

산술평균 거칠기는 산과 골의 가운데를 통과하는 평균선위 폐곡선 면적의 합과 중심선 아래의 면적이 같다. 국제적으로 많이 사용하는 표면 거칠기로 어떤 특이한 산이나 골이 있어도 평균화되어 영향이 크지 않지만, 요철이나 거칠기 곡선의 모양에 대한 정보는 알 수 없다.

(b) **평가된 단면 곡선의 제곱 평균 편차**($Pq,\ Rq,\ Wq$) : 기준 길이 내에서 세로 좌표값 $Z(x)$의 제곱 평균값

$$Pq,\ Rq,\ Wq = \sqrt{\frac{1}{l}\int_0^l Z^2(x)dx} \tag{1.11}$$

경우에 따라서 $l = lp, lr$ 또는 lw 가 된다.

(c) **평가된 단면 곡선의 비대칭도**(Psk, Rsk, Wsk) : 기준 길이 내에서 세로 좌표값 $Z(x)$의 평균 세제곱 값과 Psk, Rsk, Wsk 각각의 세제곱의 몫

$$Rsk = \frac{1}{Rq^3}\left[\frac{1}{lr}\int_0^{lr} Z^3(x)dx\right] \tag{1.12}$$

위의 식은 Rsk를 나타낸 것으로 Psk와 Wsk도 이와 유사하게 정의된다.

Psk, Rsk, Wsk는 세로 좌표값의 확률 밀도 함수의 비대칭 척도로, 이러한 파라미터는 고립된 산 또는 고립된 골에 의해 큰 영향을 받는다.

(d) **평가된 단면 곡선의 첨도**($Pku,\ Rku,\ Wku$) : 기준 길이 내에서 세로 좌표값 $Z(x)$의 평균 네 제곱값과 $Pq,\ Rq,$ 또는 Wq 각각의 4차의 몫

$$R_{ku} = \frac{1}{Rq^4}\left[\frac{1}{lr}\int_0^{lr} Z^4(x)dx\right] \tag{1.13}$$

위의 식은 Rku를 정의한다. Pku와 Wku도 이와 유사한 방법으로 정의된다.

$Pku,\ Rku,\ Wku$는 세로축 값의 확률 밀도 함수의 첨예도의 척도로, 이 파라미터는 고립된 산과 고립된 골에 의해 큰 영향을 받는다.

(3) 간격 파라미터

(a) 단면 곡선 요소의 **평균 너비**($PSm,\ RSm,\ WSm$) : 기준 길이 내에서 단면 곡선 요소 너비 Xs의 평균값

$$PSm,\, RSm\,,\, WSm = \frac{1}{m}\sum_{i=1}^{m} Xs_i \tag{1.14}$$

파라미터 PSm, RSm, WSm 은 높이와 간격 구별을 필요로 한다. 별도로 규정되지 않은 경우, 기본 높이 구별은 Pz, Rz, Wz 각각의 10%이어야 하며, 기본 간격 구별은 기준 길이의 1%이어야 한다. 두 조건이 모두 충족되어야 한다.

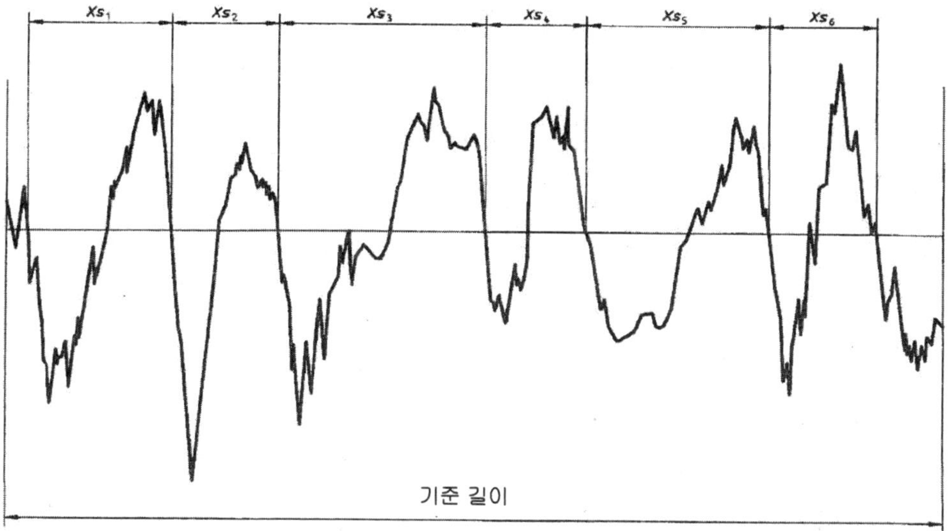

[그림 1.47] 단면 곡선 요소의 너비

(4) 혼합 파라미터

(a) 평가된 단면 곡선의 제곱 평균 기울기($P\Delta q$, $R\Delta q$, $W\Delta q$) : 기준 길이 내에서 세로축 기울기 $\frac{dZ}{dX}$ 제곱 평균값

(5) 곡선 및 이와 관련된 파라미터

모든 곡선 및 이와 관련된 파라미터는 기준 길이가 아닌 평가 길이에 대해 정의 된다. 이는 평가 길이가 더욱 안정적인 곡선 및 이와 관련된 파라미터를 제공하기 때문이다.

(a) 단면 곡선의 실체비(Pmr(c), Rmr(c), Wmr(c))

$$\mathrm{Pmr(c), Rmr(c), Wmr(c)} = \frac{Ml(c)}{ln} \tag{1.15}$$

(b) 단면의 실체비 곡선(Abbott Firestone 곡선) : 레벨의 함수로써 단면 곡선의 실체비를 나타내는 곡선이다. 이 곡선은 평가 길이 내에서 세로 좌표값 Z(x)의 샘플 누적 확률 함수로 해석될 수 있다.

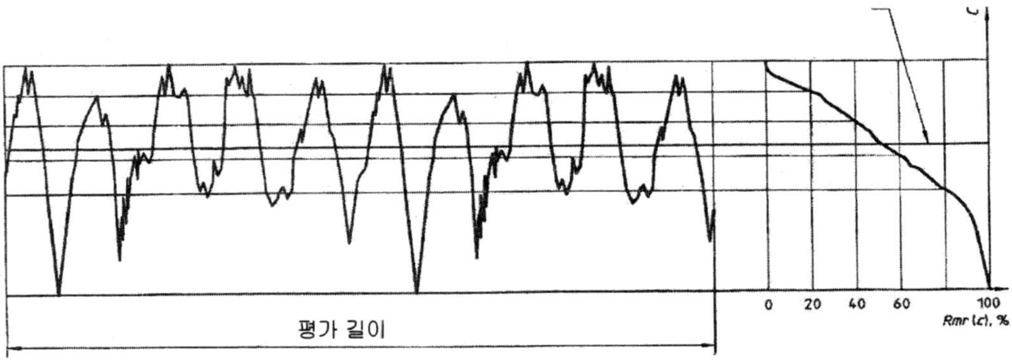

[그림 1.48] 실체비 곡선

(c) 단면 곡선 구간 높이 차($P\delta c$, $R\delta c$, $W\delta c$) : 주어진 실체비의 두 구간 레벨 사이의 수직 거리이다. 아래 식은 $R\delta c$를 정의한다. $P\delta c$와 $W\delta c$도 이와 유사하게 정의된다.

$$R\delta c = C(\mathrm{R\,mr1}) - \mathrm{C}(\mathrm{R\,mr2}),\ (\mathrm{R\,mr1} < \mathrm{R\,mr2}) \tag{1.16}$$

(d) 상대 실체비(Pmr, Rmr, Wmr) : 기준 C0와 관련된 단면 곡선 구간 레벨 $R\delta c$에서 결정된 실체비

$$\mathrm{Pmr, Rmr, Wmr = Pmr, Rmr, Wmr(C1)} \tag{1.17}$$

여기에서,

$$\mathrm{C1} = \mathrm{C0} - R\delta c(\text{또는 } P\delta c \text{ 혹은 } W\delta c)$$

$$\mathrm{C0} = \mathrm{C(Pmr0,\ Rmr0,\ Wmr0)}$$

(e) 단면 곡선 높이 진폭 곡선 : 평가 길이 내에서 세로 좌표값 Z(x)의 표본 확률 밀도 함수

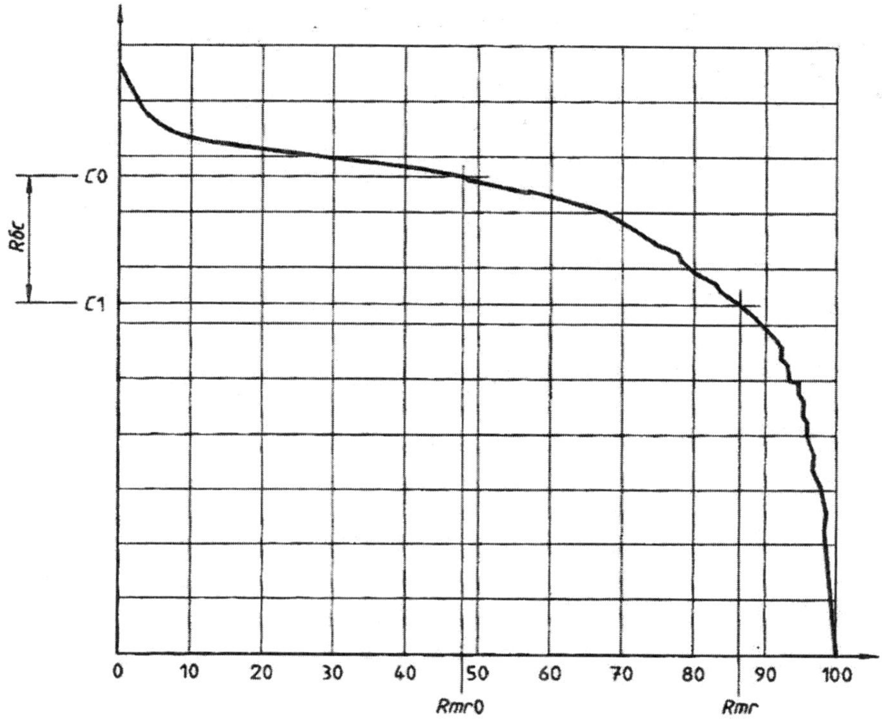

[그림 1.49] 단면 곡선 구간 레벨 분리

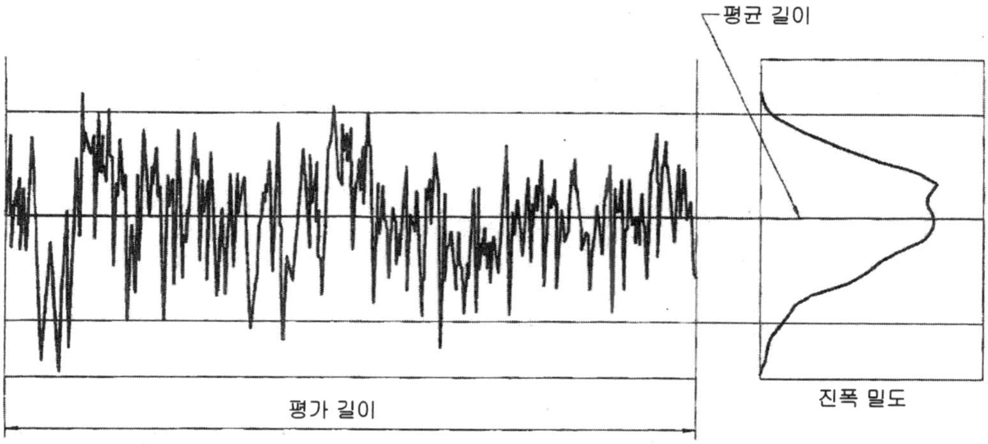

[그림 1.50] 단면 곡선 높이 진폭 분포 곡선

6.5 표면 단면 곡선 측정을 위한 기준길이

〈표 1.20〉 Ra, Rq, Rsk, Rku 측정을 위한 거칠기 기준길이

Ra(㎛)	거칠기 기준길이 lr(mm)	거칠기 평가길이 ln(mm)
(0.006) < $Ra \leq 0.02$	0.08	0.4
0.02 < $Ra \leq 0.1$	0.25	1.25
0.1 < $Ra \leq 2$	0.8	4
2 < $Ra \leq 10$	2.5	12.5
10 < $Ra \leq 80$	8	40

〈표 1.21〉 Rz, Rv, Rp, Rc, Rt 측정을 위한 거칠기 기준길이

Rz(㎛)	거칠기 기준길이 lr(mm)	거칠기 평가길이 ln(mm)
(0.025) < Rz, $Rz1\text{max} \leq 0.1$	0.08	0.4
0.1 < Rz, $Rz1\text{max} \leq 0.5$	0.25	1.25
0.5 < Rz, $Rz1\text{max} \leq 10$	0.8	4
10 < Rz, $Rz1\text{max} \leq 50$	2.5	12.5
50 < Rz, $Rz1\text{max} \leq 200$	8	40

〈표 1.22〉 R 매개변수, Rsm 측정을 위한 거칠기 기준길이

Rsm(㎛)	거칠기 기준길이 lr(mm)	거칠기 평가길이 ln(mm)
0.013 < $Rsm \leq 0.04$	0.08	0.4
0.04 < $Rsm \leq 0.13$	0.25	1.25
0.13 < $Rsm \leq 0.4$	0.8	4
0.4 < $Rsm \leq 1.3$	2.5	12.5
1.3 < $Rsm \leq 4$	8	40

〈표 1.23〉 산술 평균 거칠기(R_a)와 기존 표기의 관계(참고)

<table>
<tr><th colspan="2">산술 평균 거칠기
(R_a)</th><th>최대 높이
(R_y)</th><th>10점 평균
거칠기R_z</th><th rowspan="2">R_y, R_z 의
기준길이
l(mm)</th><th rowspan="2">기존의
다듬질 기호</th></tr>
<tr><th>표준 수열</th><th>Cut off값
λ_c(mm)</th><th colspan="2">표준수열</th></tr>
<tr><td>0.012a</td><td>0.08</td><td>0.05s</td><td>0.05z</td><td rowspan="2">0.08</td><td rowspan="5">▽▽▽▽</td></tr>
<tr><td>0.025a</td><td rowspan="2">0.25</td><td>0.1s</td><td>0.1z</td></tr>
<tr><td>0.05a</td><td>0.2s</td><td>0.2z</td><td rowspan="2">0.25</td></tr>
<tr><td>0.1a</td><td rowspan="5">0.8</td><td>0.4s</td><td>0.4z</td></tr>
<tr><td>0.2a</td><td>0.8s</td><td>0.8z</td><td rowspan="4">0.8</td></tr>
<tr><td>0.4a</td><td>1.6s</td><td>1.6z</td><td rowspan="3">▽▽▽</td></tr>
<tr><td>0.8a</td><td>3.2s</td><td>3.2z</td></tr>
<tr><td>1.6a</td><td>6.3s</td><td>6.3z</td></tr>
<tr><td>3.2a</td><td rowspan="2">2.5</td><td>12.5s</td><td>12.5z</td><td rowspan="3">2.5</td><td rowspan="2">▽▽</td></tr>
<tr><td>6.3a</td><td>25s</td><td>25z</td></tr>
<tr><td>12.5a</td><td rowspan="3">8</td><td>50s</td><td>50z</td><td rowspan="2">▽</td></tr>
<tr><td>25a</td><td>100s</td><td>100z</td><td rowspan="2">8</td></tr>
<tr><td>50a</td><td>200s</td><td>200z</td><td rowspan="2">∼</td></tr>
<tr><td>100a</td><td>-</td><td>400s</td><td>400z</td><td>-</td></tr>
</table>

주 : 거칠기를 측정할 때, 그 값을 R_a로 나타낼 때와 R_y로 나타낼 때 산의 모양이 삼각형일 경우, $R_y = 4 \times R_a$이지만 대부분 삼각형상이 아니므로 달라질 수 있다.

연습문제

문 1.1 치수공차만을 적용한 도면과 기하공차를 함께 적용한 설계에서의 주요 차이점에 대하여 설명하시오.

문 1.2 형체의 표면에는 어떤 요소들로 구성되어 있으며, 표면 거칠기의 중요성과 그 한계에 대하여 설명하시오.

문 1.3 치수공차를 지정할 경우 핵심적으로 고려할 2가지 사항은 무엇인가?

문 1.4 실 치수와 기준치수의 의미와 그 중요성에 대하여 설명하시오.

문 1.5 IT 표준공차에서 공차 등급과 그 적용에 대하여 설명하시오.

문 1.6 일반 공차를 적용할 경우에 있어서 그 이점에 대하여 설명하시오.

문 1.7 만약 어떤 물체의 치수가 도면상에 ∅ 50±0.05로 표기되어 있다. 이 물체를 측정하여 측정값이 ∅ 50.02라고 한다면, 최대 및 최소 허용치수, 기준 치수, 위 치수 허용차, 아래 치수 허용차, 치수공차 및 실 치수를 각각 구하시오.

문 1.8 구멍의 치수가 $\varnothing\, 50.000^{+0.025}_{\ \ 0}$, 축의 치수가 $\varnothing\, 50.000^{-0.005}_{-0.020}$ 이라고 하면, 최소 틈새와 최대 틈새를 구하시오.

문 1.9 상용하는 끼워맞춤에서 끼워맞춤의 종류와, 적용되는 용도에 대하여 설명해보시오

문 1.10 억지 끼워맞춤에서 유의해야 할 사항에 대하여 설명해보시오.

문 1.11 철로 된 측정물의 지름이 100mm이다. 온도 변화가 10℃라고 할 때, 온도 변화에 의한 치수 변화는 얼마인가?

문 1.12 공차누적이란 무엇이며 이를 방지하기 위한 방안은 무엇인가?

문 1.13 한국산업표준인 KS 규격에서 표면조직 파라미터는 어떤 방법으로 표시되는가?

II

기하공차의 기초

제1장 기하공차의 개요

제2장 기하공차의 도시방법

제3장 데이텀과 데이텀 표적

제4장 이론적으로 정확한 치수(TED)

제5장 최대 실체 공차방식

제6장 최소 실체 공차방식

제 1 장 기하공차의 개요

1.1 기하공차 규격의 발전역사

기하학적 치수공차 방식(GD&T : geometric dimensioning and tolerancing)은 그 제품의 기능과 제작을 고려하여 치수공차와 함께 형상공차, 방향공차, 위치공차 및 표면 흔들림 공차 등을 적절하게 부여하여 설계하는 방식이다. 이는 제품 설계자의 의도대로 제품을 명확하게 제작할 수 있으며, 제품 가공시 제작공차를 최대한 크게 적용할 수가 있어서 제품을 가장 경제적이고 효율적으로 생산할 수 있다.

이렇게 생산된 제품은 제 기능을 발휘하게 할 뿐 아니라, 조립 부품 상호간에 호환성이 확보할 수 있어 특히, 대량 생산 제품에 유리한 방식이다. 또한, 설계치수와 공차 적용시 기준 설정이 명확하여 제작 및 검사가 용이하고, 설계, 생산, 검사에 있어서 동일한 해석이 가능하게 됨으로써 균질성 있는 제품의 생산에 유리하다. 또한, 부품의 형상이 기능이나 호환성에 중요한 영향을 끼칠 때, 기능 게이지를 사용하여 검사 시간과 비용을 줄이고자 할 때, 제작과 검사 사이에 일관성이 요구될 때 기하공차를 적용한 설계가 필요하다.

이러한 장점으로 인해 오늘날 자동차, 방산 분야를 포함하여 많은 분야에서 널리 사용되고 있는 기하학적 치수공차 설계방식은 2차 세계 대전 이전부터 영국에서부터 사용되기 시작하였다. 기하학적 특성을 도면에 규제하지 않은 경우에는 기하공차에 관한 모든 사항은 전적으로 생산자에 의존하게 됨으로써, 정밀도가 높은 제품의 생산에서 적절한 제품 생산이 되지 못하고 불량품이 다량으로 발생하게 되며, 경우에 따라서는 불필요하게 정밀한 공차를 적용하여 많은 시간과 비용이 초래되어 그 필요성이 증대하게 되었다. 세계 2차 대전 중에는 방산 분야를 중심으로 영국과 미국, 캐나다를 중심으로 이러한 기하공차가 널리 적용되었으며, 점차 북미의 산업계에서 널리 사용하게 되었다.

1956년 현재의 미국 표준협회(ANSI: American National Standards Institute)인 미국 표준연합(ASA)은 기하학적 형상과 위치 공차의 적용 예에 대한 표준방법을 제정하였다.

미국은 치수 및 공차 방식에 관하여 MIL-STD-8C라는 군사규격을 보유하고 있었으나, 1966년에 ANSI Y14.5-1966 "dimensioning and tolerancing for engineering drawings"가 제정되면서 MIL-STD-8C는 폐지되고, 그 내용은 모두 ANSI Y14.5에 포함되었다. 1973에 개정된 ANSI Y14.5 규격에는 길이에 대한 단위로 인치가 사용되었으나, 1982년 M을 추가한 ANSI Y14.5M에서는 기존 인치 단위를 미터단위로 변경하였다. 이 후에도 이 규격은 몇 차례 개정되어 왔으며, ASME Y14.5M에서도 동일하게 규정하고 있다.

국제 표준화기구(ISO)에서는 1969년에 ISO R1101-1969 "tolerances of form and of position - Part 1 generalities, symbols, indications on drawings"를 제정하게 되는데 이는 ANSI Y14.5를 기초로 한 국제 표준 규격이다. 이러한 국제 규격은 수차례의 개정을 거쳐 오늘에 이르게 되었으며, 우리나라에서는 이 ISO의 규격을 토대로 1986년경에 국가 표준으로 채택되었으며, 현재, 주요 내용은 KS A ISO1101에 규정되어 있다.

오늘날 우리나라에서는 1971년대 국방부 조병창(현, 대우정밀)이 창설되고 국방과학연구원(ADD)을 중심으로 본격적으로 방산분야에서부터 기하공차가 적용되기 시작하였으며, 이와 더불어 게이지 설계, 치공구(jig & fixture) 및 공정설계와 관련된 기술이 전 산업계에 널리 사용되기에 이르렀다. (인용자료: 임종태(2002)/공차해석/도서출판 청호)

1.2 제도-공차 표시방식의 기본 원칙

(1) 독립의 원리

도면상에 각각 지정한 치수 및 기하 특성에 대한 요구 사항은 그들 사이에 특별한 관계가 지정되지 않는 한 독립적으로 적용한다. 따라서 아무런 관계가 지정되어 있지 않은 경우, 기하공차는 형체 치수에 관계없이 적용되고 기하공차와 치수 공차는 관계가 없는 것으로 취급한다. 이것을 독립의 원리라 한다.

그림 2.1에서 치수공차는 2점 측정에 의한 형체의 실 치수(actual local size)만을 규제하고 있으며, 원통 형체의 진원도, 진직도 또는 평면도 등 기하공차는 적용되지 않는다. 마찬가지로 기하공차는 형체 치수와 관계없이 그 형체의 이론적으로 정확한 형체, 자세,

위치로부터 형체의 편차를 규제하기 때문에 각각의 형체 국부 실 치수와는 독립적으로 적용한다.

따라서 만약에 치수와 형체, 치수와 자세 또는 치수와 위치 사이에 특별한 관계가 요구될 경우 그것을 도면상에 표시해야 한다. 치수와 기하 특성과의 상호 의존성은 포락 조건이나 최대 실체 공차방식, 최소 실체 공차방식을 이용해서 지시할 수 있다.

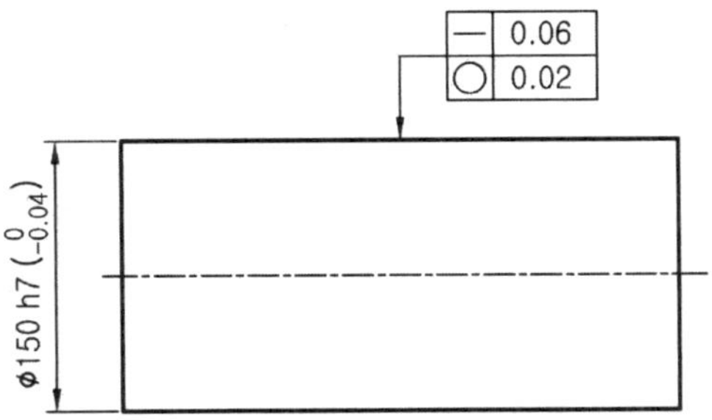

[그림 2.1] 도면 지시 보기

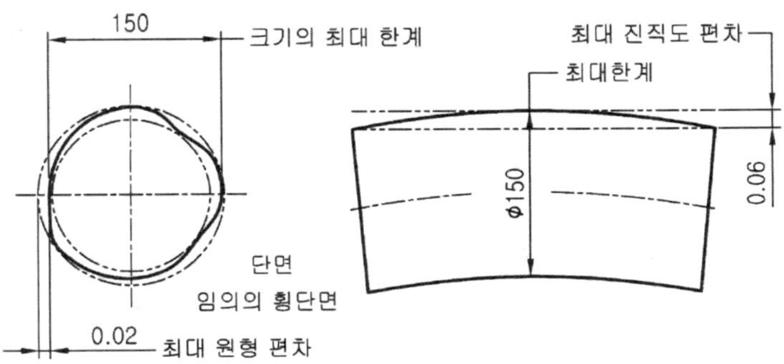

[그림 2.2] 도면에 대한 해석

(2) 포락(envelope) 조건에 의한 규제

그림 2.3과 같이 구멍과 축이 끼워 맞춤이 되고 있다고 하자. 축의 지름은 ⌀150.000~150.040 (⌀150H7)이며, 축의 지름은 ⌀150.000~ 149.975(⌀150h6)이다. 이 두 개의 부품이 간섭 없이 조립될 수 있게 되기 위한 조건을 검토해 보자.

조립상 가장 열악한 조건은 구멍의 크기가 가장 작고 축의 크기가 가장 큰 상태로 구멍과 축의 실 치수가 각각 ∅150이 될 경우이다. 즉, 이러한 조건에서는 간섭 없이 조립이 되기 위해서는 두 형체가 기하학적으로 완전(즉, 기하학적 공차인 원통도가 0)해야 한다.

포락(envelope)조건은 주어진 치수 공차 범위내에서 형체의 최대 실체 크기(구멍의 최소, 축의 최대치수)에서 완전한 형상의 경계(포락선)을 넘지 않아야 함을 규정한 것으로 최대 실체 크기일 때 형상이 완전해야 하고, 최소 실체 크기로(구멍의 최대, 축의 최소치수) 변할 때, 경계(포락선)을 넘지 않는 범위내에서 형상이 변할 수 있음을 규정한 것이다.

이와 같은 포락 조건은 단독의 원통 면 또는 평행한 두 평면에 의해서 결정되어지는 하나의 크기의 형체(feature of size)에 적용된다. 이 조건은 형체가 그 최대 실체 크기에 있어서는 완전 형태의 포락선을 넘으면 안 된다는 것을 의미하며, 길이 치수공차 뒤에 기호 Ⓔ를 붙인다.

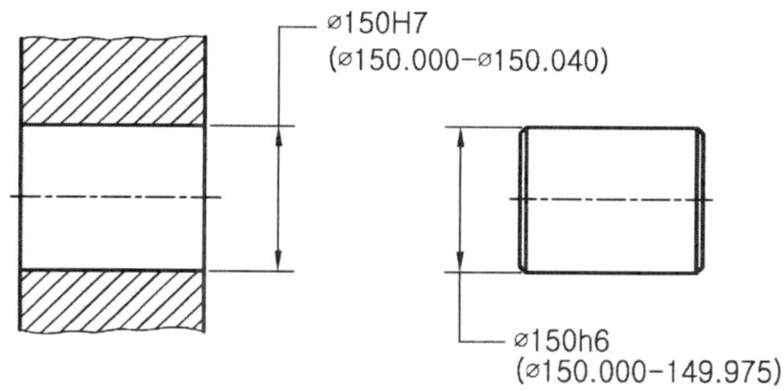

[그림 2.3] 두 구멍과 축의 끼워 맞춤(∅150H7/h6)

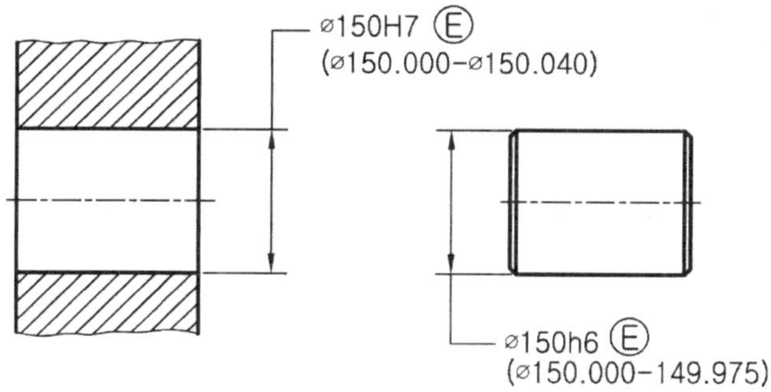

[그림 2.4] 포락 조건에 의한 규제

그림 2.4에서 축에 대한 기능상 요구사항을 살펴보자.

① 원통 축의 각각 실 지름은 치수 공차내에 있어야 함으로, ∅149.975으로부터 ∅150의 사이에서 변동할 것.(그림 2.6 참조)

② 원통 형체의 표면은 최대실체치수에서 완전한 형체의 포락선을 넘어서는 안 된다. 따라서 모든 개개의 실 지름이 최대 실체 크기 ∅150인 경우에는 축은 정확한 원통 형태이어야 하지만 크기가 작아지면 포락 경계를 벗어나지 않는 범위에서 자유로운 형상이 허용된다.

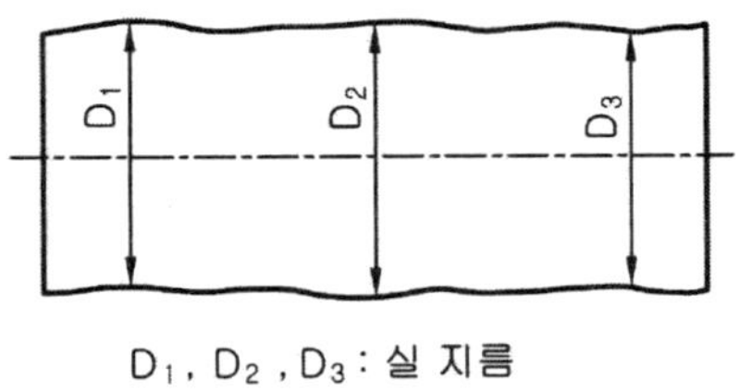

[그림 2.5] 포락 조건에 실제 지름의 크기

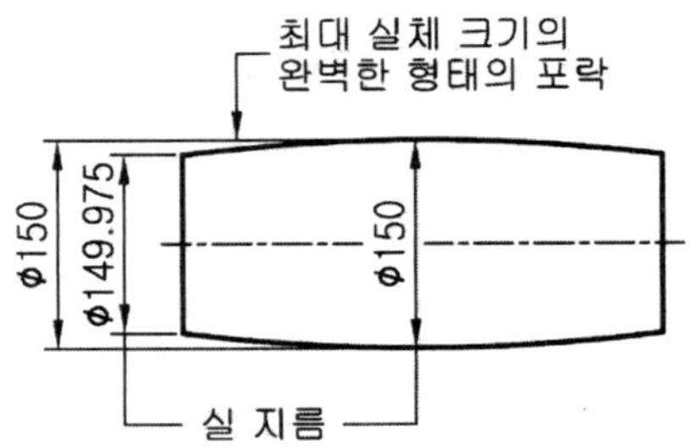

[그림 2.6] 실 지름과 포락선

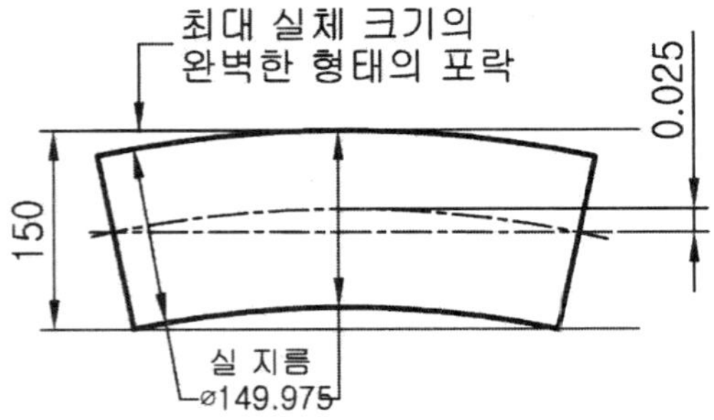

[그림 2.7] 실제 지름과 포락선

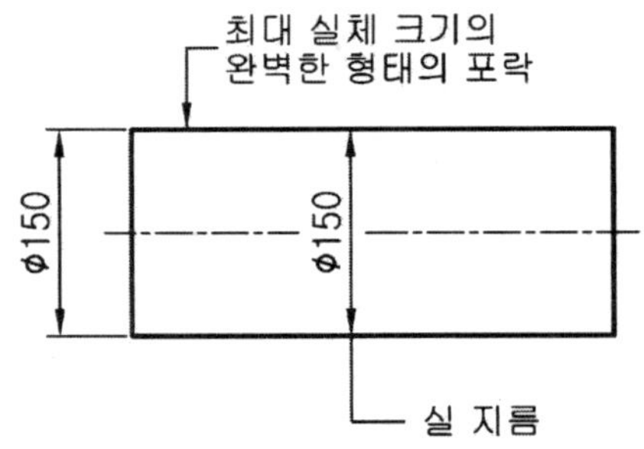

[그림 2.8] 최대 실체 크기에서의 포락선

1.3 치수공차와 기하공차를 적용한 도면의 설계

(1) 한 개의 구멍과 축의 끼워맞춤

그림 2.9에서 구멍은 ∅40H7(∅40.000~40.025), 축은 f6(∅39.975~39.959)의 크기로 설계하였다. 각 구멍과 축에 대한 최대 실체 크기를 구하면 구멍은 ∅40.000이며, 축은 ∅39.975로 최소 틈새가 0.025의 크기를 갖는 헐거운 끼워 맞춤이다. 즉, 최소틈새는 구멍과 축의 결합에서 조립상 최악의 조건을 의미하며, 구멍의 최소 허용치수-축의 최대 허용치수, 혹은, 구멍의 최대 실체 크기(MMS)-축의 최대 실체 크기(MMS)이다.

만약, 그림 2.10에서 보는 바와 같이 구멍이 완전한 형상을 갖고 있다면, 최소 틈새인 0.025 범위 이내에서 축은 0.025 만큼 휨이 허용되더라도 조립에 문제가 없다. 또한, 반대로 축이 완전한 진직 상태라면 구멍 역시 자유롭게 0.025 범위 이내에서 굽힘이 허용될 수 있다. 실제 구멍과 축의 가공에서 축심이 휘기 마련이며, 궁극적으로 구멍과 축의 휨 량의 합이 최소 틈새인 0.025 이내라면 조립에 간섭이 발생하지 않을 것이다. 만약, 구멍과 축의 휨 량이 0.05가 되었다고 가정하면, 휨 량의 합인 0.05에서 최소 틈새량 0.025를 뺀 0.025값만큼 죔새가 발생한다.

따라서 치수 공차로 크기에서는 헐거운 끼워맞춤이 되도록 규제하였으나 형상에 대한 규제가 없으므로 두 부품이 조립시 형상에 따라서 간섭이 발생하는 경우가 생길 수 있다. 그러므로 치수공차만으로 설계한 도면은 완전하지가 못해 치수공차를 만족시키는 부품으로 제작되었다 하여도 설계자의 의도대로 부품이 제작된다는 보장이 없다. 따라서 제작된 부품이 기능이나 조립에 문제가 발생할 수 있으므로 치수공차와 더불어 부품 특성이나 기능, 조립상태 및 제작을 고려하여 적합한 기하공차를 규제할 필요가 있다.

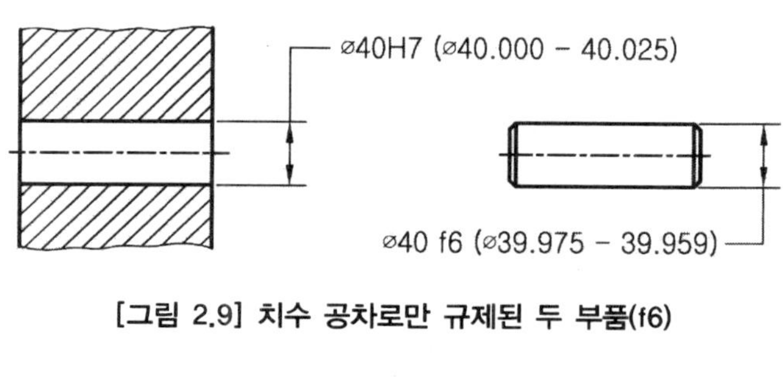

[그림 2.9] 치수 공차로만 규제된 두 부품(f6)

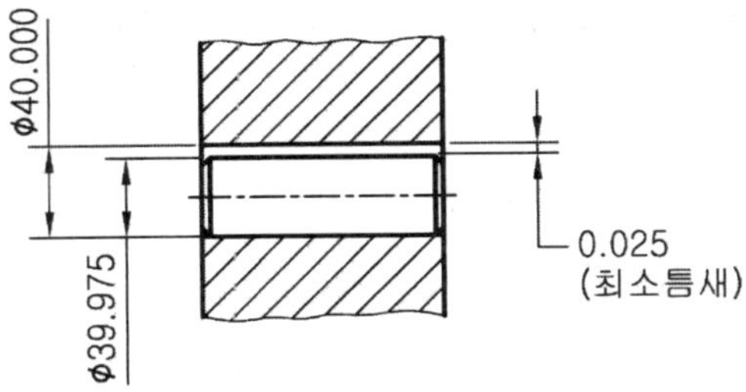

[그림 2.10] 최소 틈새

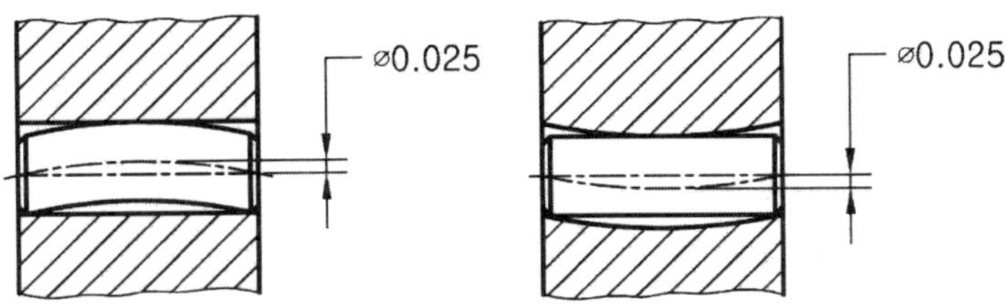

[그림 2.11] 구멍과 축의 최대 휨량

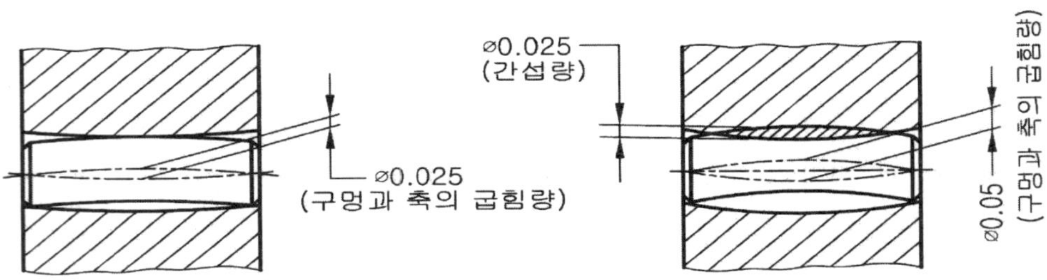

[그림 2.12] 구멍과 축의 최대 휨량

구멍과 축이 원활하게 결합하기 위해서는 구멍과 축의 휨 량을 규제할 필요가 있다. 그림 2.13은 치수공차와 더불어 기하공차를 함께 적용하여 설계한 도면이다. 이때 축 심의 휨 량은 최소 틈새 범위 내에서 구멍과 축에 대한 가공의 난이도를 감안하여 적절하게 배분하여 기하공차로 한 것이다.

즉, 최소틈새 = 구멍 축심의 휨 량+축 축심의 휨 량

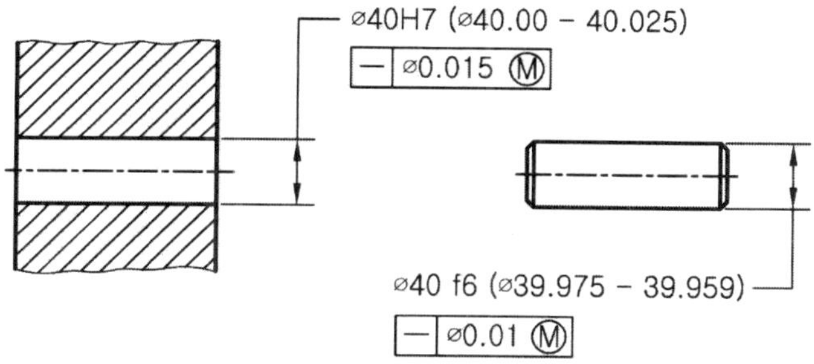

[그림 2.13] 기하공차를 적용한 도면의 설계

그림 2.13에서 치수공차와 더불어 기하공차를 적용한 설계로 다음과 같은 절차로 한다.

(a) 구멍과 축에 대한 적절한 끼워 맞춤을 설계한다. 두 부품은 ⌀40H7/f6로 헐거운 끼워 맞춤으로 설계되었다. 이는 조립 후 두 부품이 원활하게 움직임이 가능하기 위한 목적으로 설계 된 것이다.

(b) 기하공차를 적용할 경우에는 공차 틀을 만들어 기입한다. 공차 틀은 단독형체로 규제되는 기하 공차에는 두 칸으로 구분되어 있으며, 맨 앞에는 기하공차의 종류, 다음 칸에는 기하 공차역, 기하공차의 크기 및 각종 규제조건이 기입된다. 규제 형체인 축과 구멍에 대하여 표면이나 축심에 대하여 규제할 수 있다. 축심에 대한 규제는 크기를 나타내는 치수를 연장하여 나타낸 치수(size) 아래에 기하공차 틀을 나타낸다. 표면에 대한 규제는 규제되는 형체의 표면에 화살표를 붙이면 된다.

(c) 끼워 맞춤이 되는 두 형체(구멍과 축)에 대하여 조립상 가장 열악한 조건을 검토한다. 최악의 결합조건은 주어진 공차 범위에서 구멍이 가장 작고 축이 가장 큰 상태이다. 이러한 조건을 최대 실체 크기(maximum material size)라 하고 기호 Ⓜ으로 나타낸다.

(d) 최소 틈새를 구한다. 최소 틈새는 조립이 되는 두 부품의 최대 실체 크기의 차로 구하며, 구멍의 MMS인 ⌀40에서 축의 MMS인 ⌀39.975를 뺀 0.025가 된다.

(e) 기하공차 값을 배분한다. 구멍과 축은 각각 축심의 휨량이 최대 실체 조건에서 최소 틈새량 만큼 굽힘이 허용된다. 구멍과 축의 가공상 난이도를 감안하여 구멍의 휨량은 0.015, 축의 휨량은 0.010으로 배분하였다.

(f) 적합한 기하공차를 선정한다. 주어진 형체에서 완전한 결합이 되기 위해서는 축심에 대하여 진직이 필요하고 반지름 방향으로 진원이 요구되고 있다. 제품의 특성을 고려하여 원통도로 규제하여 길이와 반지름의 두 방향으로 기하학적 형체를 규제할 수 있으나, 조립상 크게 영향을 미치는 요인으로 축심의 휨량 만을 규제하기 위해 진직도로 규제하였다.

(g) 기하 공차역을 설정한다. 기하 공차역은 폭과 지름 공차역이 있으나 구멍과 축의 축심은 지름의 공차역으로 설계되어 지름의 원통 공차역에서 자유로운 방향으로 휨이 허용된다. 이와 같은 공차역은 기하 공차틀 내에서 기하공차 값 앞에 지름기호 ∅를 붙여 나타낸다.

(h) 두 부품이 결합되는 부품에 대하여 최대 실체 공차방식을 적용한다. 이는 제작상 최대의 제작공차를 부여할 수 있고 부품간에 호환성을 확보할 수 있는 설계 방식으로 기하공차 값 뒤에 Ⓜ 기호를 부여한다.

구멍의 예에서 구멍의 치수가 ∅40의 크기일 때, 축심은 ∅0.015의 크기만큼 휨이 허용된다. 만약 구멍의 크기가 주어진 공차 범위내에서 ∅40.025의 크기로 가공되었다면 틈새는 0.04(0.015+0.025)의 크기가 될 것이며, 구멍이 ∅0.04만큼 굽힘이 발생하드라도 문제가 발생하지 않음을 알 수 있다. 즉 최대 실체 공차방식은 형체의 크기에 대응하여 기하공차의 크기를 가변적으로 적용할 수 있는 설계원리이다.

이와 같이 끼워 맞춤과 기하 공차를 규제한 경우에 구멍과 축이 최대치수와 최소치수 범위 내에서 실 치수에 따라 허용되는 기하 공차(진직도)를 규제함으로써 어느 방향으로 극한적으로 휨이 발생하드라도 설계자의 의도대로 헐거운 끼워 맞춤이 될 것이다.

(2) 두 개의 구멍과 축의 끼워맞춤

다음 그림 2.14에서 두개의 구멍이 뚫린 부품과 두 개의 핀이 달린 부품이 결합될 때 조립관계를 검토해 보기로 한다. 그림 2.15에서는 치수공차 방식에 의하여 설계한 도면이다. 구멍과 축이 원활하게 조립이 되기 위하여 중심거리가 동일하게 설계 되었으며, 극한상태에서도 두 구멍의 최소 지름은 ϕ30.0, 두 핀의 최대지름은 ϕ29.9로 구멍과 핀 사이에 지름차가 0.1의 크기로 구멍의 치수가 축의 치수보다 크게 설계되어 있다. 이 제품은 최악의 조건에서도 간섭 없이 조립이 가능할 것인가?

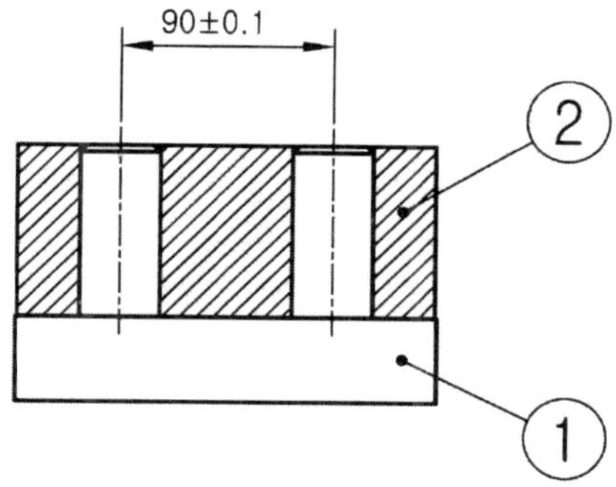

[그림 2.14] 두 개의 구멍과 축의 끼워 맞춤

극한 상태에서의 결합조건을 검토한다. 먼저, 구멍과 축의 크기를 고려하면 그림 2.16과 같이 구멍은 최소 허용치수(구멍의 최대 실체 크기)인 ∅30.0, 축이 최대 허용치수(축의 최대 실체 크기)인 ∅29.9일 경우의 결합이다.

두 번째로 극한 상태의 축간 거리를 고려한다. 그림 2.17에서 구멍과 축의 중심거리는 90±0.1 범위에서 상한치수 90.1, 하한치수 89.9로 구멍과 축이 서로 반대방향으로 제작될 수 있다. 축심이 기울어진 상태로 제작된 경우, 실제적인 구멍의 크기(실질크기)는 ∅29.9가 되고 축의 실제 크기(실질크기)는 ∅30.0이 되어 축의 크기가 구멍의 크기보다 커서 조립시 간섭이 발생할 수 있음을 알 수 있다.

이와 같이 치수공차만을 적용할 경우, 두 부품이 극한 상태에서도 결합이 가능하도록 적절하게 치수공차를 부여하는 것이 용이하지 않으며, 검사, 측정도 쉽지 않다. 호환성을 고려하여 극한의 조립상태를 기준으로 설계할 경우에는 위치공차가 너무 지나치게 정밀하여 제작비용이 증가할 우려가 있다. 또한, 실제 조립에서 구멍과 축의 형체 크기가 크게 영향을 미치고 있으나 크기에 관계없이 동일한 위치 정밀도로 규제하는 것은 모순이라 할 수 있다.

그림 2.18은 기하공차를 적용한 설계로 설계상에서 위치공차를 따로 지정할 필요가 없어서 치수공차 설정이 용이하고 구멍이나 축의 치수나 모양이 극한 상태에서도 결합이 보장되며(신뢰성 확보), 게이지를 제작하여 검사하면 대량의 제품도 효율적인 검사, 측정을 할 수 있는 장점이 있다.

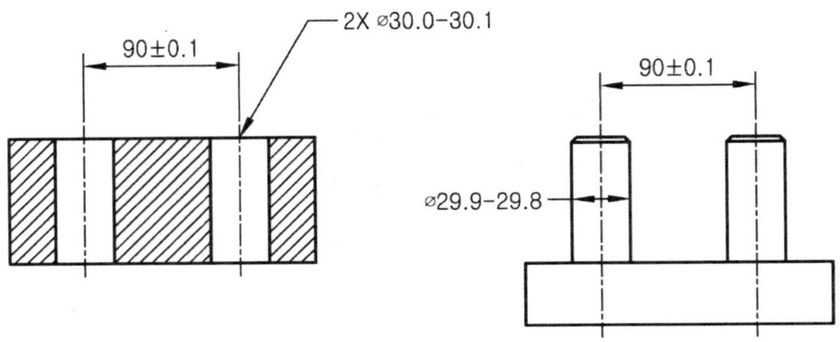

[그림 2.15] 두 개의 구멍과 축의 치수공차

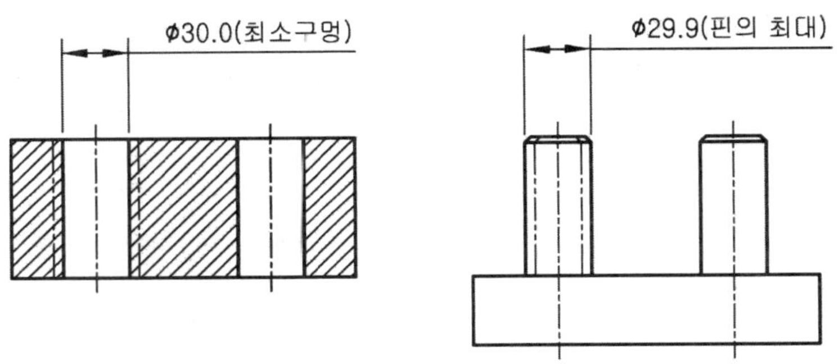

[그림 2.16] 크기에 의한 최악의 끼워 맞춤 조건

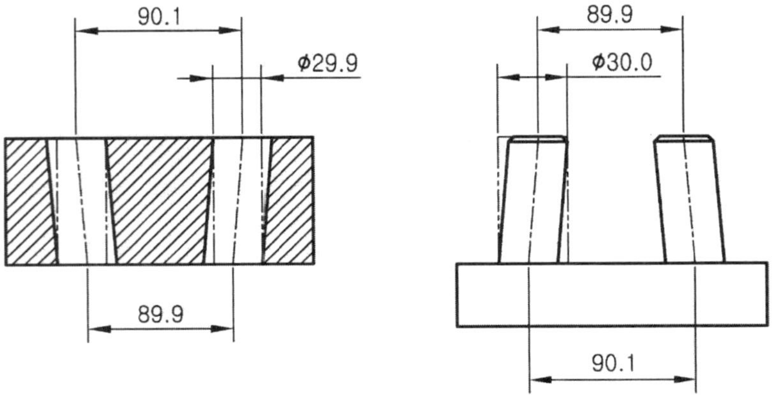

[그림 2.17] 구멍과 축이 기울어짐에 의한 실효치수

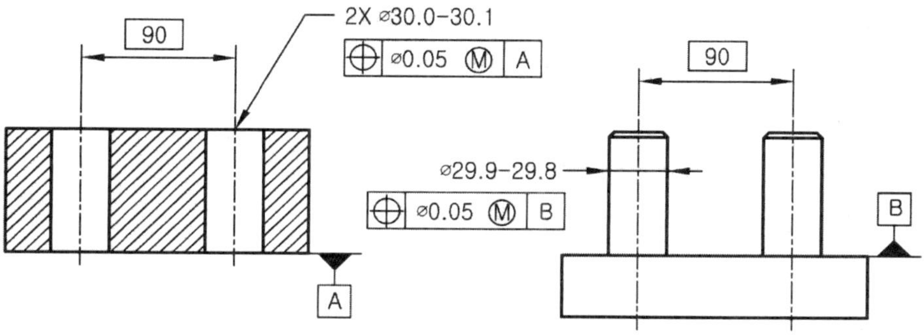

[그림 2.18] 기하공차를 적용한 도면

그림 2.18은 그림 2.14의 조립제품에 대하여 기하공차를 적용한 도면으로 설계 과정은 다음과 같다.

(a) 구멍과 축의 끼워 맞춤을 선택하고, 최대 실체 크기를 각각 구한다. 구멍의 MMS는 ⌀30.0이며, 축의 MMS는 ⌀29.9이다.

(b) 조립상 최악의 상태인 최소틈새를 구한다. 최소틈새는 ⌀30.0과 ⌀29.9의 차로 0.1의 값이다. 이 최소 틈새량을 공정의 난이도를 고려하여 적절하게 기하공차를 배분한다. 본 교재에서는 편의를 위하여 구멍과 축에 대하여 동일하게 50%를 배분하여 각각 0.05의 값으로 설계하였다.

(c) 기하 공차틀을 표시하고 크기 치수 아래에 표시한다. 기하 공차틀은 관련형체로 규제될 경우 마지막 칸에는 기하공차를 적용할 때 기준이 되는 데이텀을 설정한다. 데이텀은 최대 3개까지 가능하다. 기능과 조립관계, 가공이나 측정을 고려하여 적절하게 데이텀을 설정한다. 본 예제에서 조립의 관점에서 조립상 기준이 되는 형체는 구멍의 경우 아래 형체가 되고 축의 경우에는 윗면 형체가 된다.

(d) 형체가 원형일 경우 지름의 공차역으로 설정하기 위해 기하공차 값 앞에 지름기호 ⌀를 붙인다.

(e) 결합 부품인 경우 호환성 확보를 위해 구멍과 축에 대하여 최대 실체 공차방식으로 설계한다. 최대 실체 공차방식은 주어진 공차범위내에서 형체의 크기가 변할 경우 공차역의 크기가 변동되는 원리이다. 표 2.1에서는 구멍과 축에 대하여 형체 실 치

수에 따라 적용되는 기하공차 값을 나타낸 것이다. 허용되는 기하공차 값은 실치수-최대 실체 크기의 값에 규정된 기하공차값을 합산하여 구한다. 최대 실체 공차방식을 적용함으로써, 구멍과 축의 치수가 최대 실체 크기에서 최소 실체 크기로 변동됨에 따라, 기하공차 값이 합산되어 크게 적용된다.

〈표 2.1〉 형체의 실 치수에 따라 적용되는 기하공차 값

구멍의 실 치수	허용 위치도 공차	축의 실치수	허용 위치도 공차
∅ 30.0	∅ 0.05	∅ 29.90	∅ 0.05
∅ 30.05	∅ 0.10	∅ 29.85	∅ 0.10
∅ 30.10	∅ 0.15	∅ 29.80	∅ 0.15

(f) 위치와 관련된 치수를 이론적으로 정확한 치수로 표시한다. 이론적으로 정확한 치수는 공차가 없는 치수로 사각형의 틀 안에 치수를 표기한다.

(g) 치수공차와 기하공차로 표시된 도면은 기능 게이지(function gauge)를 활용하여 대량 검사가 가능하다. 기능 게이지는 모양은 조립되는 반대의 형상이 되고, 기능 게이지의 기본치수는 실질크기(최대실체치수±기하공차)로 하며, 기능 게이지에 적용되는 기하공차는 제품공차의 10%로 한다.

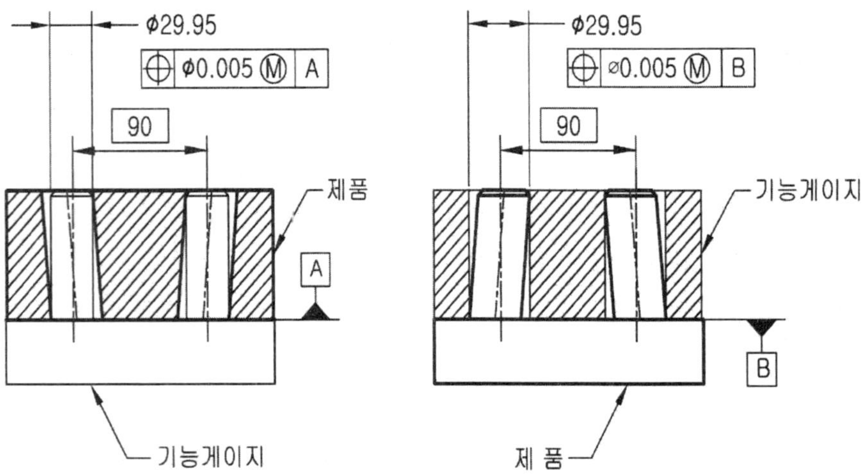

[그림 2.19] 기능 게이지를 이용한 기하공차 검사

제 2 장 기하공차의 도시방법

도면에서 부품은 규제 대상이 되는 점, 선, 곡선, 면 또는 중심면 등의 형체로 구성된다. 이들 형체는 표면, 구멍 홈, 나사산, 모떼기 부분 또는 윤곽과 같은 가공물의 특정한 부분이며, 현실에 존재하는 것(예를 들면, 원통 외측 표면) 또는 파생한 것(예를 들면, 축선 또는 중심평면) 등이 있다.

부품의 설계에 있어서 정밀도 중 공차에 관련되는 것은 크기, 형상, 자세, 위치 및 표면상태 등 여러 요소들이 있다. 이들 요소에 대한 정확한 규제를 통해서 제 기능을 발휘할 수 있는 부품이 될 수 있으므로 이들 요소의 역할과 기능을 정확하게 파악하여 치수공차와 기하공차에를 적절하게 규제하여야 한다.

기하공차의 도시 방법에 대한 일반 사항은 다음과 같다.

① 도면에 지정하는 대상물의 모양, 자세 및 위치의 편차 그리고 흔들림의 허용 값에 대하여 원칙적으로 기하공차로 규제한다.

② 형체에 지정한 치수의 허용 한계(치수공차)는 특별한 지시가 없는 경우에는, 기하공차를 규제하지 않는다.

③ 기하공차는 기능상의 요구, 호환성 등 여러 요구조건을 만족시키기 위하여 꼭 필요한 불가결한 곳에만 지정한다.

④ 기하공차의 지시는 특정한 생산방식, 측정방법 또는 검사방법을 한정적으로 적용하는 것은 아니다. 다만, 특정한 방식을 적용하고자 할 경우에는 별도로 지시한다. 특정한 측정방법 또는 검사방법이 별도로 지시되어 있지 않을 경우에는, 대상으로 하는 공차역의 정의에 대응하는 한, 임의의 측정방법 또는 검사방법을 선택할 수 있다.

2.1 기하공차의 종류와 그 기호

(1) 기하공차의 종류와 기호

기하공차는 규제되는 속성에 따라 모양공차, 자세공차, 위치공차 및 흔들림 공차가 있다. 기하공차를 적용하는 데에는 기준이 되는 형체가 필요 없이 규제되는 형체에 대해서만 적용되는 형체, 즉 단독형체와 반드시 기준이 되는 형체(데이텀)로 규제되는 관련형체가 있다. 일반적으로 모양공차는 데이텀이 없이 단독형체로 규제되고, 자세, 위치 및 흔들림 공차는 데이텀이 필요한 관련 형체로 규제된다. 다만, 윤곽도 공차는 모양 공차를 규제할 경우에는 단독형체로 방향 및 위치공차에는 관련 형체로 규제가 가능하다.

기하공차의 상호관계를 살펴보면 위치공차는 형체의 위치, 자세 및 형상 편차를 규제하는 효과를 가지지만 자세 및 형상공차에 의해서는 위치 편차를 규제할 수 없다. 형체의 자세공차는 이 형체의 자세 및 형상 편차를 규제하지만 형상공차로 자세 편차를 규제할 수 없다.

기하공차에 적용되는 부가기호에는 표 2.3에서와 같이 데이텀(datum) 형체 지시, 데이텀 표적(datum target) 틀, 이론적으로 정확한 치수, 중간 값 형체, 사이 기호, 돌출 공차 영역, 최대 실체 공차방식, 최소 실체 공차방식, 자유 상태, 온 둘레(윤곽), 포락 조건, 공통 공차 영역 등 많은 것들이 있다.

(a) 기하공차의 종류에 따른 주요 용어와 그 정의

ⓐ 기하공차 : 기하편차의 허용 값

ⓑ 공차 영역(tolerance zone) : 하나 또는 여러 기하학적으로 완벽한 선 또는 표면과 선형 치수의 특성에 의해 제한되는 공간을 공차역(공차영역)이라 한다.

ⓒ 형체 : 표면, 구멍 홈, 나사산, 모떼기 부분 또는 윤곽과 같은 가공물의 특정한 부분이며. 이들 형체는 현실에 존재하는 것(보기:원통 외측표면) 또는 파생한 것(보기: 축선 또는 중심 평면)이다.

ⓓ 단독형체 : 데이텀에 관련없이 기하편차가 정하여지는 형체.

ⓔ 관련형체 : 데이텀과 관련하여 기하편차가 정하여지는 형체.

ⓕ 진직도(starightness) : 직선 형태가 기하학적으로 정확한 직선으로부터 어긋남의 크기

ⓖ 평면도(flatness) : 평면 형체가 기하학적으로 정확한 평면으로부터의 어긋남의 크기

ⓗ 진원도(roundness) : 원형 형체가 기하학적으로 정확한 원으로부터의 어긋남의 크기

ⓘ 원통도(cylindricity) : 원통 형체가 기하학적으로 정확한 원통으로부터의 어긋남의 크기

ⓙ 평행도(parallelism) : 데이텀 직선 또는 데이텀 평면에 대하여 평행인 기하학적 직선 또는 기하학적 평면으로부터의 평행이어야 할 직선형체 또는 평면형체의 어긋남의 크기

ⓚ 직각도(squareness) : 데이텀 직선 또는 데이텀 평면에 대하여 평행인 기하학적 직선 또는 기하학적 평면으로부터의 직각이어야 할 직선형체 또는 평면형체의 어긋남의 크기

ⓛ 경사도(angularity) : 데이텀 직선 또는 데이텀 평면에 대하여 이론적으로 정확한 각도를 갖는 기하학적 직선 또는 기하학적 평면으로부터의 이론적으로 정확한 각도를 가져야 할 직선형체 또는 평면 형체의 어긋남의 크기

ⓜ 위치도(position) : 데이텀 또는 기타의 형체와 관련하여 정해진 이론적으로 정확한 위치로부터의 점, 직선형체 또는 평면 형체의 어긋남의 크기

ⓝ 동축도(coaxiality) : 데이텀 축 직선과 동일직선 위에 있어야 할, 축 선의 데이텀 축 직선으로부터의 어긋남의 크기

ⓞ 대칭도(symmetry) : 데이텀 축 직선 또는 데이텀 중심평면에 관하여 서로 대칭이어야 할, 형체의 대칭 위치로부터의 어긋남의 크기

ⓟ 원주 흔들림(circular runout) : 데이텀 축 직선을 축으로 하는 회전면을 가져야 할 대상 또는 데이텀 축 직선에 대하여 수직인 원형 평면이어야 할 대상물을, 데이텀 축 직선의 둘레에 회전했을 때, 그 표면이 지정된 위치 또는 임의의 위치로 지정된 방향으로 변위하는 크기를 말한다.

ⓠ 온 흔들림(total runout) : 데이텀 축 직선을 축으로 하는 원통 면을 가져야 할 대상물 또는 데이텀 축 직선에 대하여 수직인 원형 평면이어야 할 대상물을 데이텀 축 직선의 둘레에 회전했을 때, 그 표면이 지정된 방향으로 변위하는 크기를 말한다.

ⓡ 선의 윤곽도(profile of a line) : 이론적으로 정확한 치수에 의하여 정해진 기하학적으로 정확한 윤곽으로부터의 선의 윤곽의 어긋남의 크기이다. 또한, 데이텀이 없이 규제되는 단독형체와 데이텀으로 규제하는 관련형체가 있다.

ⓢ 면의 윤곽도(profile of a surface) : 이론적으로 정확한 치수에 의하여 정해진 기하학

적으로 정확한 윤곽으로부터의 면의 윤곽의 어긋남의 크기이다. 또한, 데이텀이 없이 규제되는 단독형체와 데이텀으로 규제하는 관련형체가 있다.

〈표 2.2〉 기하공차의 종류와 그 기호

공차의 종류	특성종류	기 호	적용형태
모양공차 (form)	진직도(straightness)	⏤	단독형체 (데이텀이 불필요함)
	평면도(flatness)	⏥	
	진원도(roundness)	○	
	원통도(cylindricity)	⌭	
	선의 윤곽도(profile of a line)	⌒	
	면의 윤곽도(profile of a surface)	⌓	
자세공차 (orientation)	평행도(parallelism)	//	관련형체 (데이텀이 필요함)
	직각도(squareness)	⊥	
	경사도(angularity)	∠	
	선의 윤곽도(profile of a line)	⌒	
	면의 윤곽도(profile of a surface)	⌓	
위치공차 (location)	위치도(position)	⌖	단독 및 관련형체
	동심도(concentricity) 와 동축도(coaxiality)	◎	관련형체 (데이텀이 필요함)
	대칭도(symmetry)	⌯	
	선의 윤곽도(profile of a line)	⌒	
	면의 윤곽도(profile of a surface)	⌓	
흔들림공차 (run-out)	원주 흔들림(circular runout)	↗	관련형체 (데이텀이 필요함)
	온 흔들림(total runout)	⌰	

〈표 2.3〉 기하공차에 적용되는 부가 기호

설 명	기 호	참 조
데이텀 형체 지시	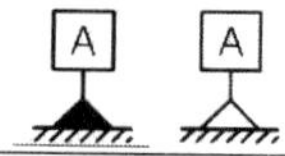	그림 2.70
데이텀 표적 틀		그림 2.94
이론적으로 정확한 치수	120	그림 2.104
중간 값 형체	Ⓐ	그림 2.20
불규칙 곡선부의 편측 공차영역 표시	UZ	그림 3.209
어떤 특정 구간을 지시하는 사이 기호	↔	그림 2.22
부터…까지 특정 구간 기호	→	그림 2.24
돌출 공차 영역	Ⓟ	그림 2.60
최대 실체 공차방식	Ⓜ	그림 2.109
최소 실체 공차방식	Ⓛ	그림 2.115
자유 상태	Ⓕ	그림 3.34
온 둘레(윤곽)	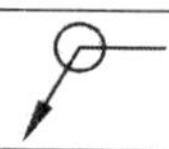	그림 2.31
포락 조건	Ⓔ	그림 2.4
공통 공차 영역	CZ	그림 2.47
골지름	LD	그림 2.68
바깥지름	MD	그림 2.68
피치원 지름	PD	그림 2.68
선 요소	LE	그림 3.92
볼록하지 않음	NC	그림 2.38
동심도	ACS	그림 3.118

(b) 기하공차에 적용되는 부가기호의 종류에 따른 주요 용어와 그 정의

ⓐ 데이텀(datum) 형체 지시 : 데이텀은 형체의 자세, 위치 및 흔들림 공차와 같이 관련 형체로 규제되는 기하 공차를 규제하기 위해 설정한 이론적으로 정확한 기하학적 기준을 말한다. 부품 형체의 위치나 기하학적 특성을 확립하기 위한 기준이 되는 데이텀 형체 지시는 정삼각형 기호를 사용하여 지시한다.

ⓑ 데이텀 표적(datum target) 틀 : 주조 표면과 같이 표면이 거칠고 평평하지 않은 경우, 형체의 표면 전체를 데이텀으로 사용하면 흔들림이 발생하여 정확한 데이텀 설정이 어렵게 된다. 이럴 경우 부품과 접촉하는 점, 선이나 한정된 영역으로 접촉 면적을 축소하여 데이텀을 규정하는 방법을 데이텀 표적이라 한다. 데이텀 표적 틀은 원형의 테두리를 가로선으로 구분하여 화살표로 나타낸다.

ⓒ 이론적으로 정확한 치수(TED, theoretically exact dimension) : 치수의 기준을 나타내는 것으로 형체나 데이텀 대상의 크기, 돌출길이, 윤곽, 방향 및 위치 등을 이론적으로 정확하게 나타내는데 사용하며, 치수 주위에 직사각형으로 표시한다.

ⓓ 중간 값 형체 : 기하공차역을 형체의 중심에 지시하고자 할 경우 치수선의 연장선상에 공차 지시틀을 붙인다. 형체의 표면에 공차 지시틀을 지시한 경우 보조기호 Ⓐ는 왼쪽에서 공차지시 틀의 두 번째 칸의 맨 오른쪽에 지시하여 기하 공차역이 형체의 중심임을 나타낸다.

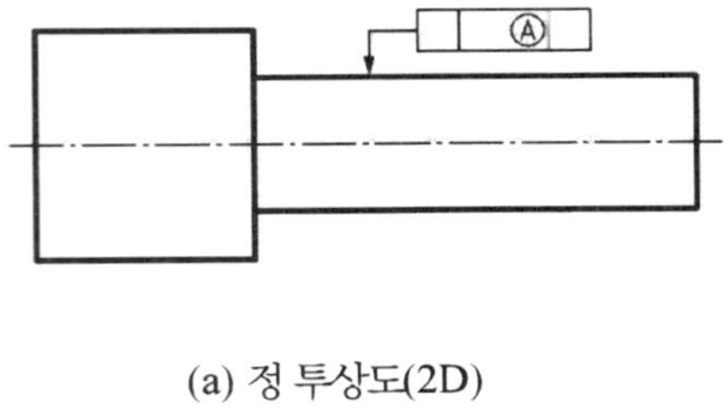

(a) 정 투상도(2D)

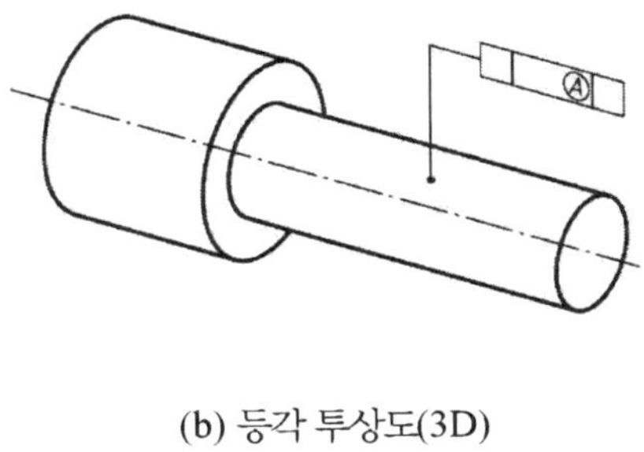

(b) 등각 투상도(3D)

[그림 2.20] 중간 값 형체의 도시

ⓔ 불규칙 곡선부의 편측 공차영역 표시 : 기하공차 영역이 이론적으로 정확한 기하학적 형체의 중심이 아니면, 불규칙한 곡선부의 공차영역은 그림 2.21과 같이 "UZ" 등의 기호를 사용하여 수정된 내용으로 표시한다.

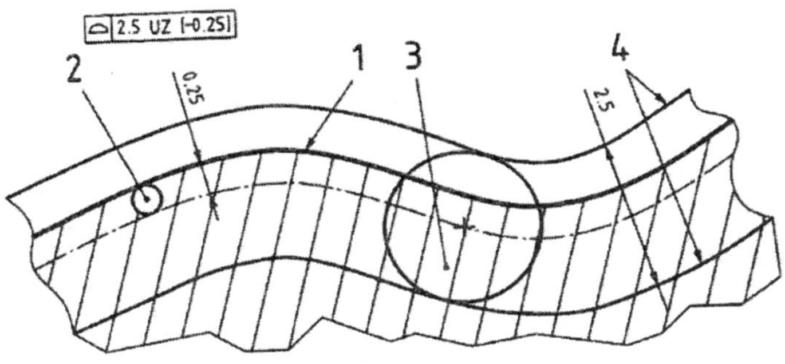

[그림 2.21] 불규칙 곡선부의 편측 공차영역 도시

그림 2.21의 보기에서

1. 이론적으로 정확한 기준윤곽.
2. 윤곽의 편위량을 나타내는 값(내측으로 편위량이 0.25)
3. 공차 영역의 크기를 나타내는 값(폭 공차로 2.5)
4. 윤곽공차 영역의 한계를 나타내는 곡선

ⓕ 사이 기호 : 기하공차가 형체중에서 제한된 부분에 적용하거나 연속되는 형체에서 연속적인 부분이나 교차된 부분(또는 외형선에 의해 표시된 전체 표면)에 제한적으로 적용하려면 사이기호를 사용하여 표시함과 동시에, 형체의 시작과 끝을 확인하는 점이나 선은 화살표의 인출선을 사용하여 대문자 기호로 나타낸다. 점 또는 선이 완전한 형체의 경계에 있지 않을 경우에는, 이론적으로 정확한 치수로 구분한다.

그림 2.22 (a)는 제한된 공차형체의 보기로 공차형체는 J에서 시작하고 K에서 끝난다. 명확하게 공차형체를 확인하기 위해서, 공차지시 틀은 양쪽 끝에서부터 인출선에 의해 복합적인 공차 형체에 연결하거나, 윤곽에 화살표를 붙인다. 화살표는 적용되는 표면을 지시하도록 인출선을 사용하여 수평으로 그은 기준선으로 구성한다.

그림 2.22 (b)는 공차영역이 적용되는 형체를 나타낸 것으로 굵은 일점쇄선으로 표시한 형체표면, a, b, c와 d의 아래 부분은 적용되지 않는다.

그림 2.23과 같이 보통의 형체에 관한 해석의 문제를 방지하려면, 형체의 시작과 끝을 명확하게 표시한다.

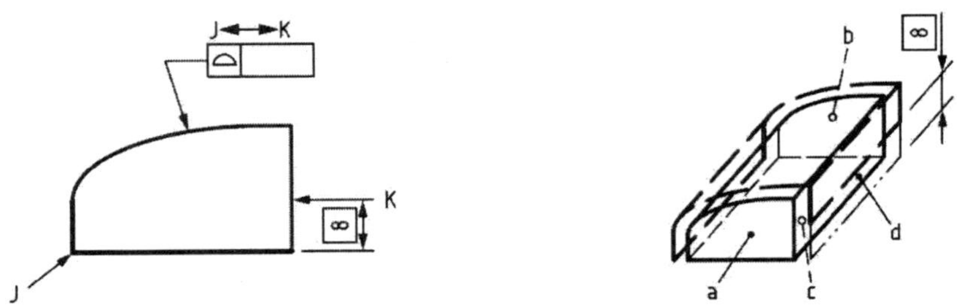

(a) 제한된 공차형체　　　　(b) 공차영역

[그림 2.22] 사이기호에 의한 제한된 공차형체 지시

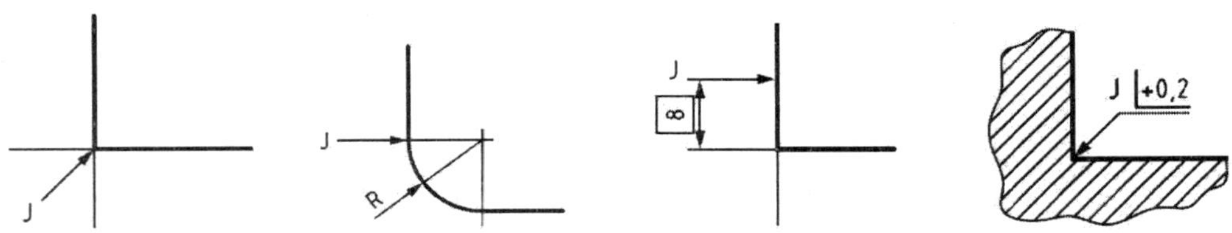

(a) 모서리　(b) 접선이음　(c) 면　(b) 가장자리

[그림 2.23] 시작과 끝점의 지시

ⓖ 부터 …까지 특정 구간 기호 : 특정 구간에는 어떤 기하공차 영역이 적용되고 나머지 구간에서는 다른 기하공차 영역이 적용되는 기호이다. 그림 2.24에서 J기호로 표시된 위치에서 K로 표시된 구간까지 면의 윤곽도는 0.1이며, K문자로 표시된 구간 이외에는 0.2의 폭 공차가 적용된다. 공차 영역의 시작과 그 구간을 표시하기 위해 화살표로 지시한 대문자 기호로 구별한다. 점 또는 선이 완전한 형체의 경계에 있지 않을 경우에는, 이론적으로 정확한 치수로 구분한다.

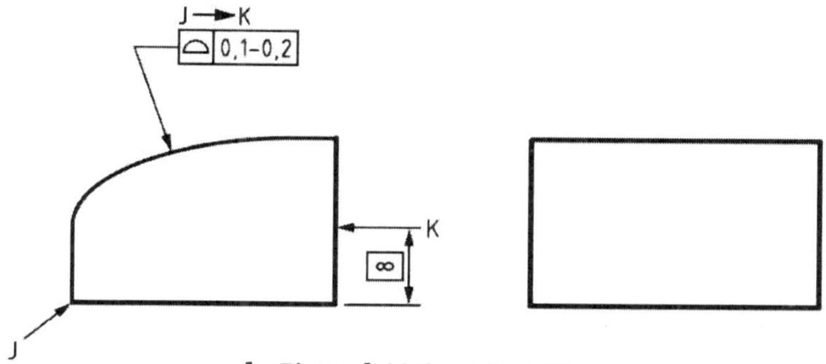

[그림 2.24] 부터 …까지 기호

ⓗ 돌출 공차영역(projected tolerance zone) : 보통 기하 공차역이 형체의 내부에 적용되는 것에 비해 돌출 공차영역은 표면으로부터 돌출되어 적용하는 공차 역으로 기하공차 기입틀에 기호 Ⓟ를 표시하여 나타낸다.

ⓘ 최대 실체 공차방식 : 치수공차와 기하공차 사이의 상호 의존 관계를 최대 실체 상태를 기준으로 공차역을 설정하는 것으로 기하공차 기입틀에 기호 Ⓜ를 표시한다.

ⓙ 최소 실체 공차방식 : 치수공차와 기하공차 사이의 상호 의존 관계를 최소 실체 상태를 기준으로 공차역 설정하는 것으로 기하공차 기입틀에 기호 Ⓛ를 표시한다.

ⓚ 자유 상태(free state) : 부품에 작용력이나 자중을 배제한 상태로 비강성 제품에 적용한다.

ⓛ 온 둘레 : 전 둘레 표면을 말한다.

ⓜ 포락 조건(envelope condition) : 기하공차와 크기에 의하여 형성되는 완전한 형상의 경계조건을 말한다.

ⓝ 공통 공차 영역 : 여러 개의 형태에 동일한 공차역을 적용하는 것.

ⓞ 골지름 : 기어, 스플라인 및 나사와 같은 부품에서 기하공차나 데이텀을 지시할 경우, 골지름(이뿌리원)에 적용되는 경우에 기하공차틀 부근에 LD를 기입한다.

ⓟ 바깥지름 : 기하공차나 데이텀이 나사의 바깥지름에 적용하는 경우에 기하공차틀 부근에 MD를 기입한다.

ⓠ 피치원지름 : 기하공차나 데이텀이 나사의 피치원 지름에 적용하는 경우 기하공차틀 부근에 PD를 기입한다.

ⓡ 선 요소 : 기하공차가 적용되는 것이 전체 면이 아니라 하나의 단일 요소로 선 요소로 적용되는 경우에는 기하공차틀 부근에 LE를 기입한다.

ⓢ 볼록하지 않음 : 공차영역안에 어떤 형체의 모양을 지시하는 것으로 볼록하지 않음의 의미로 기하공차틀 부근에 NC를 기입한다.

ⓣ 동심도 표시 : 동심도와 동축도는 같은 기호를 사용하고 있다. 동심도라는 것을 도시하기 위해 기하공차틀 부근에 ACS 문자를 기입한다.

(2) ANSI Y 14.5M에서 사용되는 기호들

다음은 ANSI Y14.5M에서 규정되어 많이 사용되고 있는 각종 기호와 그 의미를 나타낸 것이다. 대부분 많은 기호들이 KS 규격에 도입되어 사용되고 있으나 일부 기호들은 아직 미 제정된 상태로 남아있다. KS 규격에 의거하여 미 제정된 기호의 의미를 도면상에 표기할 경우에는 기호로 표기하는 것 보다는 적당한 주기로 표기되어야 할 것이다.

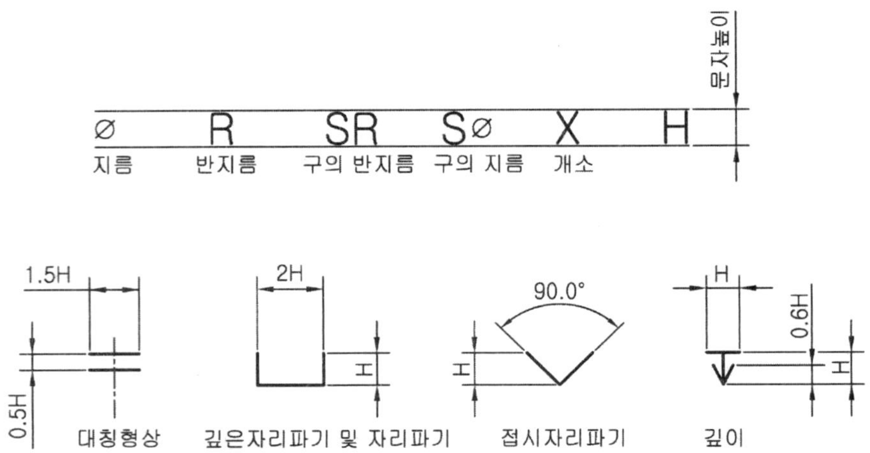

[그림 2.25] ANSI Y14.5M에서 추천하는 기호들

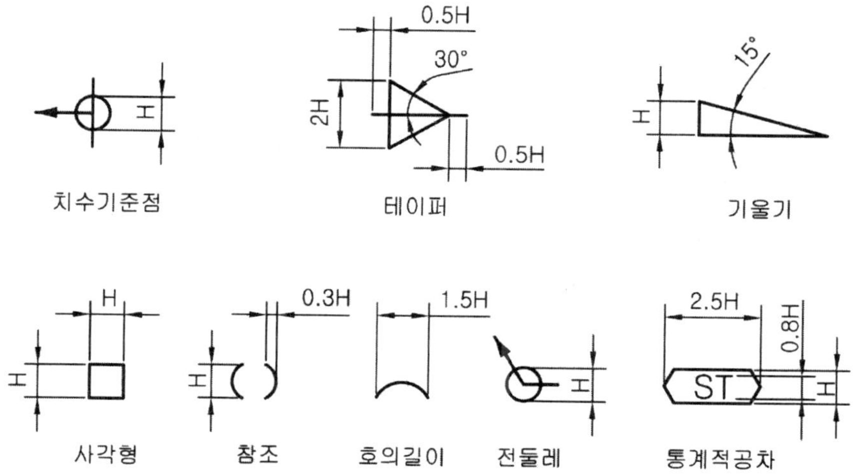

[그림 2.26] ANSI Y14.5M에서 추천하는 기호들

(a) 자리파기와 깊이 기호

그림 2.27은 자리파기와 깊이를 ANSI Y14.5M에서 사용하는 기호로 표시한 방법이다. KS 규격에서는 자리파기 기호⌊ ⌋가 규격화되어 있지 않기 때문에 "자리파기"로 표기한다. 볼트 머리나 너트(nut)의 접촉되는 자리면만 편평하게 다듬질하는 작업으로 주로 흑피 부분에 적용한다. 흑피 부분에 너트와 볼트의 조임을 좋게 하게 위한 것으로 "스폿 페이싱(spot facing)"이란 용어와 함께 사용되고 있다.

또한, 볼트 머리부를 표면에 돌출시키지 않도록 볼트 머리 높이 이상으로 깊게 구멍을 가공하는 것을 "카운트 보어(C'BORE)", "깊은 자리파기"라 한다. 일반적으로 자리파기 깊이를 나타내지만, 남아 있는 제품의 두께가 기능적으로 더 중요할 경우에는 두께를 표시한다.

그림 2.29는 자리파기와 깊이를 ANSI Y14.5M에서 사용하는 기호를 사용하여 표시한 방법이다. 깊이 기호는 깊이를 나타내는 치수 앞에 나타낸다. KS 규격에서는 깊이기호가 규격화되어 있지 않기 때문에 "깊이"라고 표기한다.

그림 2.30은 접시자리파기를 ANSI Y14.5M에서 사용하는 기호를 사용하여 표시한 방법으로 기호와 그 각도로 나타낸다. 접시자리파기 기호는 KS에서 규격화 되어있지 않다. 이와 같은 접시자리파기는 "카운트 싱크(C'SINK)"와 "접시자리파기"란 용어가 사용되고 있다.

표 2.4에는 KS 규격에서 볼트의 크기에 따라서 구멍, 자리파기, 깊은 자리파기 및 접시자리파기에 대한 치수를 나타내고 있으므로 이를 참조하여 설계하는 것이 좋다.

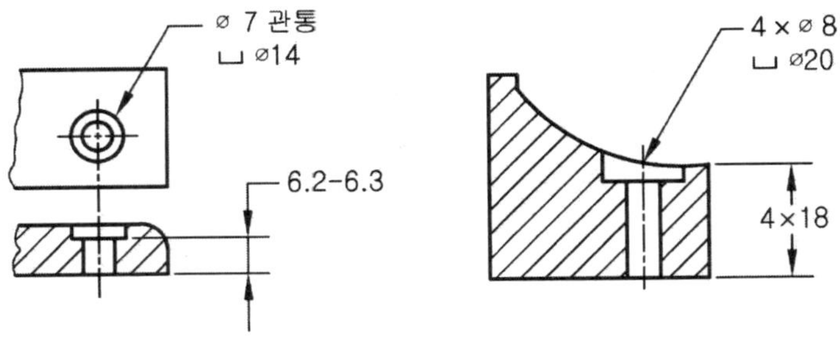

[그림 2.27] 구멍의 개소와 자리파기 기호

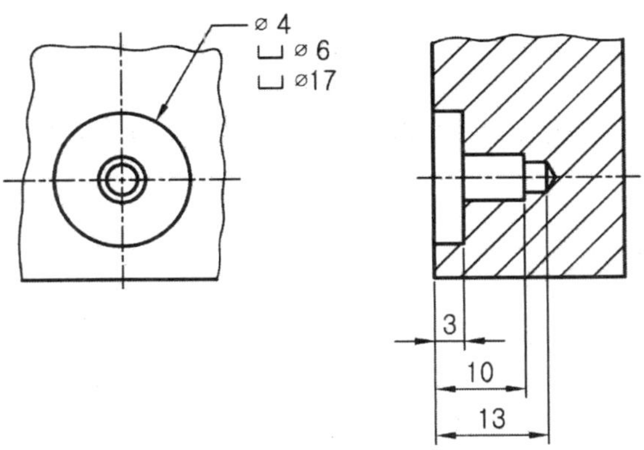

[그림 2.28] 자리파기 기호와 깊이의 도시

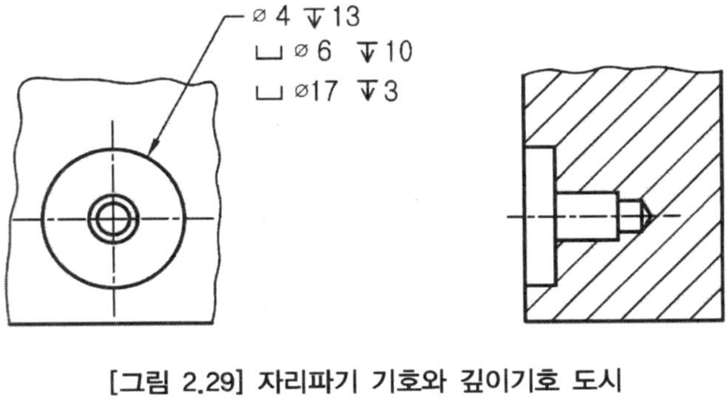

[그림 2.29] 자리파기 기호와 깊이기호 도시

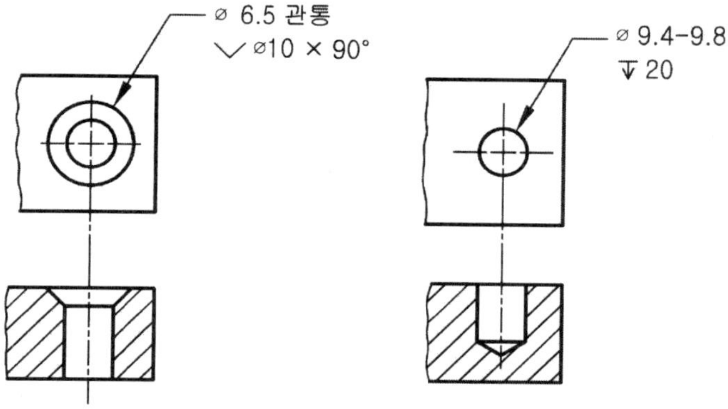

[그림 2.30] 구멍의 자리파기 기호와 깊이의 도시

〈표 2.4〉 자리파기 치수

호칭			자리파기		깊은 자리파기		접시 자리파기		그림
볼트, 탭	드릴 d		D	DP	D	DP	D	각도	
M3	3.4	3.6	9	0.2	6.5	3.3	4.75		
M4	4.5	4.8	11	0.3	8	4.4	2.3		
M5	5.5	5.8	13	0.3	9.5	5.4	2.8		
M6	6.6	7	15	0.5	11	6.5	3.4		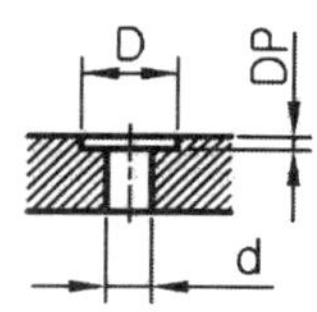
M8	9	10	20	0.5	14	8.6	4.4		
M10	11	12	24	0.8	17.5	10.8	5.5	$90^{\circ}{}^{+2^{\circ}}_{0}$	
M12	14	15	28	0.8	20	13	6.5		
M14	16	17	32	0.8	23	15.2	7		
M16	18	19	35	1.2	26	17.5	7.5		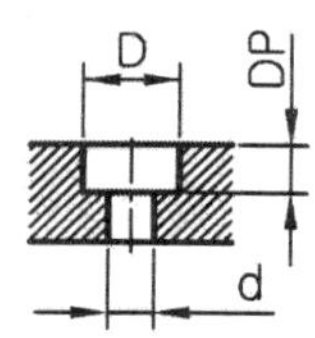
M18	20	21	39	1.2	29	19.5	8		
M20	22	24	43	1.2	32	21.5	8.5		
M22	24	26	46	1.2	35	23.5	13.2		
M24	26	28	50	1.6	39	25.5	14		
M27	30	32	55	1.6	43	29	-	$60^{\circ}{}^{+2^{\circ}}_{0}$	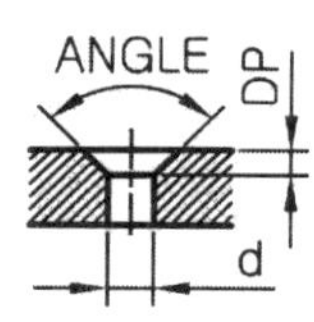
M30	33	35	62	1.6	48	32	16.6		
M33	36	38	66	2	54	35	-		

(b) 온 둘레 기호

온 둘레 기호는 지시선의 꺾어진 부분에 작은 원으로 표시되며, 부품의 전 둘레 표면에 기하공차를 적용할 때 사용한다. 이때, 원의 크기는 문자의 높이와 같게 한다.

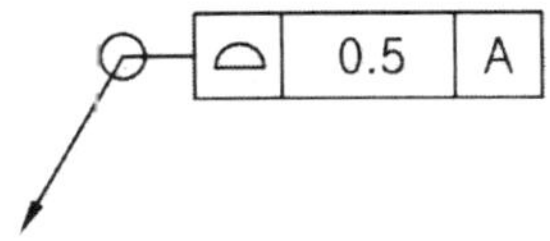

[그림 2.31] 온둘레 기호의 도시

(c) 치수 시작 기호

두 형체들 사이에 공차가 표시된 치수는 양 표면으로부터 치수가 시작되는 것이 아니라, 어떤 한 표면으로부터 시작되어야 할 필요가 있는 경우에 적용한다. 이와 같은 치수 시작 기호를 사용하면 기준점이 명확하여 규제되는 형체의 모양이 일정하게 된다.

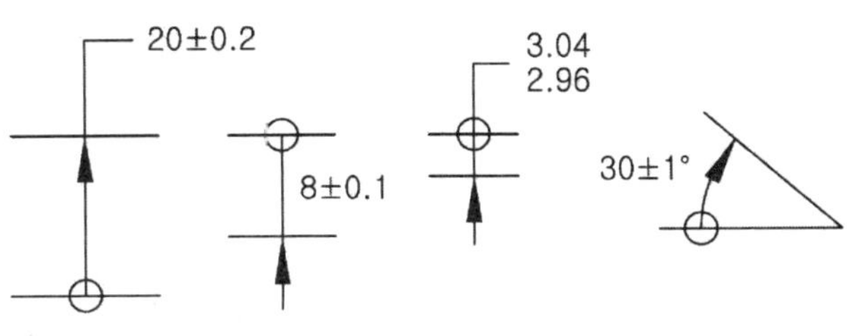

[그림 2.32] 치수 시작기호

(d) 테이퍼(taper)

이론적으로 테이퍼 형체를 규제할 경우, 작은 직경과 테이퍼(taper) 값으로 규제된다. 그림 2.33에서 테이퍼는 다음과 같이 구한다.

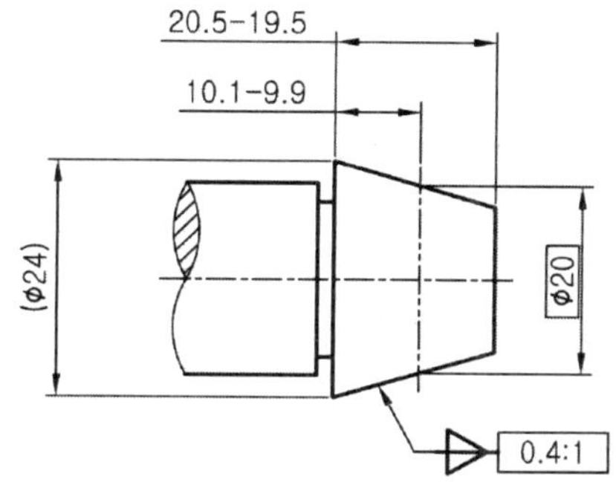

[그림 2.33] 테이퍼의 표시방법

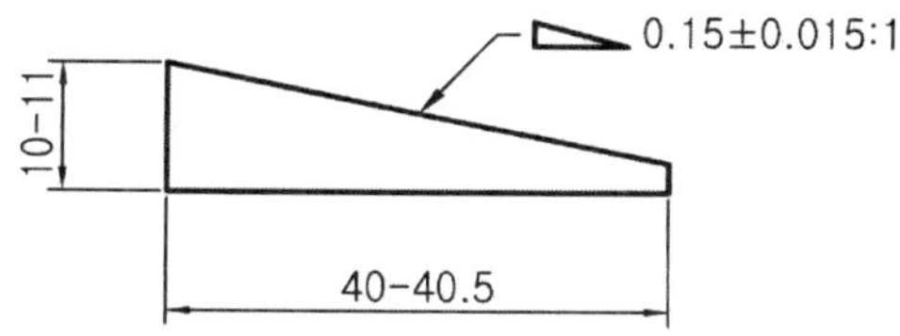

[그림 2.34] 기울기 표시방법

$$\text{테이퍼(taper)} = \frac{(D-d)}{L} \tag{2.1}$$

여기서, D는 큰 쪽 직경으로 24mm이며, d는 작은 쪽 직경으로 20mm, L은 큰 쪽 직경과 작은 쪽 직경간의 거리로 9.9~10.1mm이다. 이론적으로 정확한 치수 ∅20은 테이퍼부의 크기뿐만 아니라 길이 방향의 위치도 함께 규제하고 있다.

(e) 기울기(slope)

기울기(slope) 형체를 규제할 경우, 그림 2.34에서와 같이 한쪽 길이와 기울기(구배) 값으로 규제된다. 그림 2.34에서, H =10~11, L=40.0~40.5이다.

$$\text{기울기(slope)} = \frac{(H-h)}{L} \tag{2.2}$$

(f) 접선면(tangent plane) 기호

형체의 표면 접촉 점들과 접하는 형체 표면에 대하여 규제가 필요한 경우에 적용한다. 아무리 좋은 평면이라도 확대해서 보면 표면 상태가 울퉁불퉁하며 소수의 점에 의하여 접한다고 생각할 수 있다. 표면의 높은 점에 접촉하는 표면의 접선 면은, 0.1만큼 떨어진 두개의 평행한 폭 공차 영역 안에 있어야 하며, 규정된 크기의 한계범위 이내에 있어야 한다. 접선면 기호는 공차기입틀의 기하 공차 값 뒤에 Ⓣ기호로 표시한다.

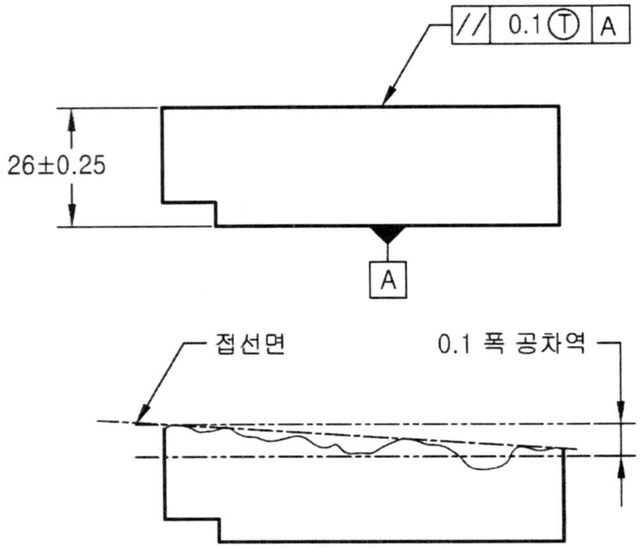

[그림 2.35] 접선면 기호에 의한 공차영역 도시

(g) 통계공차(statistical tolerance) 기호

공차가 통계적 공차방식에 의해 규제하고자 할 경우에 통계공차 기호를 사용한다. 통계적 공정관리(SPC : statistical process control)는 계획된 품질을 유지 할 수 있는가에 따라, 공정을 중단시키거나 변경시키는데 있어서, 통계적인 신호를 사용하여 제조 공정을 모니터링하는 방법이다. 통계 공차 기호는, 통계적 공정관리를 요구하는 치수나 기하공차 뒤에 표시한다.

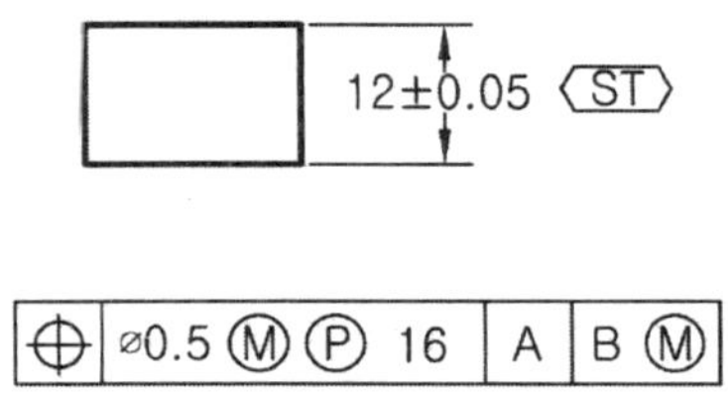

[그림 2.36] 통계공차 기호의 도시

2.2 기하공차의 공차영역

공차영역(tolerance zone)이란 기하공차에 의하여 규제되는 형체에 있어서, 그 형체가 기하학적으로 정확한 모양, 자세 또는 위치로부터 벗어나는 것이 허용되는 영역으로 정의된다. 공차영역은 한 개 이상의 기하학적으로 완전한 직선 또는 표면에 따라 규제된 영역이며, 다음의 일반 원칙에 따른다.

① 점, 선, 축선, 면 또는 중심면 등의 형체에 지시한 기하공차는 형체가 포함되어야 할 공차영역을 지정해야 한다.

② 공차의 종류와 그 공차 값의 지시방법에 의하여 공차영역은 표 2.5에서 나타내는 공차역 중 어느 한가지로 한다.

③ 평면 모양의 형체에는 주로 공차영역이 폭으로 규제되며 이때 별도의 기호가 없다. 그러나 원 또는 원통인 형체에서 공차 값 앞에 ∅를 붙이면 지름의 공차역이 되고, 공차영역이 구인 경우에는 기호 S∅를 붙여서 나타낸다.

④ 공차붙이 형체에는 기능상의 이유로 두 개 이상의 기하공차를 지정하는 경우가 있다. 또 기하공차 중에는 다른 종류의 기하 공차를 동시에 규제하는 것도 있다. 예를 들면, 평행도를 규제하면 그 공차영역 내에서 선의 경우에는 진직도, 면의 경우에는 평면도가 규제된다.

⑤ 공차붙이 형체는 공차영역 내에 있어서 어떠한 모양 또는 자세라도 좋다. 다만 형체에 특별한 요구 사항이 있거나 더 엄격한 요구 사항이 있으면 그 제한에 따른다.

⑥ 지정한 공차는 대상으로 하고 있는 형체의 전체 길이에나 전체 면에 대하여 적용한다. 다만, 그 공차를 지정하는 범위가 지정되어 있을 경우에는 지정한 범위(조건)에 따른다.

⑦ 관련 형체에 대하여 지정한 기하공차는 데이텀 형체 자신의 모양 편차를 규제하지 않는다. 따라서 필요에 따라 데이텀 형체에 대하여 모양공차를 지시한다. 데이텀 형체의 모양은 데이텀으로서의 목적에 어울리는 정도로 충분히 기하공차가 정밀한 것이 좋다.

〈표 2.5〉 공차 값과 공차영역

공차영역		공차 값	비 고
(a)	원안의 영역	원의 지름	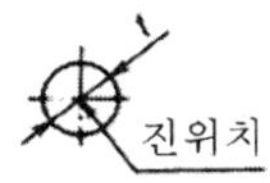
(b)	두 개의 동심원 사이의 영역	동심원의 반지름 차	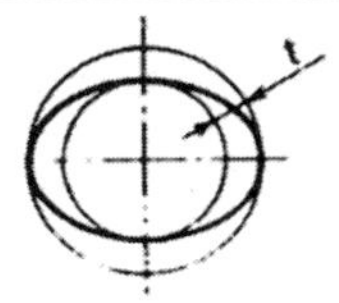
(c)	두 개의 등 간격의 선 또는 두 개의 평행한 직선사이에 끼인 영역	무선 또는 두 직선의 간격	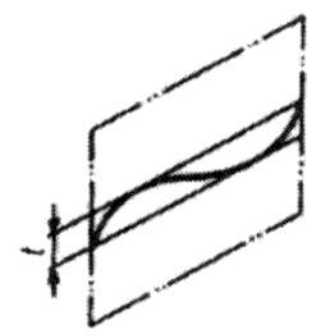
(d)	구안의 영역	구의 지름	

〈표 2.5〉 공차 값과 공차영역

공차영역		공차 값	비 고
(e)	원통안의 영역	원통의 지름	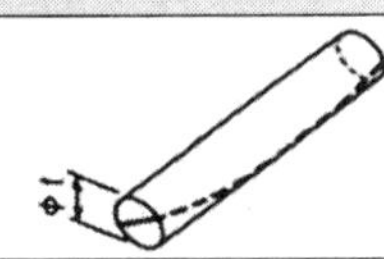
(f)	두 개의 동축의 원통 사이에 끼인 영역	동축 원통의 반지름 차	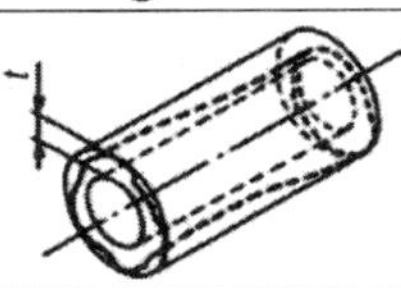
(g)	두 개의 등거리의 면 또는 두 개의 평평한 평면사이에 끼인 영역	두 면 또는 두 평면의 간격	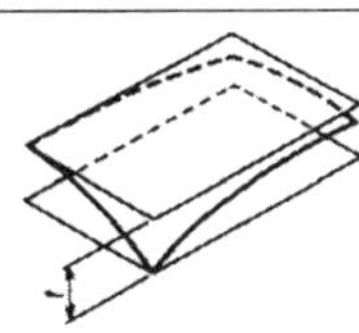
(h)	직육면체 안의 영역	직육면체의 각 변의 길이	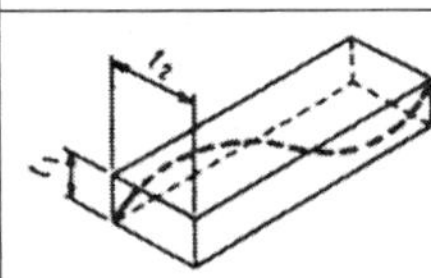

2.3 기하공차의 도시방법

기하공차의 도시방법에 대하여, 단독 형체에 기하 공차를 지시하기 위해서는 기하 공차의 종류를 나타내는 기호의 종류와 공차 값을 기입한 공차 기입틀과 그 형체를 지시선으로 연결해서 도시한다. 반면, 관련 형체에 대한 기하공차를 나타낼 경우에는 데이텀에 데이텀 삼각기호와 기호를 붙이고, 공차 기입틀에 데이텀 기호를 나타낸다.

(1) 공차 기입틀의 표시사항

(a) 공차 기입틀의 구성

공차 기입틀에 대한 도시 방법과 순서를 그림 2.37에 도시하였다. 공차 기입틀은 문자의 높이를 H라 하면 공차 기입틀 높이를 2H로 하고, 각 구획선의 간격은 2H 이상으로 한다. 그림 2.37에서 각 공차 기입틀에 대한 명칭이 표시되어 있다.

공차에 대한 표시 사항은 공차 기입틀을 두 구획 또는 그 이상으로 구분하여 그 안에 기입한다. 이들 구획에는 각각의 내용을 다음 순서에 의해 왼쪽에서 오른쪽으로 기입한다.

먼저, 기하공차의 종류를 나타내는 기호와 기하공차 값을 지시한다. 필요시 데이텀 또는 데이텀 종류를 지시하는 문자기호를 도시한다. 다만, 규제되는 형체가 단독 형체인 경우에는 데이텀 문자 기호를 붙이지 않는다.

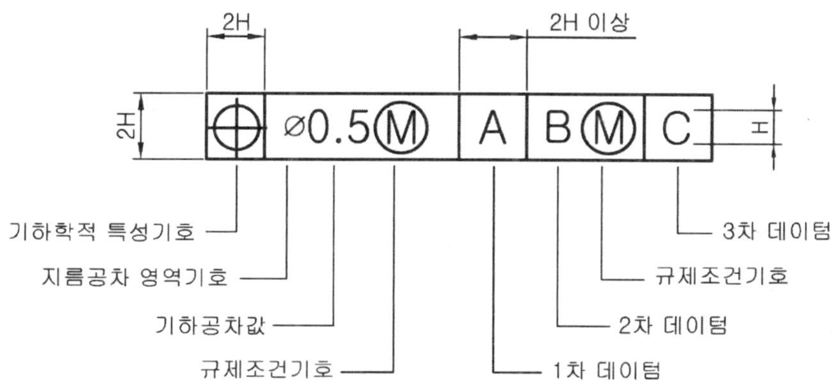

[그림 2.37] 공차 틀 내에서 각 요소들의 구성과 순서

(b) 공차 기입틀의 기입사항

① 기하공차의 기호 : 표 2.2에는 진직도 공차 등 14 종류의 기하공차가 있다. 적용하고자 하는 기하공차의 기호를 표시한다.

② 지름기호 : 기하공차영역을 원통이나 지름으로 규제하고자 할 경우에는 지름기호 ⌀를 붙이고 폭의 공차영역으로 규제하고자 할 경우에는 기호를 붙이지 않는다. 기타 규제되는 형상에 따라 S⌀나 R과 같은 기호를 붙일 수 있다.

③ 기하공차 값 : 제품의 기능이나 사용 목적을 고려하여 기하공차 값의 크기를 정한다.

④ 규제 형체에 대한 규제조건 기호 : 규제 형체에 대한 규제조건 기호로 최대 실체 공차방식, 최소 실체 공차방식 및 형체 치수 무관계 등을 적용할 수 있다.

⑤ 데이텀 : 관련형체로 규제되는 기하공차에 대하여 데이텀이 필요하다. 데이텀은 반드시 1개 이상이어야 하고 최대 3개까지 가능하다. 데이텀은 우선순위에 따라 1차 데이텀, 2차 데이텀, 3차 데이텀 등으로 데이텀을 설정한다.

⑥ 데이텀 형체에 대한 규제조건 : 그림 2.37의 공차기입 틀에서 데이텀 형체 B가 크기를 갖고 있으며, 규제조건이 필요한 경우 규제 형체와 마찬가지로 데이텀 형체에도 규제조건 기호를 붙인다.

⑦ 적용 개소 : 공차를 2개 이상의 형체에 적용하는 경우에는 기호 "×"를 이용하거나 "6구멍"과 같은 주기를 공차 기입틀 위쪽에 기입한다.

6X

⏥	0.2

6구멍

⌖	⌀ 0.1	A	B	C

6 x ⌀12 $^{0}_{-0.02}$

⌖	⌀ 0.1

⑧ 규제하고자 하는 형체 임의의 위치에서 특정한 길이에 대하여 공차를 적용하고자 하는 경우 공차 값 뒤에 사선을 긋고 그 길이를 기입하여 나타낸다. 이는 한정된 부분에 기하공차 값이 집중되는 것을 방지하기 위한 방법이다. 또한, 어떤 형체에 전체에 대한 공차 값과 특정 길이마다에 대한 공차 값을 동시에 지시하고자 할 경우, 전체에 대한 공차 값은 칸막이 위쪽에, 특정 길이에 대한 공차 값은 아래에 기입하여 나타낸다. 이때 특정길이 당 기하공차 값은 전체의 기하공차 값보다 작다.

<table><tr><td rowspan="2">—</td><td>0.01</td></tr><tr><td>0.05/200</td></tr></table>

⑨ 공차 범위 내에 있는 어떤 형상이 형체의 품질이나 특성에 따라 특별히 지시할 요구 사항이 있는 경우에는 공차 기입틀 부근에 요구 사항을 표시한다. 예를 들어 공차영역이 볼록하지 않아야 한다면 "NC"를 공차틀 부근에 표기한다.

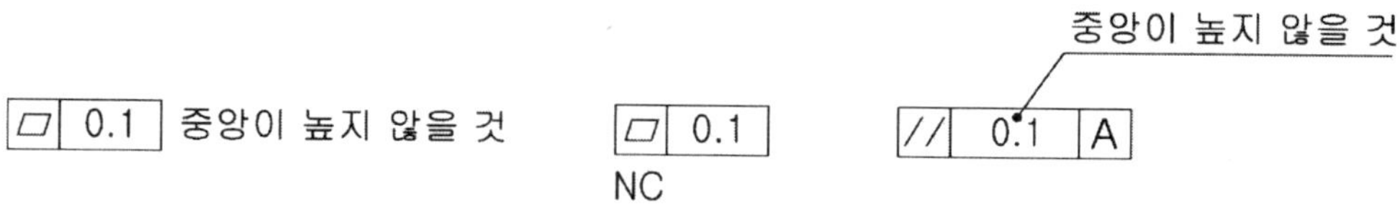

[그림 2.38] 요구사항을 지시한 기하공차

(2) 공차영역의 지시

(a) 폭 공차영역과 지름 공차영역

기하 공차 값 앞에 공차 범위가 원통형 또는 원이라면 기호 ∅를, 공차 범위가 구인 경우 기호 $S\varnothing$를, 공차영역이 반지름인 경우에는 기호 R을 공차 값 앞에 나타내고 기호가 없으면 폭 공차영역이다. 공차 값 앞에 기호 ∅가 없는 경우에는 공차 기입틀과 공차 붙이 형체를 연결하는 지시선의 화살표 방향으로 공차영역이 존재하는 것으로 본다. 따라서 기하 공차를 지시할 때 그림 2.40과 같이 수직한 중심에 대한 치수선의 연장선상에 기하공차가 지시 되었을 경우에는 위・아래가 공차영역이 되며, 지시된 기하공차가 그림 2.41과 같이 수평한 중심에 대한 치수선의 연장선상에 지시되었을 경우 공차영역은 좌・우 공차영역이 된다.

그림 2.42와 같이 하나의 형체에 수평과 수직 중심에 특별히 좌・우 방향과 상・하 방향으로 규제할 필요가 있는 경우에는 좌・우와 상・하의 폭 공차영역에 의한 직사각형 공차영역이 된다. 2개의 공차를 지시하는 경우에는 특별히 지시한 경우를 제외하고는 그들의 공차 범위가 서로 직각이 되도록 적용한다.

그림 2.43과 같이 기호 ∅가 부기되어 있는 경우에는 공차영역은 원 또는 원통의 내부에 존재하는 것으로 지름 공차영역이 된다. 둥근 형상의 형체에 기하공차가 규제된 경우 대부분 공차수치 앞에 기호 ϕ를 붙여 지름 공차영역으로 규제한다.

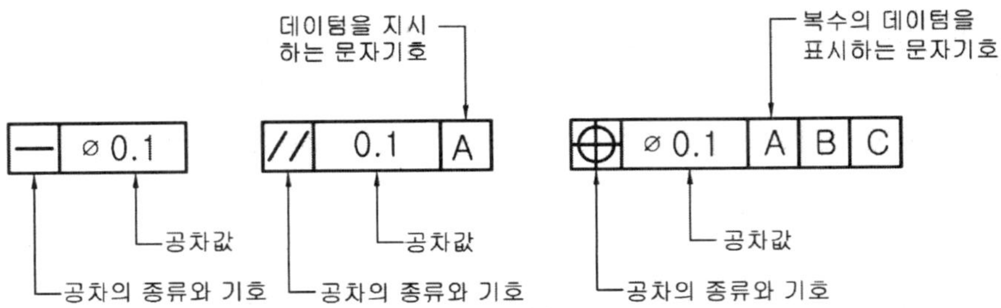

[그림 2.39] 공차 역을 지시한 기하공차

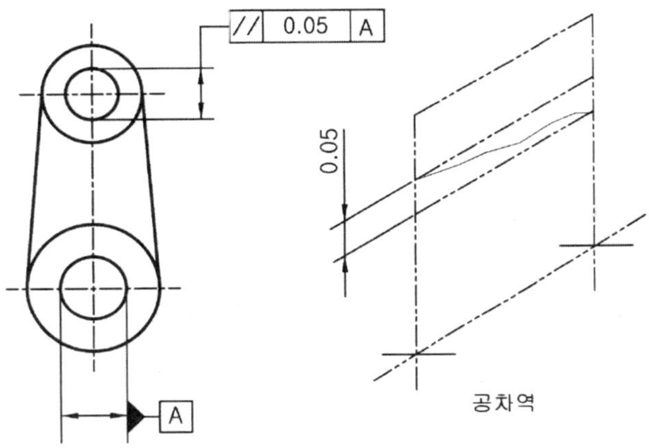

[그림 2.40] 위·아래 공차영역

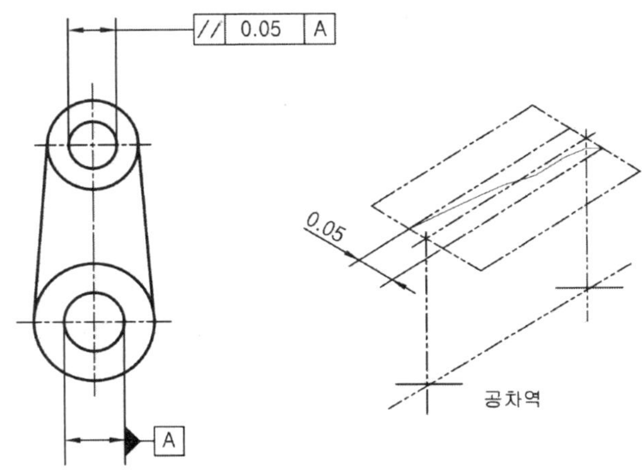

[그림 2.41] 좌 · 우 공차영역

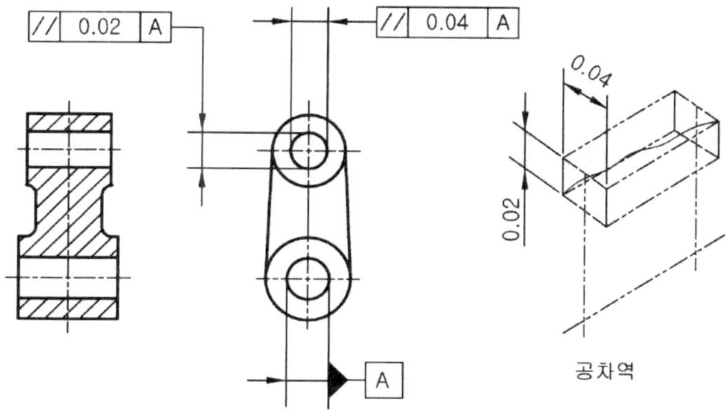

[그림 2.42] 직사각형 공차영역

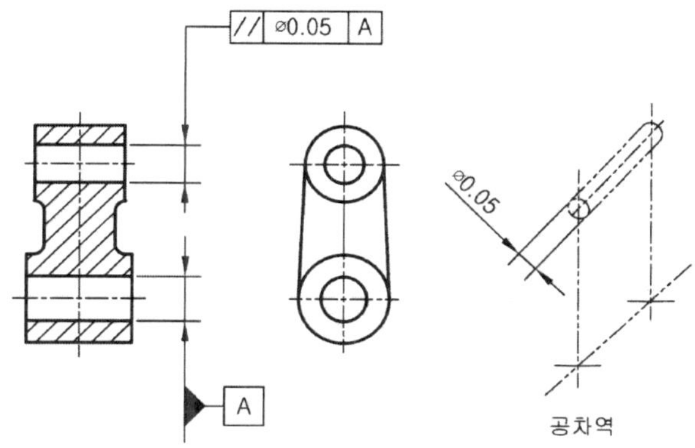

[그림 2.43] 지름 공차영역

(b) 법선 방향의 공차영역

곡선 또는 곡면에 대하여 기하공차가 지시되었을 경우 원칙적으로 규제되는 기하학적 형상에 법선방향(수직)으로 적용된다. 특정한 방향으로 지시하고 싶을 때에는 그림 2.45와 같이 그 방향을 지정한다.

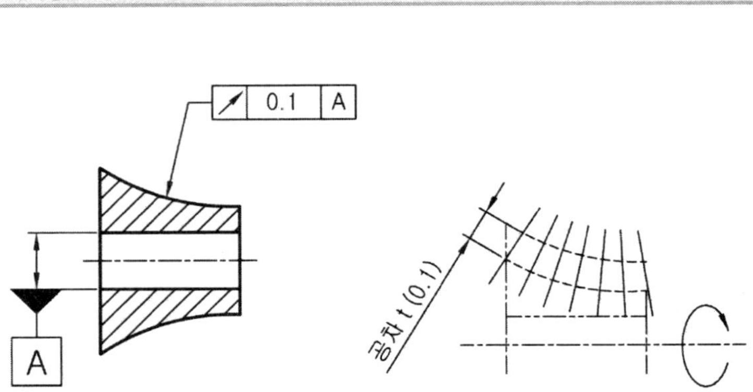

[그림 2.44] 법선 방향의 공차영역

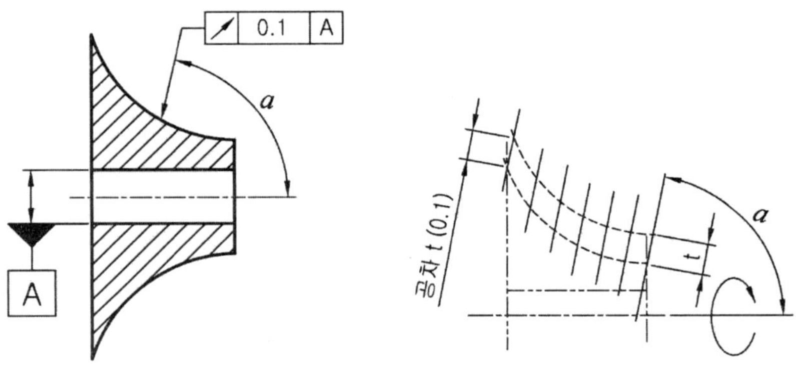

[그림 2.45] 특정 방향의 공차영역

(c) 개별 공차영역과 공통 공차영역

여러 개의 떨어져 있는 형체에 같은 공차를 지정하는 경우에는 개개의 형체에 각각 공차 기입틀로 지정하는 대신에 끌어낸 지시선을 각각의 형체에 분기해서 표시하거나 각각의 형체를 문자 기호로 나타낼 수 있다.

또, 여러 개의 각각 떨어진 형체에 대하여 같은 평면상의 공통된 공차 역을 나타내려면 공차 기입틀 안에 문자 기호 "CZ"를 기입하여 나타낸다.

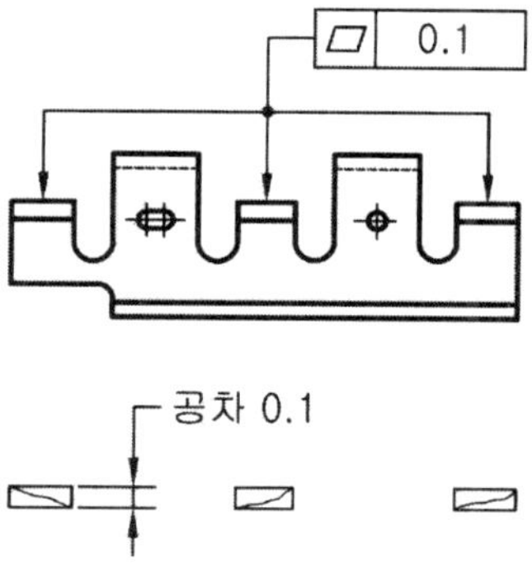

[그림 2.46] 개별형체에 대한 규제와 공차영역

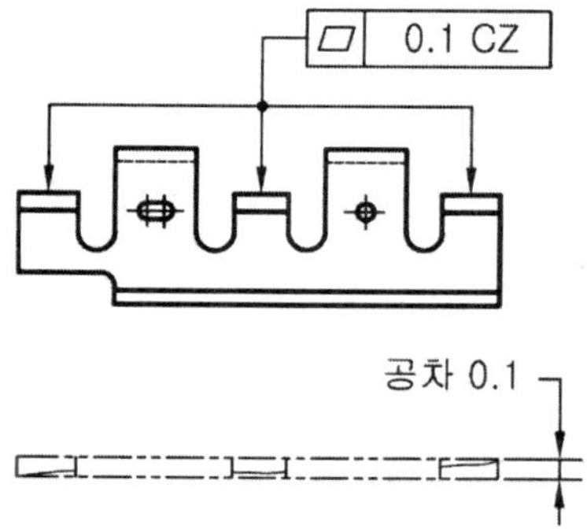

[그림 2.47] 공통공차영역의 규제와 공차영역

(3) 데이텀의 도시방법

(a) 데이텀을 지시하는 문자 기호를 공차기입틀에 기입할 때에 다음과 같이 한다.

① 그림 2.48 (a)와 같이 한 개의 형체에 의하여 설정된 데이텀은 그 데이텀을 지시하는 1개의 문자기호(대문자)로 나타낸다.

② 그림 2.48 (b)와 같이 두 개의 데이텀 형체를 동시에 설정한 데이텀은 하이픈으로 연결된 2개의 대문자를 사용한다.

③ 그림 2.48 (c)와 같이 두 개 이상의 데이텀이 있는 복수의 데이텀을 우선순위에 따라 데이텀을 설정하고자 할 경우에는 좌로부터 우측으로 별도의 구획에 나누어 지시한다. 그림에서 A는 1차 데이텀, B는 2차 데이텀, C는 3차 데이텀 형체이다.

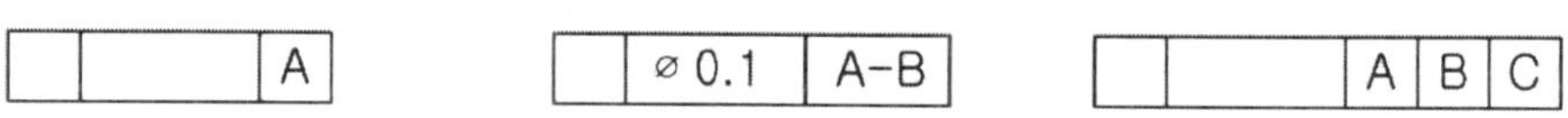

(a) (b) (c)

[그림 2.48] 데이텀 기호 도시방법

(b) 선 또는 표면 자체가 데이텀 형체인 경우에는 형체의 외형선 위 또는 외형선을 연장하는 가는 선 위에 치수선의 위치를 명확히 피해서 데이텀 삼각기호를 붙인다. 데이텀 삼각 기호는 표면을 나타낸 인출선상에 지시해도 좋다.

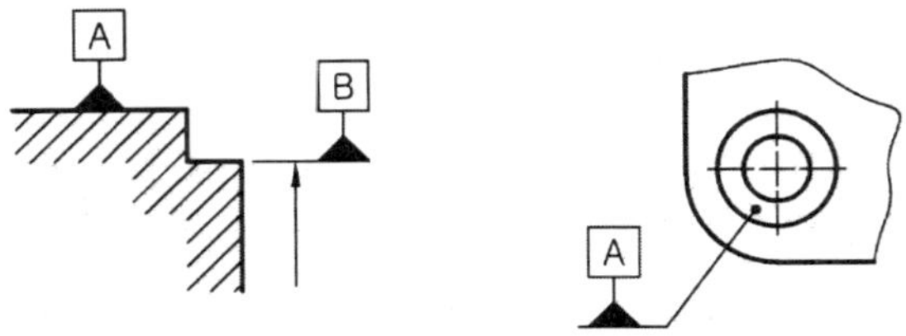

[그림 2.49] 데이텀 지시방법

(c) 형체에 지정하는 공차가 데이텀과 관련되는 경우에, 데이텀은 원칙적으로 데이텀을 지시하는 문자 기호로 나타낸다. 데이텀은 영어의 대문자를 정사각형으로 둘러싸고, 이것과 데이텀을 나타내는 삼각기호를 지시선으로 연결하여 표시다. 데이텀 삼각기호는 내부를 칠하거나 하지 않아도 동일한 의미이다.

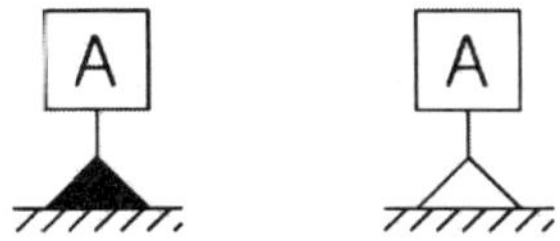

(d) 치수가 지정되어 있는 형체의 축 직선 또는 중심 평면을 데이텀으로 지정하고자 하는 경우에는 치수선의 연장선을 데이텀의 지시선으로 사용한다. 치수선의 화살표를 치수 보조선 또는 외형선의 바깥쪽으로부터 기입한 경우에는 그 화살표의 한쪽을 데이텀 삼각기호로 대신한다.

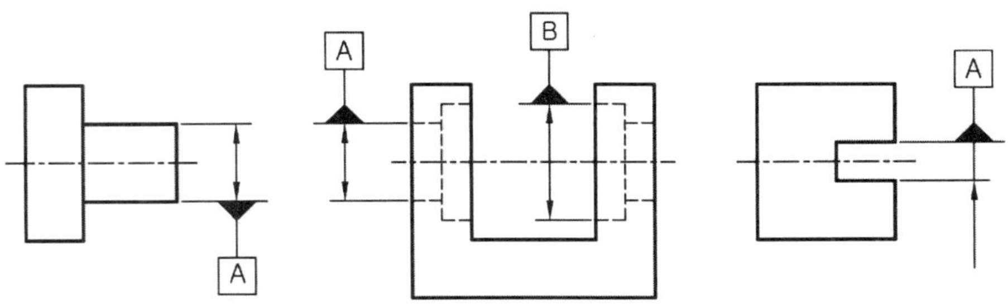

[그림 2.50] 치수선의 연장선상에 도시한 데이텀 기호

(e) 그림 2.51과 같이 데이텀을 한정된 특정 부위에만 적용하는 경우에는 그 한정된 부분을 굵은 일점쇄선과 치수로 나타낸다. 또한, 그림 2.52와 같이 규제 형체를 지시선으로 연결하여 치수공차를 기입하고 그 아래에 기하공차 기입 틀을 지시한다. 이 때, 규제형체 자체가 데이텀이 될 경우에는 기하공차 기입 틀 아래에 데이텀을 나타내는 삼각기호를 붙인다.

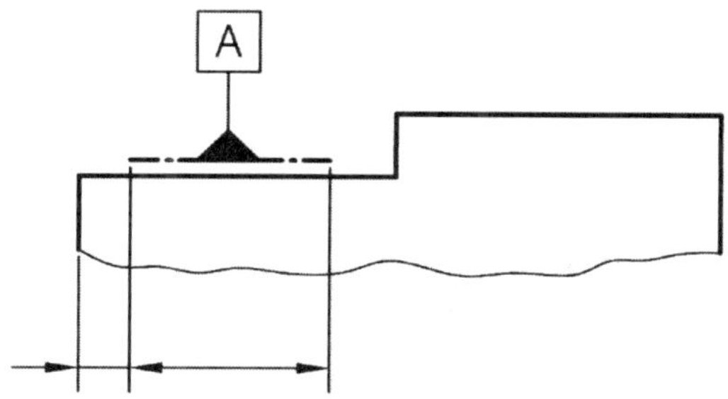

[그림 2.51] 한정된 영역의 데이텀

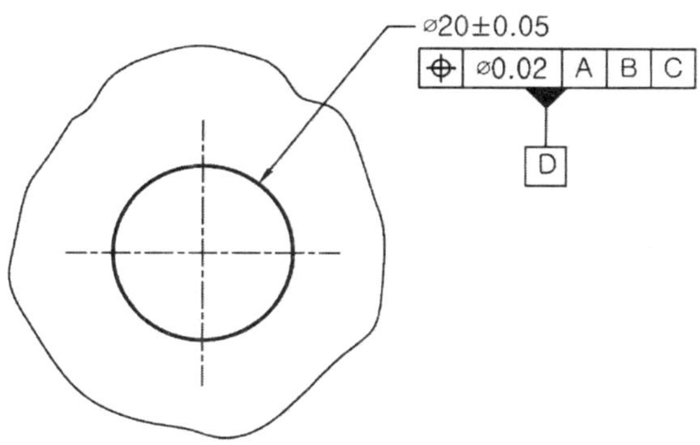

[그림 2.52] 공차 기입틀 아래에 지시한 데이텀

(f) 복수의 구멍과 같은 형체 그룹의 실제 위치를 다른 형체 또는 형체 그룹의 데이텀으로 지시할 경우에는 공차 기입틀에 데이텀 삼각 기호를 붙인다. 그림 2.53에서 6개의 구멍을 "데이텀 D"로서 지정하고 있다. 6개구멍의 위치도 공차는 기능 게이지로 검사하면 좋다.

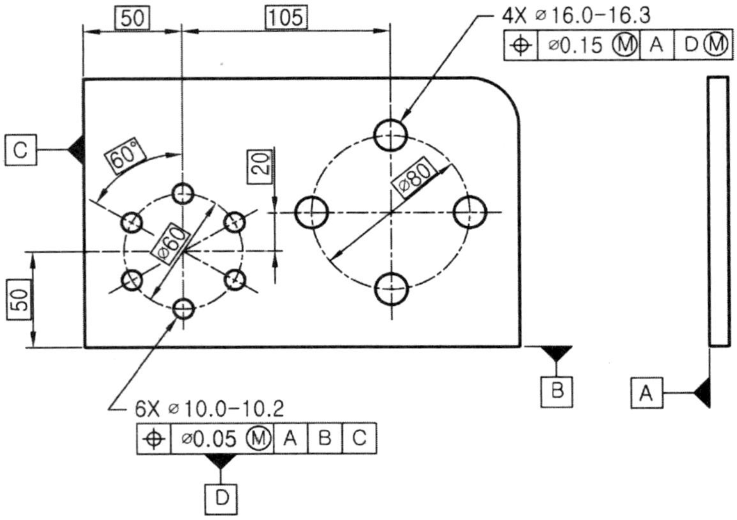

[그림 2.53] 형체 그룹의 데이텀 표시법

(4) 기하공차 지시방법

공차에 의하여 규제되는 형체는 공차 기입틀로부터 끌어내어, 끝에 화살표를 붙인 지시선에 의하여 다음의 규정에 따라 대상으로 하는 형체에 연결하여 나타낸다.

(a) 선 또는 표면 자체에 기하공차를 지시하는 경우에는 물체의 윤곽을 나타내는 외형선 표면 또는 외형선의 연장선 위에 화살표를 붙인다. 이때, 치수선과 겹치지 않도록 명확하게 분리되도록 한다. 지시선의 화살표는 실제의 표면에 굵은 점을 붙여 인출한 인출선상에 화살표를 붙여도 좋다.

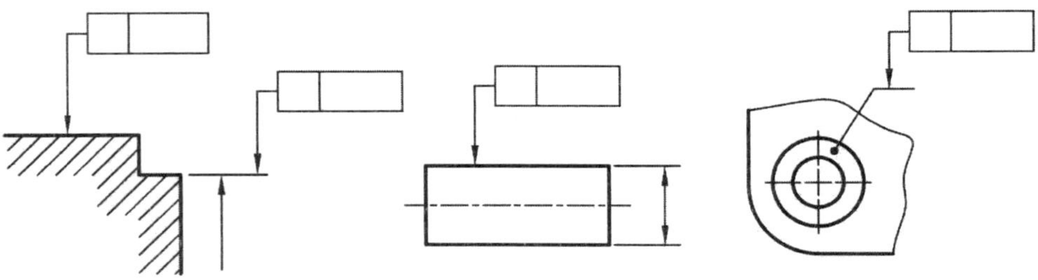

[그림 2.54] 기하공차 지시방법

(b) 치수가 지정되어 있는 형체의 축선 또는 중심 면에 기하공차를 지시하고자 할 경우에는 그 치수선의 연장선이 공차 기입 틀로부터의 지시선이 되도록 한다.

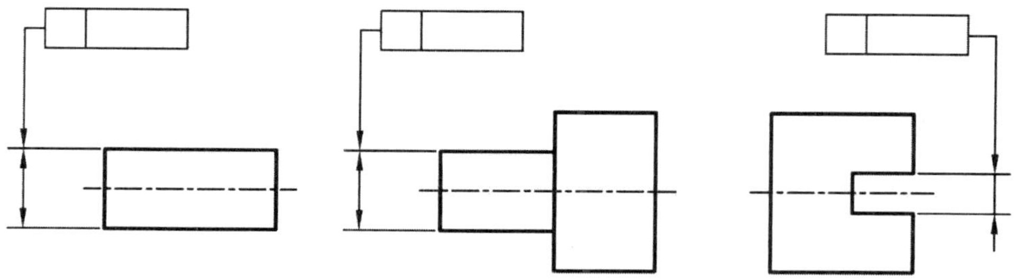

[그림 2.55] 치수선의 연장선상에 기하공차 도시

(c) 한정된 부분에 기하공차를 적용할 경우에는 이 한정된 부분을 굵은 일점쇄선으로 나타내고 그 곳에 치수를 지시한다.

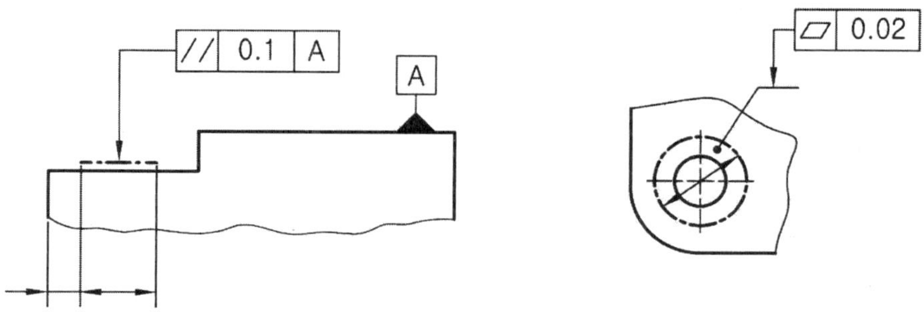

[그림 2.56] 한정된 영역에 적용한 기하공차

(e) 하나의 형체에 대하여 두 개 이상의 기하공차를 지정할 필요가 있을 때, 공차 지시는 편의상 이들 공차 기입 틀을 상하로 붙여서 기입한다.

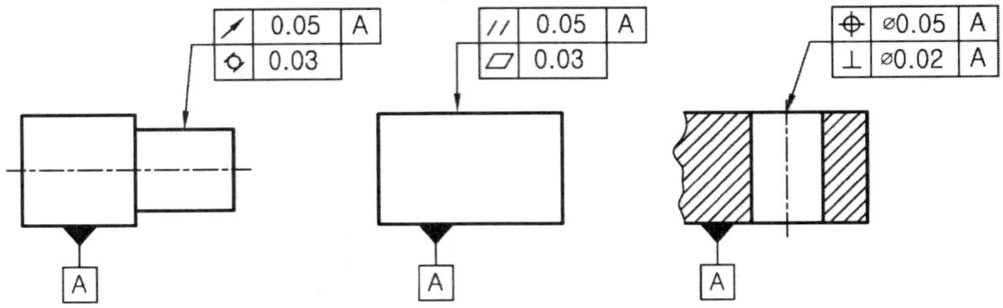

[그림 2.57] 복합적으로 규제된 기하공차

(5) 이론적으로 정확한 치수(TED)의 도시방법

형체에 돌출길이, 위치도, 윤곽도 또는 경사도의 공차를 1개 또는 그룹으로 적용하는 경우에는 이론적으로 정확한 위치, 윤곽 또는 각도를 지시하는 치수를 사각형의 틀로 둘러싸서 나타낸다. 이와 같이 사각형 틀 안에 나타내는 치수를 "이론적으로 정확한 치수"라 하고, 그 자체는 치수공차가 없다.

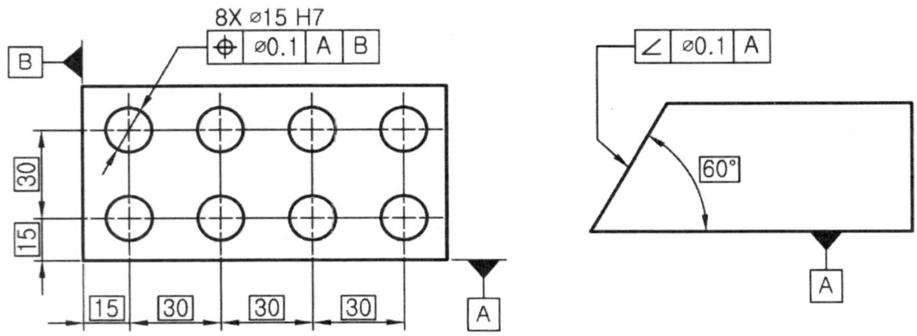

[그림 2.58] 이론적으로 정확한 치수의 도시 방법

(6) 돌출 공차영역(projected tolerance zone)의 도시방법

(a) 돌출 공차영역의 정의 및 적용

공차영역을 구멍이나 탭 구멍 등 그 형체 자체의 내부가 아니라, 형체의 표면으로부터 그 외부로 돌출된 형체나 추출된 형체로 지정하고 싶을 경우에는 돌출 공차영역을 사용한다. 돌출 공차영역은 다음과 같은 경우에 적용된다.

① 그림 2.59 (a)와 같이 탭 구멍에 구멍이 뚫린 부품을 볼트로 결합하는 부품

② 그림 2.59 (b)와 같이 구멍에 핀이 끼워지고 그 핀에 구멍을 갖는 부품의 결합

③ 그림 2.59 (c)와 같이 스터드 볼트로 구멍이 뚫린 부품을 결합하는 부품

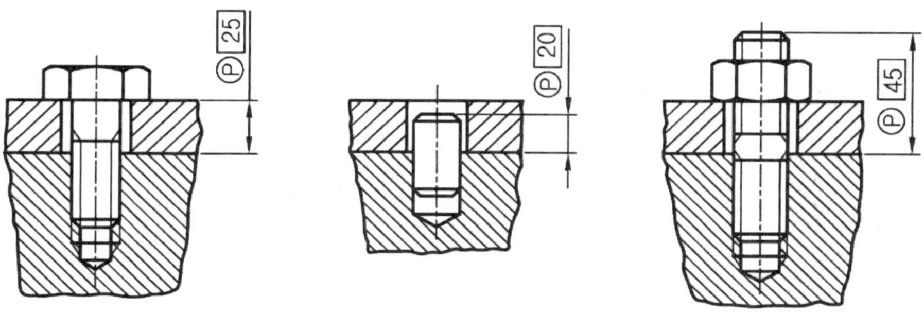

[그림 2.59] 돌출 공차영역의 적용과 돌출길이

(b) 돌출 공차영역의 표시

돌출 공차영역을 적용할 경우 먼저, 돌출길이를 구해야 한다. 돌출길이는 표면에서 결합되는 가스켓, 덮개 등의 최대 두께의 합과 같이 실제 기능상 필요한 길이로 한다. 맞춤핀이나 스터드 볼트의 경우에는 맞춤핀이나 스터드 볼트의 돌출 부분의 최대 길이와 같다. 돌출 공차영역의 표시는 다음과 같다.

① 직접표시법

그림 2.60(a)와 같이 돌출길이를 나타내는 치수는 이론적으로 정확한 치수로 나타내고 그 돌출길이는 가는 이점쇄선으로 표시되며, 돌출길이 앞에 돌출 공차영역 기호 Ⓟ를 붙여서 표시한다. 또한, 기하공차 기입틀 기하공차 값 뒤에 기호 Ⓟ를 넣어 돌출 공차영역을 표시한다.

② 간접표시법

그림 2.61과 같이 기하공차 기입틀 기하공차 값 뒤에 기호 Ⓟ와 돌출 길이를 표시하여 공차영역을 표시한다. 이와 같이 간접적으로 지시할 경우의 첫 번째 값은 확장 형체 길이이며, 두 번째 값은 돌출길이의 상쇄 값으로 "-" 표시로 돌출길이 까지 거리를 나타낸다.(형체의 돌출길이는 이 두 값의 차이이다) 보기로 그림 2.61에서 "$\varnothing t$Ⓟ32 − 7"를 표시한 돌출공차영역에서 형체의 돌출길이는 25mm(=32-7)이다. 상쇄한 값이 "0"인 경우는 "-"기호를 생략한다.

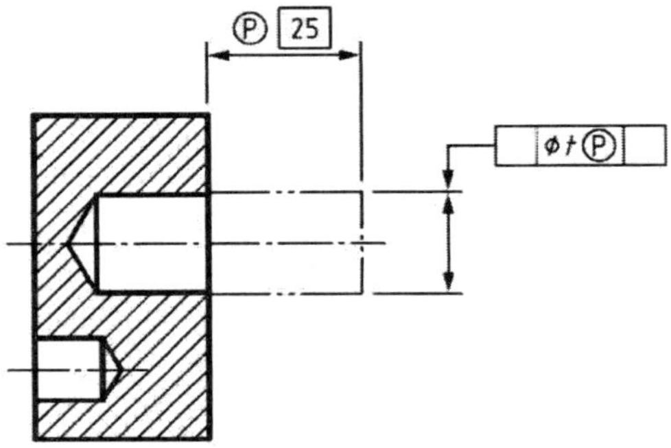

(a) 돌출길이 직접표시

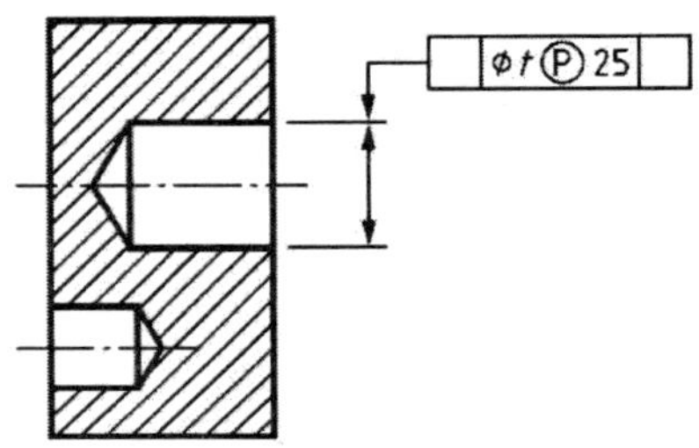

(b) 돌출길이 간접표시

[그림 2.60] 돌출공차영역의 도시방법

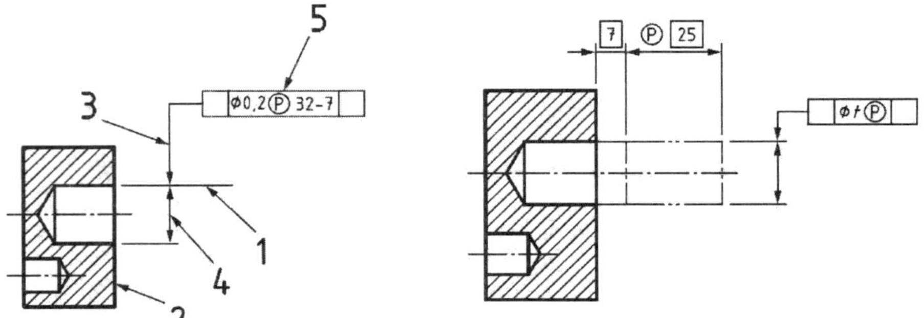

[그림 2.61] 돌출공차영역 도시와 그 공차영역

(c) 돌출 공차영역 적용의 필요성

그림 2.62는 품번 3의 볼트로 나사구멍이 있는 1 부품과 관통 구멍부를 갖는 2번 부품을 나사로 체결하는 그림이다. 그림 2.63은 1 부품에 대한 일반 위치도를 적용하여 설계한 경우의 공차영역으로 1번 부품의 축선 위치의 변동 등 여러 요인에 의하여 볼트를 나사 구멍에 조립할 수 없는 경우가 발생한다. 이와 같이 경우 조립상의 간섭을 방지하기 위해서는 다음과 같은 방법이 있다.

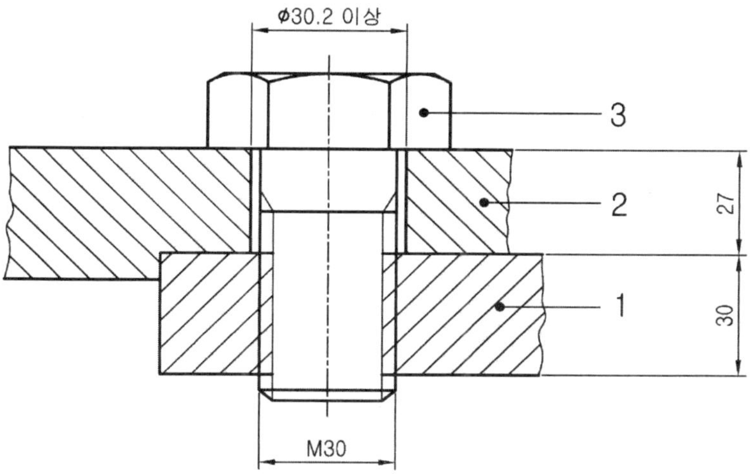

[그림 2.62] 볼트의 체결 상태

① 부품 2의 구멍을 크게 한다. 그러나 이 방법은 볼트 몸통부와 구멍에 틈새가 커지고 부품 2의 구멍 중심의 어긋남이 심화되어 체결상의 기능이 저하될 수 있다.

② 부품 1의 공차를 정밀하게 한다. 이런 방법은 부품의 제작비용을 상승시키는 요인이 된다.

③ 부차적인 공차를 지시한다. 예를 들면, 직각도 공차를 위치도 공차보다도 작게 하는 방법이 있지만 이 또한 부품 가격을 증대시킨다.

돌출 공차영역은 그림 2.65에서 보는 바와 같이 M30의 볼트가 체결될 경우, 구멍의 최소크기가 ∅30.2가 되면 간섭을 방지할 수 있다. 이와같은 합리적인 설계로 이런 문제점을 해결할 수 있는 대안이 될 수 있다.

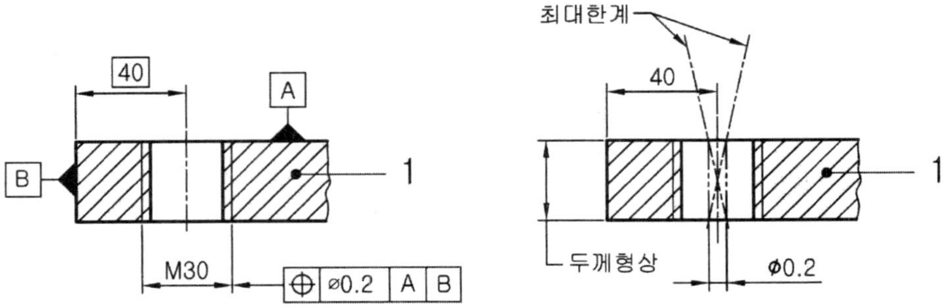

[그림 2.63] 1번 부품의 일반 기하공차 적용 설계

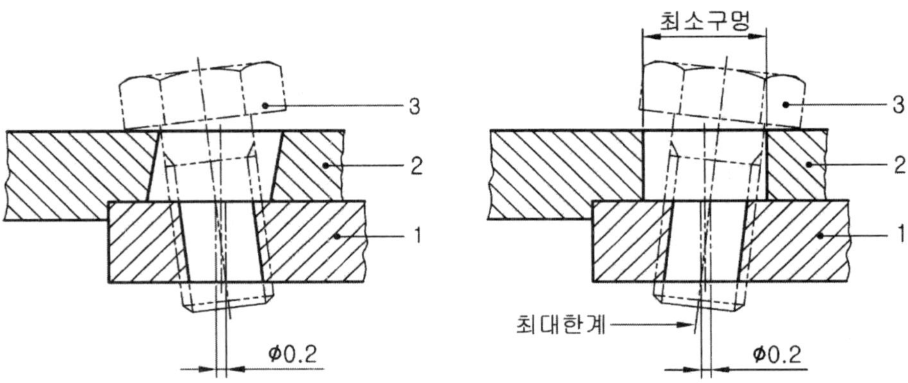

[그림 2.64] 볼트의 간섭과 조립 한계

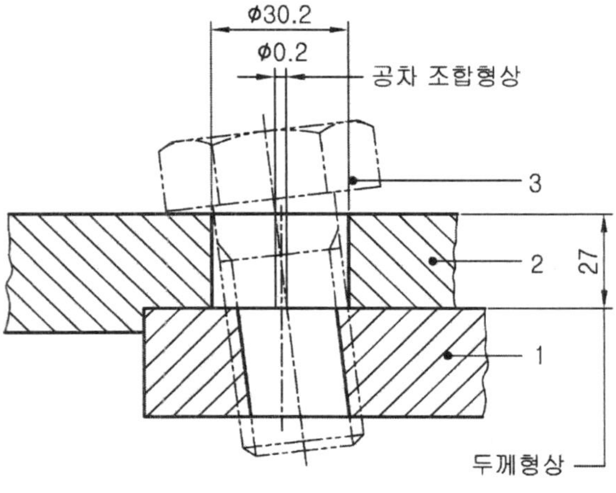

[그림 2.65] 돌출 공차영역의 적용

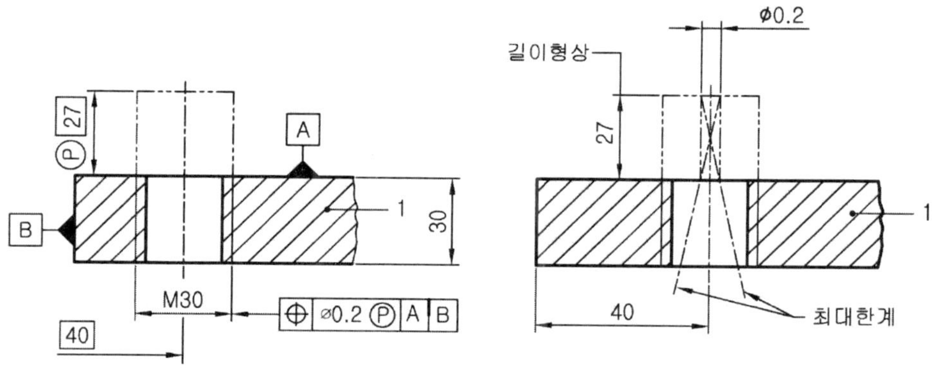

[그림 2.66] 돌출 공차영역의 지시 및 그 공차영역

(d) ANSI 규격에서의 돌출 공차영역 표시

나사의 구멍이 관통볼트가 아니고 깊이로 설계된 경우, 체결구의 방향을 명확히 알 수 있으므로 돌출길이를 표시하는 것을 생략하고 기하공차틀 안에 기호 Ⓟ와 돌출길이를 표시해도 좋다. 나사의 구멍이 관통볼트인 경우, 돌출 공차영역이 적용되는 표면을 지시해야 한다. 가는 이점 쇄선 대신에 간단하게 굵은 1점 쇄선을 돌출 공차영역 표면이 붙이고 중심선을 연장하여 돌출길이를 표시한다. 이때 공차 틀 안에 돌출 공차영역을 적용하는 기호 Ⓟ를 붙인다.

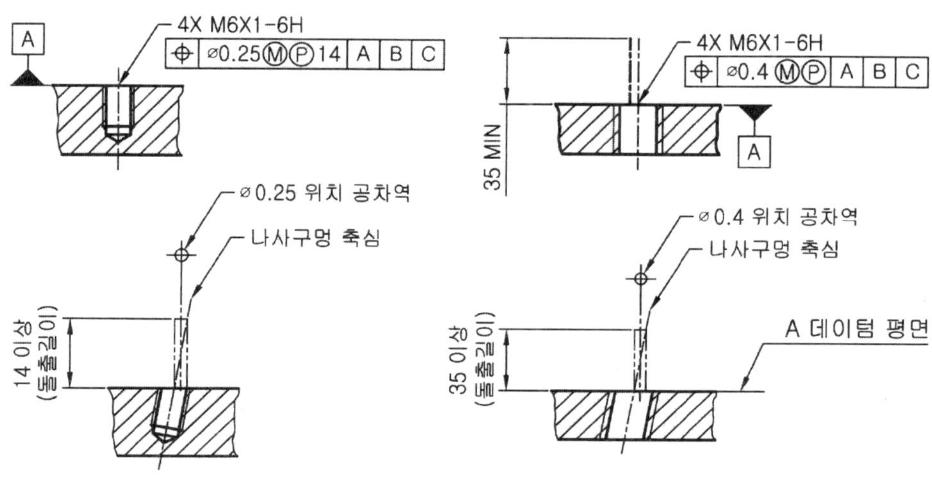

[그림 2.67] 돌출 공차영역 도시(ANSI)과 공차영역

(7) 최대 실체 공차방식 및 최소 실체 공차방식의 적용을 지시하는 방법

(a) 최대 실체 공차방식을 적용하는 것을 지시하기 위하여 공차의 대상으로 된 형체, 데이텀 형체 또는 그 양자에 적용하는가에 따라 기호 Ⓜ를 사용하여 다음과 같이 나타낸다.

① 공차붙이 형체에 적용하는 경우에는 공차 값 뒤에 Ⓜ을 기입한다.

② 데이텀 형체에 적용하는 경우에는 데이텀을 나타내는 문자 기호 뒤에 기호 Ⓜ을 기입한다.

③ 공차붙이 형체와 그 데이텀 형체의 양쪽에 최대 실체 공차방식을 적용하는 경우에는 공차 값과 데이텀 문자 뒤에 기호 Ⓜ을 기입한다.

⌖	⌀0.04 Ⓜ	A

⌖	⌀0.04	A Ⓜ

⌖	⌀0.04 Ⓜ	A Ⓜ

(b) 최소 실체 공차방식은 기호 Ⓛ를 이용하여 지시한다. 이 기호는 공차 값이나 데이텀 문자 뒤에 위치하며, 최대 실체 공차방식의 도시 방법과 같다. 또한, 규제조건 기호인 Ⓟ, Ⓜ, Ⓛ 및 Ⓕ는 같은 공차기입틀에 동시에 이용할 수 있다.

⌖	⌀0.5 Ⓛ	A	B	C

⌖	⌀0.5	A Ⓛ

⌖	⌀2.5 Ⓛ	A Ⓛ

⌖	⌀0.10 Ⓜ	A Ⓛ

(8) 자유 상태 및 나사에 기하공차를 지시하는 방법

(a) 비 강성 부품에 대하여 작용력을 제거한 상태로 적용하고자 할 경우 지시한 공차 값 뒤에 자유 상태(free state)기호 Ⓕ을 붙인다. 여러 가지 조건을 명시할 때 Ⓟ, Ⓜ, Ⓛ, Ⓕ 및 CZ는 같은 공차지시 틀 안에서 동시에 사용될 수 있다.

○	⌀0.5 Ⓕ

▱	0.025
	0.3 Ⓕ

(b) 나사에 기하공차를 적용하는 경우 기하공차 및 데이텀은, 나사의 바깥지름을 나타내는 "MD"와 같이 특별한 지시가 없는 한 피치 원통으로부터 인출된 축선에 적용한다. 기어 및 스플라인에 대해서 기하공차 및 데이텀은 피치원 지름을 나타내는

"PD", 바깥지름을 나타내는 "MD" 또는 골지름을 나타내는 "LD"와 같이 특별하게 지시된 특정의 형체에 적용한다.

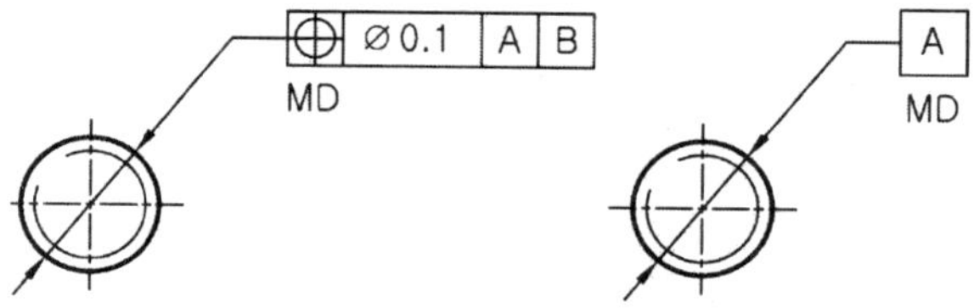

[그림 2.68] 나사산의 지시

제 3 장 데이텀과 데이텀 표적

데이텀을 기준으로 부품을 제작하고, 측정이 이루어짐으로 부품이 제 기능을 발휘하기 위해서는 기능과 경제성을 고려하여 데이텀을 잘 설정하여야 한다. 데이텀 선정시 우선으로 고려해야 할 사항은 다음과 같다.

① 기능적인 형체를 우선적으로 데이텀으로 선정해야 한다. 특히 기능성이 매우 요구되는 부품일수록 기능을 잘 분석하여 기능상 기준이 되는 형체를 데이텀으로 설정한다.

② 조립되는 부품의 경우에는 조립되는 상대 부품과의 관계를 고려하여 조립상 기준이 되는 형체를 데이텀으로 설정한다. 많은 부품들은 조립 부품으로 되어 있으므로 설계시 조립 관계를 잘 검토한다.

③ 가공, 검사 및 측정상 기준이 되는 형체를 데이텀으로 설정한다. 가공이나 측정을 고려하여 데이텀을 설정하면 부품의 제작이나 측정비용을 획기적으로 줄일 수 있다.

3.1 용어와 정의

다음은 데이텀 및 데이텀 표적과 관련하여 사용되는 용어와 그 정의이다.

(a) 데이텀(datum)

관련 형체에 기하 공차를 규제하는 경우, 그 공차 영역을 규제하기 위하여 설정한 이론적으로 정확한 기하학적 기준을 말한다. 보기를 들면 이 데이텀은 기준이 되는 점, 축 직선, 평면 등 실체 형체의 표면은 물론, 축심 등 가상의 형체도 데이텀 설정이 가능하다.

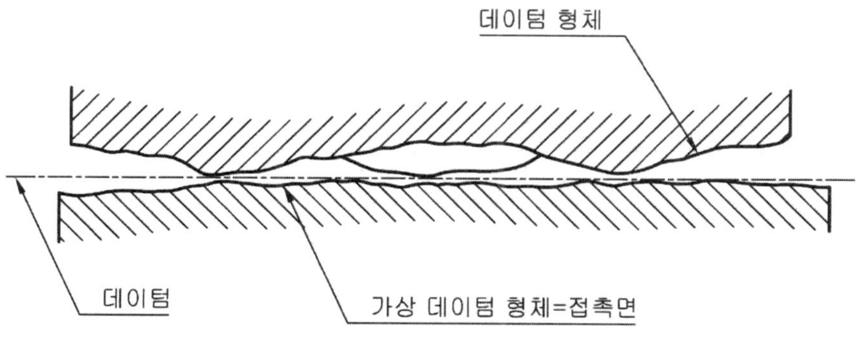

[그림 2.69] 데이텀 평면 모양

(b) 데이텀 형체(datum feature)

부품의 표면, 구멍 등 데이텀을 설정하기 위하여 사용하는 대상물의 실제 형체를 말한다. 데이텀 형체에는 가공 오차 등이 있으므로, 필요에 따라 데이텀 형체에 적당한 형상 공차를 부여한다.

(c) 가상 데이텀 형체(simulated datum feature)

정반, 베어링, 맨드릴, 공작기계의 작업대 등 데이텀 형체에 접하여 데이텀을 설정할 경우에 사용하는, 충분히 정밀한 모양을 갖는 실제의 표면을 말한다. 가상 데이텀 형체는 가공, 측정 및 검사를 할 경우에 지시한 데이텀을 실제로 구체화한 것이다.

(d) 공용 데이텀

2가지의 데이텀 형체에 따라서 설정되는 단일의 데이텀을 말한다.

3.2 데이텀

(1) 데이텀 문자와 기호

(a) 데이텀 기호

사각형의 틀 안에 데이텀을 나타내는 문자로 반드시 대문자를 기입하고, 데이텀이 적용될 평면, 곡면, 점, 선, 축 등에 작은 삼각형을 그리고 직선으로 연결한다. 알파벳의 I, O, Q는 숫자 1 및 0과 혼동이 될 수 있으므로 사용을 하지 않는 것이 바람직하며, 필요한 경우 AA, AZ, BB등과 같이 조합하여 사용될 수 있다.

데이텀 삼각 기호는 예전에는 직각이등변삼각형을 사용하였으나, ANSI, ISO, BS 등과 같은 국제 표준에 따라서 정삼각형 기호를 사용하는 것이 바람직하다. 그림 2.71은 정삼각형 모양의 데이텀 기호에 대한 치수 비율을 나타내고 있다.

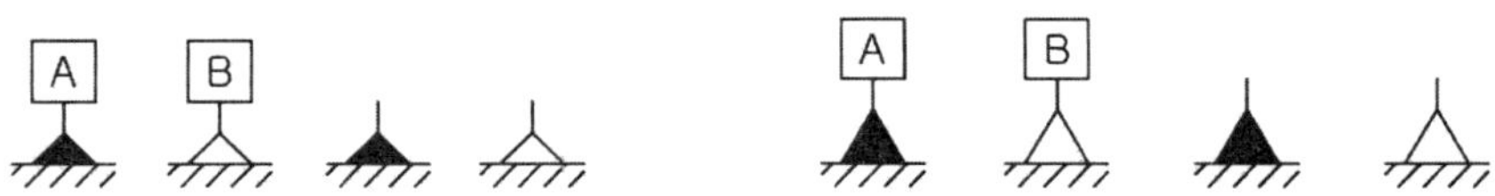

(b) 직각 이등변 삼각형　　　　(c) 정삼각형

[그림 2.70] 데이텀을 나타내는 삼각기호

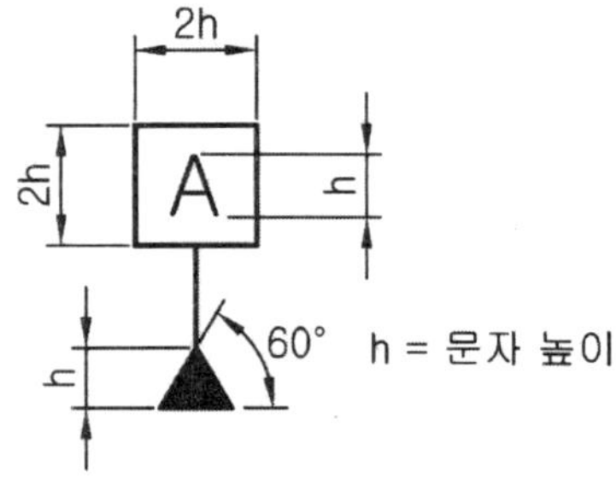

[그림 2.71] 데이텀 형상기호

(2) 데이텀 설정

데이텀 및 데이텀 시스템은 관련형체 사이에 기하학적 관계를 설정하기 위한 기준으로 사용한다. 데이텀 형체 및 가상 데이텀 형체의 정밀도는 기능상의 요구를 충족시켜야 하기 때문에 데이텀 형체에는 형상공차를 지정하는 것이 바람직하다. 특히 가상 데이텀 형체는 데이텀 형체보다 정밀도가 높아야 한다. 데이텀 형체로 지정된 형체에는 가공 공정에서 어느 정도의 오차가 생기는 것을 피할 수 없다. 그 형체는 볼록면 모양, 오목면 모양, 원추 모양과 같은 것이 있으나, 이와 같은 모양에 대하여 데이텀 설정시 다음과 같이 된다.

(a) 직선 또는 평면의 데이텀

직선이나 평면을 데이텀으로 지시된 경우, 데이텀 형체를 가상 데이텀 형체와 최대한 간격이 작도록 데이텀을 설정한다. 데이텀 형체가 가상 데이텀 형체에 대하여 안정적인 상태로 데이텀을 설정되어야 하며, 불안정한 경우에는, 틈새가 안정되도록 적당한 간격의 위치에 받침을 놓고 데이텀을 설정한다. 이 경우, 선의 데이텀 형체에 대하여는 2개의 받침을, 평면의 데이텀 형체에는 3개의 받침을 사용한다.

그림 2.72와 같이 하나의 표면을 데이텀으로 하는 경우 그 데이텀 표면이 이상적으로 정확한 표면이 아니다. 데이텀 A가 1차 데이텀으로 설정된 경우에는 데이텀 표면에서 가장 볼록한 3점이 가상 데이텀 형체의 표면에 접하게 되고, 2차 데이텀에서는 2점, 3차 데이텀에서는 1점으로 접하는 평면이 된다고 생각할 수 있다.

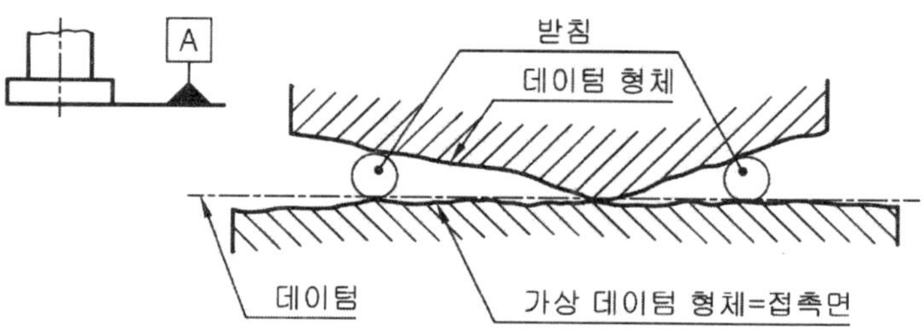

[그림 2.72] 데이텀 평면 모양

(b) 원통 축선의 데이텀

원통의 구멍 또는 축의 축선을 데이텀으로 지시한 경우, 이 데이텀은 구멍의 최대 내접 원통의 축 직선 원통 또는 축의 최소 외접 원통의 축 직선 원통으로 데이텀이 설정된다.

데이텀 형체가 가상 데이텀 형체에 대하여 불안정한 경우에는 이 원통을 어느 방향으로 움직여도 이 움직임의 량이 같아지도록 설정한다.

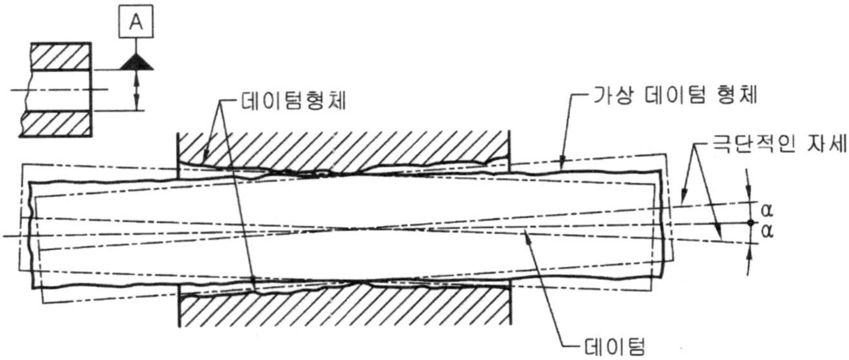

[그림 2.73] 원통 축선의 데이텀

(c) 공통 데이텀

공통 축 직선 또는 공통 중심 평면에 대한 데이텀은 개개의 데이텀 평면에 대하여 공통의 가상 데이텀 형체에 의해서 데이텀을 설정한다. 그림 2.74는 A와 B 형체의 공통 축 직선에 대하여 가상 데이텀 형체인 두 개의 최소 외접 동축 원통의 축 직선 선에 의해서 데이텀을 설정한 것을 나타내었다.

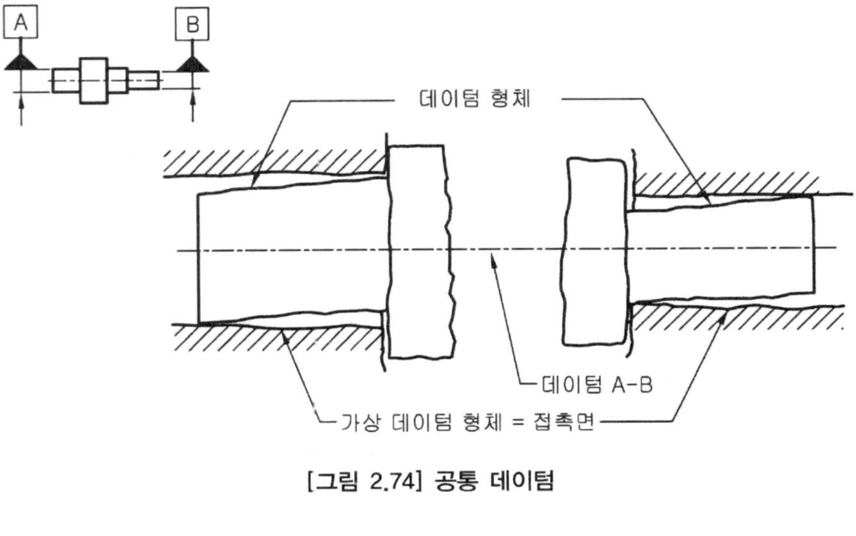

[그림 2.74] 공통 데이텀

(d) 원통의 축선에서 평면에 수직인 데이텀

데이텀 A는 데이텀 형체 A에 접하는 평탄한 평면에 의해서 설정한다. 데이텀 B는 데이텀 A에 수직으로 데이텀 B에 내접하는 최대 원통의 축 직선에 의해서 설정된다. 그림 2.75에서 A 형체가 1차 데이텀, B 형체가 2차 데이텀으로 설정된 자세를 보여주고 있다.

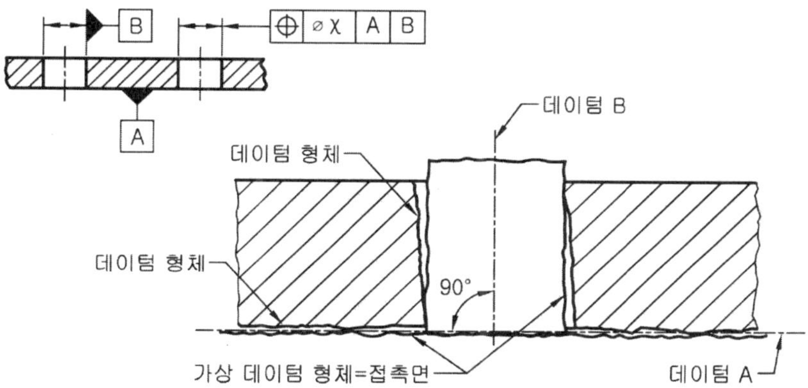

[그림 2.75] 데이텀의 설정

(3) 3평면 데이텀 시스템에 의한 지시

(a) 일반적 3평면 데이텀 시스템

자세공차, 흔들림공차 등은 일반적으로 하나의 데이텀으로, 위치 공차는 서로 직교하는 3개의 데이텀 평면으로 지시한다. 이들 세 평면에 의해 구성되는 데이텀 시스템을 3평면 데이텀 시스템이라 한다. 3평면 데이텀 시스템을 구성하는 데이텀 평면은 그 우선순위에 따라서 각각 제 1차 데이텀 평면, 제 2차 데이텀 평면 및 제 3차 데이텀 평면이라 한다. 이들의 데이텀에 대응하는 가상 데이텀 형체는 각각 제 1 가상 데이텀 평면, 제 2 가상 데이텀 평면 및 제 3 가상 데이텀 평면이라 한다.

기하공차를 규제할 때 두 개 이상의 데이텀을 기준으로 규제할 경우의 데이텀 그룹을 데이텀계라 한다. 일반적 데이텀계는 3평면 데이텀계이다. 밑면을 1차 데이텀, 길이가 긴 쪽을 2차 데이텀, 짧은 쪽을 3차 데이텀으로 한다. 공작물을 설치할 때 우선순위가 가장 높은 형체를 수평한 표면으로 하되 이 평면을 1차 데이텀으로 한다. 1차 데이텀 평면은 설치면과 공작물 표면이 3점으로 접하게 되고, 2차 데이텀은 2점, 3차 데이텀은 1점이 접하게 된다.

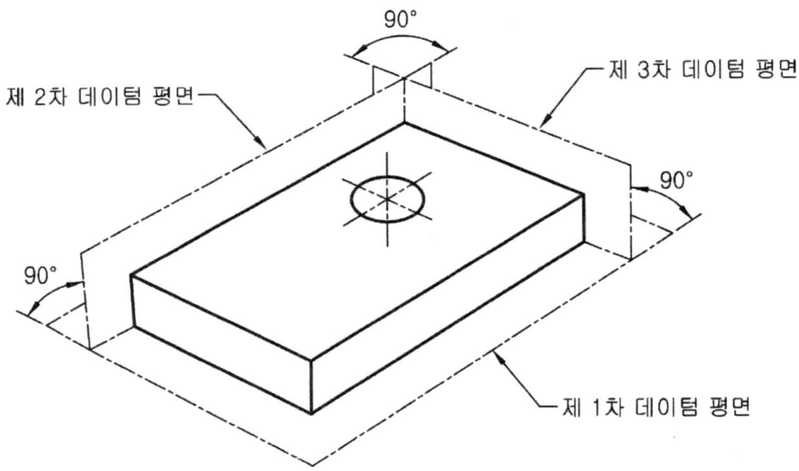

[그림 2.76] 3평면 데이텀

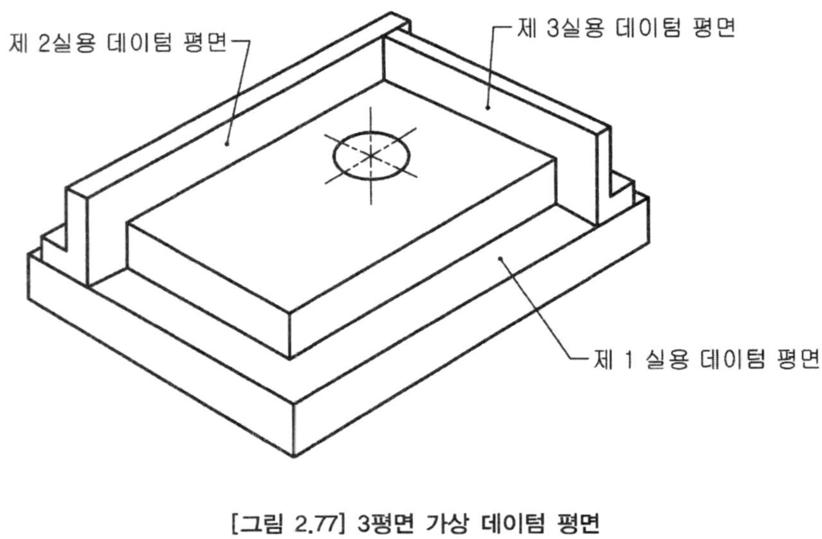

[그림 2.77] 3평면 가상 데이텀 평면

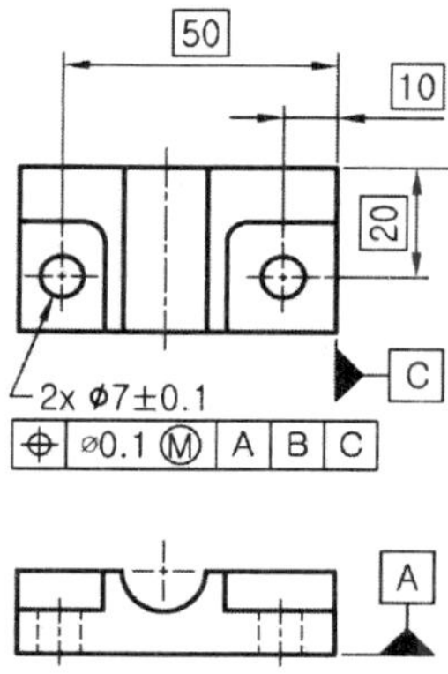

[그림 2.78] (a) 도면

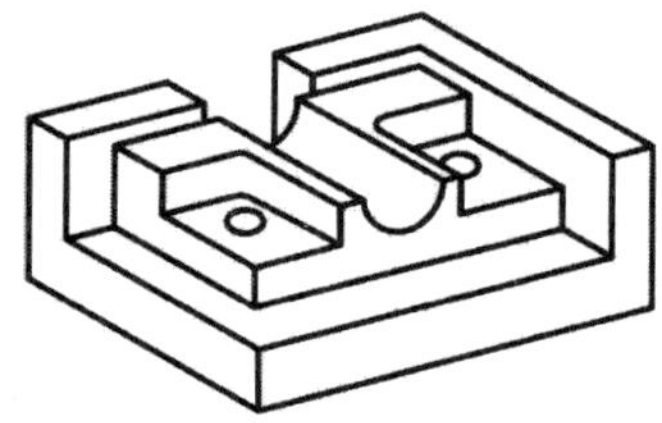

[그림 2.78] (b) 가상 데이텀 평면

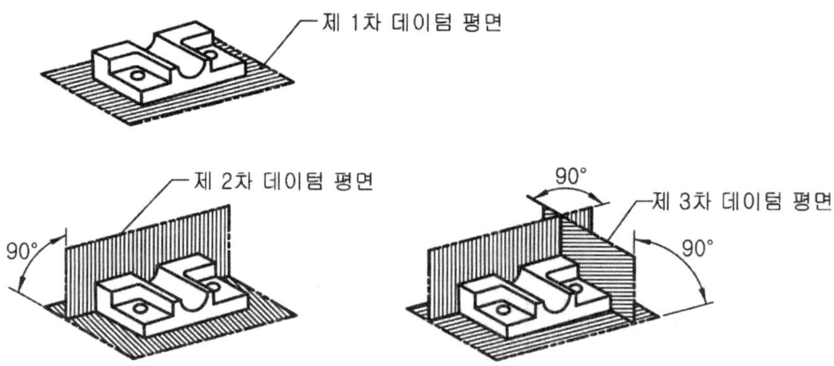

[그림 2.78] (c) 데이텀 평면

(b) 기능적 관점에서의 3평면 데이텀 시스템

그림 2.79는 홈 부위의 두께가 12±0.1, 좌측 벽면으로부터 25±0.05의 크기와 0.02의 평행도가 지시되어 있다. 먼저, 일반적인 3평면 데이텀 시스템에 의하여 데이텀을 설정해 보자. 제조상의 편의를 위해 밑면을 1차 데이텀 A로, 길이가 긴 쪽을 2차 데이텀 B, 좌측면을 3차 데이텀 C로 설정한다. 데이텀 형체와 가상 데이텀의 접촉 상태를 크게 확대하여 표시하면 1차 데이텀은 3점, 2차 데이텀은 2점, 3차 데이텀은 한 점에 의하여 접촉이 이루진다고 생각하여 데이텀의 설정 상태를 삼각기호로 나타낸 것이 그림 2.80이다.

이와 같이 일반적인 3평면 데이텀 시스템계로 데이텀을 설정하여 홈을 가공하게 되면, ①기호로 표시된 홈의 두께와 평행도는 잘 확보가 되지만 도면상에서 요구하고 있는 ② 형체에 대해서는 좌측면에서의 평행도와 요구하는 치수 공차를 가공하기가 어렵게 된다.

그림 2.81은 기능적 관점에서의 3평면 데이텀 시스템을 설계한 것이다. 가장 치수정밀도와 기하학적 공차가 요구되는 형체의 기준이 되는 데이텀 형체 C를 1차 데이텀으로 설정하고, 홈 부위의 두께치수를 위해 밑면을 2차 데이텀, 긴 길이 방향을 3차 데이텀으로 설정하였다. 이렇게 데이텀을 설정하고 홈을 가공하게 되면 ②형체에 대하여 요구되는 치수와 기하학적 정밀도를 쉽게 가공할 수 있을 것이다. 결론적으로 말해서 데이텀을 설정시 기능이 요구되는 부품일수록 그 부품의 요구 기능상에서의 기준점을 데이텀으로 잘 설정해야 한다.

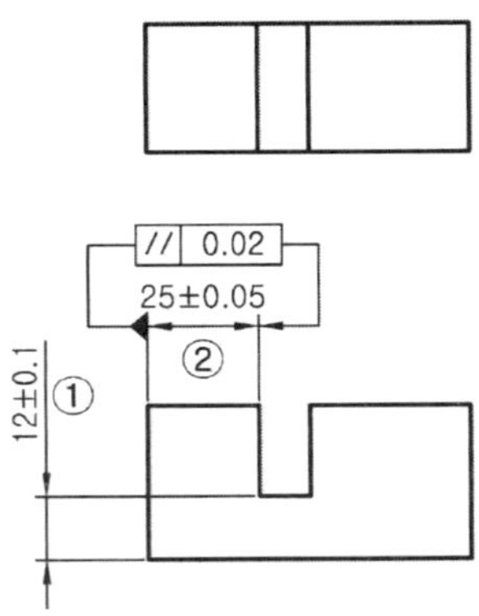

[그림 2.79] 제품도

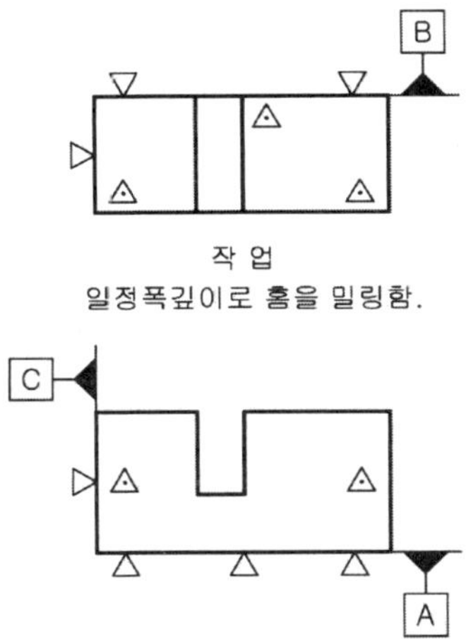

[그림 2.80] 일반적 3평면 데이텀 설정

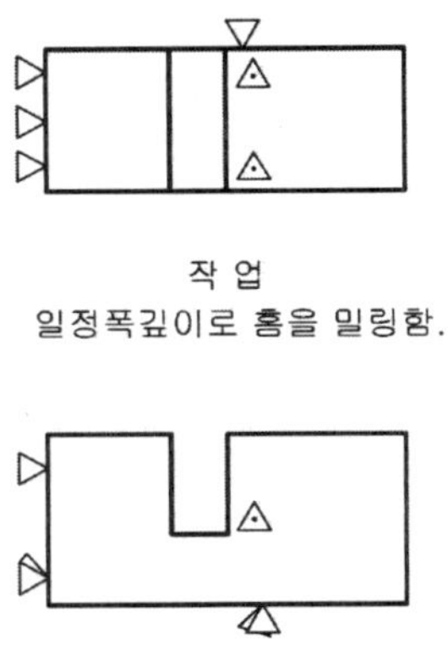

[그림 2.81] 기능적 3평면 데이텀

(c) 원통 데이텀 형체를 갖는 부품

그림 2.82는 원통 형체에 대하여 3평면 데이텀 시스템을 적용한 것으로 바닥면과 원통의 축심에 대하여 데이텀을 설정하였다. 1차 데이텀은 형체 K의 평면으로 설정되고, 2차 데이텀은 데이텀 평면 K와 직각인 형체 M의 축심이 된다. 이 축심은 제 2차와 제3차 데이텀 평면과의 교점이 된다.

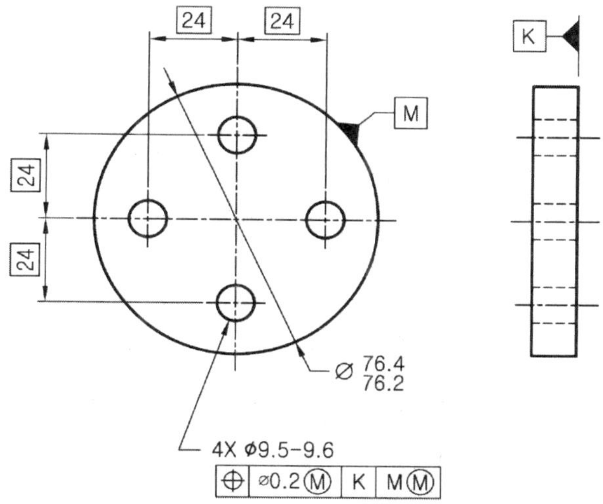

[그림 2.82] 원통 형체의 데이텀 설정

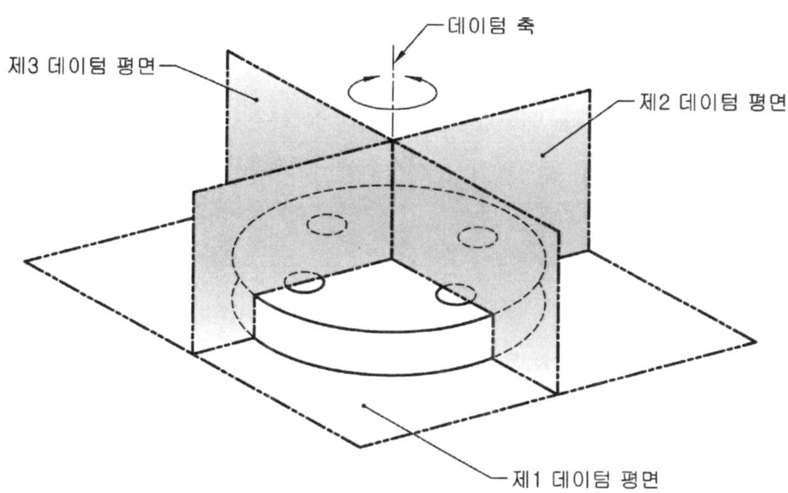

[그림 2.83] 원통 형체의 데이텀계

(4) 데이텀 우선순위와 규제조건

(a) 평면 형체에서의 데이텀 우선순위

데이텀의 우선순위에 따라 제작이나 검사상의 작업순서가 달라지고 따라서 구멍의 위치나 형상이 변하게 된다. 따라서 그림 2.84와 같은 구멍에서 먼저, 좌측면이나 우측면을 기준으로 하든지, 밑면을 기준으로 하든지 우선순위를 지정해야 한다.

두 개 이상의 데이텀을 설정하여 우선순위별로 규제할 경우에는 우선순위가 높은 순서대로 왼쪽에서 오른쪽으로 데이텀을 나타내는 문자를 칸막이로 하여 기입한다.

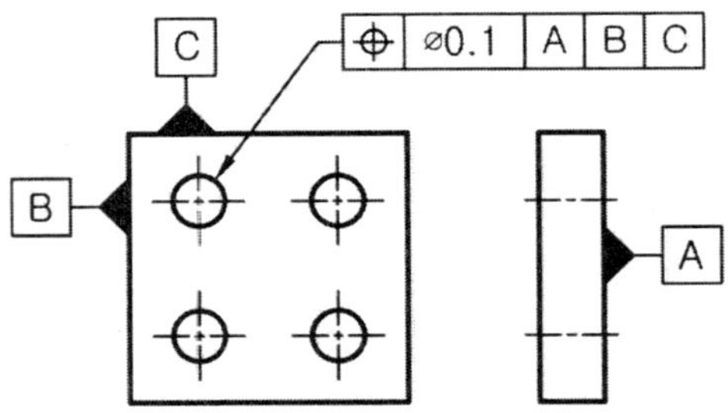

[그림 2.84] 데이텀 우선순위

그림 2.85는 A를 1차 데이텀으로, B를 2차 데이텀, C를 3차 데이텀으로, 그림 2.86은 A를 1차 데이텀으로, C를 2차 데이텀, B를 3차 데이텀으로 설정한 도면이다. 그림 2.87은 위와 같은 형체에 대하여 데이텀의 우선순위에 따라 구멍의 위치나 자세가 어떻게 변하는가를 나타내고 있다.

1차 데이텀 A는 데이텀 형체로부터 구멍에 대한 직각도를 규제하고 있으며, 2차 데이텀은 기준 형체와의 평행도 및 기준 위치 규제를, 3차 데이텀은 기준 위치를 규제하고 있다. 따라서 데이텀 설정시 그 부품이 요구하는 기능을 감안하여 적절한 데이텀을 설정해야 한다.

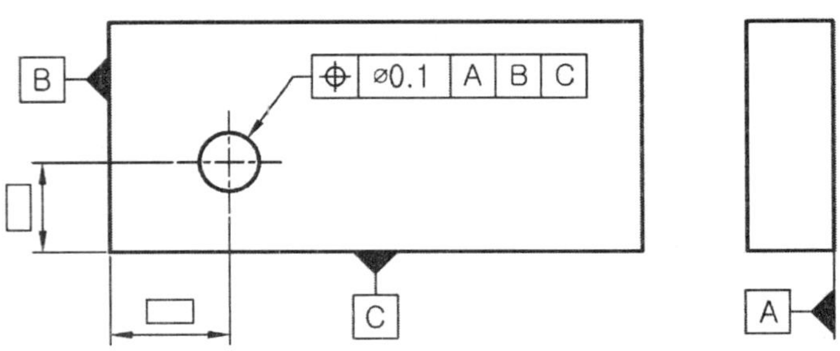

[그림 2.85] 데이텀 우선순위에 의한 차이

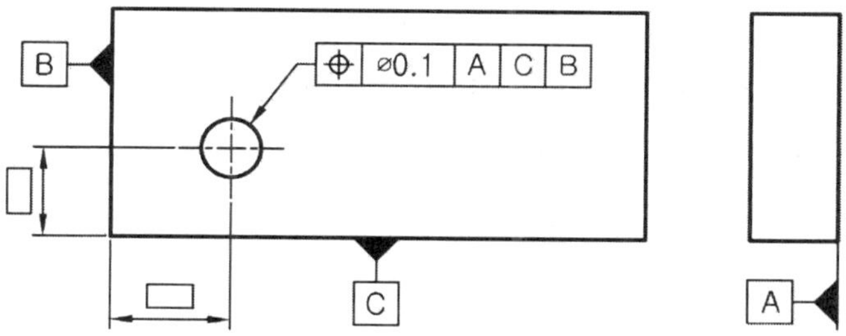

[그림 2.86] 데이텀 우선순위에 의한 차이

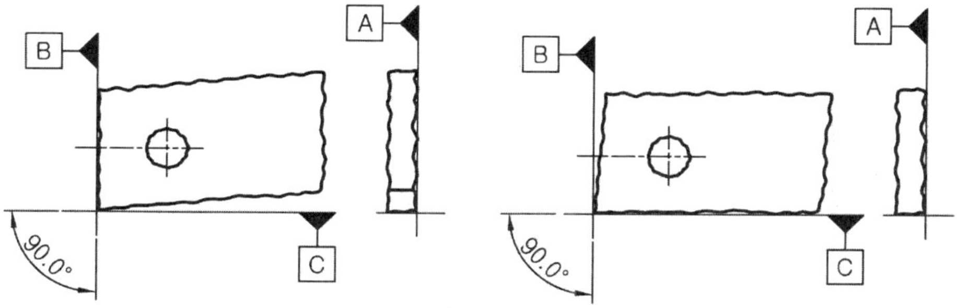

[그림 2.87] 데이텀의 우선순위에 따른 형상

(b) 원통형체의 데이텀 우선순위와 규제조건

그림 2.88에서 원통형 형체에 대한 데이텀 설정을 살펴보자. 축의 축심을 데이텀 A로, 플랜지 평면 부위를 데이텀 B로 지시하였다. 이 두 개의 데이텀의 우선순위와 규제조건에 따라 설정된 데이텀 자세는 다음과 같다.

그림 2.89는 A형체가 형체치수무관계(RFS)의 규제조건에서 1차 데이텀으로 설정하고, B형체가 2차 데이텀으로 설정된 자세를 보여주고 있다. 1차 데이텀 A는 데이텀 형체 A가 규정된 치수한계 이내에서 원통에 접하는 최소 외접원통의 축심이 된다. 따라서 가상 데이텀 A형체의 치수는 원통의 크기에 따라 표면에 틈새가 없이 접하도록 데이텀이 설정되고, 가상 데이텀 평면 B는 데이텀 축 A와 직각이 되어야 한다.

그림 2.90은 B형체가 1차 데이텀으로, A형체가 형체치수무관계(RFS)의 규제조건에서 2차 데이텀으로 설정된 자세를 보여주고 있다. 먼저, 1차 데이텀 평면이 접하는 상태에서

2차 데이텀은 규정된 치수 한계내에서 A의 치수 편차와 직각도를 포함하는 최소 외접원통의 축심이 가상데이텀 형체가 된다. 가상 데이텀 평면 B는 데이텀 축 A와 직각이다.

그림 2.91은 B형체가 1차 데이텀으로, A형체가 최대 실체 크기(MMS)의 규제조건에서 2차 데이텀으로 설정된 자세를 보여주고 있다. 먼저, 1차 데이텀 평면이 접하는 상태에서 2차 데이텀은 데이텀 평면 B와 직각인 실질크기(실효치수)의 원통 축심이 된다. 데이텀 형체 A의 치수와 기하공차는 이 원통의 경계 범위내에서 허용된다.

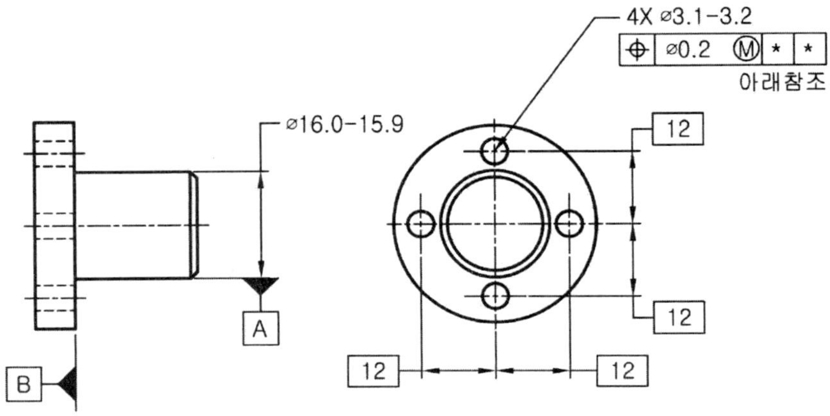

[그림 2.88] 원통형 형체의 데이텀 설정

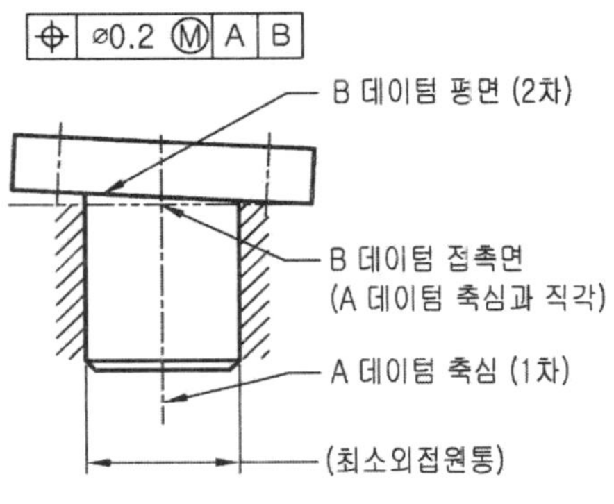

[그림 2.89] A형체의 1차 데이텀 설정

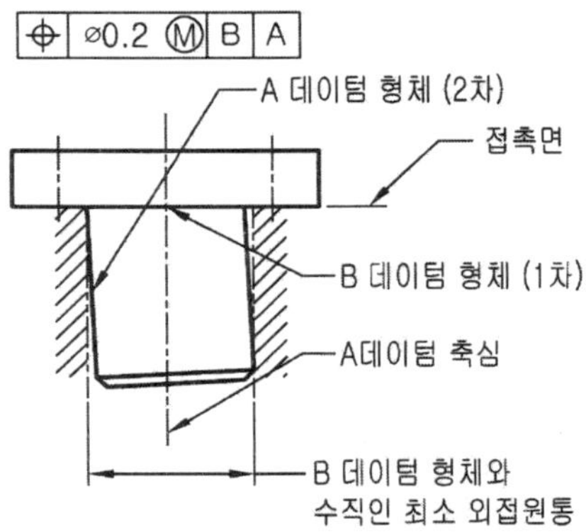

[그림 2.90] B형체의 1차 데이텀 설정

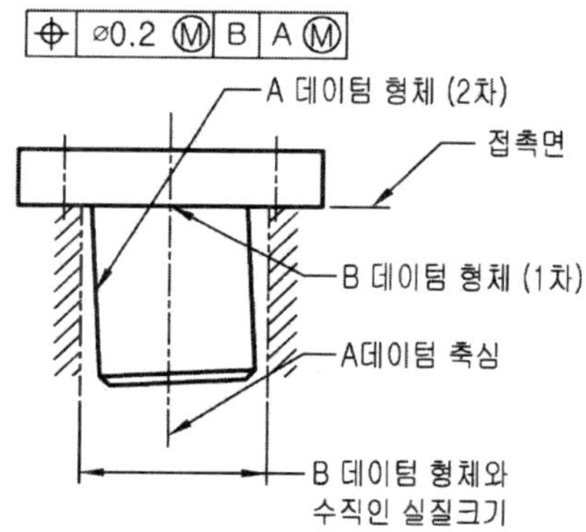

[그림 2.91] A형체가 MMS 상태에서의 규제

(5) 데이텀을 적용한 도면의 예

그림 2.92는 우선순위에 따라 데이텀을 설정한 도면으로 설명은 다음과 같다.

(a) 두 구멍에 대한 위치도

① 두 구멍에 대한 위치도는 ⌀0.125이며, 규제 형체가 원통형 형체임으로 지름기호 ⌀를 붙여 원통의 공차영역으로 지시되어 있다. 또한, 두 구멍에 핀이 끼워지는 결합부품임으로 최대 실체 치수인 MMS를 적용하여 기호 Ⓜ를 부가한 최대 실체 공차방식으로 설계하였다.

② 구멍을 가공하기 위해 공작기계의 기계 테이블 위에 공작물을 올려놓아야 한다. 이를 위해 지정된 한 평면 C를 1차 데이텀으로 설정하였으며, 이는 가공되는 구멍은 데이텀 C에 대하여 직각도를 규제하고 있다. 1차 데이텀은 공차로써 규제되는 크기를 갖는 형체가 아니므로 최대 실체 공차방식과 같은 규제조건을 적용하지 않는다.

③ 2차 데이텀 형체 A는 크기를 갖고 있으며, 결합되는 부위로 최대 실체 공차방식을 적용하였으며, 구멍 A의 축심과 동축의 기능을 요구하고 있다.

④ 3차 데이텀 형체 B는 크기와 결합부품으로 인해 MMS로 설계되었다. 또한, B 형체의 축심으로부터 60°와 90°의 위치에 구멍의 중심이 존재해야 하는 위치를 규제하고 있다.

이와 같이 위치도는 규제되는 제품의 모양, 데이텀에 따라 직각도, 평행도, 위치도, 경사도 등 다양한 기하학적 특성을 규제하는 복합공차이다.

(b) 돌출부에 대한 기하공차의 설정

돌출부는 하나의 형체에 대칭도와 직각도로 두 개의 기하공차가 규제되어 있다.

① 돌출부의 축심은 데이텀 형체 A의 축심을 기준으로 대칭의 위치에 대한 요구 기능으로 대칭도가 규제되어 있다. 데이텀 형체 A 구멍에 축이 조립됨으로 인해 MMS를 적용하였다.

② 복합적인 기하공차로 직각도가 규제되어 있다. 먼저, 가공이나 측정을 위해 데이텀 형체 C의 평면을 1차 데이텀으로 설정하였다. 돌출부의 축심은 2차 데이텀 형체 B의 축심과 상호 관련이 있으며 직각을 유지해야 함을 규정한 것이다.

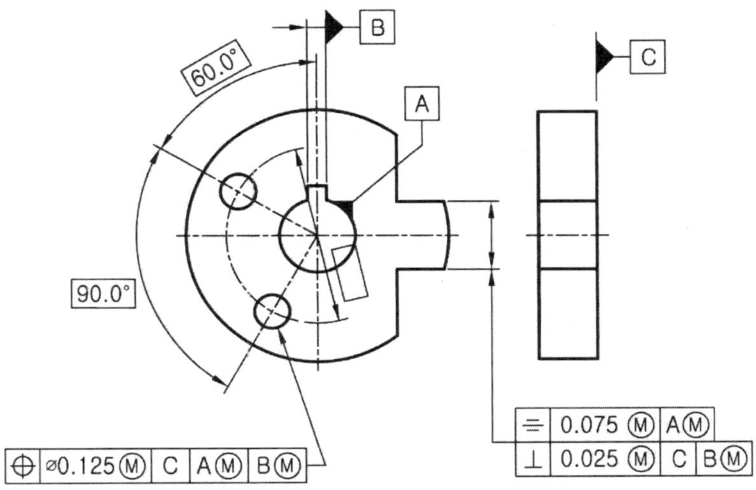

[그림 2.92] 구멍과 돌기 형체에 대한 데이텀 설정

3.3 데이텀 표적(datum target)

(1) 데이텀 표적의 의의 및 종류

공작물에 따라서는 표면 상태가 아주 나쁜 경우 표면 전체를 데이텀으로 지정하면 공작물 표면과 가상 데이텀 형체의 접촉 상태가 불량하게 됨으로써 가공, 검사 등을 할 때 측정에 큰 오차가 생기거나 반복성 · 재연성이 나빠지는 경우가 있다.

따라서, 이를 방지하기 위하여 표면 전체를 데이텀으로 하는 대신 가공 기계나 측정기에 접촉하는 몇 군대의 점, 선 또는 한정된 영역을 데이텀으로 설정하여 규제한다. 이러한 몇 군데의 점이나 선 또는 영역을 대이텀 표적이라 한다. 데이텀 표적은 주조품, 단조품, 소성품, 용접 구조물 등 표면이 거칠고 평평하지 않은 표면에 데이텀을 설정하여 정확한 데이텀 설정함으로써 재연성 · 반복성을 확보하기 위해 사용한다.

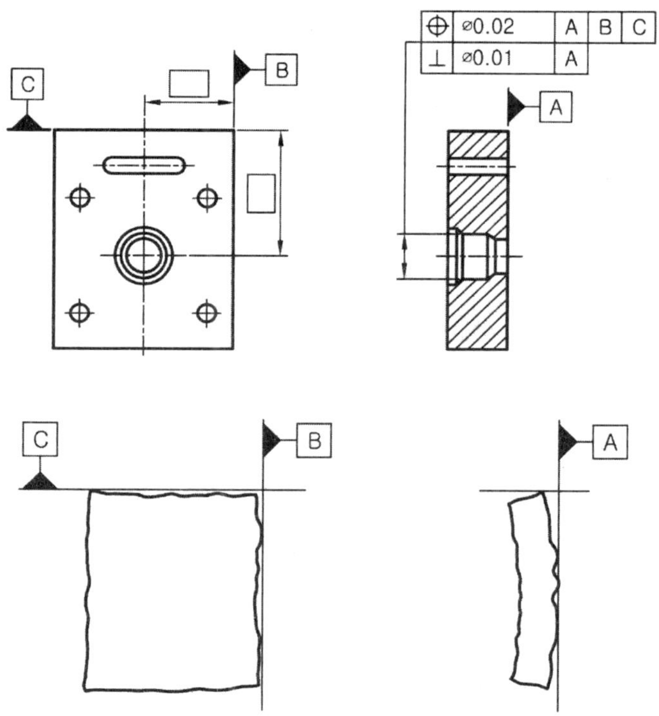

[그림 2.93] 표면 상태가 불량한 경우의 데이텀

표 2.6에서와 같이 데이텀 표적에는 데이텀 표적이 점인 경우, 선인 경우 및 한정된 영역 등으로 나눌 수 있다. 데이텀 표적 점은 데이텀 형체와 점접촉을 하며 데이텀 형체의 표면 상태가 매우 불량한 경우에 적합하나 이와 접하는 가상 데이텀 형체가 쉽게 마모될 수 있으므로 주의한다. 데이텀 표적선은 선으로 접하게 되며 표적 점과 표적 선은 데이텀 표적 공차기입틀 내에 데이텀 표적의 크기를 도시하지 않는다. 이와 달리 데이텀 표적이 한정된 영역일 때는 주로 사각형 및 원형 등의 모양으로 규제되며, 접촉 영역의 크기가 지시되어야 한다.

〈표 2.6〉 데이텀 표적 기호와 도시

용 도		기 호	비 고
데이텀 표적이 점일 때		X	굵은 실선인 X표를 한다.
데이텀 표적이 선일 때		X——X	2개의 X 표시를 가는 실선으로 연결한다.
데이텀 표적이 한정된 영역일 때	원인 경우		원칙적으로 가는 2점쇄선으로 둘러싸고 해칭한다. 다만, 도시하기 곤란한 경우에는 2점쇄선 대신 가는 실선을 사용해도 좋다.
	직사각형인 경우		

(2) 데이텀 표적의 도시

데이텀 표적은 데이텀 표적 기입 테두리, 문자기호 및 데이텀 표적번호로 도시한다. 데이텀 표적 기입 테두리는 원형의 테두리를 가로선으로 2개 구분되어 있으며, 화살표를 붙인 지시선과 연결된다.

데이텀 표적기입 테두리 하단에는 형체 전체의 데이텀과 동일한 데이텀을 지시하는 문자 기호 및 데이텀 표적의 번호를 나타내는 숫자를 기입한다. 상단에는 데이텀 표적의 크기와 같은 보조사항을 기입한다. 보조 사항이 데이텀 표적 기입 테두리 속에 다 기입할 수 없을 경우에는, 테두리의 바깥쪽에 표시하고, 인출선을 그어서 테두리와 연결한다.

그림 2.94 (a)는 데이텀 표적 점과 표적선을 도시할 경우로 데이텀 표적의 크기가 생략된다. 그림 2.94 (b)에서는 표적의 크기가 ∅8인 원형의 형태이며, 사각형의 영역으로 규제하고자 할 경우 "10×20"과 같이 도시한다. 그림 2.94 (c)는 데이텀 표적 공차기입틀을 도시하

기 위한 치수 비례를 나타내고 있다.

그림 2.95에서 그림 2.97에 걸쳐 데이텀 표적 점, 표적 선 및 표적 영역인 경우에 데이텀 표적 도시와 가상 데이텀 형체와의 접촉 상태를 나타낸 것이다.

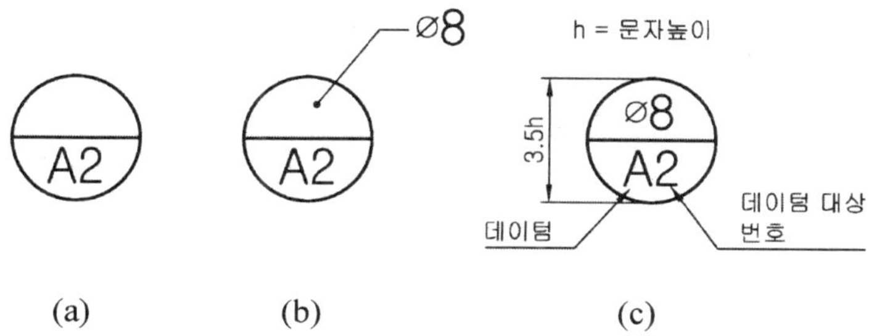

[그림 2.94] 데이텀 표적의 도시

[그림 2.95] 데이텀 표적 점

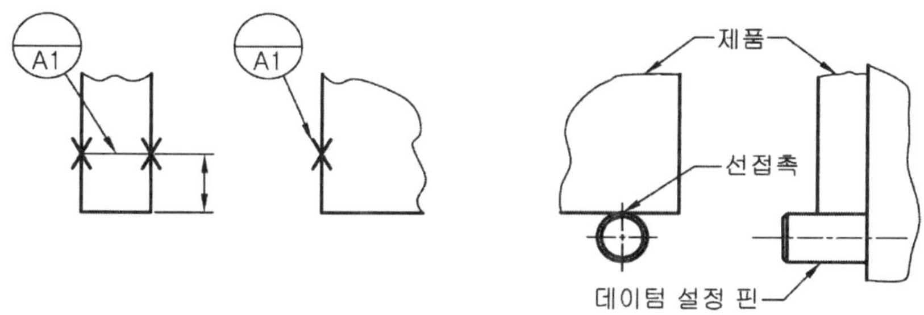

[그림 2.96] 전체가 보이도록 도시한 데이텀 표적 선

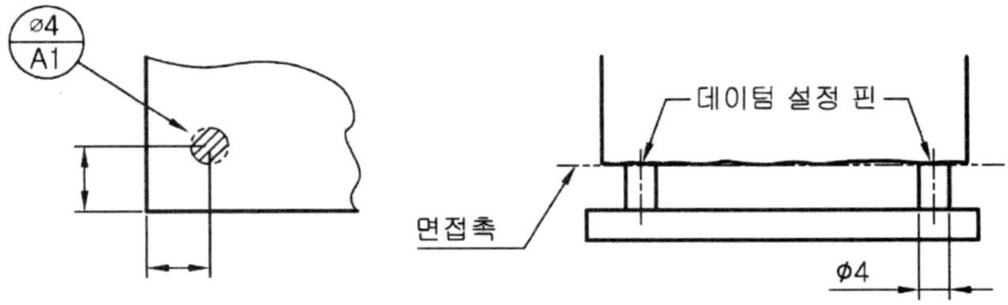

[그림 2.97] 데이텀 표적 영역

(3) 데이텀 표적의 적용

(a) 평면 형체에 대한 데이텀 표적

그림 2.98 및 그림 2.99에서 데이텀 표적의 도시 보기를 나타내고 있다. 그림 2.98에서 데이텀 표적점 A1, A2, A3에 의해 1차 데이텀 A를 설정한다. 데이텀 표적 B1, B2은 데이텀 표적 영역으로 제 2차 데이텀 B를 설정한다.

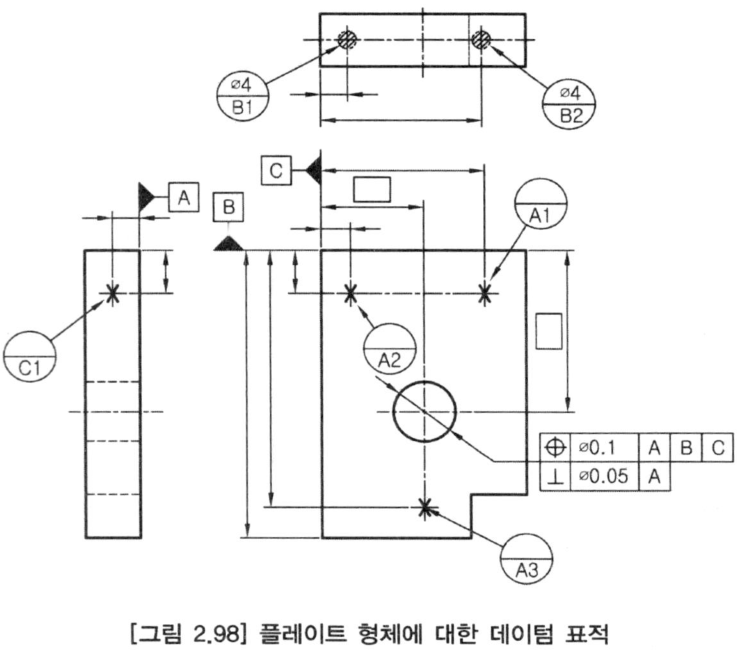

[그림 2.98] 플레이트 형체에 대한 데이텀 표적

데이텀 표적점 C에 의해 제 3차 데이텀을 설정한다. 이와 같이 데이텀을 데이텀 표적으로 설정하기 위해서는 1차 데이텀을 3개, 2차 데이텀은 2개, 3차 데이텀은 1개로 하여 데이텀 표적을 설정한다.

그림 2.99에서 데이텀 표적 영역 A1, A2, A3에 의해 1차 데이텀 A, 데이텀 표적 점 B1, B2로 2차 데이텀 B, 데이텀 표적점 C1에 의해 3차 데이텀을 설정하였다.

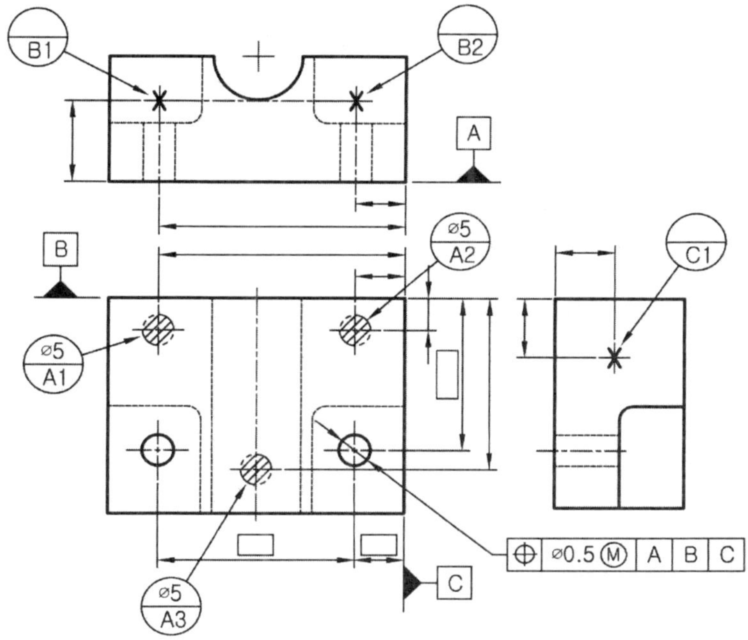

[그림 2.99] 평면 형체에 대한 데이텀 표적

(b) 하나의 형체에 데이텀 표적 점과 표적 선에 의한 데이텀 설정

그림 2.100은 하나의 형체에 서로 다른 데이텀 표적을 설정한 것으로 2개의 데이텀 표적 점(A1, A2)과 하나의 데이텀 표적 선(A3)에 의하여 데이텀 평면 A가 설정된다. 2개의 데이텀 표적 점(A1, A2)은 구의 형태로 된 핀의 끝 면으로, 하나의 데이텀 표적 선(A3)은 핀의 측면에 의하여 데이텀 평면이 설정되는 것이다.

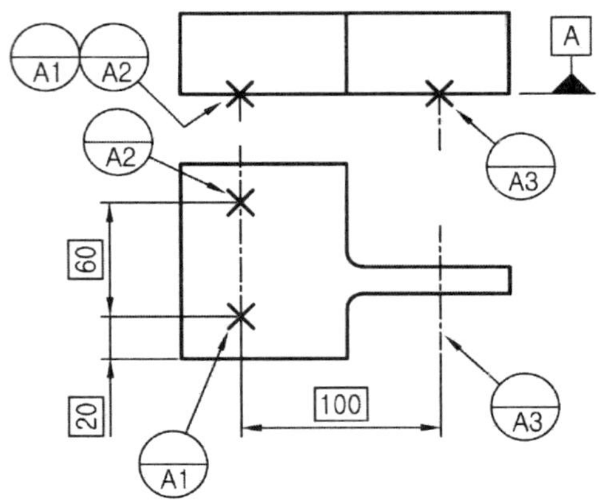

[그림 2.100] 데이텀 표적 점과 선

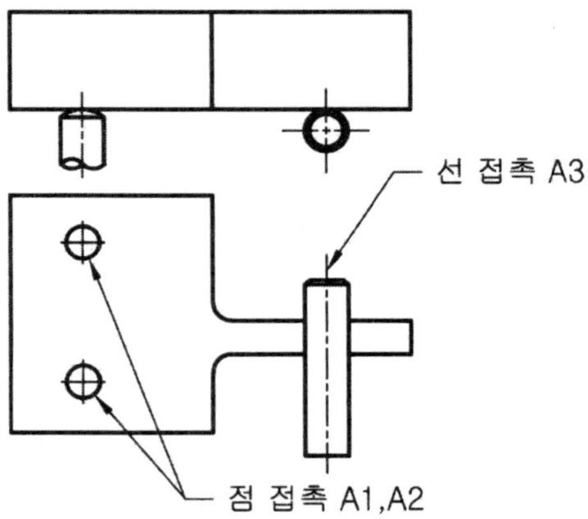

[그림 2.101] 데이텀 설정에 대한 도시

(c) 단차진 형체에 데이텀 표적 적용

그림 2.102는 단차진 표면(stepped surface)에 대하여 데이텀 표적으로 데이텀을 설정한 것이다. 이때 이론적으로 정확한 치수는 데이텀 표적 점 사이의 기본치수이며, 공차가 표시된 길이 치수는 표면들 사이의 거리를 규제한다. 공차로 표시된 치수와 치수시작 기호 대신에 단차진 표면에 윤곽공차를 적용할 수 있다.

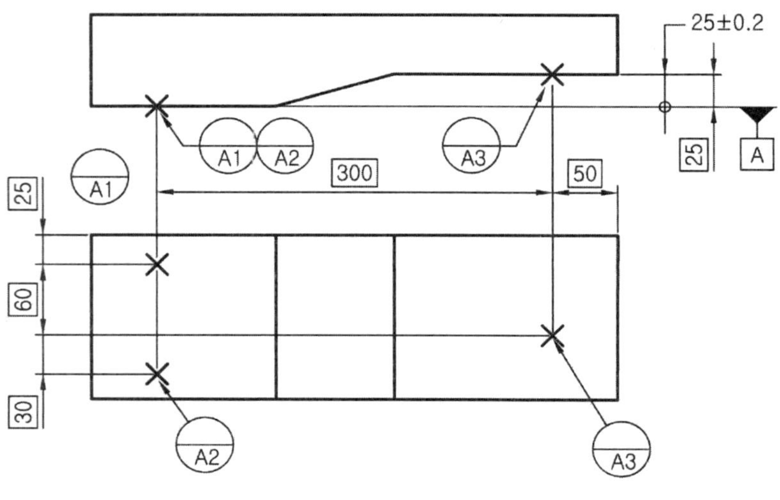

[그림 2.102] 단차진 제품에서의 데이텀 표적

그림 2.103은 Crank Rod와 같은 단조품에 데이텀 표적으로 데이텀을 설정한 것이다. 양쪽 끝이 둥근 형체인 경우에는, 브이블록(V-block)과 같은 평형장치를 이용하여 데이텀 표적 선이나 점을 설정하면 편리하다. 이때 브이블록의 각도를 지시하는 가상선을 사용하여 데이텀 표적를 나타낼 수 있다.

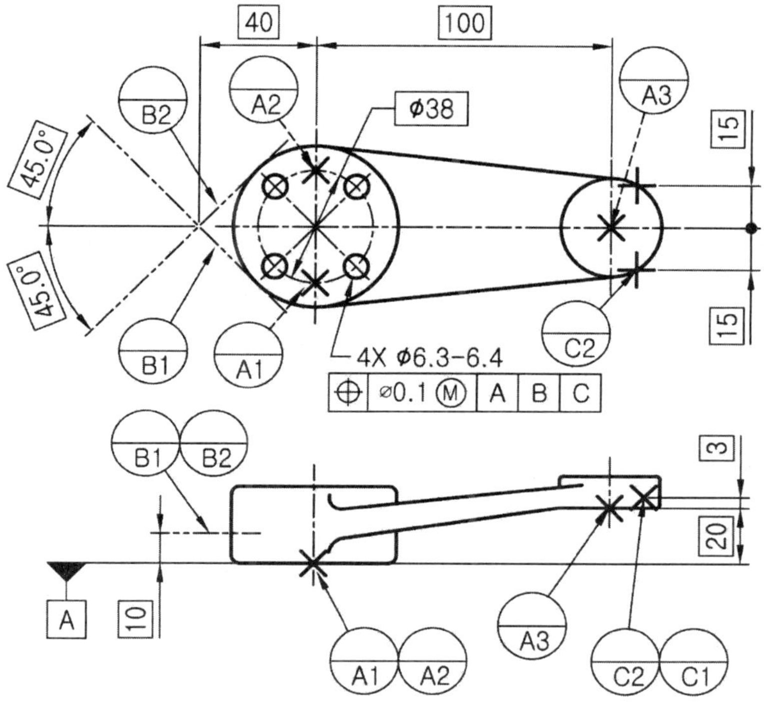

[그림 2.103] 크랭크 로드제품에서 데이텀 표적

제 4 장 이론적으로 정확한 치수(TED)

(1) 이론적으로 정확한 치수의 필요성과 도시방법

치수에는 일반적으로 허용한계치수로 치수 공차를 부여한다. 이론적으로 정확한 치수(theoretically exact dimension)는 공차가 없는 치수로 기준을 나타내기 위하여 사용된다. 위치도, 윤곽도 및 경사도 등의 기하공차를 규제할 때 이들 위치나 윤곽 및 경사(방향) 등을 정하는 치수에 치수 공차를 적용하게 되면 "치수 공차로서 허용되는 오차"와 "기하공차로서 허용되는 오차"가 서로 중복되어 공차영역의 해석이 어렵게 된다. 따라서, 이 경우에 치수 공차의 허용오차는 인정하지 않고 기하공차에 의하여 지시된 허용 공차 영역 내에서의 오차만을 적용하는 방법으로 이 치수를 이론적으로 정확한 치수라 하며, 돌출공차역을 지시하는 경우에도 사용된다.

치수에는 size와 dimension으로 구분되는데, size로 표시되는 치수는 크기를 나타내는 치수로, 구멍이나 축 형체에서 최대 허용치수 및 최소 허용치수로 표시되는 치수이며, dimension은 어떤 형체의 각도나 위치를 나타낼 때 사용되는 치수이다.

이론적으로 정확한 치수는 정확한 위치, 윤곽 또는 방향(각도)을 나타내는 치수로 사각형의 틀로 둘러싸서 나타내며, dimension의 형체에 적용하는 것으로 size에는 적용되지 않는다. 이론적으로 정확한 그 치수 자체만으로 규제 될 수 없고 반드시 기하공차와 함께 사용된다.

그림 2.106에서는 그림 2.105의 직각좌표공차방식에 의한 치수공차를 기하공차 방식에 의한 위치도 공차로 변환한 도면으로, 크기를 나타내는 size 치수 아래에 기하공차틀을 붙이고 dimension에 해당되는 치수를 모두 이론적으로 정확한 치수로 표시하였다.

100	60°	6X 45° 6X 45°
(a) 위치를 나타내는 치수	(b) 각도를 나타내는 치수	(c) 개소의 표시

[그림 2.104] 이론적으로 정확한 치수의 표시방법

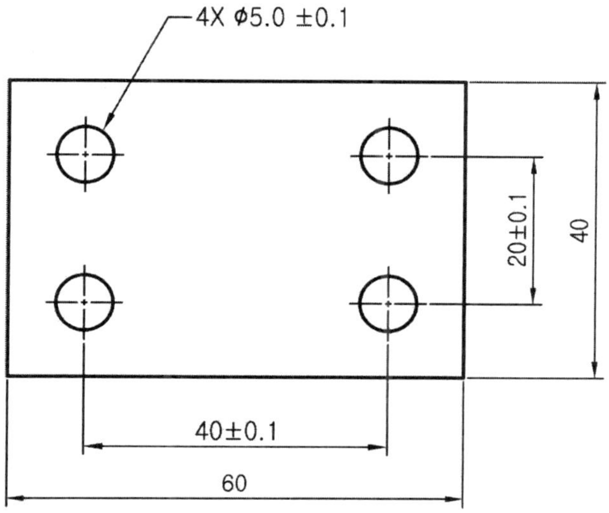

[그림 2.105] 직각좌표공차방식

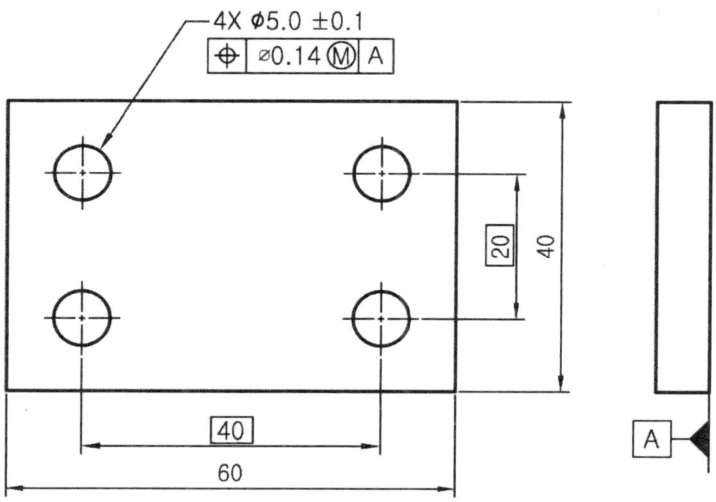

[그림 2.106] 위치도 공차방식

제5장 최대 실체 공차방식

5.1 용어 및 정의

(a) **실제 부분 크기** : 형태의 단면에서 각각의 거리, 즉 마주보는 두 점 사이에 측정된 거리를 말한다.

(b) **결합 크기** : 외형 및 내형의 결합 크기로 나눌 수 있다. 외형의 결합 크기는 형태의 외곽에 선을 그려서 최고점에서 표면과 접하게 되는 최소의 완전한 형태의 크기를 말한다. 예를 들면, 실제 표면의 최고점과 접하게 되는 완전한 형태의 최소 실린더 또는 완전한 형태의 2개의 평행인 면 사이에 최소 거리의 크기를 말한다.
 또한, 내형의 결합 크기는 형태에 내접하여 최고점에서 표면과 접하게 되는 최대의 완전한 형태의 크기이다. 예를 들면, 실제 표면의 최고점과 접하게 되는 완전한 형태의 최대 실린더 또는 완전한 형태의 2개의 평행인 면 사이에 최대 거리의 크기를 말한다.

(c) **최대 실체 조건(MMC)** : 크기에 대한 치수 공차를 갖는 형체가 허용한계 치수범위 내에서 최대의 질량이나 체적이 최대가 되는 조건을 말한다. Maximum Material Condition의 용어를 약어로 MMC라 부르며, 기호는 Ⓜ을 사용한다. 구멍과 축에 있어서 최소 구멍의 지름과 최대 축 지름이 최대 실체 조건이 된다. 일부에서는 최대 재료 조건이라는 용어로도 사용되고 있다.

(d) **최대 실체 치수(MMS)** : 형체의 최대 실체 조건을 규정하는 크기를 말하며, Maximum Material Size 약어로 MMS를 사용한다. 일부에서는 최대 실체 크기, 최대 재료 치수라는 용어로도 사용되고 있다.

(e) **최소 실체 조건(LMC)** : 크기에 대한 치수 공차를 갖는 형체가 허용한계 치수범위 내에서 최소의 질량이나 체적이 최소가 되는 조건을 말한다. Least Material Condition의 용어로 약어로 LMC라 부르며, 기호는 Ⓛ을 사용한다. 구멍과 축에 있

어서 최대 구멍의 지름과 최소 축 지름이 최소 실체 조건이 된다. 일부에서는 최소 재료 조건이라는 용어로도 사용되고 있다.

(f) **최소 실체 치수**(LMS) : 형체의 최소 실체 조건을 규정하는 크기를 말하며, Least Material Size 약어로 LMS를 사용한다. 일부에서는 최소 실체 크기, 최소 재료 치수라는 용어로도 사용되고 있다.

(g) **형체치수 무관계**(RFS : Regardless of Feature Size) : 설정된 기하공차나 데이텀의 값이 치수공차 범위내에서 형체의 크기에 상관없이 동일하게 적용하는데 사용되는 용어로써 약어로 RFS라 한다. 형체치수 무관계는 기하공차나 데이텀의 규제 조건에서 Ⓜ이나 Ⓛ과 같은 특별한 규제 조건이 없는 모든 기하 공차에 적용한다. 1992년에 ANSI 규격에서 형체치수 무관계를 규정하는 기호 Ⓢ를 폐지하였다.

(h) **실질 조건**(VC : Virtual Condition) : 크기를 갖는 형체에서 규정된 MMS나 LMS의 규제조건과 적용되는 기하공차 영역에 의하여 전체적으로 얻어지는 일정한 경계선을 말한다. 실질 조건은 재료의 최대 및 최소 실체 크기와 기하공차의 집합적 효과에 의하여 만들어 진다. 실질 조건을 결정할 때, 기호 Ⓜ이나 Ⓛ기호가 붙어있는 기하공차만을 고려한다. 일부 규격에서는 가상 조건, 실효 조건이라는 용어로도 사용되고 있다.

(i) **실질 크기**(Virtual Size) : 형태의 실질 조건을 결정하는 치수이다. 일부 규격에서는 가상 크기, 실효 치수라는 용어로도 사용되고 있다.

- 축의 실질 크기 = MMS+기하학적 허용 공차 (2.1)
- 구멍의 실질 크기 = MMS−기하학적 허용 공차 (2.2)

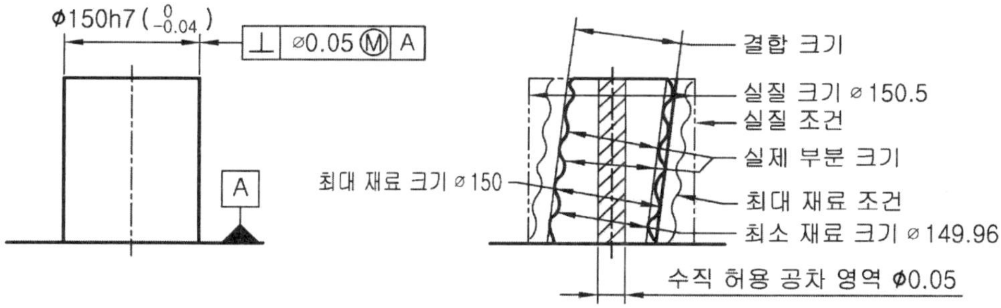

[그림 2.107] 독립의 원리에 따른 치수

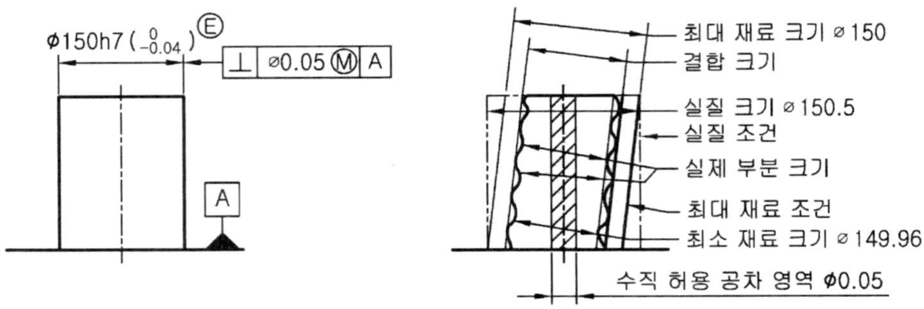

[그림 2.108] 포락(envelope principle)에 따른 치수

5.2 최대 실체 공차방식

최대 실체 공차방식은 공차가 허용되는 형체에 대하여 규제 조건이 표기 되었다면, 기준이 되는 완전한 형체의 실체조건에 위배되지 말아야 한다는 허용공차에 대한 원리이다. 이 원리는 크기와 관계된 기하학적 허용공차의 상호관계를 고려한 것으로 기호 Ⓜ으로 표시하여 최대 실체 공차방식을 적용한다.

크기를 갖는 형체는 상한치수와 하한치수의 허용 한계치수로 표시된다. 즉 축이나 핀 등의 외형 형체는 상한치수가, 구멍이나 홈과 같이 내형 형체는 하한치수가 최대 실체(재료) 크기가 된다. 이 경우에 구멍과 축이 결합된다면 구멍은 가장 작고 축은 가장 큰 상태이므로 최악의 결합상태가 된다. 최대 실체 공차방식은 결합되는 부품 상호간에 최대 실체 크기의 치수차를 기하공차로 활용하는 방법으로 다음과 같이 적용된다.

① 최대 실체 공차방식은 2개의 형체가 결합되는 조립형체에 적용하며 결합되는 부품이 아니면 적용하지 않는다.

② 결합되는 2개의 형체 각각의 치수공차와 기하공차 사이에 상호 의존성을 고려하여 최대 실체 크기(MMS)을 기준으로 실 치수와의 차이를 규정된 기하공차에 합산하여 적용한다. 즉, 최대 실체 공차방식을 적용할 때에는 도면에 지시한 기하공차 값은 규제형체가 최대 실체 크기에서 적용되는 공차 값이고 형체치수가 최대 실체 크

기를 벗어날 경우에는 그 벗어난 크기만큼 추가적으로 공차가 허용된다.

③ 최대 실체 공차방식은 중심 또는 중간면이 있는 치수 공차를 가지는 형체에 적용하며 평면 또는 표면상의 선에는 적용할 수 없다.

④ 규제하고자 하는 형체가 치수공차를 갖는 데이텀 형체라면 공차붙이 형체와 마찬가지로 데이텀 형체에도 최대 실체 공차방식을 적용할 수 있다. 이 경우에 데이텀 형체가 최대 실체 크기에서 벗어나면 벗어난 값만큼 데이텀 중심인 중간면이 부동하는 것을 인정한다.

최대 실체 공차방식으로 기하공차를 규제하면 최대 실체 크기에서 최소 실체 크기로 실제 치수의 변동량에 따라 추가공차가 허용되므로 제작공차가 커져 경제적이며 효율적으로 생산이 가능하다. 또한, 기능적으로 호환성을 확보되어 부품 간 결합에 대한 신뢰성이 높으며, 기능 게이지(functional gauge)를 사용하여 많은 양의 부품을 효율적으로 검사, 측정할 수가 있으므로 경제적이다.

그러나 움직이는 운동학적 링크장치(kinematic linkage), 기어의 중심 거리, 나사 홈이 있는 구멍(threaded hole), 결합에 서로 영향을 미치는 구멍과 같이 허용 공차의 증가로 인해 기능에 문제를 발생할 수 있는 곳에는 최대 실체 공차방식을 적용해서는 안 된다.

5.3 최대 실체 공차방식의 적용

(1) 최대 실체 공차방식이 적용된 진직도

그림 2.109에서 형체의 크기는 ∅12~∅11.8 사이로 0.2의 허용 공차 범위 내에 있어야 한다. 기하공차가 적용된 형체는 실질 크기, 즉 ∅12.4(=∅12+0.4) 크기의 완전한 형체의 원주를 벗어날 수 없다.

핀에 최대 실체 공차방식으로 진직도 공차가 규제된 경우 지시된 진직도 공차 0.4는 핀의 지름이 최대 실체 크기(∅12.0)일 때 허용되는 진직도 공차이며, 최소 실체 크기로 작아지면서 작아진 크기만큼 진직도 공차가 추가로 허용된다. 예를 들어 핀의 치수가 ∅11.8으로 되었을 경우 최대 실체 크기(∅12.0)에서 0.2만큼 핀 지름이 작아지면, 작아진 크기를 도면에 지시된 최대 실체 크기일 때의 기하공차 값 0.4에 추가되어 0.6(0.4+0.2)까지 진직도 공차가 허용된다.

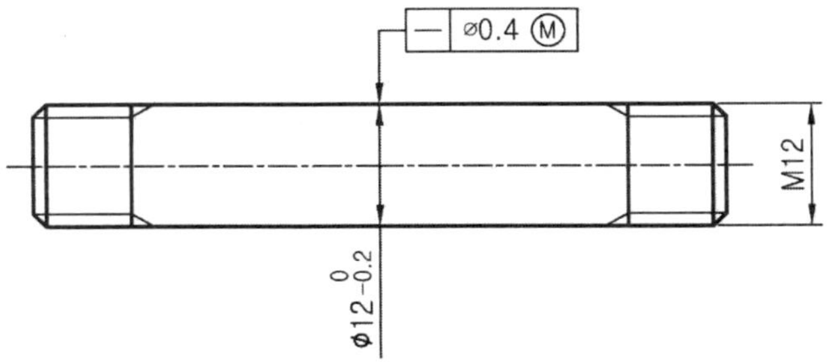

[그림 2.109] 최대 실체 공차방식의 진직도

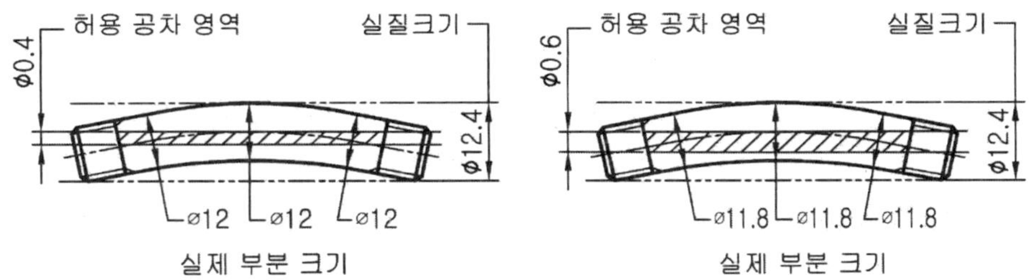

[그림 2.110] 최대 실체 공차방식으로 규제된 진직도 공차영역

〈표 2.7〉 축의 실 치수에 따른 허용 진직도 공차

축의 실 치수	허용공차영역	실질 크기
∅ 12.0(MMS)	∅ 0.4	∅ 12.0+ ∅ 0.4= ∅ 12.6
∅ 11.9	∅ 0.5	∅ 11.9+ ∅ 0.5= ∅ 12.6
∅ 11.8(LMS)	∅ 0.6	∅ 11.8+ ∅ 0.6= ∅ 12.6

(2) 최대 실체 공차방식이 적용된 직각도

그림 2.111에서 A 데이텀 표면을 기준으로 구멍 중심에 직각도 공차가 최대 실체 조건으로 규제되어 있다. 허용 공차가 적용된 형체는 다음의 요구 사항을 충족해야 한다.

① 형체의 실제 부분 크기는 0.13의 크기의 허용 공차 범위에 속해야 한다. 따라서 ⌀50~⌀50.13 사이 범위에서 크기를 달리 할 수 있다.

② 허용공차가 적용된 형태의 실질 크기는 ⌀49.92(=⌀50 ~ 0.08)이며, 완전한 모양의 내접 원기둥으로 기준면 A에 대해 수직이다.

③ 지시된 직각도 공차 ⌀0.08은 구멍이 최대 실체 크기인 ⌀50.0일 때 허용되는 직각도 공차이며 구멍의 실제지름이 상한치수로 커지면서 추가공차가 허용된다. 구멍이 최소 실체 크기(LMS)일 때 직각도 공차는 ⌀0.21까지 허용된다.

그림 2.112는 규제 형체가 이론적으로 정확한 형태를 이루는 극단적인 경우를 나타낸 것으로, 실제 형체는 실질 크기에 따라 달라지나 실질 조건의 범위를 벗어나면 안 된다.

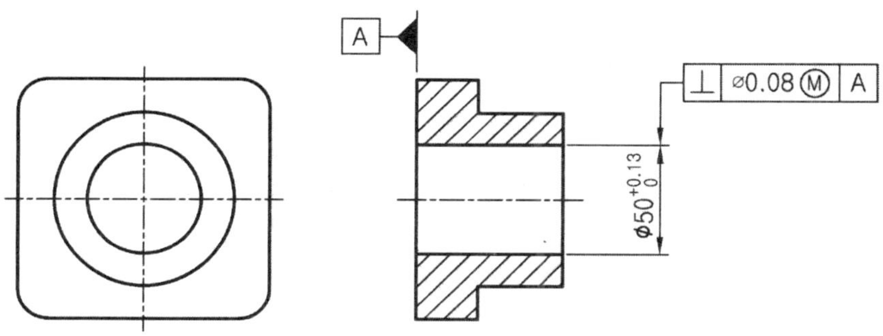

[그림 2.111] 최대 실체 공차방식으로 규제된 직각도

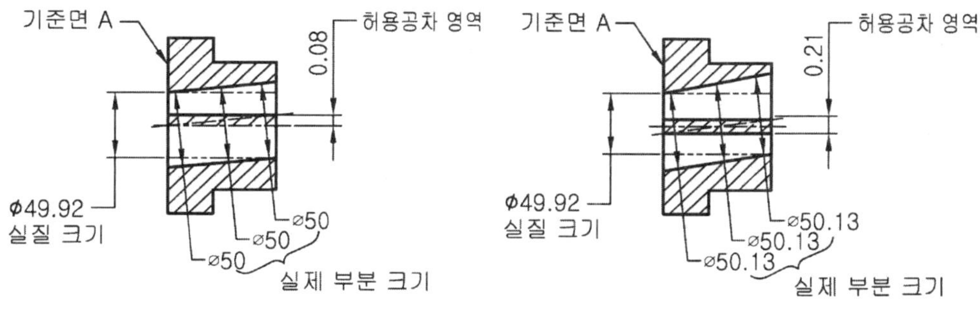

[그림 2.112] 직각도 공차영역과 실질 크기

(3) 최대 실체 공차방식이 적용된 위치도

그림 2.113과 같은 대칭의 형상은 위치도 공차를 사용하여 MMS의 규제조건으로 규제하면 좋다. 데이텀 형체는 설계의 요구에 따라서 MMS나 LMS 또는 RFS 등 어느 것으로도 규정될 수 있다. 표 2.8에서는 공차붙이 형체와 데이텀 형체의 실 치수에 따라서 허용되는 위치도 공차를 표로 나타내었다. 공차붙이 형체와 데이텀 형체가 모두 최소 실체 크기에서는 최대 1.4 크기만큼의 위치도 공차가 허용된다.

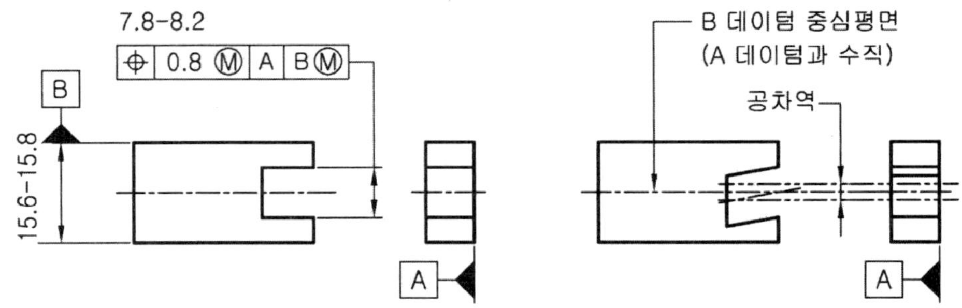

[그림 2.113] 대칭 형상에서 MMC에서의 위치공차

〈표 2.8〉 형체의 실 치수에 따른 허용 위치도 공차

		공차붙이 형체크기				
		7.8	7.9	8.0	8.1	8.2
데이텀 크기	15.8	0.8	0.9	1.0	1.1	1.2
	15.7	0.9	1.0	1.1	1.2	1.3
	15.6	1.0	1.1	1.2	1.3	1.4

제6장 최소 실체 공차방식

6.1 최소 실체 공차방식의 정의 및 적용

크기를 갖는 형체는 상한치수와 하한치수의 허용 한계 치수로 지시된다. 이 허용한계 치수 범위 내에서 형체의 실제 체적이나 질량이 최소일 때가 최소 실체 치수이다. 최소 실체 공차방식은 공차붙이 형체 및 데이텀이 허용범위 이내에서 그 크기나 기하공차가 어떻게 변하더라도 다음과 같은 목적을 달성하기 위하여 적용하는 공차방식이다.

① 분할된 형체에서 극한적인 중심 위치를 유지하고자 할 경우
② 부품 특성상 강도나 변형상의 문제가 생길 수 있는 경우
③ 최소 벽 두께를 규제하여 가장 약한 부분의 파손을 예방하고자 할 때

주요 용어에 대한 정의는 다음과 같다.

(a) **최소 실체 실질 조건**(least material virtual condition : LMVC) : 완전한 형태와 최소 실체 크기의 경계를 말하며, 관과 같은 제품에서 벽의 최소 두께와 같은 곳에 규제하여 가장 약한 부분에 파손되는 것을 방지하고자 하는데 이용된다. 축과 구멍의 최소 실체 실질 조건은 다음과 같다.

- 축의 LMVS = LMS－기하학적 허용 공차 (2.3)
- 구멍의 LMVS = LMS＋기하학적 허용 공차 (2.4)

(b) **최소 실체 실질 크기**(least material virtual size : LMVS) : 최소 실체 크기(least material size : LMS)와 기호 Ⓛ와 함께 사용된 기하학적 허용 공차의 집합적인 영향에 의해 만들어진다.

최소 실체 공차방식은 최소 실체 크기 기호 Ⓛ를 최대 실체 공차방식에서의 Ⓜ기호와 마찬가지로 공차 기입틀에 표시하며, 다음과 같이 적용한다.

① 공차붙이 형체에 최소 실체 조건으로 규제하고자 할 경우, 공차 기입 틀 내에 지시된 기하공차 수치 다음에 기호 Ⓛ을 기입하여 나타낸다. 또한, 데이텀 형체에 최소 실체 조건을 적용시킬 경우에는 데이텀 문자부호 다음에 기호 Ⓛ을 기입한다.

② 기호 Ⓛ이 표시된 기하공차의 수치는 최소 실체 크기일 때 적용되는 공차이며 형체가 치수공차 범위 내에서 최소 실체 크기에서 최대 실체 크기로 가까워지면서 추가 공차가 허용된다.

③ 최소 실체 실질 조건(LMVC)은 기준이 되는 최소 실체 크기에서 완전한 형체의 경계를 이루는 최소 실체 실질 크기이다. 이 실질 크기 이내에서 규제 형체의 크기가 최소 실체 크기에서 최대 실체 크기로 변하게 되면 허용되는 공차영역은 커지게 된다.

그림 2.115는 최소 실체 조건으로 위치가 규제된 구멍으로 구멍의 실 치수가 최소 실체 크기인 60.2에서 허용되는 위치도 공차는 0.1이며, 최대 실체 크기로 치수가 변동되면 변동되는 치수 값을 규정된 위치도 값에 부가한 값만큼 허용되는 위치도 공차가 커진다.

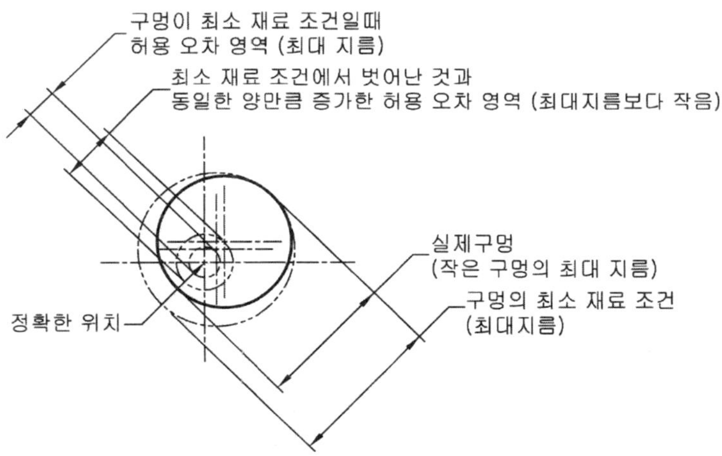

[그림 2.114] 최소실체 실질 크기

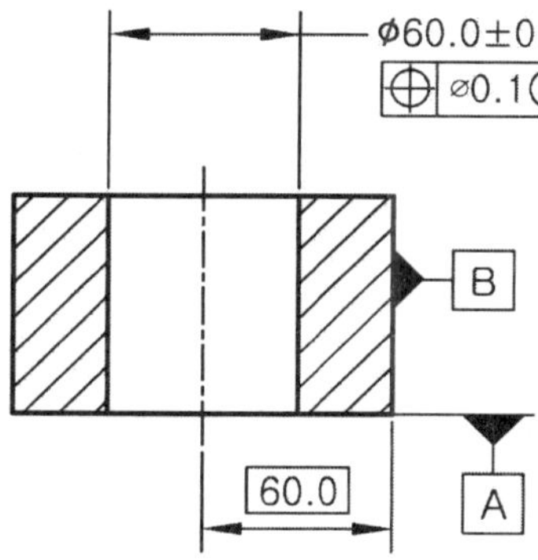

구멍의 실치수	허용 위치도	실질크기
φ60.2 (LMS)	φ0.1	
φ60.1	φ0.2	
φ60.0	φ0.3	φ60.3
φ59.9	φ0.4	
φ59.8 (MMS)	φ0.5	

[그림 2.115] 최소 실체 조건으로 위치가 규제된 구멍

6.2 최소 실체 공차방식의 적용 예

(1) 둥근 링 제품의 최소 벽 두께 규제

그림 2.116에서 둥근 링 제품은 규제 형체와 데이텀 형체에 LMS 조건으로 위치도가 규제되어 있다. 각각의 형체가 LMS인 ⌀36.04와 ⌀119.92에서 0.08의 위치도공차가 적용되고, MMS인 ⌀36.0과 ⌀120.0에서는 기하공차 값이 ⌀0.20까지 허용된다.

이와 같은 형체에 대하여 최소 벽 두께를 계산해 보자.

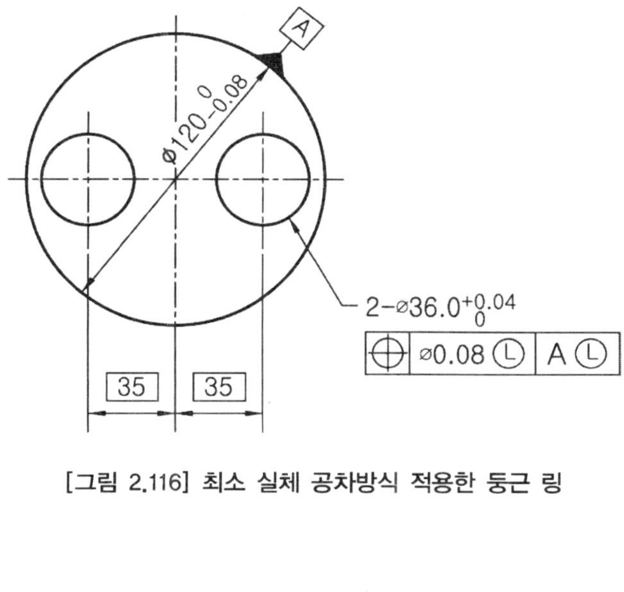

[그림 2.116] 최소 실체 공차방식 적용한 둥근 링

〈표 2.9〉 형체의 실 치수에 따른 허용 위치도 공차

		형체크기					최소 벽 두께
		Ø 36.04 (LMS)	Ø 36.03	Ø 36.02	Ø 36.01	Ø 36.00 (MMS)	
데이텀 크기	Ø 119.92 (LMS)	Ø 0.08	Ø 0.09	Ø 0.10	Ø 0.11	Ø 0.12	6.9
	Ø 119.96	Ø 0.12	Ø 0.13	Ø 0.14	Ø 0.15	Ø 0.16	6.9
	Ø 120.00 (MMS)	Ø 0.16	Ø 0.17	Ø 0.18	Ø 0.19	Ø 0.20	6.9

(a) 공차붙이 형체와 데이텀 형체가 최소 실체 크기인 경우

공차붙이 형체인 구멍이 Ø 36.04, 데이텀 형체 지름이 Ø 119.92이다. 이 두 구멍이 동일한 축심에 위치한다면 벽 두께는

$$\frac{119.92}{2} - 35 - \frac{36.04}{2} = 6.94\text{mm}\text{가 된다.}$$

이때 허용되는 위치도 공차는 Ø 0.08가 됨으로 이 공차의 절반만큼 최대로 편심이 될 수 있고, 이 편심량 만큼 한쪽에는 두께가 두꺼워지고 반대쪽은 얇아지게 된다. 따라서 이경우의 이두께는 6.94±0.04로 최소 6.90mm에서 최대 6.98mm의 두께로 가공된다.

(b) 공차붙이 형체와 데이텀 형체가 최대 실체 크기인 경우

공차붙이 구멍이 Ø 120.0, 데이텀 형체의 지름이 Ø 36.0이 된다. 이 두 구멍이 동일한 축심에 위치한다면 벽 두께는

$$\frac{120}{2} - 35 - \frac{36}{2} = 7.00\text{mm}\text{가 된다.}$$

이때 허용되는 위치도 공차는 Ø 0.20이 됨으로 이 공차의 절반만큼 최대로 편심이 될 수 있고, 이 편심량 만큼 한쪽에는 두께가 두꺼워지고 반대쪽은 얇아지게 된다. 따라서 이경우의 이두께는 7.0±0.1로 최소 6.9mm에서 최대 7.1mm의 두께로 가공된다. 따라서 위에서 살펴본 바와 같이 어떤 경우에도 이 파이프의 최소 벽 두께는 6.9mm이상이 확보될 수 있다. 그림 2.117은 최소 실체 공차방식을 적용한 도면과 그에 따른 최소 벽 두께이다.

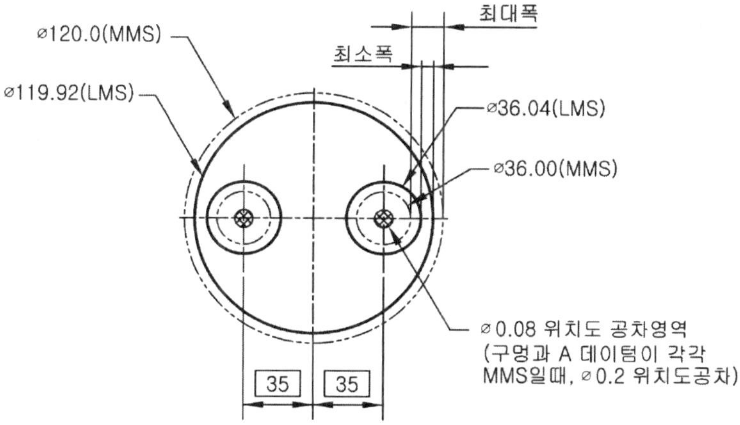

[그림 2.117] 최소 벽 두께의 계산

(2) 파이프의 최소 벽 두께 규제

부품의 특성상 벽 두께가 어느 수치이하로 얇아지면 변형이 생기거나 강도가 약해서 문제가 발생할 수 있다. 최소 벽 두께는 외측 구멍과 안쪽 구멍의 크기 및 두 축심의 불일치에 의한 편심에 의하여 정해지게 된다.

그림 2.118에서 중앙의 구멍중심을 데이텀으로 하여 바깥지름의 중심에 위치도 공차가 각각 최소 실체 조건으로 규제한 형체에 대하여 최소 벽 두께를 구하여 보자. 규제된 위치도 공차 ⌀ 0.1은 바깥지름이 최소 실체 크기인 ⌀ 79.8, 데이텀 *A* 구멍이 최소 실체 크기인 ⌀ 50.2일 때 허용되는 위치도 공차이다. 바깥지름이 최대 실체 크기인 ⌀80, 데이텀 형체*A* 가 ⌀ 50.0이 되면, 공차붙이 형체와 데이텀 형체에서 각각의 변동량을 합산한 크기인 0.4 만큼 추가로 공차가 허용되어 ⌀ 0.5까지 위치도 공차가 허용된다.

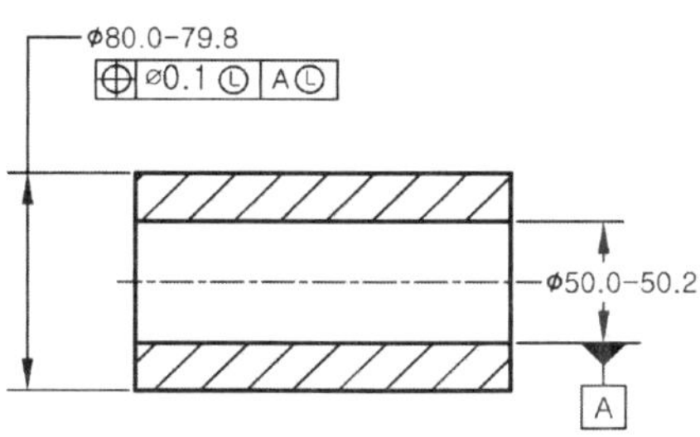

[그림 2.118] LMS로 규제된 위치도

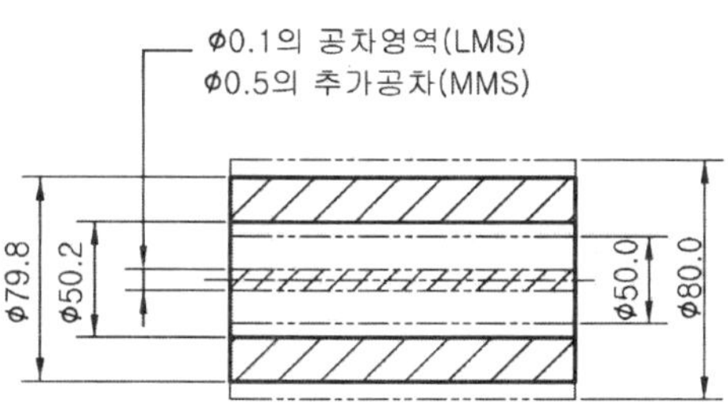

[그림 2.119] LMS로 규제된 위치도

〈표 2.10〉 형체의 실 치수에 따른 허용 위치도 공차

		형체크기			최소벽 두께
		∅79.8	∅79.9	∅80.0	
데이텀 크기	∅50.2	∅0.1	∅0.2	∅0.3	14.75
	∅50.1	∅0.2	∅0.3	∅0.4	14.75
	∅50.0	∅0.3	∅0.4	∅0.5	14.75

그림 2.118과 같이 LMS로 규제된 형체의 최소 벽 두께를 계산해 보자.

(a) 공차붙이 형체와 데이텀 형체가 최소 실체 크기의 경우

공차붙이 구멍이 ∅79.8, 데이텀 형체의 지름이 ∅50.2이다. 이 두 구멍이 동일한 축심에 위치한다면 벽 두께는 (∅79.8-∅50.2)에서 2로 나눈 값인 14.8이 된다. 이때 허용되는 위치도 공차는 ∅0.1이 됨으로 이 공차의 절반만큼 최대로 편심이 될 수 있고, 이 편심량 만큼 한쪽에는 두께가 두꺼워지고 반대쪽은 얇아지게 된다. 따라서 이경우의 이두께는 14.8±0.05로 최소 14.75mm에서 최대 14.85mm의 두께로 가공된다.

(b) 공차붙이 형체와 데이텀 형체가 최대 실체 크기의 경우

공차붙이 구멍이 ∅80.0, 데이텀 형체의 지름이 ∅50.0이 된다. 이 두 구멍이 동일한 축심에 위치한다면 벽 두께는 15.0가 된다. 이때 허용되는 위치도 공차는 ∅0.5가 됨으로 이 공차의 절반만큼 최대로 편심이 될 수 있고, 이 편심량 만큼 한쪽에는 두께가 두꺼워지고 반대쪽은 얇아지게 된다. 따라서 이경우의 이두께는 15.0±0.25로 최소 14.75mm에서 최대 15.25mm의 두께로 가공된다. 따라서 위에서 살펴본 바와 같이 어떤 경우에도 이 파이프의 최소 벽 두께는 14.75mm이상이 확보될 수 있다.

(3) 리브에 가공된 구멍의 최소 벽 두께 규제

그림 2.120에서와 같이 리브와 구멍의 위치도가 최소 실체 공차방식으로 규제되어 있다. 리브는 일반적으로 주조로 가공되고 리브 중심의 구멍을 정밀하게 기계 가공하여 많

이 사용되고 있다. 통상적으로 리브의 위치도는 주조의 공정 특성상 위치도를 크게 적용하고 기계 가공하는 리브 구멍의 위치도는 정밀한 위치공차를 부여하는 것이 원칙이다.

그림 2.121에서는 리브의 최소 및 최대 벽 두께를 도시하고 있다. 최소 벽 두께를 용이하게 계산하기 위해서는 먼저 리브 형체와 그 구멍이 같은 축심에 위치한다고 가정하여 두께를 구한 후, 편심량 만큼 두께가 변동된다.

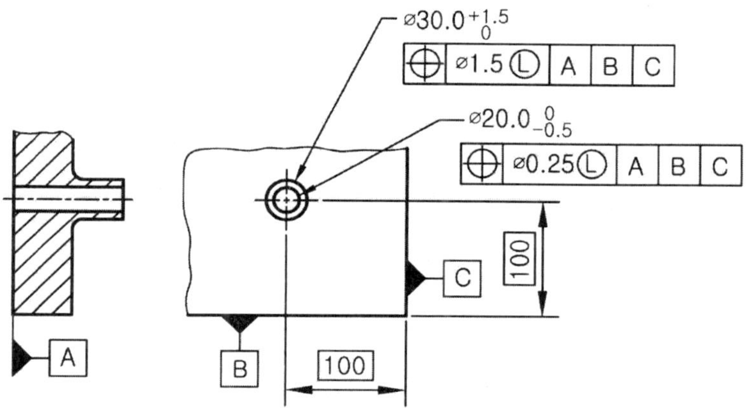

[그림 2.120] 리브 구멍의 가공

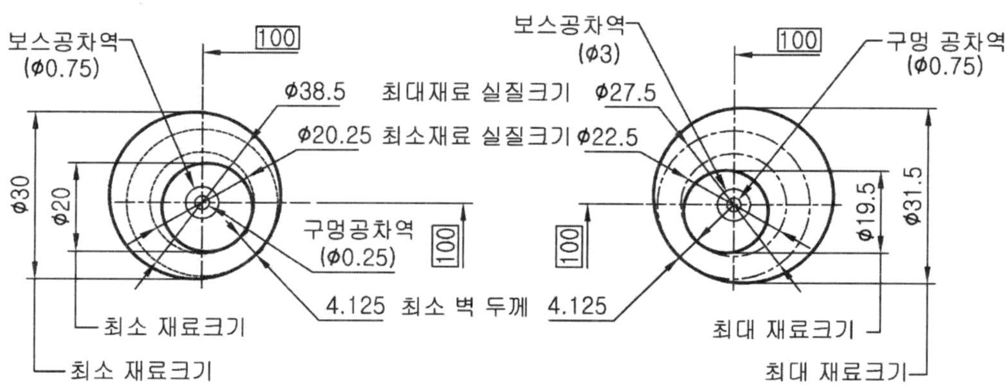

[그림 2.121] 리브의 최소 벽 두께

(4) 홈 중심 위치를 유지하기 위한 최소 실체 공차방식

그림 2.122에서는 홈의 중심 위치를 유지하기 위하여 최소 실체 공차방식을 적용한 것으로 홈 중심 위치가 등 간격 분할로 인해 중심위치의 공차영역을 그림 2.123에 도시하고 있다. 홈의 크기가 최소 실체 크기인 3.55에서 위치도는 0.5이므로 3.55mm의 절반인 1.775mm에서 0.25mm만큼 합산한 2.025mm 크기만큼 중심선 B에서 벗어날 수 있다. 최대 실체 크기인 3.45mm에서는 위치도가 0.6이 됨으로 3.45mm의 절반인 1.725mm에서 위치도 공차의 편심량 0.3mm만큼 합한 크기인 2.025mm 크기만큼 역시 중심선 B에서 벗어날 수 있다.

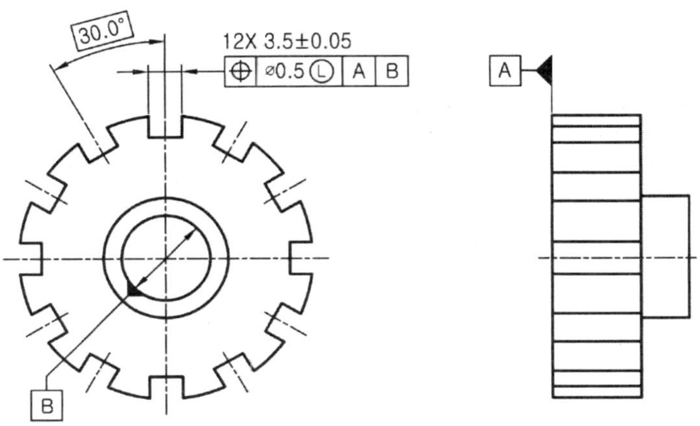

[그림 2.122] 홈 중심 위치의 등 간격 분할

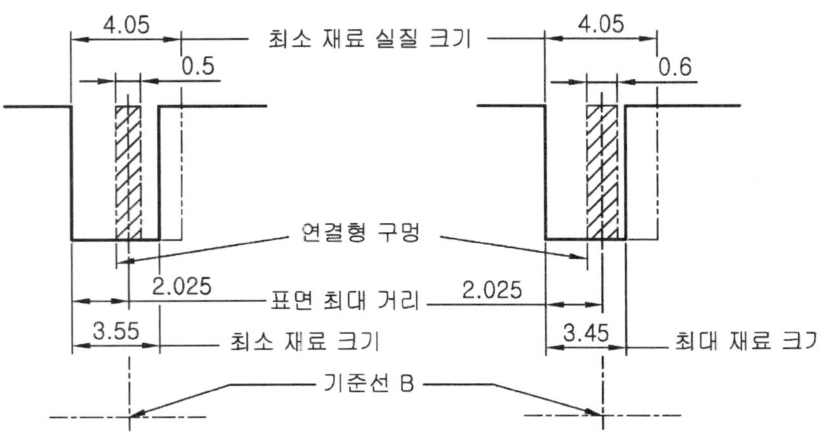

[그림 2.123] 홈 중심 위치의 등 간격 분할에 따른 중심위치

연습문제

문 2.1 포락 조건은 무엇이며 어떤 경우에 적용하는가?

문 2.2 그림 2.124에서 두 개의 제품이 서로 결합된다. 이 두 형체에 대하여 치수공차와 기하공차를 적용하여 설계하시오.

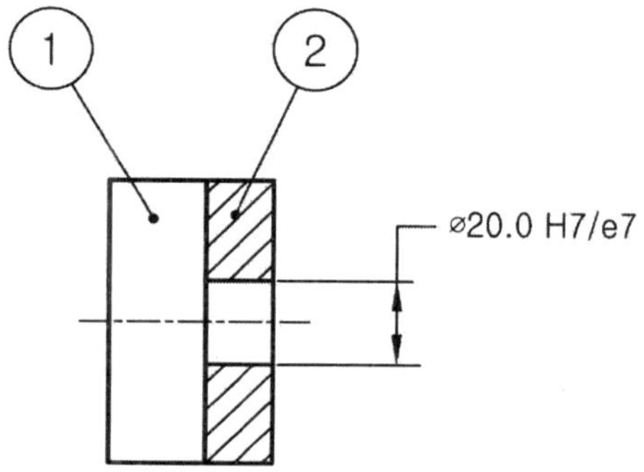

[그림 2.124] 축과 구멍의 끼워맞춤

문 2.3 기하공차는 어떻게 분류되며, 어떤 종류가 있는지 설명하시오.

문 2.4 외측(축) 및 내측형체(구멍)에서 최대 실체 조건 및 최소 실체 조건의 정의는 무엇이며 어떻게 구하는가?

문 2.5 형체치수 무관계(RFS)에 대하여 설명하시오.

문 2.6 외측(축) 및 내측형체(구멍)에서 실질 조건은 무엇이며 어떻게 구하는가?

문 2.7 데이텀 선정 기준에 대하여 설명해 보시오.

문 2.8 데이텀 표적에는 어떤 종류가 있으며 어떻게 표시되는가?

문 2.9 이론적으로 정확한 치수는 무엇이며 어떤 경우에 적용하는가?

문 2.10 아래 그림에 최대 실체 크기 및 최소 실체 크기를 각각 구해보시오.

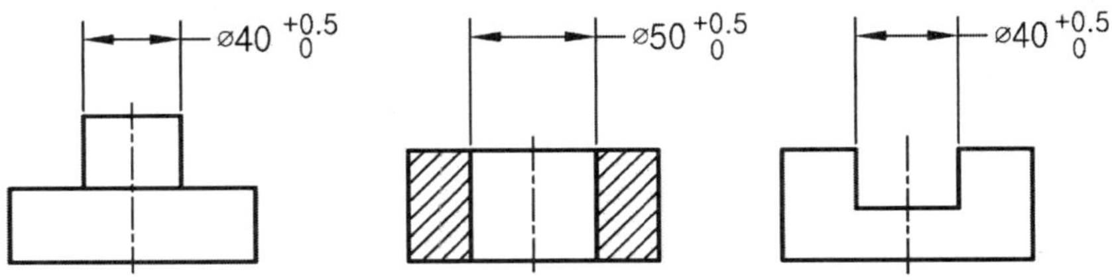

[그림 2.125] 최대 실체 크기 및 최소 실체 크기

문 2.11 다음 그림 2.126에서 몸체와 커버가 조립된다. 그림 2.127의 커버 도면을 참조하여 데이텀 설정 기준에 대하여 설명해보시오.

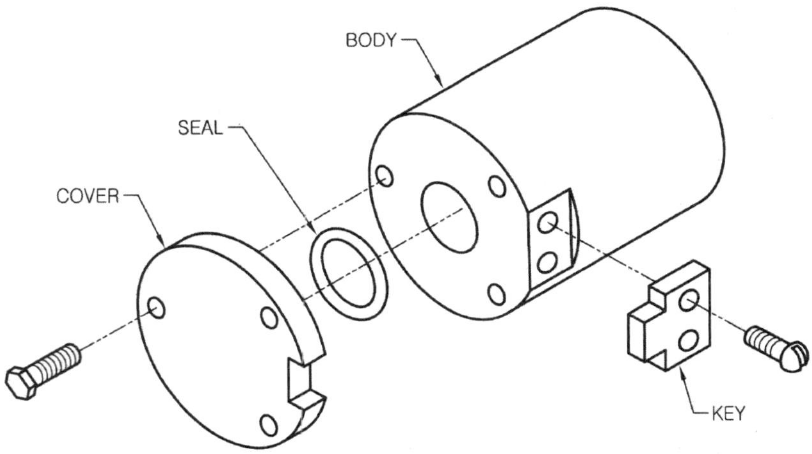

[그림 2.126] 조립도

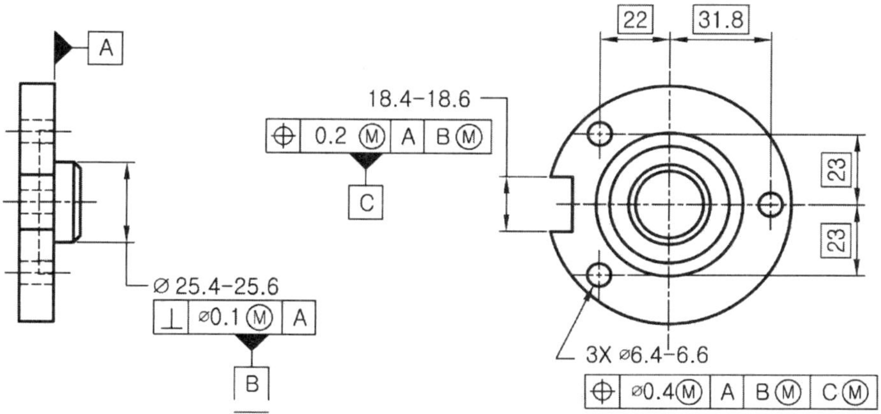

[그림 2.127] 커버 형체에 대한 데이텀 설정

문 2.12 다음 제품이 최소 실체 공차방식으로 규제되어 있다. 최소 벽 두께를 구하시오.

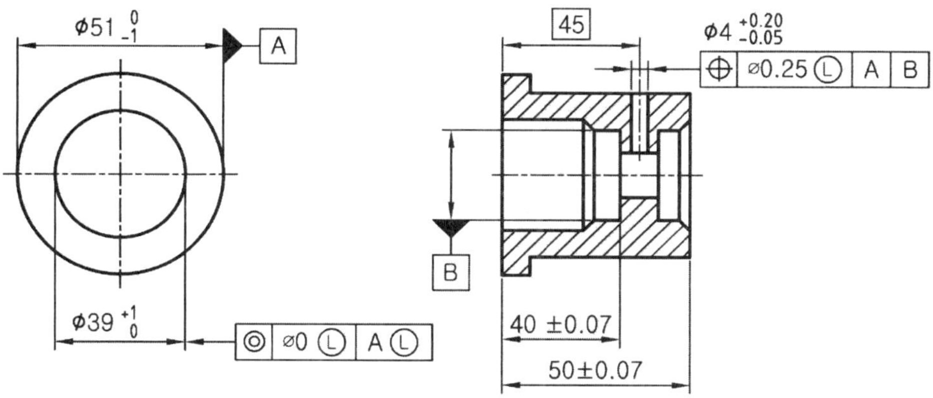

[그림 2.128] 최소공차방식 적용한 도면

III

기하공차의 종류

제 1 장 모양공차(형상공차)

형상공차를 KS 규격에서는 모양공차라고 부르며, 그 종류에는 진직도, 평면도, 진원도, 원통도, 윤곽도 등이 있다. 모양공차는 기하학적 특성이 데이텀이 없이 기하편차를 규정하는 단독형체(individual feature)로 적용된다.

1.1 진직도(straightness)

(1) 진직도 기하공차의 특징

진직도는 형체의 표면이나 축선이 기하학적으로 정확한 직선으로부터 어긋남의 크기로 정의되며, 평탄한 표면, 원통 형체의 표면이나 축선과 같은 형체에 진직도 공차가 규제된다.

(a) 진직도 공차는 규제 형체에 대하여 앞쪽 형체와 평행한 상태에서 가로 방향으로 공차영역이 설정되며, 진직도 공차 범위 내에서 규제되는 형체의 모든 요소가 포함되지 않으면 안 된다.

(b) 진직도 공차는 최대 실체 공차방식을 적용할 수 있는 공차이며, 단독형체로 규제되는 모양 공차이므로 데이텀을 사용되지 않는다.

(c) 진직도 공차는 치수공차와 함께 규제될 경우, 치수공차는 단지 크기만을 규제하고 진직도 공차역은 형체의 모양만을 규제함으로 기하공차의 크기는 치수공차보다 작아야 하며, 기하공차영역은 치수공차 범위내에 존재해야 한다.

(2) 진직도 기하공차 적용

(a) 한 방향으로 평면 형체에 규제된 진직도

그림 3.1은 평탄한 표면에 대하여 진직도를 규제하였다. 규제되는 공차영역은 규제형체에 대하여 앞쪽 형체와 평행한 상태에서 규제되는 형체의 전 표면은 가로방향으로 지시된 진직도 공차폭 0.05만큼 떨어진 두 개의 평행한 평면사이에 있어야 한다. 규제된 진직도 공차 0.05의 폭 공차영역 범위내에서 모든 형체는 자유로운 모양이 될 수 있다. 치수공차가 함께 규제될 경우에는 진직도 공차영역은 치수공차 범위 내에서 존재해야 하며, 그 크기는 치수공차보다 작아야 한다.

그림 3.4에서는 치수공차와 기하공차와의 관계를 보여주고 있다. (a)에서는 형체의 크기가 최대 실체 크기의 경우, (b)에서는 기준치수인 50에서, (c)는 최소 실체 크기에서의 허용 가능한 형체의 모양을 나타낸 것이다.

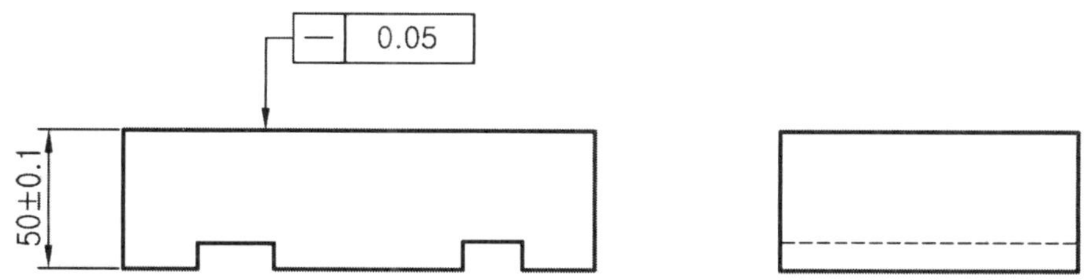

[그림 3.1] 진직도로 규제된 도면

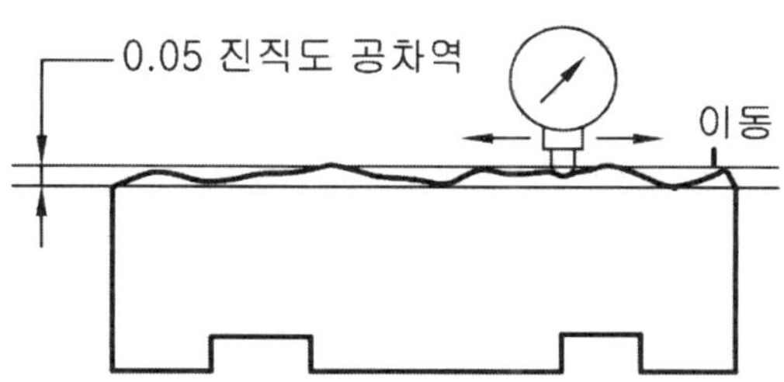

[그림 3.2] 진직도 측정

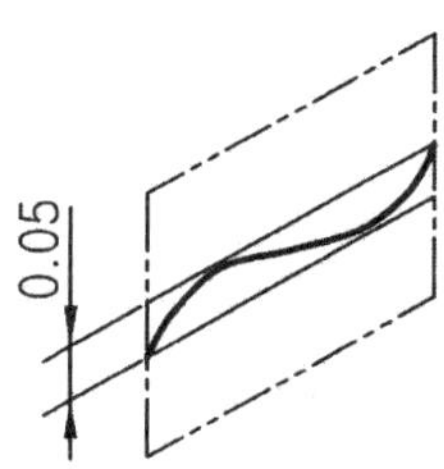

[그림 3.3] 공차영역

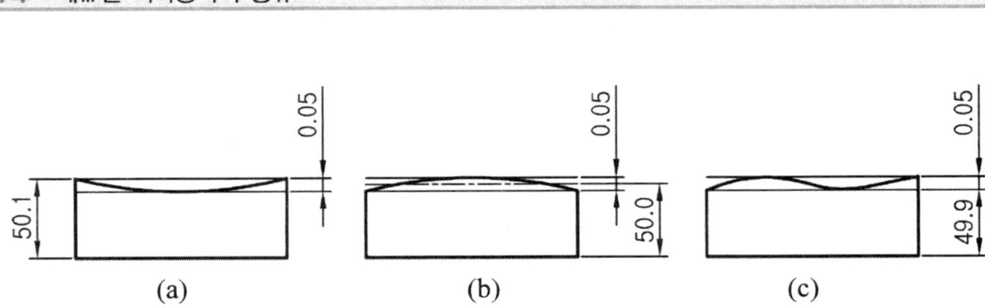

[그림 3.4] 진직도로 공차영역과 치수 공차와의 관계

(b) 두 방향으로 평면 형체에 규제된 진직도

진직도 공차는 평탄한 표면에 대하여 한 방향으로 규제할 수 있으나 그림 3.5와 같이 가로와 세로 두 방향으로 규제할 수 있다. 가로방향과 세로방향에 대한 기하 공차영역의 크기가 같다면 하나의 평면도로 규제하는 것과 같다.

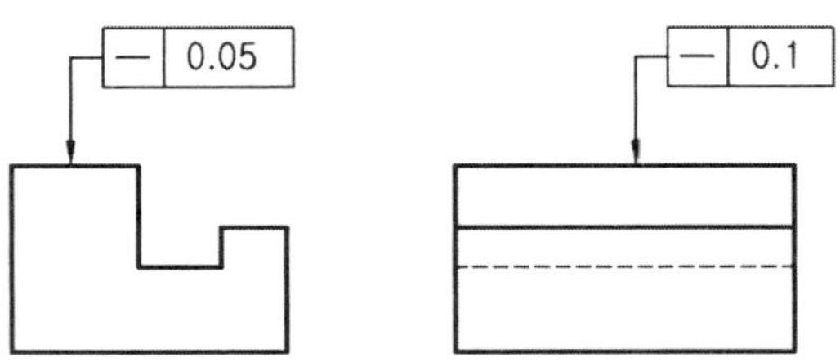

[그림 3.5] 두 방향으로 규제된 진직도

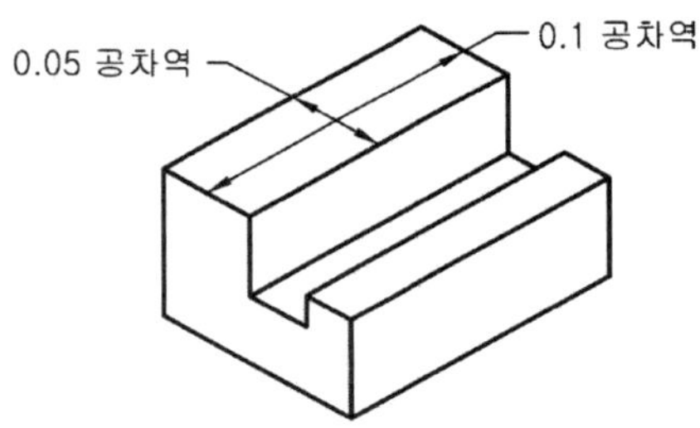

[그림 3.6] 형체의 표면상태

(c) 원통의 표면에 규제된 진직도

원통 형체의 표면에 진직도를 규제하고자 할 경우, 공차 기입틀의 화살표를 규제하는 원통의 표면에 지시한다. 그림 3.7은 원통형체 전 표면에 대한 진직도를 형체치수무관계(RFS)로 규제한 것이다, 따라서, 형체의 치수와 관계없이 길이 방향으로 원통의 전 표면은 폭 0.01mm 만큼 떨어진 두 개의 평행한 직선 사이에서 모양이 자유롭게 허용된다. 이때 형체의 실제 부분 크기는 최대 실체 크기(∅10.03) 및 최소 실체 크기(∅9.97)의 범위 이내가 되어야 한다.

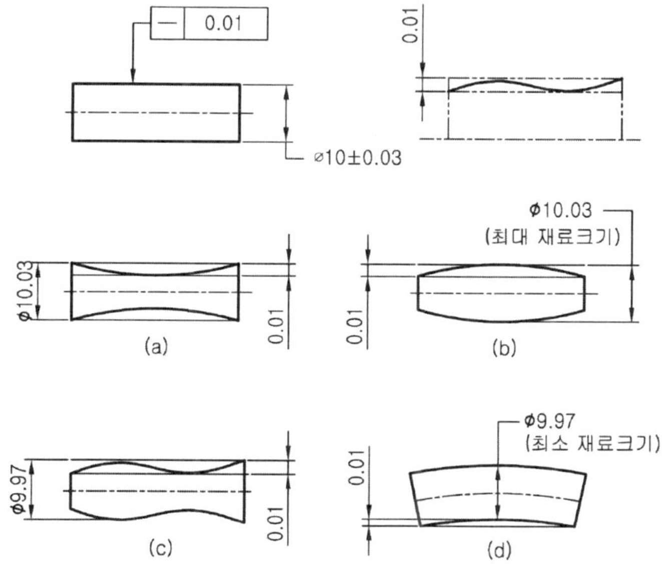

[그림 3.7] 원통 표면에 규제된 진직도

(d) 원통의 축심에 규제된 진직도

원통 형체의 축심에 기하 공차영역을 규제하기 위해 그림 3.8과 같이 형체의 크기를 규제하는 치수선을 연장하여 크기를 나타내는 치수아래에 공차틀을 붙인다. 형체치수무관계로 규제되어 있어 원통의 직경치수에 관계없이 기하공차는 ⌀0.04의 크기로 동일하다. 지름의 공차영역으로 지름기호 ⌀를 적용하며, 규제되는 원통의 축심은 ⌀0.04 원통영역 내에 존재해야 하며, 형체 표면의 모든 원의 요소는 규정된 치수공차 내에 있어야 한다. 표 3.1은 핀의 실 치수에 따른 허용 진직도 공차를 나타내었다.

그림 3.9는 최대 실체 공차방식으로 규제된 것으로, 최대허용 진직도 공차는 형체의 각 실 치수가 MMS 치수에서부터 LMS 방향으로 벗어난 크기만큼 규정된 공차와 합한 값이 된다. 형체의 치수가 MMS인 ⌀16.00의 경우에 실제 형체의 중심선은 허용 진직도 공차 ⌀0.04의 규정된 지름 공차영역 내에 존재하며, 실제의 치수가 MMS에서 벗어난 량과 같은 크기만큼 지름공차영역의 증가가 허용되어 최소 실체 크기인 LMS가 되면 허용 진직도 공차는 ⌀0.15까지 증대된다. 이때, 각 표면 원형의 실제 단면 치수는 규정된 한계치수의 범위 내에 있어야 한다.

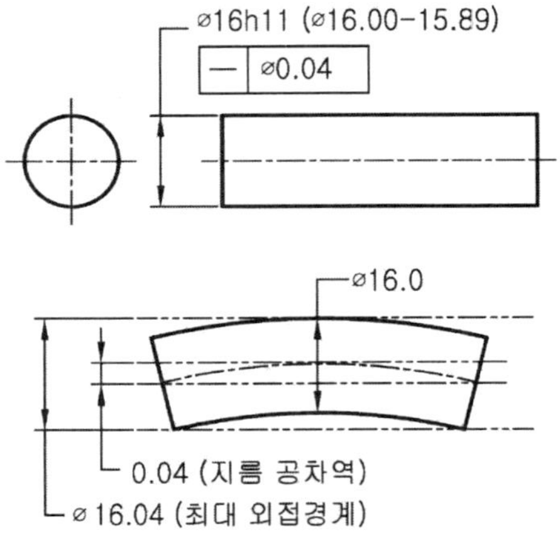

[그림 3.8] 중심선에 규제된 진직도

〈표 3.1〉 기하공차도표

핀의 실치수	허용 진직도 공차
∅ 16.00(MMS)	∅ 0.04
∅ 15.99	∅ 0.04
∅ 15.98	∅ 0.04
↓	↓
∅ 15.90	∅ 0.04
∅ 15.89(LMS)	∅ 0.04

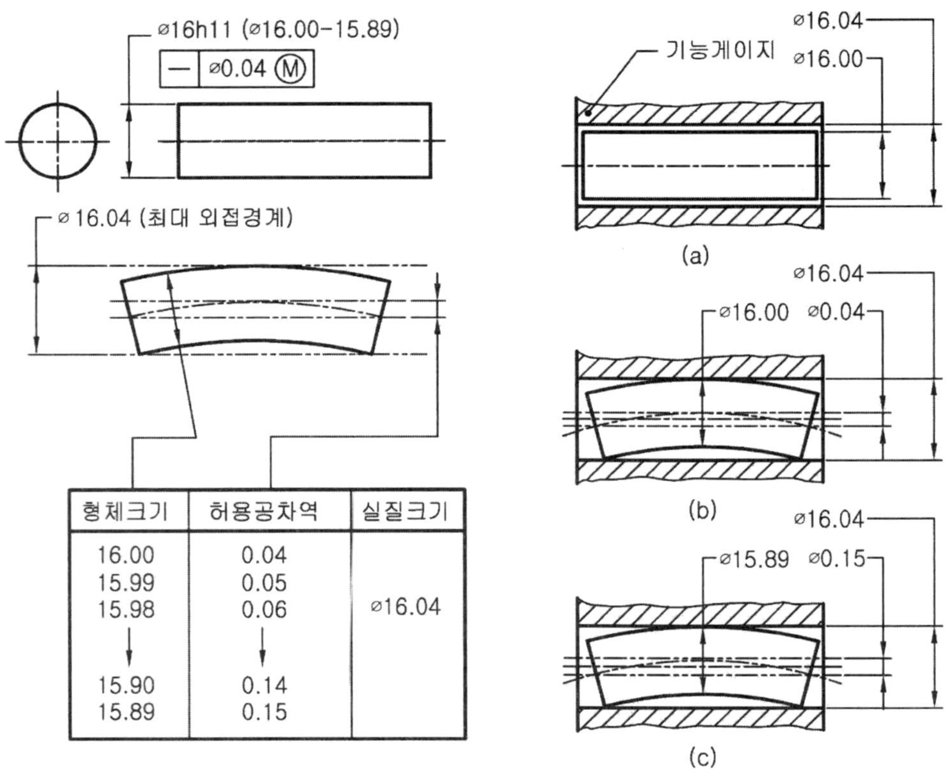

형체크기	허용공차역	실질크기
16.00 15.99 15.98 ↓ 15.90 15.89	0.04 0.05 0.06 ↓ 0.14 0.15	⌀16.04

[그림 3.9] 최대 실체 공차방식으로 규제된 진직도

이와 같이 진직도 공차가 MMS의 조건으로 규제되어 있는 경우에는 이 핀이 크기와 기하공차에 의한 실질 크기는 핀의 MMS인 ⌀16.00에 진직도 공차 ⌀0.04를 더한 값인 ⌀16.04가 되며, 이 값은 항상 일정하다. 따라서 이와 같이 최대 실체 공차방식으로 규제된 형체를 검사하기 위해서는 실질 크기의 크기를 갖는 반대형상의 기능 게이지로 편리하게 검사할 수 있다.

(e) 단위 길이로 규제된 진직도

단위 길이로 기하공차를 규제하기 위해서는 공차 기입틀 안에 기하공차값 뒤에 사선을 긋고 기하공차가 적용되는 단위 길이를 표시하면 된다. 그림 3.10에서 단위 길이에 대한 진직도가 ⌀0.01/100로 규제되어 있으며, 이는 축의 가로방향으로 임의의 길이 100mm에 대한 허용 진직도가 ⌀0.01mm임을 규제하고 있다. 400mm 전체에 허용되는 진직도는 ⌀0.16까지 허용되며, 핀의 최대 실질 크기는 MMS 값인 ⌀75.1에 ⌀0.16를 더한 ⌀75.26이 된다.

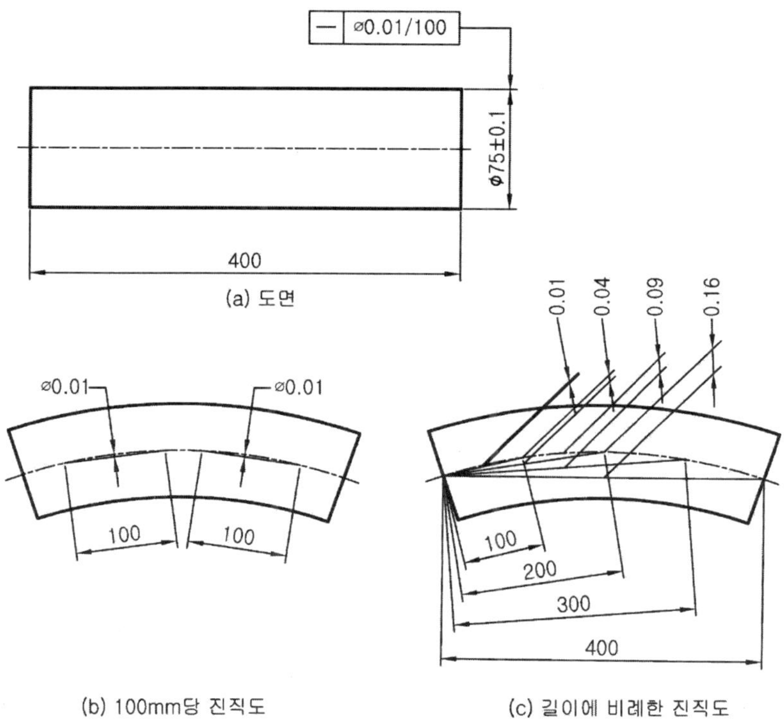

[그림 3.10] 단위 길이 당 진직도

단위 길이당 진직도로 규제된 형체에 대하여 임의의 실제 적용길이에 대한 허용 진직도는 다음과 같이 구할 수 있다.

$$\text{임의 길이에 대한 진직도} = \left(\frac{\text{적용길이}}{\text{단위길이}}\right)^2 \times \text{단위 길이당 허용 진직도} \tag{3.1}$$

이와 같은 단위 길이로 기하공차를 규제하는 것은 형체가 비교적 짧은 길이에 걸쳐서 진직도가 집중되는 것을 방지하기 위하여 적용한다.

단위 길이로 진직도를 규제할 경우, 적용되는 가로방향 길이가 커지게 되면 적용되는 전체 기하공차 값이 지나치게 증대하게 된다. 이를 경우 전체에 대한 기하공차 값을 제한하고자 할 경우, 그림 3.11에서와 같이 하나의 공차틀에 위 칸에는 전 길이에 대한 기하공차를, 아래 칸에는 단위 길이당 기하공차를 규제한다. 이때 전체에 대한 진직도 기하공차의 크기는 단위 길이당 진직도 보다 크다.

그림 3.11에서 임의의 길이 100mm당 진직도는 ⌀0.02이고 전체 길이에 허용되는 진직도는 ⌀0.1 범위 내에서 진직해야 한다.

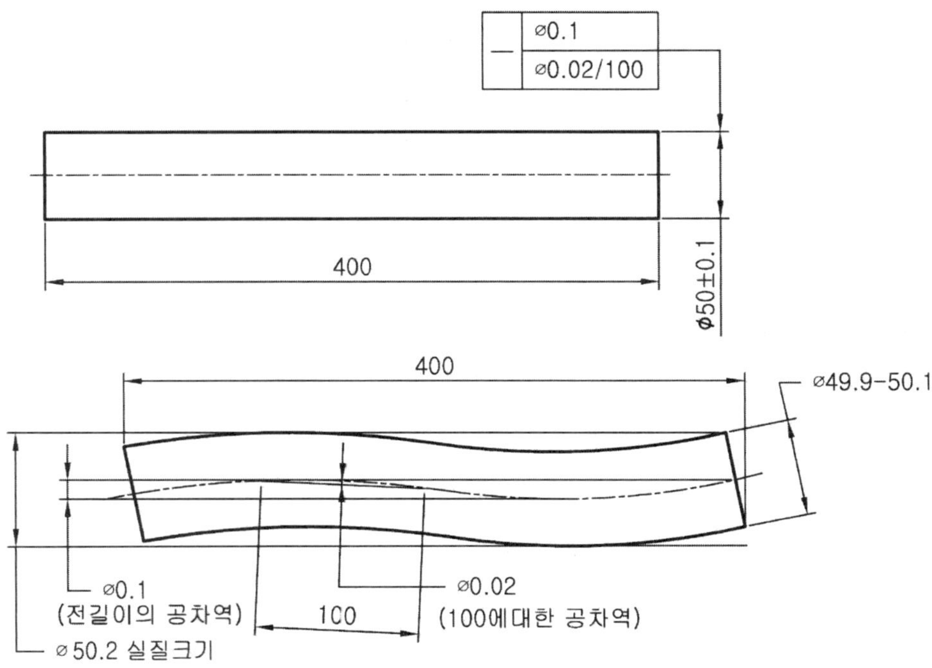

[그림 3.11] 단위 진직도와 전 진직도 공차영역

(3) 진직도 공차의 측정

형상이나 위치에 대한 공차를 검사·측정할 경우, 피 측정물의 생긴 형상이 다르고, 사용되는 측정기의 종류나 측정 방법이 매우 다양하다. 적합한 측정기를 선정하기 위해서는 측정 표적물의 기능을 고려하여 요구 정밀도, 검사시간 및 측정비용 등을 종합적으로 판단하여야 한다. 기하공차의 표시는 특정한 측정 방법을 제한하지 않으나, 특정 방법으로 측정이 필요할 경우 사용자와 협의하여 적용한다.

표 3.2는 측정 기호와 그 의미를 나타낸 것으로 여기에서 연속이동이란 인디케이터 맞춤을 변경하지 않고 이동하는 것이며, 불연속이동이란 인디케이터 맞춤을 변경한 후 이동하는 것을 말한다.

인디케이터를 사용하여 표면의 변위를 측정할 경우, 인디케이터의 전 움직임 량과 관련하여 FIM(full indicator movement), FIR(full indicator reading) 및 TIR(total indicator reading)등 몇 가지 용어가 사용되고 있으나 모두 같은 의미로 사용되고 있다.

〈표 3.2〉 측정 기호에 대한 해석

기 호	해 석	기 호	해 석
	정반		여러 방향으로 불연속 직선이송
	고정 지지		연속 회전이동
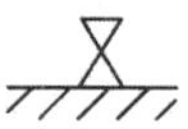	조정 지지		불연속 회전이동
	연속 직선이동		회전
	불연속 직선이동		인디케이터
	여러 방향으로 연속 직선이송	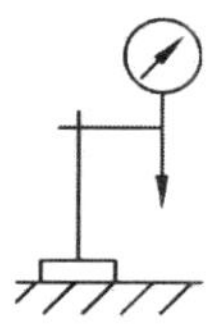	인디케이터 붙이 스탠드

(a) 곧은 자를 이용한 진직도 측정

곧은 자를 피 측정물 위에 놓고 양자 사이의 거리를 최소로 조절한다. 틈은 틈새 게이지, 핀 게이지 등으로 측정하거나 아주 작은 경우에는 광선을 비추어 투과율의 간섭색으로 판정한다. 틈의 최대값이 진직도가 되며, 요구하는 수만큼 모선을 측정한다. 길이가 1M이상인 대형 물체인 경우에는 와이어 팽팽하게 당겨서 사용해도 무방하다.

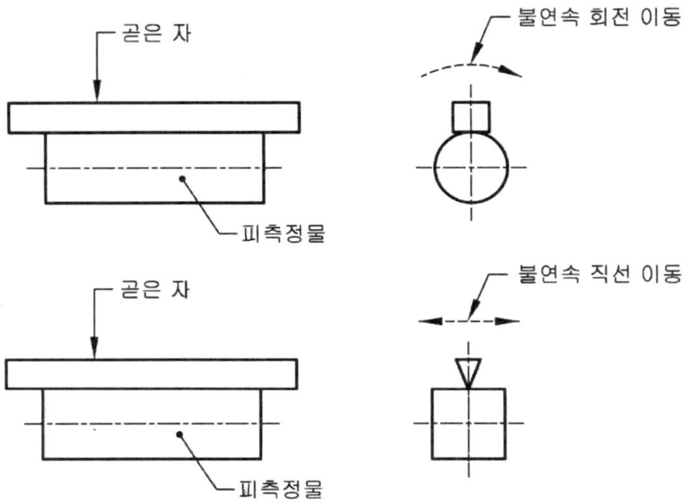

[그림 3.12] 곧은 자를 이용한 진직도 측정

(b) 인디케이터를 이용한 진직도 측정

그림 3.13와 같이 원추형 원통에 대한 진직도 측정 방법을 보여주고 있다. 위쪽 모선이 정반과 평행이 되도록 피 측정물을 놓고, 모선 전장을 따라 인디케이터를 움직여 측정값을 기록한다. 측정한 모선에 대한 인디케이터 눈금의 최대값이 진직도 편차로, 요구되는 수만큼 모선을 측정한다.

그림 3.14에서는 원통형체에 대하여 정반과 직각자로 진직도를 측정하는 방법이다. 피 측정물을 정반 위에 놓고 직각 정반에 밀착한 후, 모선 전장을 따라 인디케이터를 움직여 읽음 값을 취하고, 인디케이터 읽음 값을 선도에 옮긴다. 진직도 편차는 선도로 부터 구한 최대값이며, 요구되는 수만큼 모선을 측정한다.

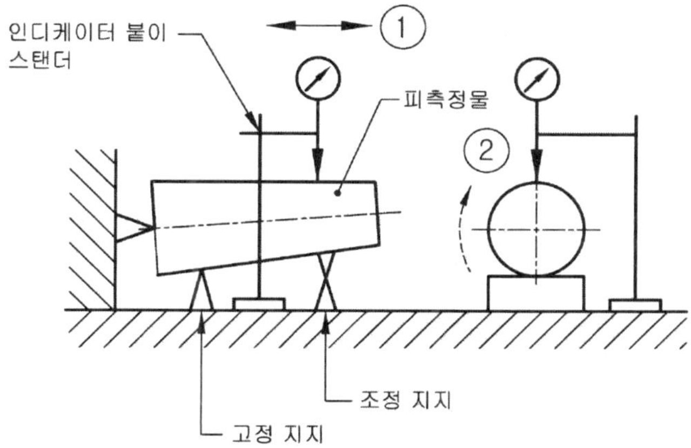

[그림 3.13] 원추 제품에 대한 진직도 측정

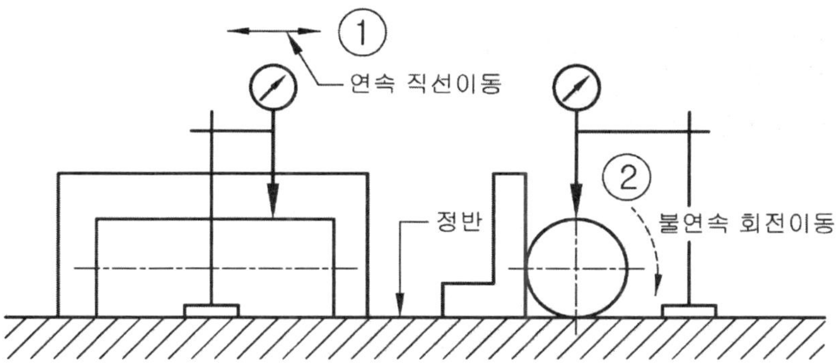

[그림 3.14] 직각자를 이용한 진직도 측정

(c) 수준기를 이용한 진직도 측정

조정식 수준기를 피 측정물의 모선 한 끝에 놓고 수평을 맞춘다. 다음에 지정된 스텝마다 수준기를 모선에 따라 움직여서 각 스텝마다 수평으로부터 편차를 기록한다. 각도 편차에 수준기의 길이 L를 곱하면 그 위치에서의 편차가 구해지므로 그 누적 선도에서 진직도를 구할 수 있으며, 요구되는 수만큼 모선을 측정한다.

수준기는 주로 수평이나 진직도를 측정할 때 사용하는 것으로 기포가 관내에서 항상 최고 위치에 있는 성질을 이용한 것이다. 주로 기계의 조립 및 설치 등에 사용된다. 관의 단위 눈금간격은 2mm 또는 2.5mm로 하는 경우가 있으며, 피 측정량의 변화에 대한 지시 눈금의 변화를 수준기의 감도라 한다.

곡률 반지름 R인 기포관에서 기포의 중앙에서 θ만큼 기울어져 기포가 L만큼 이동하였다면 각도는 다음과 같다.

$$\theta = \frac{L}{R} \cdot \frac{180}{\pi} \times 3{,}600(\text{초}) \tag{3.2}$$

예를 들어, 그림 3.16에서 R=41.253m이고, L=1m이면 θ는 5″ 가 된다.

수준기의 읽음 값은 그림 3.15에서 양쪽 기포의 위치를 보고 다음과 같이 구한다.

$$\text{수준기의 읽음 값} = \frac{a_1 + a_2}{2} \tag{3.3}$$

[그림 3.15] 수준기와 눈금 읽음

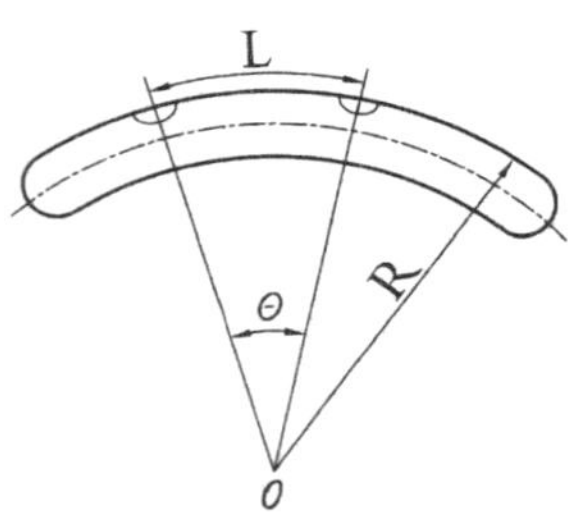

[그림 3.16] 수준기 감도

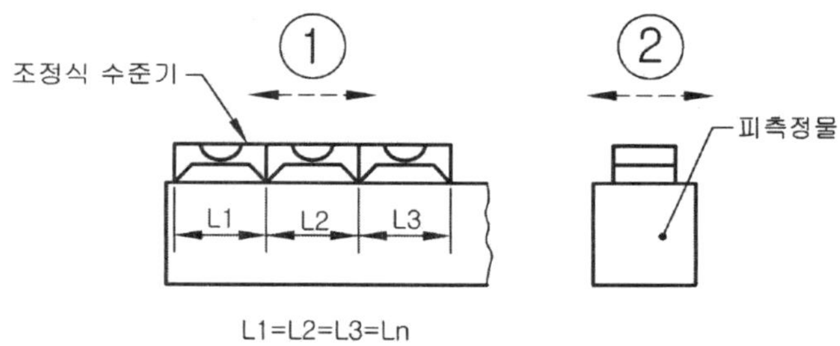

[그림 3.17] 수준기에 의한 진직도 측정

다음 그림 3.18과 같이 정반과 같은 제품에 대하여 대각선 길이 방향으로 진직도를 측정해 보자. 측정 순서는 다음과 같다.

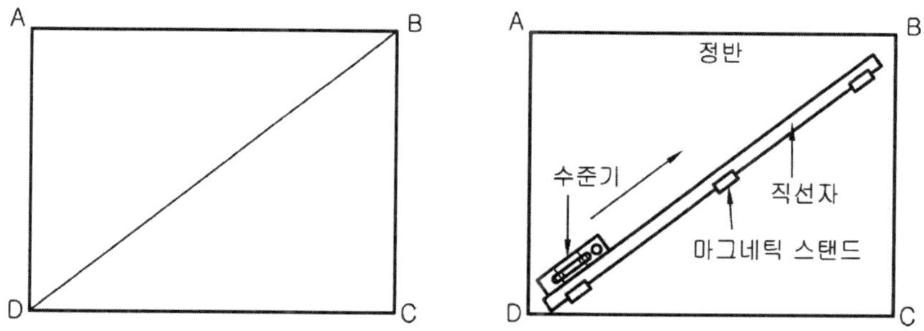

[그림 3.18] 정반에 대한 진직도 측정

(가) 측정 준비

① 피 측정물 및 수준기, 직선자 등을 깨끗이 닦아서 먼지, 기름 등의 불순물을 제거한다. 수준기의 기포 길이가 너무 크거나 작을 때는 수준기를 상하로 흔들어서 조절한다.

② 수준기 및 피 측정물을 수평으로 조정하기 위하여 수준기를 처음 위치와 180° 회전시켜 놓은 위치의 경사량을 읽어서 수준기는 수준기 경사 조정나사로, 정반은 정반 지지 나사를 돌려 수평을 취한다.

③ 수평 조정이 끝난 후 측정 방향에 직선자를 설치하고 마그네틱 스텐드를 이용하여 직선자를 고정시킨다.

(나) 측정한다.

① 측정 시작점에 수준기를 직선자의 안내면에 정확히 밀착 시킨 후 수준기 눈금을 읽는다. 눈금 읽는 방법은 기포관의 좌우 기준선을 기준으로, 진행 방향 쪽이 +이며, 반대쪽이 −이다.

② 0~200, 200~400, 400~600 등 구간별로 측정한 후 표 3.3과 같이 측정값을 기록한다.

(다) 측정 값을 정리한다.

① 좌, 우의 읽음 값이 정리 되었으면 우측항의 (좌측의 읽음 값+우측항의 읽음 값)÷2를 계산해서 기록한다.

② 시작점을 "0"으로 취해서 각 측정값의 누적된 값을 구한다. (즉, 각 측정 점의 값을 더한다)

③ 최종 누적 값을 측정 횟수 n로 나누어 각 측정점에 대하여 보정 값을 계산한다.(표 3.3 참조)

$$제\,1\,측정\,점 = \frac{최종누적값}{n} \times 1 \qquad 제\,2\,측정\,점 = \frac{최종누적값}{n} \times 2$$

$$제\,3\,측정\,점 = \frac{최종누적값}{n} \times 3 \qquad 제\,4\,측정\,점 = \frac{최종누적값}{n} \times 4 \tag{3.4}$$

④ 누적 값에서 보정 값을 뺀다.

⑤ 기준선에 대한 높이 차를 구하기 위하여 0.02(mm/m) 수준기는 0.004mm를 곱한다. 즉, 0.02(mm/m) 수준기는 1m에서 0.02mm 경사를 갖고 있으므로 200mm에서는 1,000:0.02 = 200:x에서 x=0.004가 된다.

⑥ 기준선에 대한 높이차 중에서 최대 값–최소 값을 구해서 진직도 값으로 한다. 표 3.3에서 최대 값은 +3.20, 최소값은 −2.60이므로 진직도는 3.20−(−2.60)으로 5.8㎛이 된다.

〈표 3.3〉 측정 결과값의 정리

측정점	측정위치	읽음 값		1/2(좌+우)	누적치	보정치	누적치–보정치	기준선에 대한 높이차(㎛)
		좌	우					
0	–				0	0	0	0
1	0−200	+2.0	+1.3	+1.65	+1.65	+1.50	+0.15	+0.60
2	200−400	+2.5	+1.8	+2.15	+3.80	+3.00	+0.80	+3.20
3	400−600	+0.4	-0.3	+0.05	+3.85	+4.50	−0.65	−2.60
4	600−800	+2.1	+1.5	+1.80	+5.65	+6.00	−0.35	−1.40
5	800−1,000	+2.2	+1.5	+1.85	+7.50	+7.50	0	0

(d) 오토콜리미터를 이용한 진직도 측정

오토콜리미터를 피 측정물에 맞춘 다음, 반사경을 움직여서 눈금을 기록한다. 각 스탭마다 수평으로부터 편차를 구하여 진직도를 산출하는 것으로 주로, 대형 측정물에 사용한다.

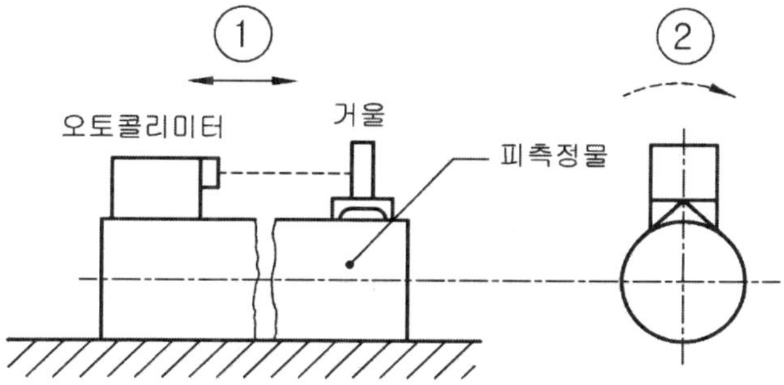

[그림 3.19] 오토콜리미터에 의한 진직도 측정

(e) 양 센터 지지에 의한 진직도 측정

그림 3.20과 같이 피측정물을 정반에 평행한 양 센터로 지지하고 길이 방향으로 두 개의 인디케이터를 움직여 측정한다. 두 개의 인디케이터의 눈금 $(M_1 - M_2)/2$를 반복 측정한다. 진직도는 각 축 단면에 대해 측정한 최대차이다.

또한, 그림 3.21과 같이 피 측정물을 정반에 평행하게 두 센터로 고정하고 측정물을 회전시킨다. 1회전 사이의 인디케이터 눈금 차이의 1/2를 반복 측정하며, 핀의 진직도는 산출된 측정값의 최대 편차이다.

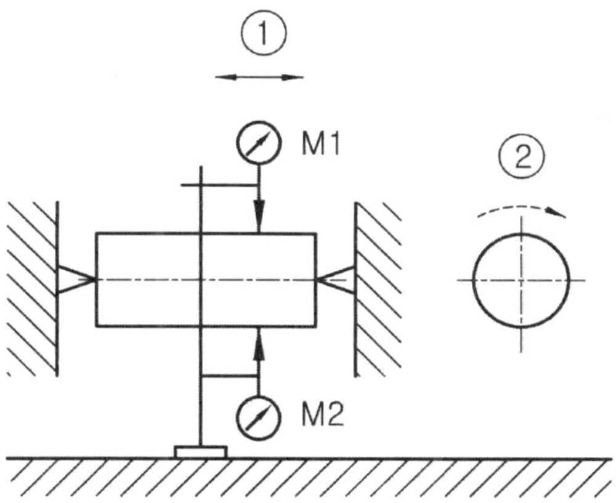

[그림 3.20] 양 센터 지지에 의한 진직도 측정

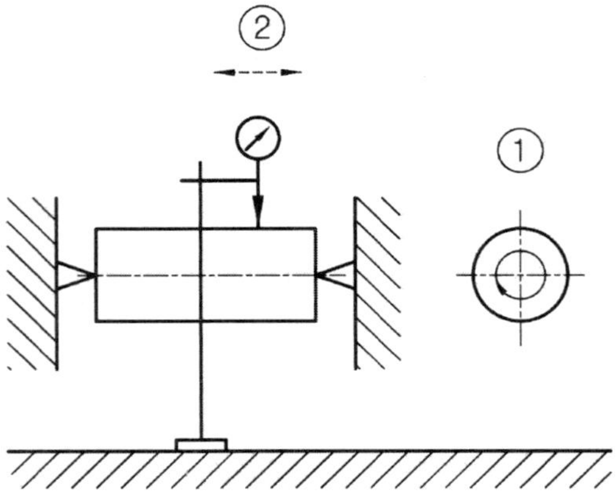

[그림 3.21] 양 센터 지지에 의한 진직도 측정

1.2 평면도(flatness)

평면도는 평면 형체가 기하학적으로 정확한 평면으로부터 어긋남의 크기로 정의되며, 한 평면상에 있는 모든 표면이 정확한 평면으로부터 벗어난 크기이다. 그림 3.22에서 평면도 공차영역과 그 규제 예를 도시한 것으로, 공차영역은 t만큼 떨어진 두 개의 평행한 평면 사이에 끼인 영역으로 규제된다. 즉, 규제된 형체의 표면은 0.8mm만큼 떨어진 두 개의 평행한 평면 사이에 있어야 한다.

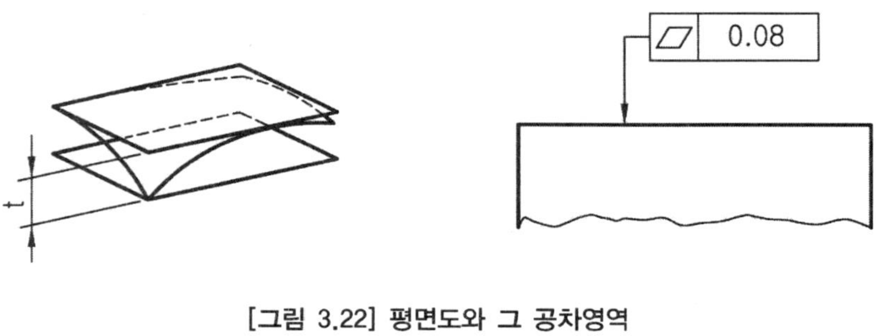

[그림 3.22] 평면도와 그 공차영역

평면도 기하공차의 주요 특징은 다음과 같다.

① 평면도 공차는 데이텀을 사용하지 않는 단독형체로 규제되는 모양공차로, 최대 실체 공차방식을 적용하지 않는다.

② 평면도 공차의 크기는 형체의 치수공차보다 작아야 하며, 치수공차 범위내에서 그 기하공차영역이 규제되어야 한다.

③ 평면도공차는 필요에 따라 규제 형체의 특성을 규제하기 위하여 "볼록면이어서는 안 된다" 또는 "오목면이어서는 안 된다"와 같은 주기사항을 기하공차 테두리 근처에 기입할 수 있다. 만약, 주기를 사용하지 않고 기호로 규제하고자 한다면 편측공차를 적용한 윤곽도를 적용 할 수 있다.

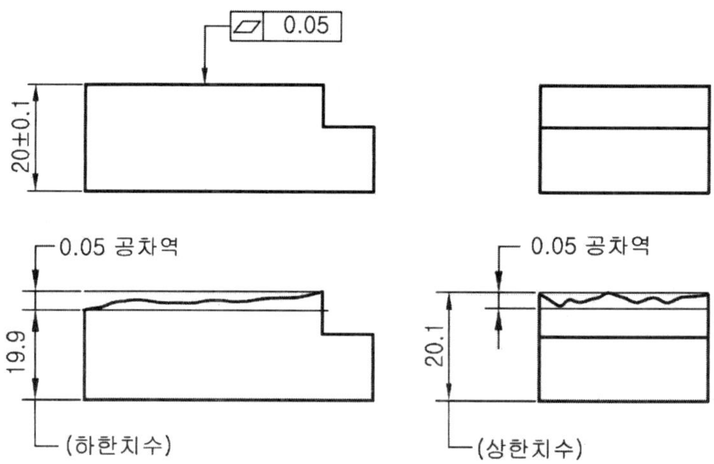

[그림 3.23] 치수 공차와 공차영역의 관계

(1) 평면도 기하공차 적용

(a) 단위 평면도

그림 3.24는 단위 평면도를 규제한 것으로 지시된 표면은 임의의 길이 100mm에 대해 0.01 이내로 평행하여야 한다. 단위 평면도로 규제하게 되면 한곳에서 전체의 평면도 오차가 생기는 것을 방지할 수 있다. 단위 평면도는 전체에 대한 평면도와 단위 길이당 적용되는 기하공차를 함께 규제할 수 있다. 그림 3.25에서 지시된 표면은 임의의 길이

100mm에 대해 0.01 이내로 평행하여야 한다. 또한, 전 표면에 허용되는 평면도는 0.2를 초과할 수 없으며, 단위 평면도는 전체 평면도보다 작아야 한다.

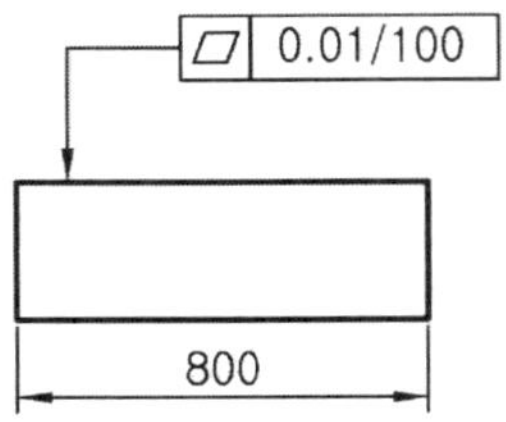

[그림 3.24] 단위 평면도

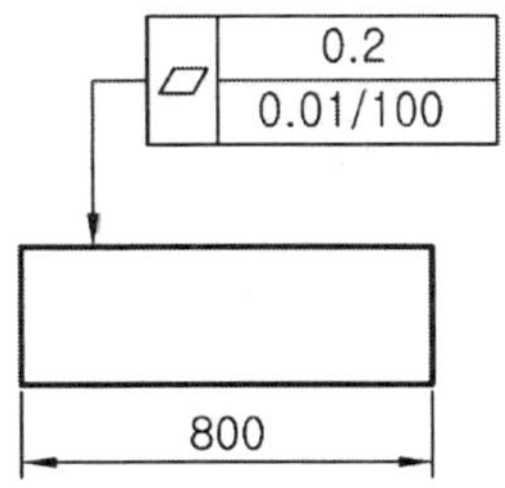

[그림 3.25] 단위길이당 및 전체 평면도

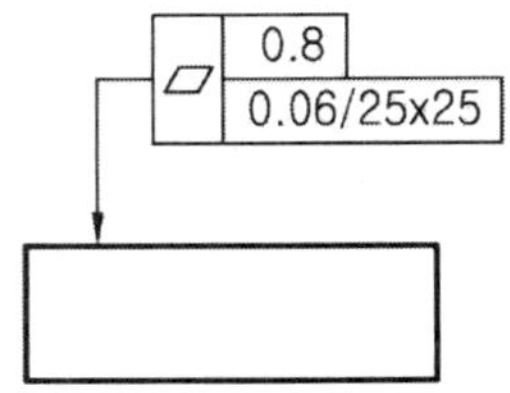

[그림 3.26] 단위 면적당 평면도

그림 3.26에서 전체에 대한 평면도와 단위 면적당 평면도를 함께 규제한 것이다. 전체 표면에 대한 평면도는 0.8이며, 단위 평면도는 임의의 한 면에 대하여 가로×세로 각각 25mm의 단위 면적당 평면도 값이 0.06으로 규제되어 있다. 또한, 0.06/∅25.4과 같이 단위 평면도를 임의의 지름 형태로 지정해도 무방하다.

(b) 한정된 영역에 규제된 평면도

그림 3.27에서 전체 평면도를 규제할 필요 없이 부분적으로 한정된 범위에만 평면도를 지시하고자 할 경우에는 평면도로 규제되는 부분을 가상선으로 표시하여 그 치수를 표시한다. 대형 주조 표면의 경우와 같이 전체 표면을 가공하는 것이 불필요하고 일정 부분에만 적용하고자 할 때 사용할 수 있다.

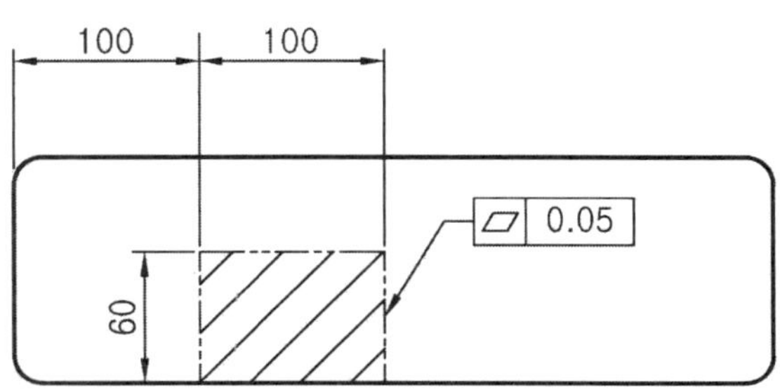

[그림 3.27] 한정된 부분에 적용한 평면도

(2) 평면도의 측정

(a) 작은 면적의 평면도 측정

그림 3.28 (a)에서 측정 구멍이 있는 정반으로 평면도를 측정하는 그림이다. 피 측정물을 측정 구멍이 있는 정반에 올려놓고 측정물을 옮기면서 측정한다. 평면도의 값은 이 측정기 눈금의 최대차(TIR)이며, 정반의 크기가 최소한 측정 표적 물체 크기의 2배 이상이 되어야 한다.

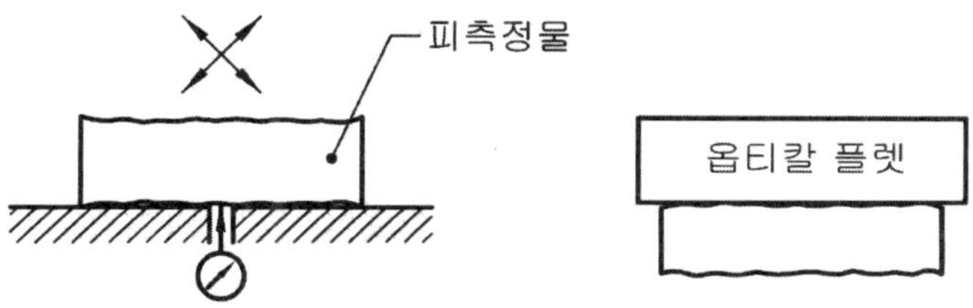

(a) (b)

[그림 3.28] 작은 면적에 대한 평면도 측정

그림 3.28 (b)는 광학적 방법을 사용한 것으로 옵티칼 플렛(optical flat)을 피측정물 표면에 올려놓고 단색광을 비추어 간섭무늬를 관측한다. 평면도는 관측된 간섭무늬 수에 사용한 빛의 파장 길이 값의 50%(대략 0.3㎛)을 곱한다. 측정면의 넓이는 옵티칼 플렛 크기로 제한되므로 평면도 편차가 20㎛ 이하인 소형 물체에 실용적이다.

(b) 넓은 면적에 대한 평면도 측정

그림 3.29 (a)에서는 직선자를 양 끝에서 피 측정면의 등거리에 놓고, 대각선 A-B, C-D에 따라 소정의 위치에서 양자간의 높이 차를 측정하여 선도에 기록한다. 진직도는 선도상에 최대값으로 하며, 일반적으로 정반을 측정하기 위하여 많이 사용한다.

그림 3.29 (b)에서는 3점식 직선 측정기를 정반에 올려놓고 눈금을 제로(0)에 맞춘다. 3방향으로 다리의 길이마다 측정기를 옮겨서 누적선도에 평면도를 구하며, 주로 큰 물체의 측정에 사용된다.

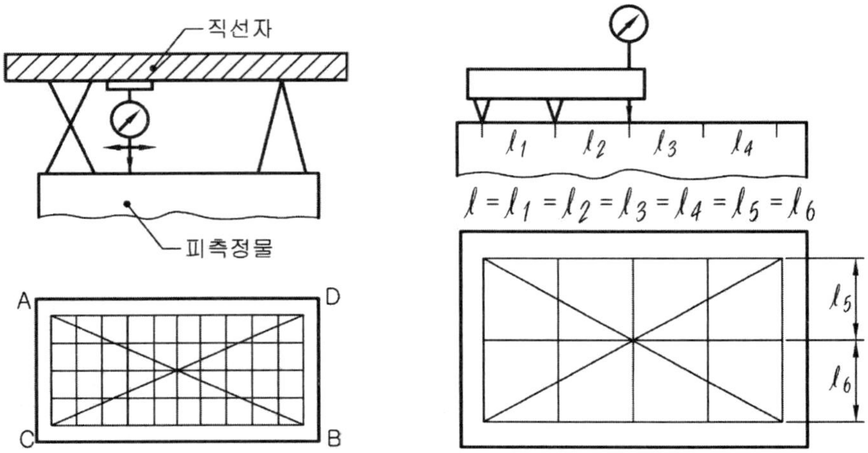

(a) (b)

[그림 3.29] 직선자와 3점식 직선 측정기에 의한 평면도 측정

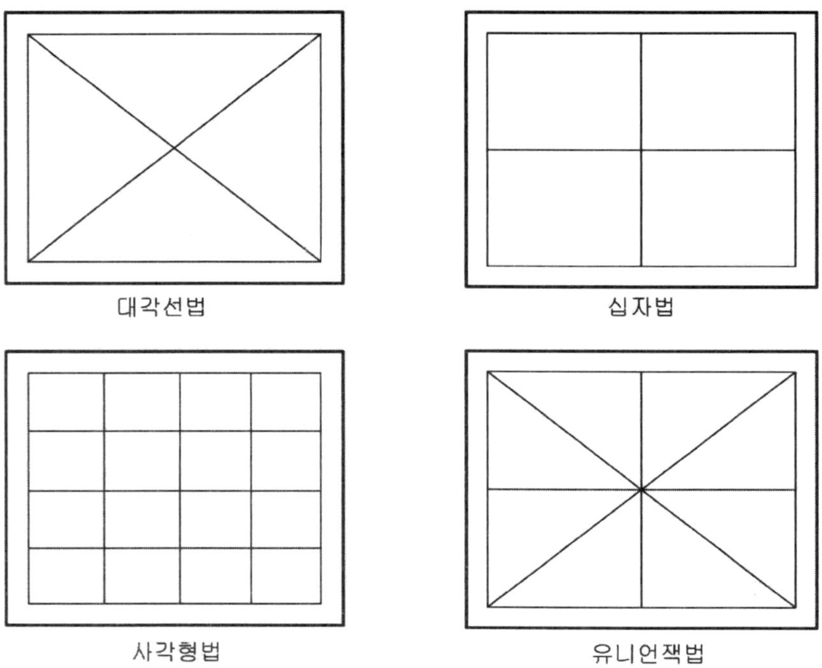

[그림 3.30] 평면 형체에 대한 평면도 측정 방법

평면도 측정 방법의 종류에는 그림 3.30에서와 같이 대각선법, 십자법, 사각형법, 유니언잭법 등이 주로 사용되고 있으나, 부품의 요구 품질이나 크기(대형), 측정비용 등을 감안하여 선정한다. 정반과 같은 큰 평면 부위의 평면도를 측정할 경우, 각 측정 단면을 적당하게 분할하고, 수준기, 오토콜리미트, 레이저 측정기 등을 이용하여 A, B, C, …로 각각 분할된 단면에 대하여 편차를 구하고 기록하여 구한다.

1.3 진원도(roundness)

(1) 진원도 공차의 특징

원은 하나의 중심으로부터 모든 점이 같은 거리에 있는 곡선이다. 진원도는 원형 형체에서 기하학적으로 정확한 원으로부터 어긋남의 크기로 정의된다. 표면의 모든 점이 공통의 중심이나 공통의 축선으로부터 두 개의 동심원으로 둘러싼 반지름상의 공차영역이다.

① 진원도 공차는 공통의 중심이나 공통의 축선에 수직한 표면에 대하여 반지름 방향으로 적용되는 공차이다.

② 진원도는 데이텀이 필요 없는 단독형체로 규제되는 모양공차로 최대 실체 공차방식이 적용되지 않는다.

③ 진원도 공차의 크기는 지름의 치수공차보다 작아야 하며, 구(sphere)나 테이퍼 형체, 원통 형체 등에 적용할 수 있다.

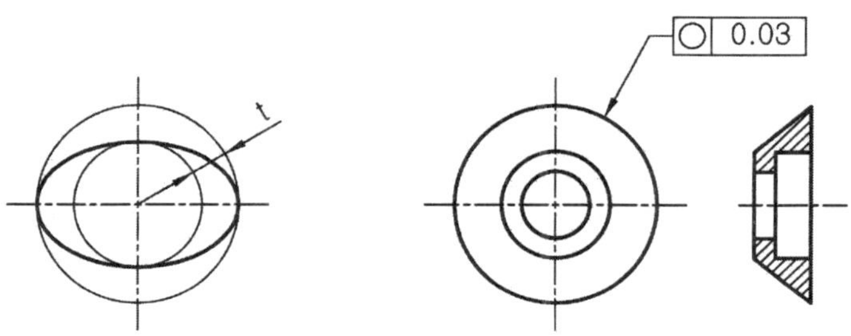

[그림 3.31] 원뿔 형체에 대한 진원도 규제와 그 공차영역

(2) 진원도 공차의 적용

그림 3.31과 그림 3.32는 원뿔과 원통 형체에 대하여 진원도를 지시한 것이다. 원통의 임의의 한 점에서 반지름 방향으로 0.03의 폭을 갖는 폭 공차영역 안에 모든 요소가 포함되어야 한다. 이때 기하공차영역은 주어진 치수 공차의 범위 이내에 존재해야 한다.

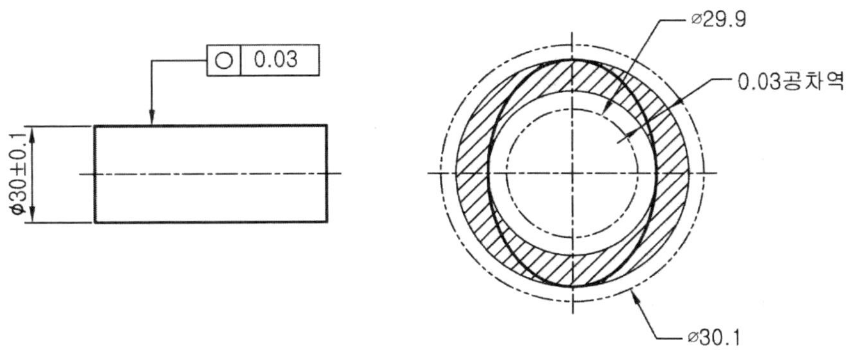

[그림 3.32] 진원도에서 치수공차와 공차영역

그림 3.33은 구의 형체에 대한 진원도 공차 규제이다. 공통의 중심선을 통과하는 평면에서 표면의 각 원주를 이루는 모든 요소는 반지름상으로 0.25의 폭을 갖는 두 개의 중심원 사이에 있어야 한다. 각 구의 표면을 이루는 모든 요소는 규정된 치수의 크기를 벗어날 수 없다.

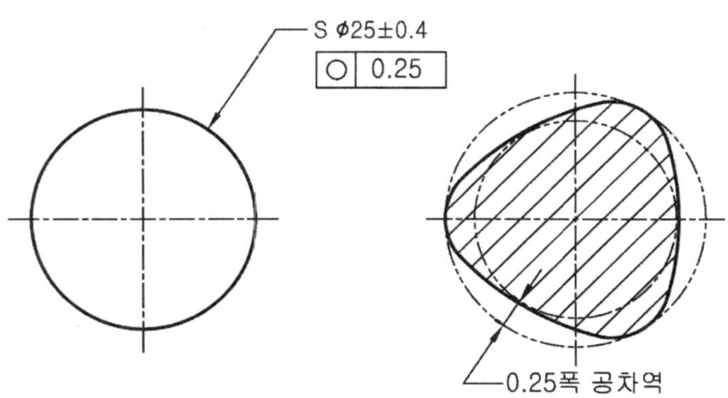

[그림 3.33] 구의 형체의 규제된 진원도

(3) 자유상태(free state) 조건에 의한 규제

자유상태에서 도면상의 치수공차 또는 기하공차 값을 초과하여 변형하는 부품을 비강성 부품(non-rigid part)이라 한다. 직경에 비해서 살 두께가 매우 얇은 비 강체 부품 등에는 부품의 자중이나 작용력, 제조시에 일어나는 내부응력 등에 의해 변형이 쉽게 발생한다. 따라서 이러한 제품에 대해서는 그림 3.34와 같이 자유 상태 하에서 기하공차를 규제할 필요가 있다.

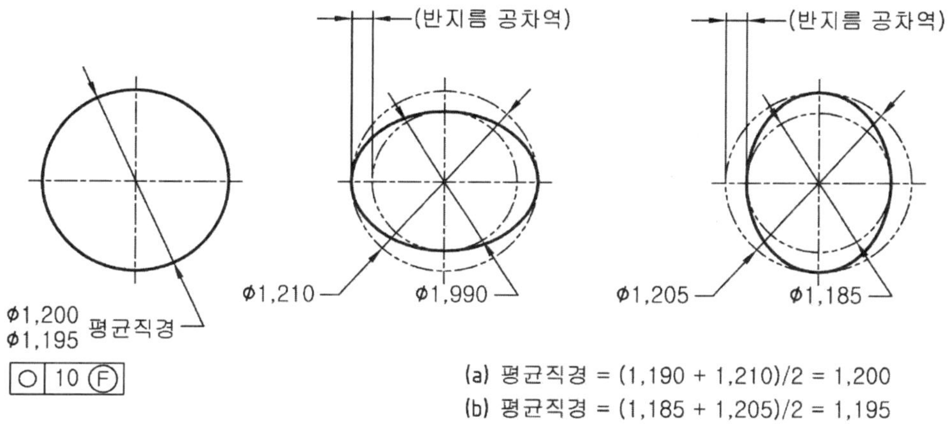

[그림 3.34] 자유 상태에서 평균 직경으로 규제된 진원도

자유상태란 적용 형체가 특별히 구속 조건이 없이 적용되거나, 중력만 받는 상태로 그 중력방향을 지정하여 적용하는 상태를 말한다. 예를 들면 얇은 강판제의 짧은 원통의 경우는, 정반 등에 축선이 수직되게 놓고, 중력의 방향을 도면에 지시한다.

자유 상태 규제는 공차 기입 틀 안에 자유 상태임을 나타내는 기호 Ⓕ를 붙여서 나타내며, 이는 "원문자 에프"라고 읽으며, 필요시 그림 3.35에서 중력이 작용하는 방향과 같이 힘이 작용하는 방향을 규제한다.

원형이나 원통형체를 대하여 자유 상태로 진원도가 규제될 경우, 직경은 평균직경으로 나타내는 것이 좋다. 이때 평균직경은 원형이나 원통형체의 단면의 직경을 적어도 네 번 이상 여러 번 측정하여 평균을 한 것이다. 이때, 자유상태의 진원도 공차는 치수공차보다 더 크다.

그림 3.34 (a)와 (b)는 단지 두 개의 극단적인 조건에 대한 자유 상태이며, 실 치수는 이 조건 범위 내에 존재해야 한다. 여기에서 평균 직경의 최대값 및 최소값은 다음과 같이 구한다.

$$\text{평균 직경의 최대값} = \frac{(1{,}190 + 1{,}210)}{2} = 1{,}200$$

$$\text{평균 직경의 최소값} = \frac{(1{,}185 + 1{,}205)}{2} = 1{,}195$$

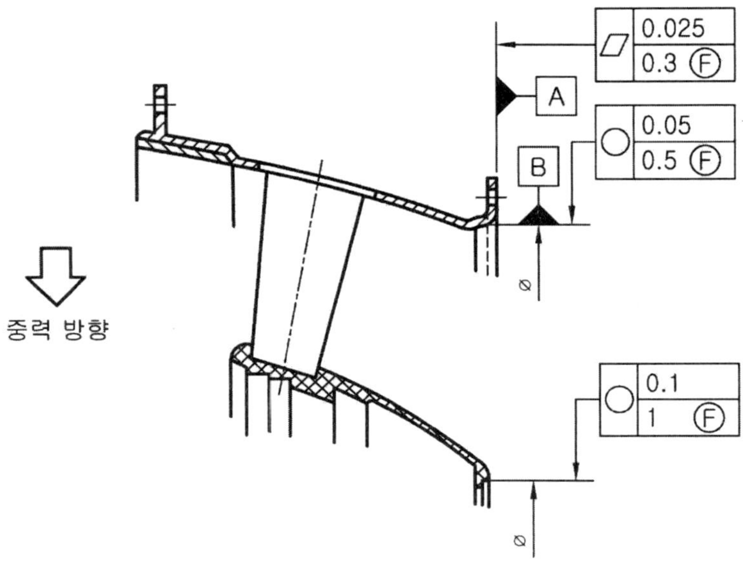

[그림 3.35] 자중의 방향을 규제한 자유 상태 기호

(4) 구속 상태에서의 규제

그림 3.36과 같이 방향이나 흔들림, 위치의 공차가 적용되는 결합부품이 조립상의 특별한 요구 조건에서 기하공차를 규제할 필요가 있을 경우에는 적절한 구속조건으로 기하공차를 규제한다. 이때, 구속 조건은 조립에서나 부품의 기능을 발휘할 수 있게 하는 적절한 크기가 되어야 한다. 규정된 제품은 이러한 구속 조건에서 부품의 지시된 형체는 정해진 공차 범위 내에 있어야 한다는 것을 도면에 주기로 규정한다.

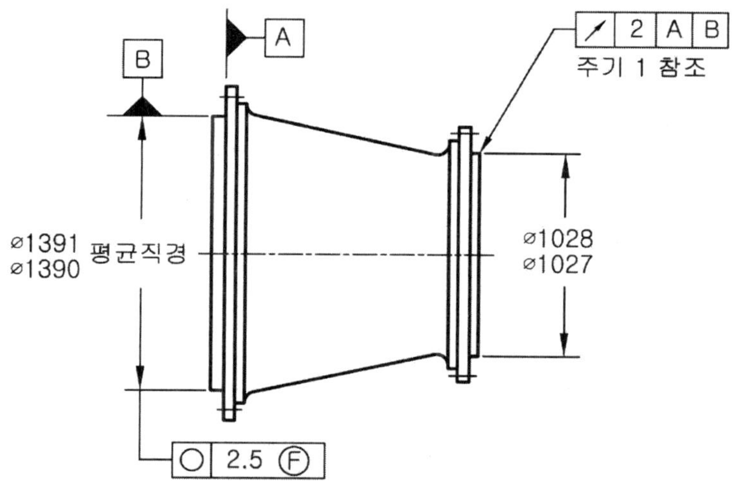

[그림 3.36] 비 강체 부품에 구속력 규제

주기 1. 규정된 이 기하공차는 1차 데이텀 형체 A가 가상 데이텀 형체 표면에 접하고, 규정된 치수공차 범위의 크기를 갖고 있는 데이텀 형체 B가 2차 데이텀으로 설정한 후, 64개의 M6×1 볼트로 각각 9-15 N · m의 토크로 체결하였을 때의 원주 흔들림이다.

(5) 진원도 측정방법

(a) V-블록과 센터간 측정에 의한 진원도 측정

그림 3.37 (a)는 V 블록(V-block) 측정법으로 블록 위에 측정물을 올려놓고 회전시켜 다이얼게이지나 테스트 인디케이터의 바늘이 움직인 눈금의 1/2이 진원도 공차이다. 또한, 그림 3.37 (b)는 센터간 측정법으로 양 센터에 공작물을 지지하고 회전시켜 인디케이터 바늘이 움직임 전량이 진원도 공차가 된다.

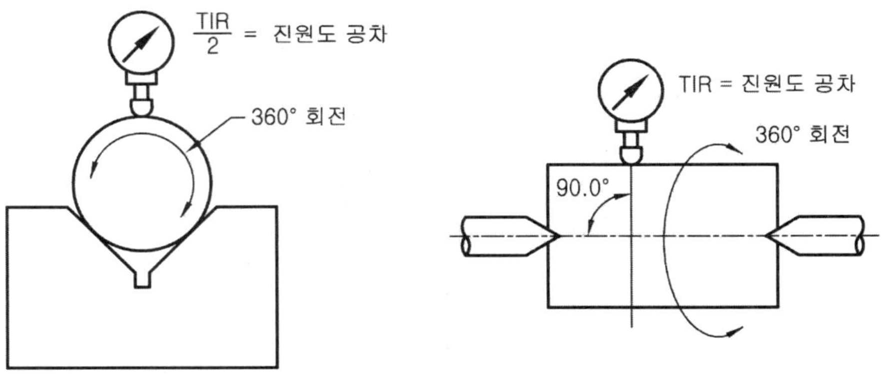

(a) V블록 측정법

(b) 센터간 측정법

[그림 3.37] 진원도 측정

(b) 윤곽 투영기에 의한 진원도 측정

피 측정물의 윤곽을 각종 크기의 동심원과 비교하여 측정된 윤곽이 끼워지는 동심원의 크기에서 진원도를 구한다. 윤곽의 투영에 윤곽 투영기, 광절단식 단면 투영기 등을 사용한다. 이 방법은 투영기의 용량 범위에 속하는 형체에 제한된다.

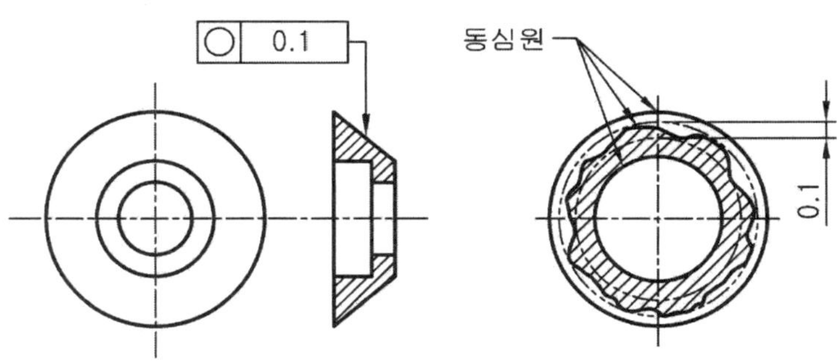

[그림 3.38] 윤곽 투영기에 의한 진원도 측정

(c) 인디케이터를 이용한 진원도 측정

그림 3.39에서 인디케이터를 이용한 진원도 측정방법을 보여주고 있다. 먼저 그림 3.39

(a)에서는 피 측정물과 측정기를 동축에 설치하여 1회전시 반경의 변화를 측정한다. 측정기는 전용 진원도 측정기 외에 회전 테이블과 변위 측정기의 조합도 가능하다. 피 측정물 중심과 수직한 단면상에서 반복하여 전 지름을 측정한다.

그림 3.39 (b)에서는 피 측정물 위에 인디케이터가 부착된 측정기를 올려놓고 각 부위에 측정물을 축과 직각 방향으로 회전시켜 측정한다. 진원도는 각도기 측정각도 α와 측정 단면의 요철 수를 감안해 구한다.

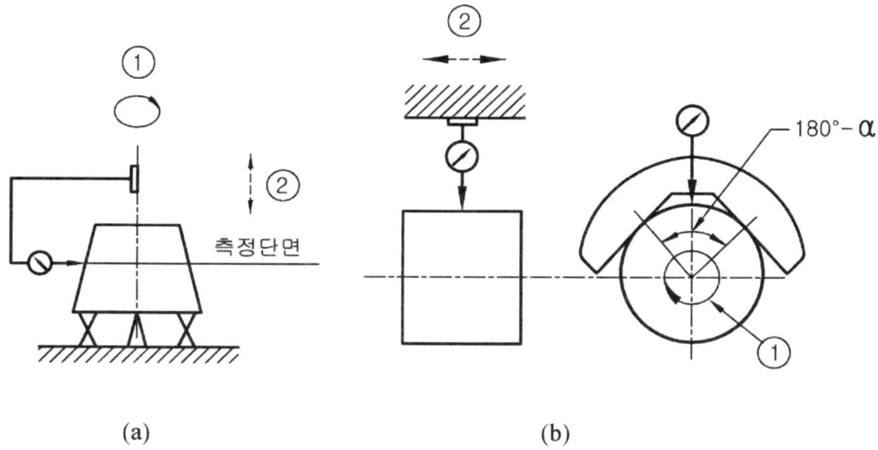

[그림 3.39] 인디케이터를 이용한 진원도 측정방법

1.4 원통도(cylindricity)

(1) 원통도의 정의와 특징

원통도는 원통 형체가 기하학적으로 정확한 원통으로부터 어긋남의 크기로 정의된다. 공차영역은 그림 3.40과 같이 반지름 방향으로 일정 폭 만큼 떨어진 두 개의 동축 원통면 사이의 영역이다. 즉, 표적으로 하고 있는 면은 0.05mm만큼 떨어진 두 개의 동축 원통면 사이에 있어야 한다. 원통도의 특징은 다음과 같다.

① 원통도 기하 공차 값은 치수 공차보다 항상 작아야 하며, 원통 형상의 형체에만 적용한다.

② 원통도 공차영역은 축 직선에 평행한 길이 방향과 반지름 방향의 공차영역으로, 속이 비어 있는 관의 한쪽 벽두께와 같다.

③ 원통도 공차는 진원도, 진직도 및 평행도와 같은 기하공차가 내포되어 있는 복합공차이다.

④ 원통도 공차는 최대 실체 공차방식을 적용할 수 없으며, 데이텀이 불필요한 단독형체로 규제되는 기하공차이다.

⑤ 원통 형체에 지시된 치수공차는 치수 공차범위 내에서 원통도를 규제하는 효과를 갖고 있으며, 이것에 의한 규제로 충분한 경우가 많다. 그러나 모양에 대한 정밀한 규제와 제작을 고려할 필요가 있는 경우에는 치수공차와 원통도를 함께 규제한다.

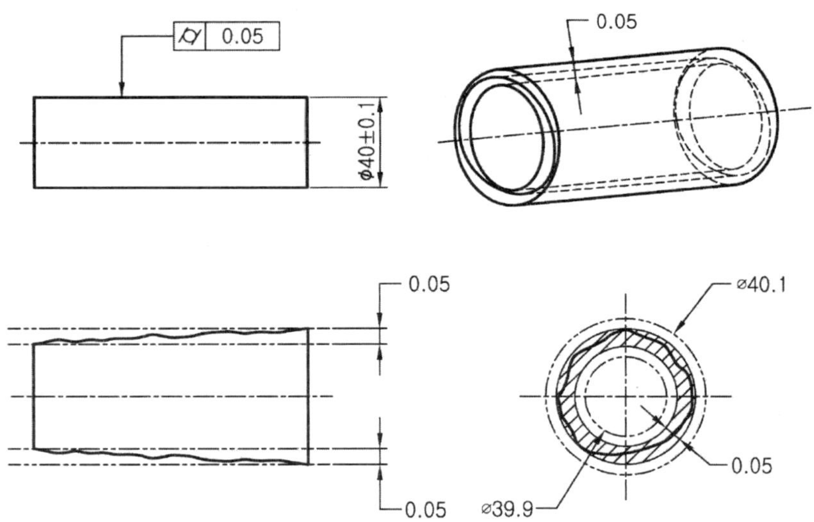

[그림 3.40] 원통 형체의 원통도 공차영역

(2) 원통도 측정

(a) 진원도 측정기에 의한 원통도 측정

그림 3.41과 그림 3.42는 진원도 측정기의 원리와 종류를 나타내고 있다. 진원도 측정기는 측정자가 피 측정물 주위를 회전하는 방식과, 측정자는 고정되어 있고 피 측정물이 회전하는 형식이 있다.

원통도는 기하공차 영역이 3차원적이나, 2차원적인 진원도 측정기를 이용하여 원통도를 측정할 수도 있다. 그림 3.43은 원통도 측정하는 원리로, 각각의 측정 위치에서의 진원도를 구하고, 이를 합쳐서 원통도를 구한다. 피 측정물과 측정기를 동축에 설치하여 1회전시 반지름의 차이를 측정한다. 극 좌표 선도 또는 컴퓨터를 사용하여 최소 영역 중심을 구한다. 진원도는 그 중심이 일치하는 내접원과 외접원 사이에서 얻어지는 반지름 차로, 요구되는 수만큼 단면을 측정한다.

이 방법은 내부 표면과 외부 표면에 모두 적용할 수 있다. 고정된 중심으로부터 반지름 변동을 측정하기 위한 장비, 기록기 또는 컴퓨터가 있는 회전 축침 또는 회전 테이블을 사용하여야 한다.

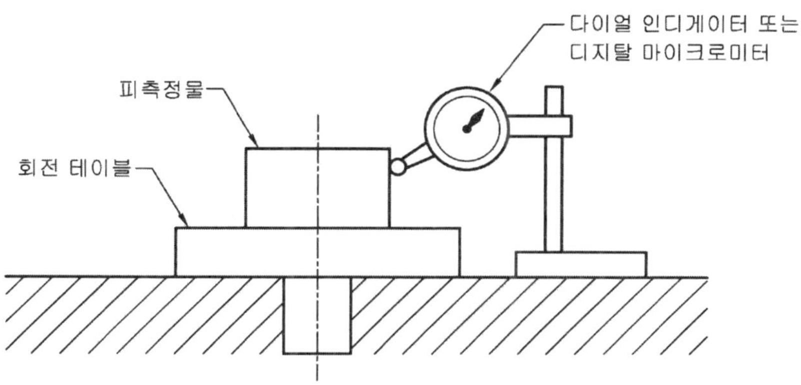

[그림 3.41] 진원도 측정의 원리

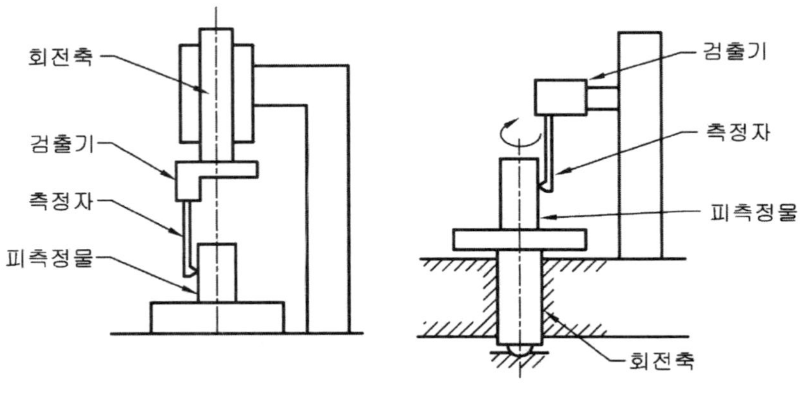

(a) 측정자 회전 방식 (b) 피 측정물 회전방식

[그림 3.42] 진원도 측정기의 종류

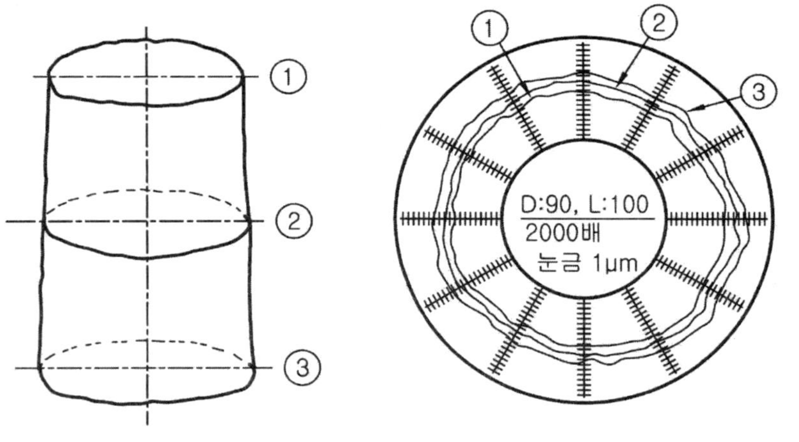

[그림 3.43] 원통도의 측정

(b) V-블록과 직각 정반을 이용한 원통도 측정

그림 3.44에서는 V-블록을 이용하여 원통도를 측정하는 그림이다. 피 측정물을 V-블록위에 놓고 축과 직각 단면상에서 1회전 시켰을 때 변위량을 측정한다. 인디케이터 눈금을 변경시키지 말고 전 길이에 걸쳐서 반복 측정한다. 원통도는 인디케이터 눈금으로

끼움각 α와 형상의 산수를 감안해서 구한다.

그림 3.45에서는 직각정반을 이용하여 원통도를 측정하는 그림이다. 피 측정물을 정반 위에 놓고 직각 정반에 밀착시켜 축 직각 단면상에서 1회전 시켰을 때의 변위량을 측정한다. 인디케이터 눈금의 설정을 변경하지 않고 여러 단면을 반복 측정하며, 눈금의 최대차의 절반이 원통도가 된다.

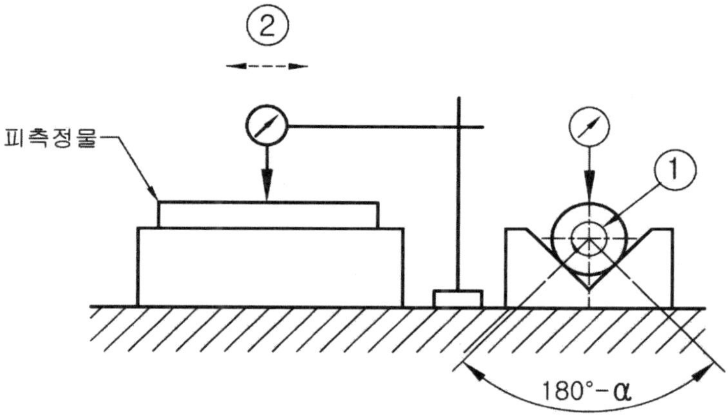

[그림 3.44] V-블록을 이용한 원통도 측정

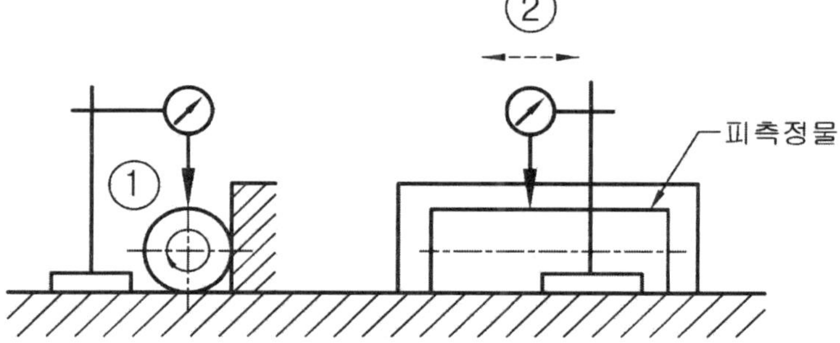

[그림 3.45] 직각정반을 이용한 원통도 측정

제2장 자세공차

방향의 특성을 나타내는 자세공차에는 평행도, 직각도, 경사도, 윤곽도 등이 있다. 이들 기하공차와 어떤 상태에서의 윤곽도는 관련형체에 적용할 수 있는 방향 특성을 나타내는 공차로 상호간에 형체의 방향을 규제한다. 평탄한 표면에 적용할 때 이들 자세공차는 평면도 공차와 방향성을 동시에 규제하고 있다.

이들 공차 역은 축심으로 규제할 경우, 전체 형체에 적용되는 값이며, 표면일 경우 모든 표면 요소들이 이 공차영역 범위 내에 있어야 한다. 한 표면에서 개개의 한 직선 요소(line element)만을 규제할 필요가 있을 경우에는 "LE"와 같은 용어를 기하공차 기입틀 근처에 기입한다.

2.1 평행도(parallelism)

(1) 평행도의 정의와 특징

평행도는 기준이 되는 데이텀 형체에 대하여 규제 하고자 하는 형체가 평행상태에서 어긋남의 크기로 규제하는 기하공차이다. 평행도는 두 개의 평면, 하나의 평면과 축 직선 또는 중간 면, 두 개의 축 직선이나 중간 면 사이에 평행이 요구될 경우에 규제되는 기하공차이다.

두개의 형체에 대하여 평행도를 규제할 경우에 하나의 형체는 공차붙이 형체가 되고 나머지 형체는 데이텀이 되어 데이텀 기호를 표시하여야 한다. 일반적으로 길이가 긴 쪽을 데이텀으로 하고, 길이가 같은 경우에는 어느 형체를 데이텀으로 해도 무방하다.

길이가 다른 형체는 어느 쪽을 데이텀으로 하느냐에 따라 평행도 공차 값이 달라진다. 따라서 어느 쪽을 데이텀으로 해야 하는가는 기하공차가 적용되는 제품의 기능적인 조건을 고려하여 결정해야 한다.

평행도 공차는 치수공차내에서 주어져야 한다. 그림 3.46에서 치수공차와 기하공차와의 관계를 나타내고 있다. 형체의 크기는 11.6에서 12.4의 크기로 규정된 공차범위 내에 있어야 하며, 이 허용 범위 내에서 두 평행 평면인 폭 0.25의 공차영역 내에 실제의 모든 표면이 존재해야 한다.

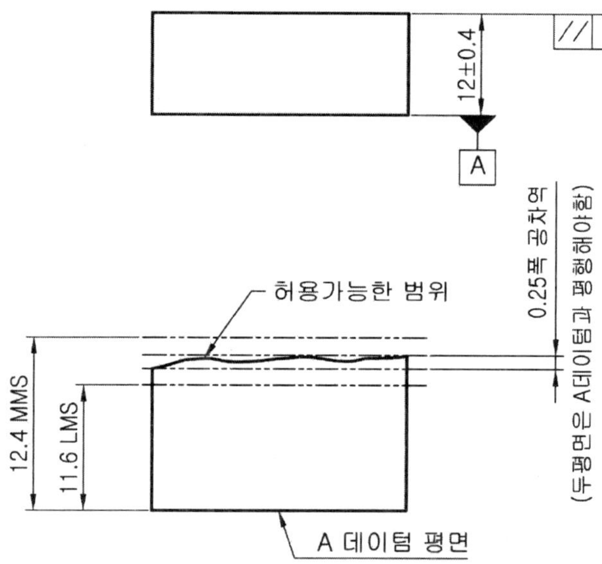

[그림 3.46] 치수공차와 평행도

(2) 평행도 공차의 적용

(a) 직선 데이텀에 대한 선의 평행도 공차

공차영역은 한 개의 평면에 규제되었을 때에는 데이텀 직선에 평행하고 규제된 공차만큼 떨어진 두 개의 평행한 직선 사이에 끼인 영역이다. 기하공차를 어떻게 지시하느냐에 따라 공차영역이 달라진다. 동일한 형체에 대하여 폭의 공차영역으로 좌 · 우공차영역, 위 · 아래 공차영역, 직육면체 공차영역이 있으며, 지름기호 ∅를 붙여 지름 공차영역과 같이 다양하게 규제가 가능하다.

그림 3.47 (a)는 위 · 아래 쪽으로의 공차영역을 지시하고 있으며, 지시선의 화살표로

나타내는 축선은 데이텀 축 직선 A에 평행하고, 지시선의 화살표 방향(수직한 방향)에 있는 0.1mm만큼 떨어진 두 개의 평면 사이에 있어야 한다.

그림 3.47 (b)는 좌·우 쪽으로의 공차영역을 나타낸다. 즉 공차붙이 형체의 축선은 데이텀 축 직선 A에 평행하고, 좌우 방향으로 0.2mm만큼 떨어진 두 개의 평면 사이에 있어야 한다.

그림 3.47 (c)에서는 서로 직각인 두 개의 평면에서 위·아래 공차영역과 좌·우 공차영역을 적용하여 공차영역의 단면이 $t_1 \times t_2$과 같이 직육면체 공차영역으로 설정된 것이다. 지시선의 화살표로 나타내는 축선은 각각의 지시선의 화살표 방향, 즉 수평 방향으로 0.2mm 수직 방향으로 0.1mm의 나비를 갖고 데이텀 축직선 A에 평행한 직육면체 내에 있어야 한다.

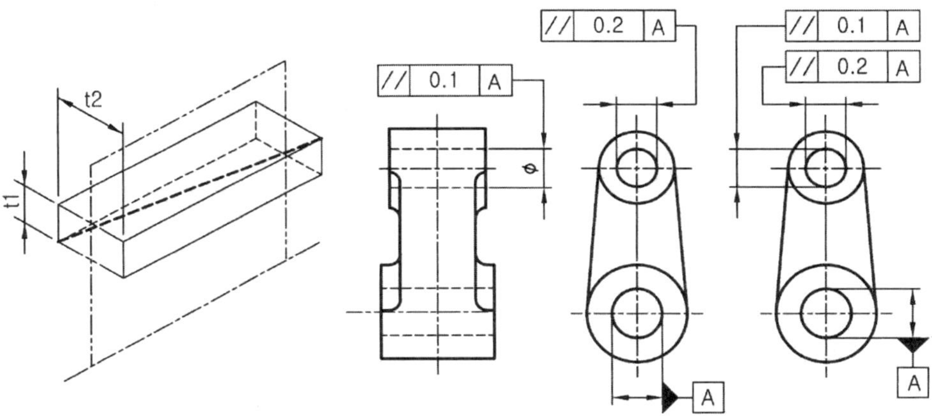

(a) (b) (c)

[그림 3.47] 직육면체 공차영역

그림 3.48은 지름 공차영역을 나타낸 것으로 공차를 나타내는 수치 앞에 기호 ∅가 붙어 있는 경우에는 이 공차영역은 데이텀 직선에 평행한 지름 t의 원통안의 영역이다. 즉, 지시선의 화살표로 나타내는 축선은 데이텀 축직선 A에 평행한 지름 0.03mm의 원통 내에 있어야 한다.

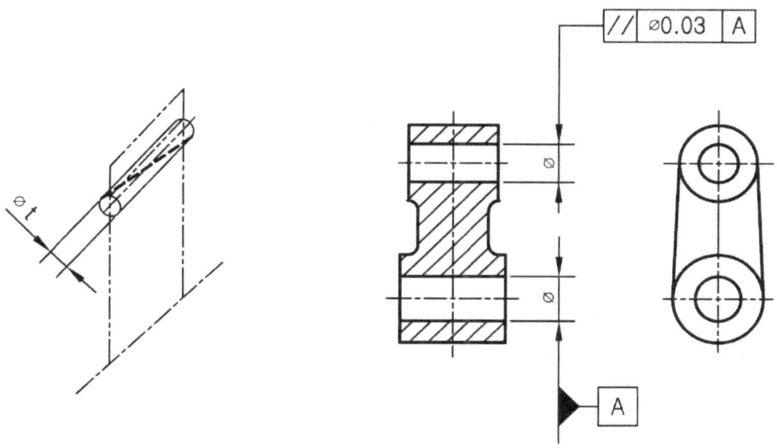

[그림 3.48] 지름 공차영역

(b) 데이텀 평면에 대한 선의 평행도 공차

그림 3.49는 데이텀 평면에 대한 선의 평행도 공차를 나타낸 것이다. 지시선의 화살표로 나타내는 축선은 데이텀 평면 B에 평행하고, 지시선의 화살표 방향으로 0.01mm만큼 떨어진 두 개의 평면 사이에 있어야 한다.

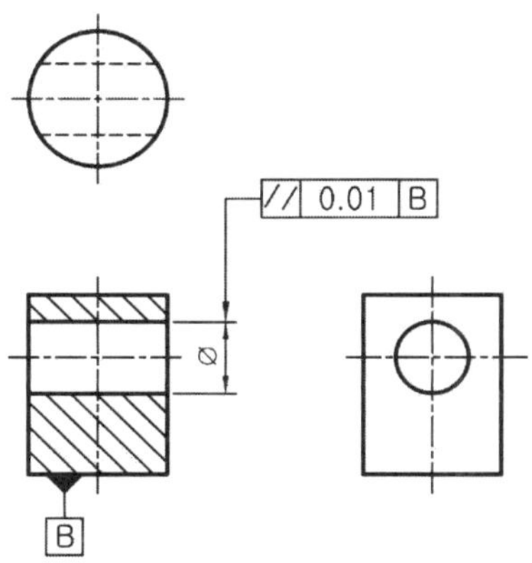

[그림 3.49] 데이텀 평면에 대한 선의 평행도 공차

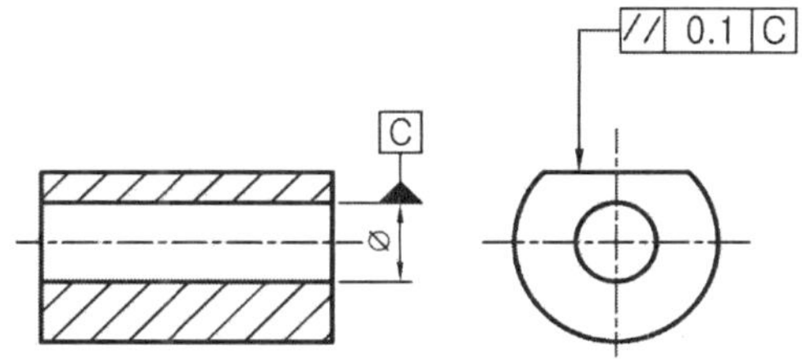

[그림 3.50] 데이텀 직선에 대한 면의 평행도 공차

(c) 데이텀 직선에 대한 면의 평행도 공차

그림 3.50은 데이텀 직선에 대한 면의 평행도 공차를 나타낸 것이다. 지시선의 화살표로 나타내는 면은 데이텀 축 직선 C에 평행하고, 지시선의 화살표 방향으로 0.1mm만큼 떨어진 두 개의 평면 사이에 있어야 한다.

(d) 데이텀 평면에 대한 면의 평행도 공차

그림 3.51은 데이텀 평면에 대한 면의 평행도 공차를 규제한 것으로, 지시선의 화살표로 나타내는 면은 데이텀 평면 A에 평행하고, 지시선의 화살표(위·아래) 방향으로 0.01mm만큼 떨어진 두 개의 평면 사이에 있어야 한다.

그림 3.52는 지시선의 화살표로 나타내는 면 위에서 임의로 선택한 길이 100mm 위의 모든 점은 데이텀 평면 A에 평행하고, 지시선의 화살표 (위·아래) 방향으로 0.01mm만큼 떨어진 두 개의 평면 사이에 있어야 한다.

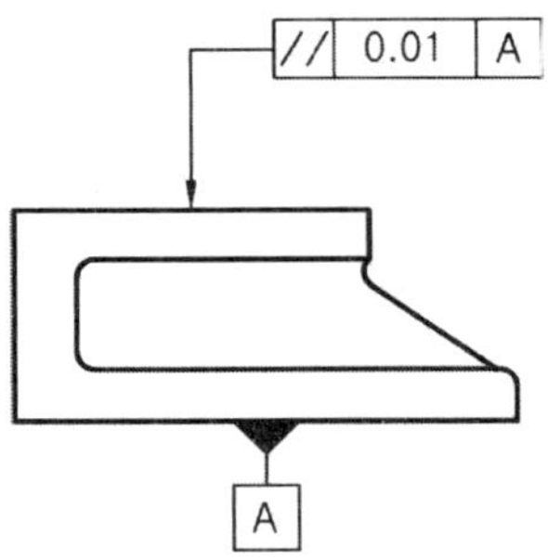

[그림 3.51] 데이텀 평면에 대한 면의 평행도

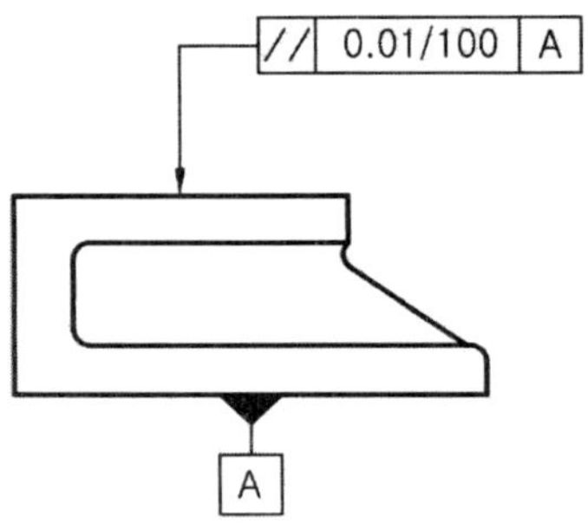

[그림 3.52] 단위 평행도

그림 3.53은 전체 길이에 적용되는 평행도는 0.1 범위내에서, 가로방향으로 임의로 선택한 어느 부분이든 100mm에 대한 평행도 공차는 0.01 범위내에서 평행해야 한다.

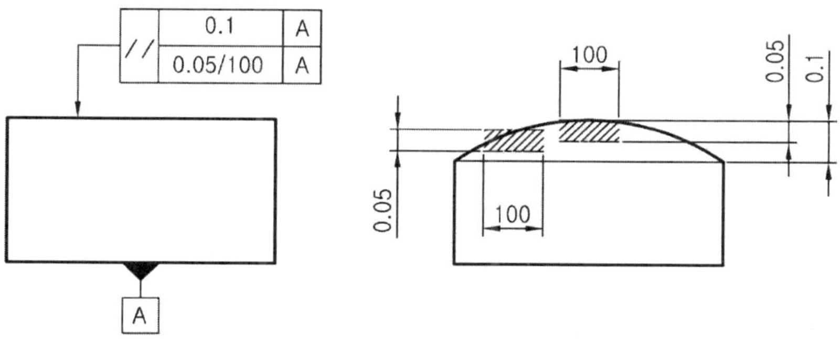

(a) 도면 (b) 공차영역

[그림 3.53] 단위길이와 전 길이에 대한 평행도 규제

(e) 한정된 범위에 대한 평행도 공차

평행도 공차를 특정한 한정된 범위내에서만 적용하고자 할 경우, 한정된 범위를 굵은 1점 쇄선으로 표시하고, 그 크기를 치수로 표시하여 나타낸다.

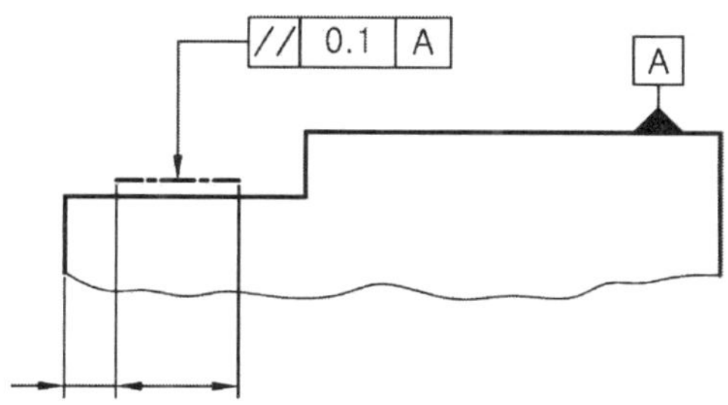

[그림 3.54] 한정된 범위의 평행도

(f) 규제 조건을 적용한 평행도 공차

그림 3.55에서는 공차붙이 형체에 대하여 최대 실체 공차방식으로 규제하였다. 공차붙이 형체의 실 치수의 변화에 따라 허용 가능한 평행도 공차를 표에 나타내었다.

그림 3.56에서는 공차붙이 형체와 데이텀 형체에 대하여 동시에 최대 실체 공차방식을 적용한 도면이다. 공차붙이 형체 뿐 만 아니라, 데이텀 형체의 실 치수의 변화에 따라 허용 가능한 기하공차 값을 표 3.4에 제시하였다. 공차붙이 형체와 데이텀 형체가 최대 실

체 크기(MMS)인 ∅19.80과 ∅29.90에서 평행도는 ∅0.2가 되지만, 공차붙이 형체와 데이텀 형체가 최소 실체 크기(LMS)인 ∅20.20와 ∅30.10에서는 ∅0.80까지 공차가 허용된다.

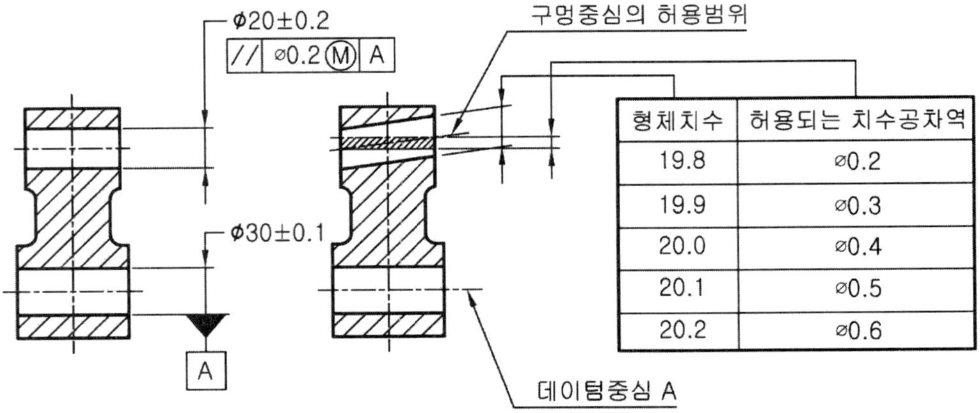

형체치수	허용되는 치수공차역
19.8	∅0.2
19.9	∅0.3
20.0	∅0.4
20.1	∅0.5
20.2	∅0.6

[그림 3.55] 최대 실체 공차방식으로 규제된 평행도

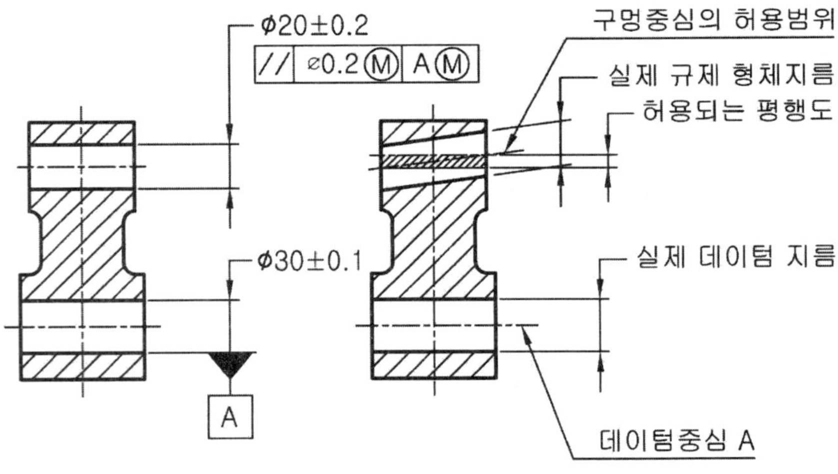

[그림 3.56] 최대 실체 공차방식으로 규제된 데이텀과 형체

〈표 3.4〉 규제형체 및 데이텀 실 치수에 따른 허용공차의 크기

		형체크기				
		∅19.8 (MMS)	∅19.9	∅20.0	∅20.1	∅20.2 (LMS)
데이텀 크기	∅29.90(MMS)	∅0.2	∅0.3	∅0.4	∅0.5	∅0.6
	∅29.95	∅0.25	∅0.35	∅0.45	∅0.55	∅0.65
	∅30.00	∅0.30	∅0.40	∅0.50	∅0.60	∅0.70
	∅30.05	∅0.35	∅0.45	∅0.55	∅0.65	∅0.75
	∅30.10(LMS)	∅0.40	∅0.50	∅0.60	∅0.70	∅0.80

(g) 포락 조건을 적용한 평행도

그림 3.57에서 포락 조건을 적용 평행도를 지시한 도면이다. 크기에 대하여 허용공차가 적용된 각 형체의 실제 부분 크기는 ∅6.5와 ∅6.4 사이 범위에서 0.1의 크기의 허용공차 범위내에 속해야 한다. 데이텀을 기준으로 축심의 평행도 공차가 폭의 공차영역으로 설정되었으므로 허용 공차영역은 2개의 평행면 사이의 영역이다.

그림 3.58 (a)에서 형체의 지름이 ∅6.5인 최대 실체 치수일 경우 포락 조건에 의해서 완전한 형체의 외곽선으로 그린 원주의 경계 내에 있어야 한다. 축심은 데이텀 A를 기준으로 0.06 떨어진 폭 공차영역 이내에서 평행을 유지하여야 하며, 형체의 실질 크기는 6.56(=6.5+0.06)으로 데이텀 A에 평행인 2개의 평행면으로 이루어진 실질 조건을 따라야 한다.

또한, 그림 3.57에서 공차붙이 형체에 Ⓜ기호를 적용하여 최대 실체 공차방식으로 규제되었으므로 형체의 지름이 ∅6.4인 최소 실체 치수일 경우 축은 2개의 평행면 사이의 거리가 0.16인 허용 공차 영역범위 내에서 변화할 수 있다.

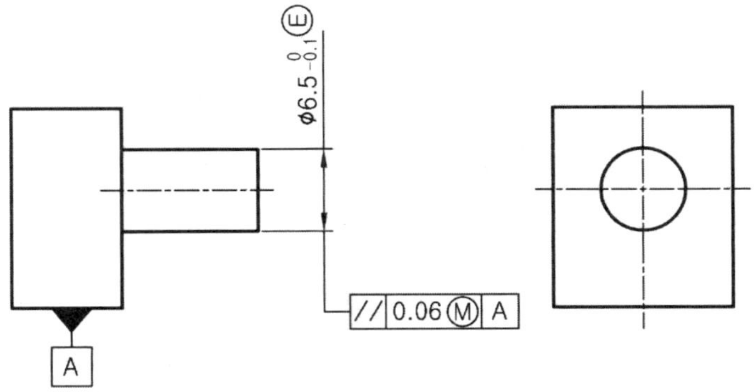

[그림 3.57] 포락 조건을 적용한 평행도

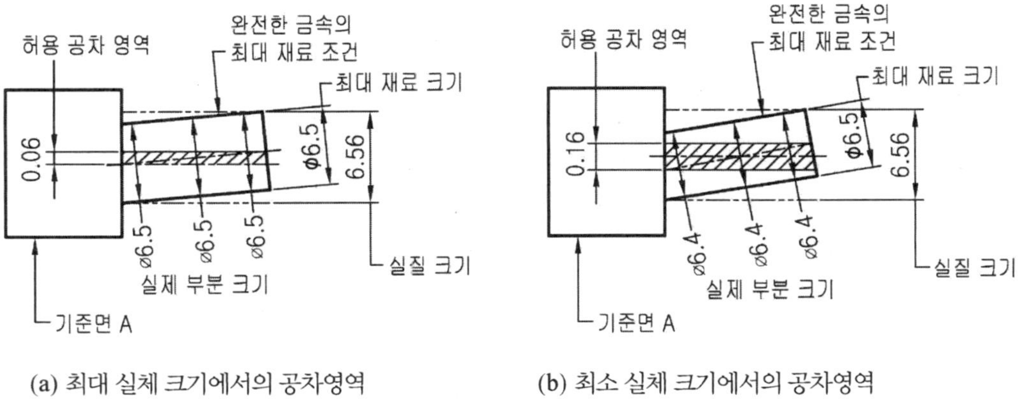

[그림 3.58] 포락 조건을 적용한 형체의 공차영역

(3) 평행도 공차의 측정

(a) 데이텀 직선에 대한 선의 평행도 공차 측정

그림 3.59는 그림 3.47 (a)와 같은 제품에 대한 측정 방법을 도시하였다. 측정 형체와 데이텀 축의 축선에 내접 원통의 맨드릴을 설치하고 피 측정 형체를 설치한 축의 높이차 $M_1 - M_2$와 축 방향의 소정거리 L_2를 측정하면 평행도는 $(M_1 - M_2) \times L_1 / L_2$이다. 맨드럴 구멍과 틈이 없도록 팽창식 맨드럴을 사용한다.

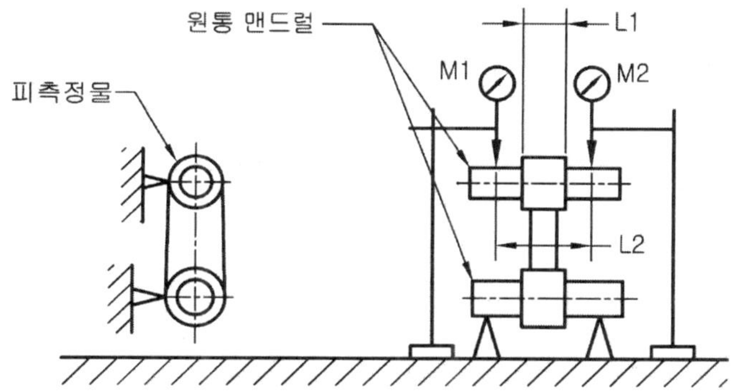

[그림 3.59] 데이텀 직선에 대한 선의 평행도 공차 측정

(b) 데이텀 평면에 대한 면의 평행도 공차 측정

그림 3.60은 데이텀 평면에 대한 면의 평행도 공차 측정방법으로 피 측정물을 정반위에 올려놓고 인디케이터로 측정물 표면 전체의 높이 변화를 측정한다. 0.01/100의 경우는 면 전체의 길이 방향에 임의의 100mm길이당 0.01 범위내에서 평행하여야 한다.

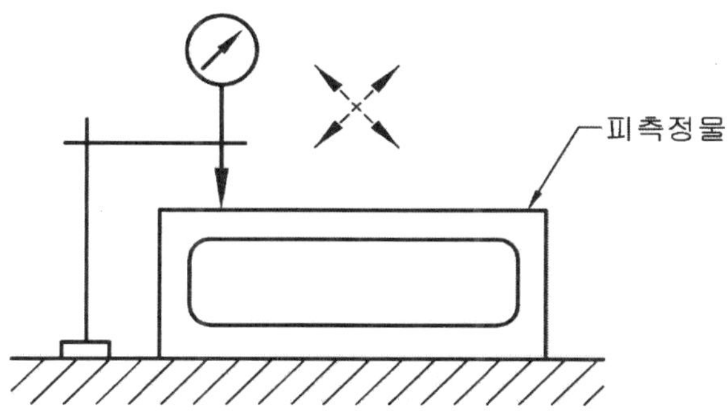

[그림 3.60] 데이텀 평면에 대한 면의 평행도 공차 측정

(c) 데이텀 직선에 대한 면의 평행도 공차 측정

그림 3.60은 데이텀 직선에 대한 면의 평행도 공차 측정에 대한 그림을 도시하고 있다. 피 측정물의 데이텀 구멍에 맨드럴을 설치하고 정반위에 평행하게 인디케이터를 움직여 평행도를 측정한다.

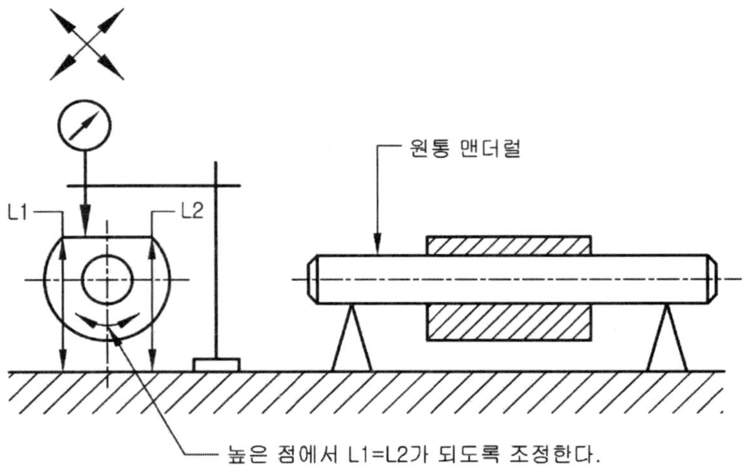

[그림 3.61] 데이텀 직선에 대한 면의 평행도 공차 측정

(d) 데이텀 평면에 대한 선의 평행도 공차 측정

그림 3.62에 데이텀 평면에 대하여 선의 평행도 공차를 측정하는 모양을 도시하였다. 측정 방법으로는 데이텀을 면 전체에 포함하는 기준 평면에 설치하고 규제 형체 구멍의 축선은 상하 모선 중앙선에 설치하여 측정하면 두 개의 인디케이터 눈금의 차의 1/2이 평행도 공차가 된다.

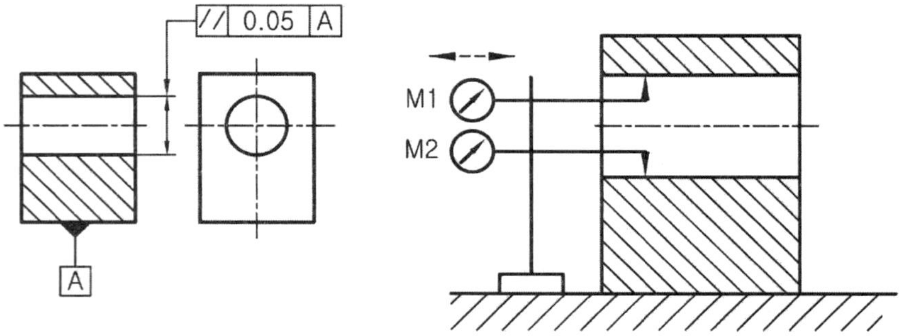

[그림 3.62] 데이텀 평면에 대하여 선의 평행도 공차를 측정

2.2 직각도(squareness)

(1) 직각도 공차의 정의

직각도는 데이텀 축 직선이나 데이텀 평면에 대하여 직각인 기하학적 직선 또는 기하학적 평면 형체의 어긋남의 크기를 규제하는 기하공차이다. 직각도는 표적이 되는 형체의 데이텀에서 규제 형체의 평면이나 축선 또는 중간 면이 90°를 기준으로 완전한 직각에서 어긋남의 크기로 폭 공차영역이나 지름 공차영역으로 규제된다.

(2) 직각도 공차의 적용

(a) 데이텀 직선에 대한 선의 직각도 공차

그림 3.63은 데이텀 직선에 대한 선의 직각도 공차를 나타낸 것이다. 지시선의 화살표로 나타내는 경사진 구멍의 축선은 데이텀 축 직선 A에 수직하고, 지시선의 화살표 방향으로 0.06mm만큼 떨어진 평행한 평면 사이에 있어야 한다.

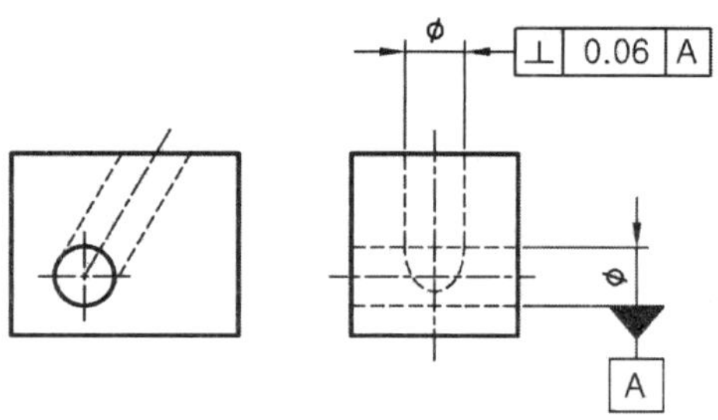

[그림 3.63] 데이텀 직선에 대한 선의 직각도 공차

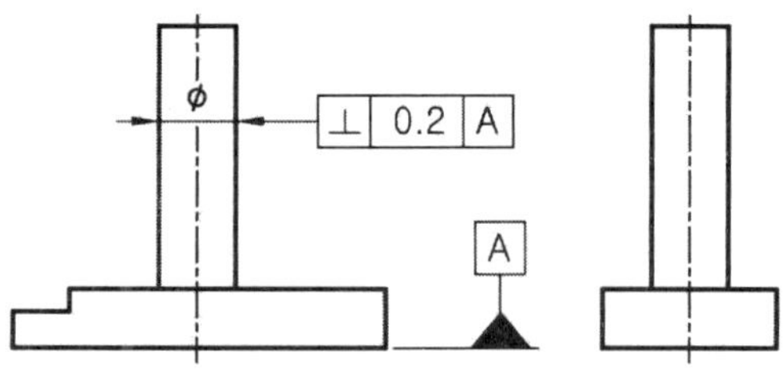

[그림 3.64] 데이텀 평면에 대한 선의 직각도 공차

(b) 데이텀 평면에 대한 선의 직각도 공차

그림 3.64는 데이텀 평면에 대한 선의 직각도 공차를 나타낸 것이다. 공차의 지정이 한 방향에만 규제되어 있는 경우에는, 한 평면에 투상된 공차영역은 데이텀 평면에 수직하고 t만큼 떨어진 두 개의 평행한 직선 사이에 끼인 영역이다. 즉, 지시선의 화살표로 나타내는 원통의 축선은 데이텀 평면에 수직하고, 지시선의 화살표 방향으로 0.2mm만큼 떨어진 두 개의 평행한 평면 사이에 있어야 한다.

(c) 직사각형 및 지름 공차영역의 직각도 공차

그림 3.65는 직사각형 공차영역으로 규제된 직각도 공차이다. 지시선의 화살표로 나타낸 원통의 축선은, 각각 지시선의 화살표 방향으로 각각 0.2mm, 0.1mm의 폭를 갖고 데이텀 평면에 수직한 직육면체 내에 있어야 한다.

그림 3.66은 지름의 공차영역으로 직각도를 규제한 도면이다. 기하공차를 나타내는 수치 앞에 기호 ∅가 붙어 있는 경우에는, 지름공차영역으로 지시선의 화살표로 나타내는 원통의 축선은 데이텀 평면 A에 수직한 지름 0.01mm의 원통 내에 있어야 한다.

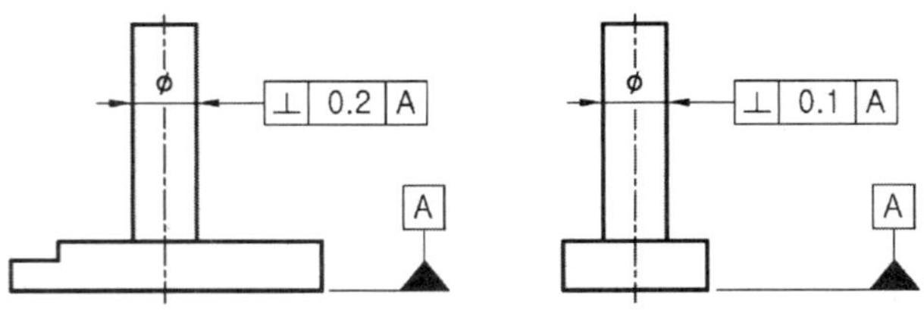

[그림 3.65] 직사각형 공차영역의 직각도

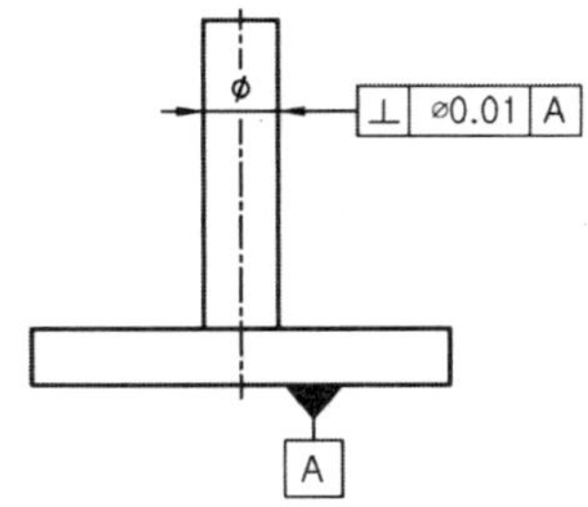

[그림 3.66] 지름 공차영역의 직각도

(d) 데이텀 직선에 대한 면의 직각도 공차

그림 3.67은 데이텀 직선에 대한 면의 직각도 공차를 규제한 도면이다. 지시선의 화살표로 나타낸 면은 데이텀 축 직선 A에 수직하고, 지시선의 화살표 방향으로 0.08mm만큼 떨어진 두 개의 평행한 평면 사이에 있어야 한다.

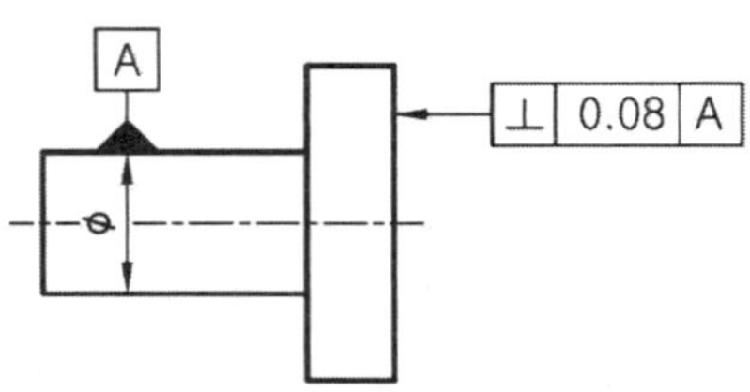

[그림 3.67] 데이텀 직선에 대한 면의 직각도 공차

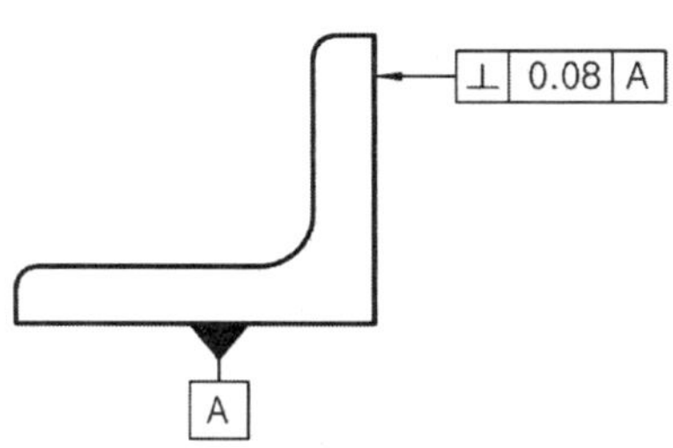

[그림 3.68] 데이텀 평면에 대한 면의 직각도 공차

(e) 데이텀 평면에 대한 면의 직각도

그림 3.68은 데이텀 평면에 대한 면의 직각도 공차를 규제한 도면이다. 지시선의 화살표로 나타낸 면은 데이텀 평면 A에 수직하고, 지시선의 화살표 방향으로 0.08mm만큼 떨어진 두 개의 평행한 평면 사이에 있어야 한다.

(f) 최대 실체 공차방식으로 규제된 직각도

원통 형체가 데이텀 평면을 기준으로 규제 형체에 대한 직각도를 MMS 조건으로 규제할 경우, 규제 형체의 치수공차 크기에 따라 추가 공차가 허용된다.

그림 3.69는 최대 실체 공차방식을 적용된 도면으로 실 치수에서 형체는 실질크기 ∅20.2(∅20+0.2)을 벗어나지 않아야 하고 모든 실제 부분 크기는 ∅19.9에서 ∅20 사이이어야 하기 때문에 축의 수직 허용 공차영역은 0.2에서 0.3의 범위를 초과해서는 안 된다. 즉, 실제 부분 크기에 따라, 모든 실제 부분 크기가 ∅20인 경우에는 공차영역이 ∅0.2이고 모든 실제 부분 크기가 ∅19.9인 경우에는 ∅0.3이 된다.

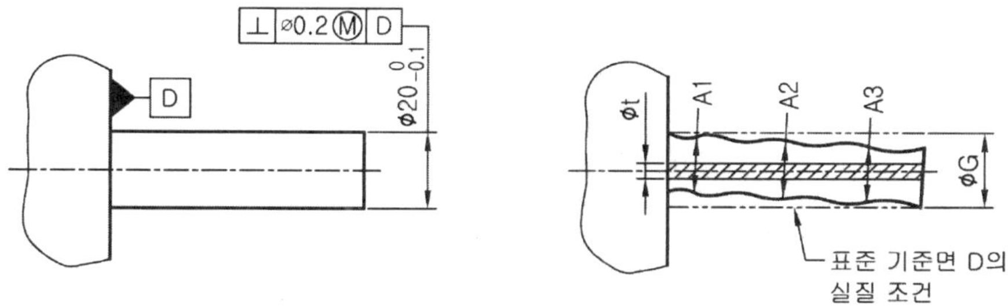

[그림 3.69] 직각도 규제 도면과 실질크기

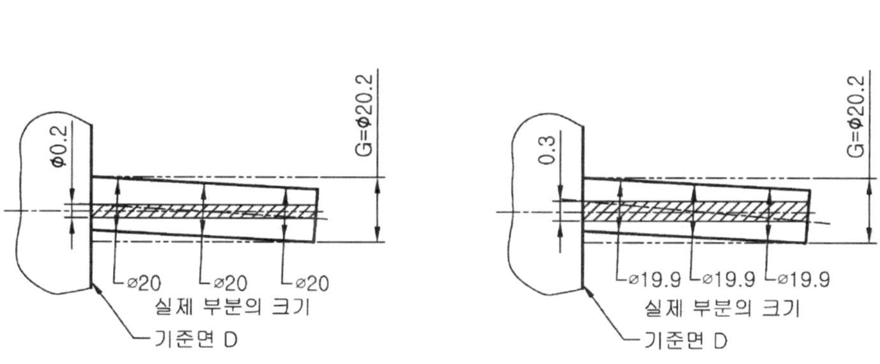

[그림 3.70] 최대 실체 조건 및 최소 실체 조건에서의 실질크기

그림 3.71에서 Ⓜ과 더불어 추가요구사항 Ⓔ가 규제되어 있다. 포락 조건 Ⓔ는 최대 실체 크기 ⌀20에서 완전한 형태의 외곽선을 이어 만들어진 경계내에 형체가 존재하도록 제한한다. 실제 크기는 ⌀19.9~⌀20사이에 속해야 하고 직선과 둥글기 편차의 영향이 형체의 요구사항에 위배되어서는 안 된다. 축의 직각도 공차영역은 최대 실체 공차방식을 적용한 Ⓜ 표시로 인하여 실제 부분 크기에 따라 ⌀0.2에서 ⌀0.3의 범위까지 허용된다. 즉, 형태의 실제 부분 크기가 19.9인 경우 직각도공차는 ⌀0.3까지(실제 크기 ⌀20.2)증가할 수 있다.

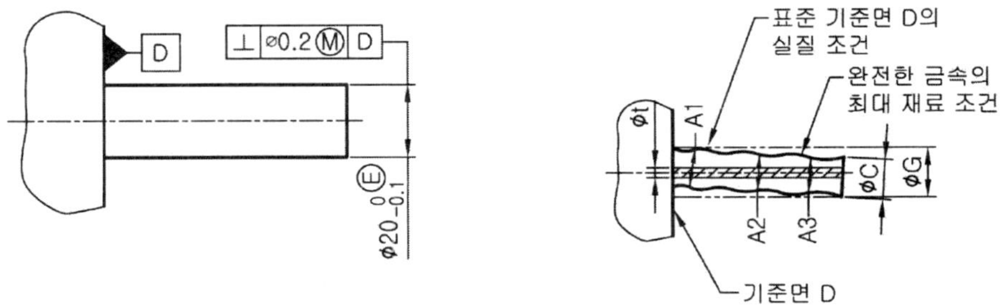

[그림 3.71] 포락조건과 직각도로 규제된 도면

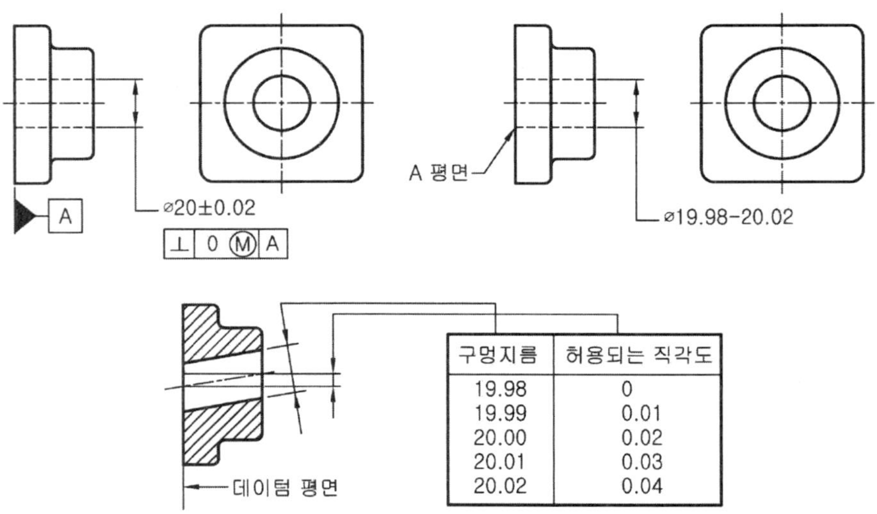

구멍지름	허용되는 직각도
19.98	0
19.99	0.01
20.00	0.02
20.01	0.03
20.02	0.04

[그림 3.72] 최대 실체 공차방식으로 규제된 0공차

그림 3.72는 최대 실체 공차방식으로 규제된 “0” 공차 도면이다. 기하공차를 최대 실

체 크기에서 0로 설정하는 이러한 설계 방법은 결합부품의 틈새를 최소화하고자 할 때 적용한다. 이러한 설계 방법은 적용되는 치수공차를 크게 적용할 수 있고 기능 게이지를 적용하여 기하공차를 검사할 경우, 기능 게이지 핀으로 한계 게이지의 통과 쪽 게이지로 사용이 가능하므로 게이지 제작비용을 줄일 수 있어 경제적이다.

최대 실체 공차방식을 적용할 경우 공차붙이 형체의 크기가 커지게 되면 허용되는 기하공차 값이 지나치게 커지게 되어 기능이 저하되는 문제가 발생할 수 있다 이럴 경우, 그림 3.73과 같이 최대 실체 공차방식을 적용하드라도 필요에 따라 최대 허용공차를 규제할 수 있다. 지시방법은 공차 기입틀 안에 별도로 구획하여 도시 예와 같이 "0.02이하"와 같이 최대 허용공차 값과 주기를 표시하면 된다.

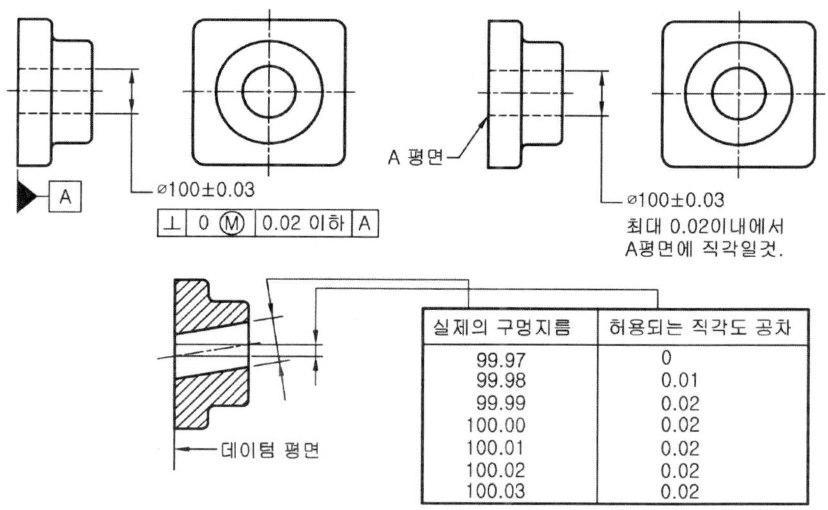

실제의 구멍지름	허용되는 직각도 공차
99.97	0
99.98	0.01
99.99	0.02
100.00	0.02
100.01	0.02
100.02	0.02
100.03	0.02

[그림 3.73] 최대허용공차를 규제한 직각도

(g) 돌출공차영역을 적용한 직각도

그림 3.74는 돌출 공차영역이 규정된 탭 구멍의 직각도 공차를 도시한 것이다. 탭 구멍은 MMS의 조건으로 규정되어 있으며, 형체의 축심은 데이텀 A에 수직하고, 데이텀 A로부터 규정된 높이인 14만큼 돌출된 위치에서 원통 공차영역 ⌀0.3의 범위내에 있어야 한다.

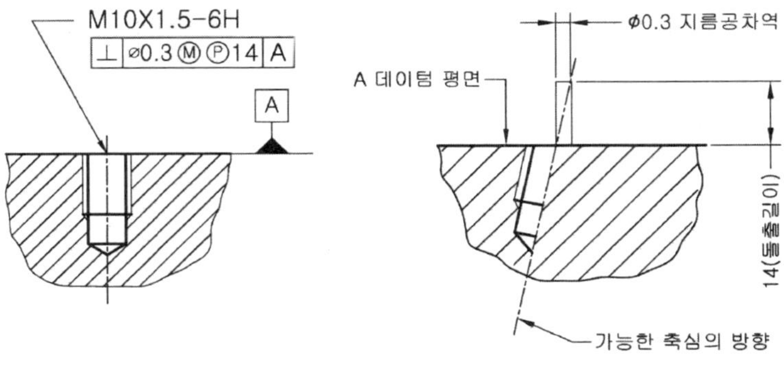

[그림 3.74] 돌출 공차영역에 의한 직각도 규제

(3) 직각도 공차의 측정

(a) 데이텀 평면에 대한 지름 공차영역의 직각도 측정

그림 3.75에서 데이텀 평면에 대한 지름 공차영역의 직각도 측정 모양을 도시하고 있다. 피 측정물을 회전 테이블 위에 올려놓고 원통 부분의 맨 아래 부분에서 안정 되도록 접촉한다. 여러 단면에서 테이블이 1회전 할 때 반경의 변화를 측정하며, 눈금 최대치의 1/2이 직각도가 된다.

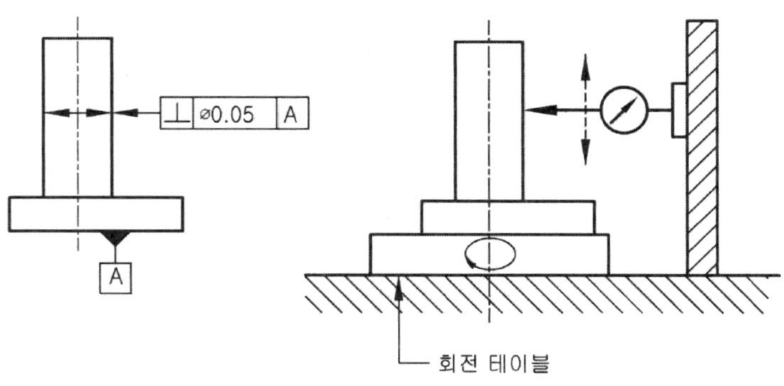

[그림 3.75] 데이텀 평면에 대한 지름 공차영역의 직각도 측정

(b) 데이텀 직선에 대한 면의 직각도 측정

그림 3.76에서 데이텀 직선에 대한 면의 직각도 측정 모양을 도시하고 있다. 피 측정물

을 안내 형체 내에 놓고 데이텀 축 직선을 정반과 직각으로 설치한다. 공차가 주어진 면과 정반과의 거리를 전체 면에 걸쳐서 측정했을 때, 눈금의 최대차가 직각도이다.

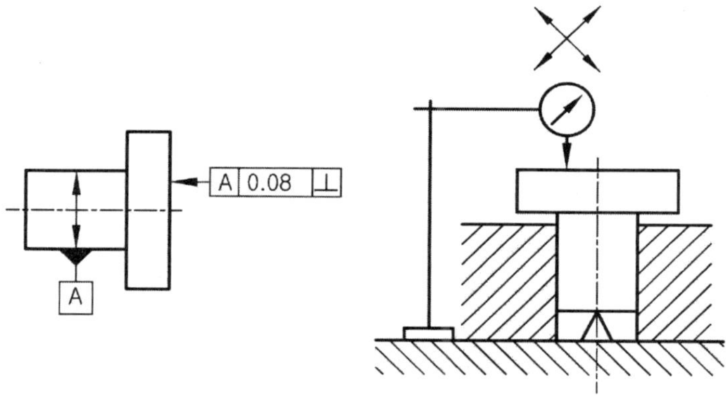

[그림 3.76] 데이텀 직선에 대한 면의 직각도 측정

(c) 데이텀 평면에 대한 면의 직각도 측정

그림 3.77에서 데이텀 평면에 대한 면의 직각도 측정 모양을 도시하고 있다. 그림 3.77에서는 피 측정물을 직각 정반위에 고정하여 정반위에 설치하고 전면에 걸쳐서 높이의 변화를 측정한다. 직각도는 눈금의 최대차이다.

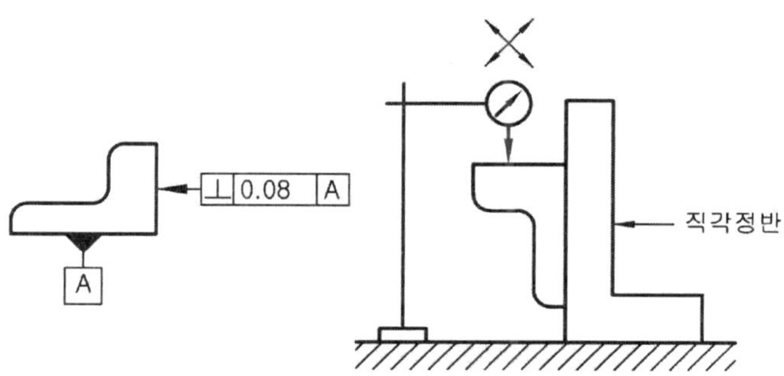

[그림 3.77] 데이텀 평면에 대한 면의 직각도 측정

2.3 경사도(angularity)

(1) 경사도 공차의 정의

경사도란 데이텀 형체를 기준으로 규제형체가 이론적으로 정확한 각도의 방향으로 어긋남의 크기를 규제하는 기하공차이다.

경사도는 90°를 제외한 임의의 각도를 갖는 규제형체에 대하여 데이텀을 기준으로 폭 공차나 지름공차로 규제한다. 각도로 표시된 공차는 그림 1.6과 같이 부채꼴의 공차영역이 되어, 실제로 공차는 정점에서 0이며 각도 표면의 길이에 따라 증가한다. 그러나 경사도로 규제한 도면은 규제되는 형체가 균일한 폭의 공차영역으로 주어진다. 또한, 치수공차 방식에서는 기준이 불명확하여 형상의 모양이 달라질 수 있으나 경사도에서는 정확한 기준(데이텀)에 의하여 규제됨으로 형체의 모양이 항상 같다.

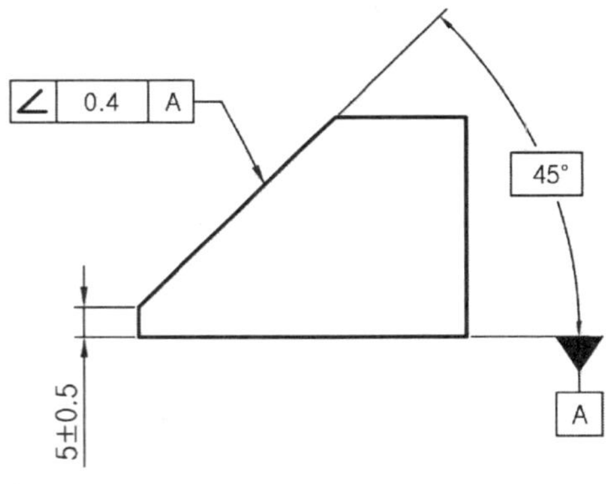

[그림 3.78] 경사도 규제

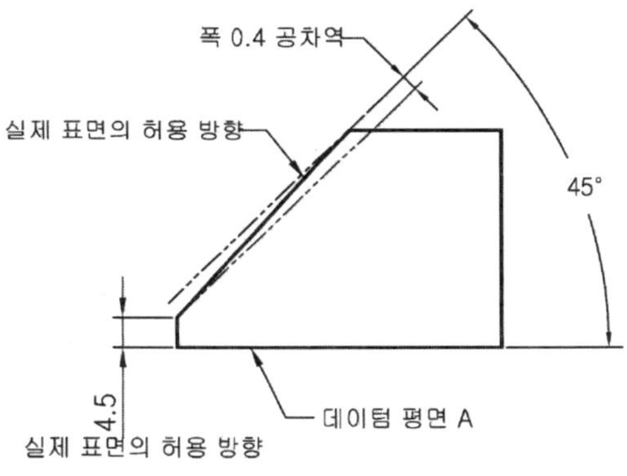

[그림 3.79] 최소치수에서의 공차영역

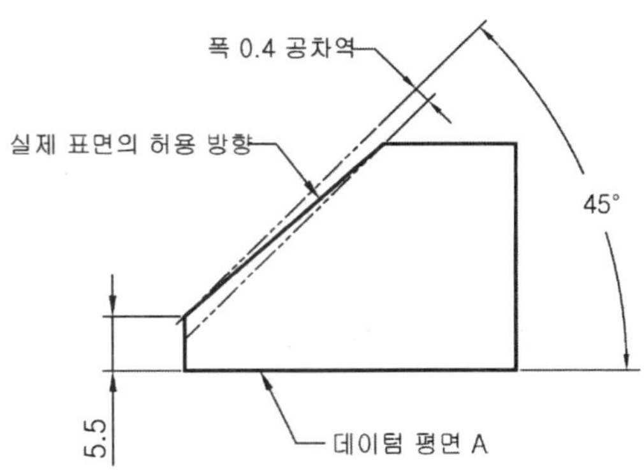

[그림 3.80] 최대치수에서의 공차영역

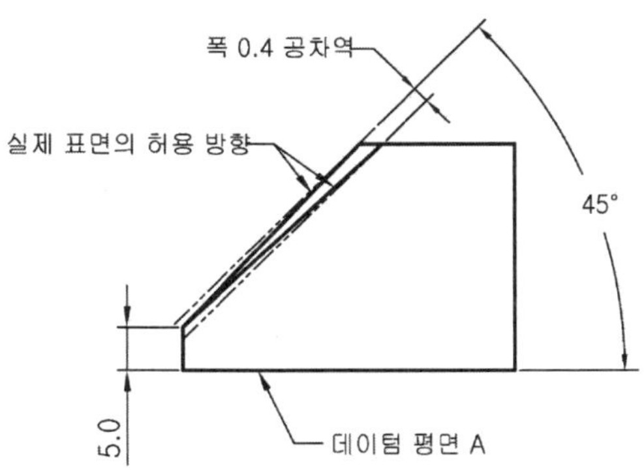

[그림 3.81] 기준치수에서의 공차영역

(2) 경사도 공차의 적용

(a) 데이텀 직선에 대한 경사도 공차

그림 3.82은 동일 평면 내의 선과 데이텀 직선에 대하여 경사도 공차를 적용한 도면이다. 지시선의 화살표로 나타낸 구멍의 축선은, 데이텀 축 직선 A-B에 대하여 이론적으로 정확하게 60° 기울고, 지시선의 화살표 방향으로 ∅0.08mm 크기의 지름 공차역 이내에 있어야 한다.

대상으로 하고 있는 선과 데이텀 직선이 동일 평면 위에 있지 않는 경우에는, 이 공차 영역은 데이텀 직선을 기준으로 대상으로 하고 있는 선을 평행한 평면에 투상했을 때, 데이텀 직선에 대하여 지정된 각도로 기울고, t만큼 떨어진 두 개의 평행한 직선 사이에 끼인 영역이다.

그림 3.83은 동일 평면 내에 있지 않는 선과 데이텀 직선에 대하여 경사도 공차를 적용한 도면이다. 데이텀 축 직선 A-B를 기준으로 지시선의 화살표로 나타낸 구멍의 축선은 데이텀 축 직선 A-B에 대하여 이론적으로 정확하게 60° 기울고, 지시선의 화살표 방향으로 ∅0.08mm 크기의 지름 공차역 이내에 있어야 한다.

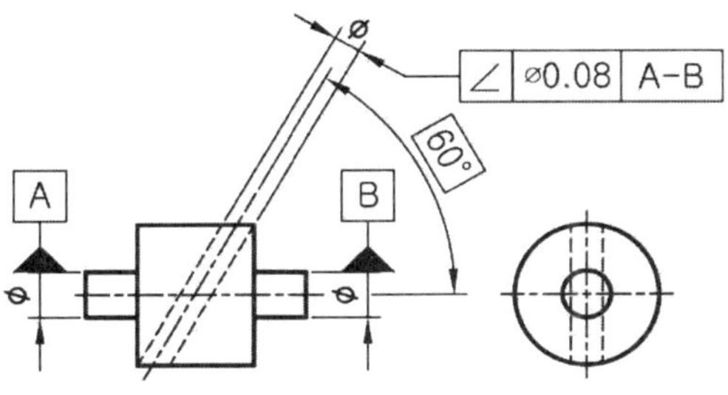

[그림 3.82] 동일 평면 내의 선과 데이텀 직선

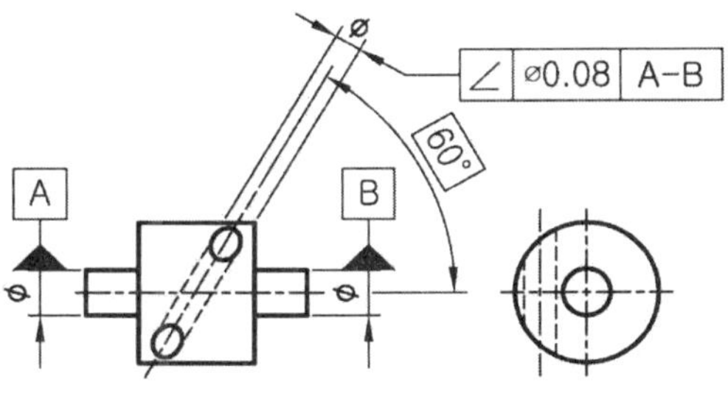

[그림 3.83] 동일 평면 내에 있지 않는 선과 데이텀 직선

(b) 데이텀 평면에 대한 선의 경사도 공차

그림 3.84는 데이텀 평면에 대한 선의 경사도 공차를 적용한 것이다. 지시선의 화살표로 나타내는 원통의 축선은 데이텀 평면에 대하여 이론적으로 정확하게 80° 기울고, 지시선의 화살표 방향으로 0.08mm만큼 떨어진 두 개의 평행한 평면 사이에 있어야 한다.

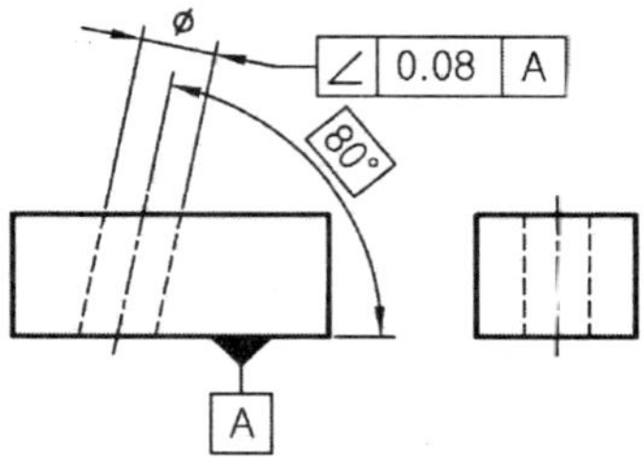

[그림 3.84] 데이텀 평면에 대한 선의 경사도

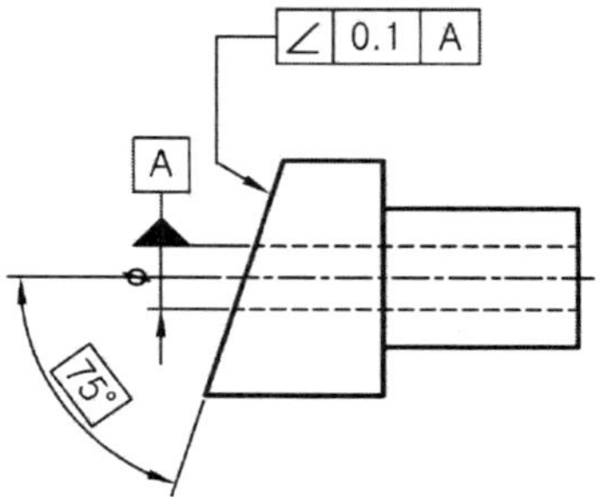

[그림 3.85] 데이텀 직선에 대한 면의 경사도

(c) 데이텀 직선에 면의 경사도 공차

그림 3.85는 데이텀 직선에 대한 면의 경사도 공차를 적용한 것이다. 지시선의 화살표로 나타내는 면은 데이텀 축 직선 A에 대하여 이론적으로 정확하게 75° 기울고, 지시선의 화살표 방향으로 0.1mm만큼 떨어진 두 개의 평행한 평면 사이에 있어야 한다.

(d) 최대 실체 공차방식을 적용한 경사도 공차

그림 3.86에서 형체의 실제 부분 크기는 6.4의 크기에 대한 허용공차 범위에 속해야 한다. 따라서 6.32에서 6.48 사이 범위에서 크기를 달리 할 수 있다. 허용공차가 적용된 형태는 6.19(=6.32−0.13) 떨어지고 기준면 A에 대해 45°의 명시된 각도를 이루는 2개의 평행면으로 만들어지는 실질 조건 경계를 따라야 한다.

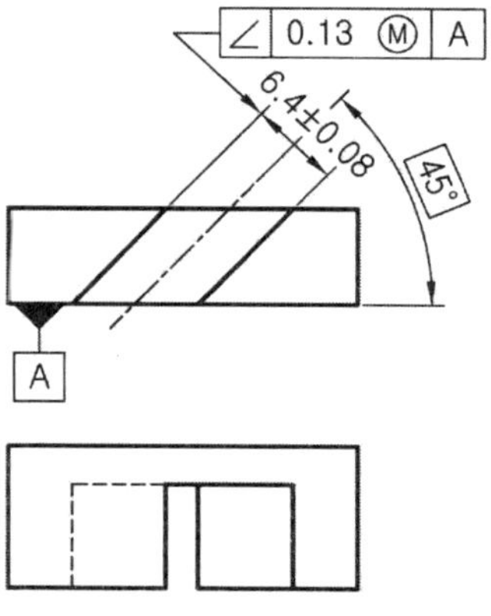

[그림 3.86] 최대 실체 공차방식으로 규제된 경사도

따라서 그림 3.87(a)와 같이 형체의 중앙면은 형태의 폭이 6.32 최대 실체 크기일 경우 0.13 떨어지고 기준면 A에 대해 명시된 각도 45°로 기울어진 2개의 평행면 사이에 있어야 한다. 또한. 그림 3.87(b)와 같이 형체의 폭이 6.48인 최소 실체 크기일 경우 형체의 중앙면은 0.29의 허용공차 영역 내에서 변화할 수 있다. 실제로 형태는 실제 부분 크기에 따라 극단적인 조건의 범위 내에 속하게 된다.

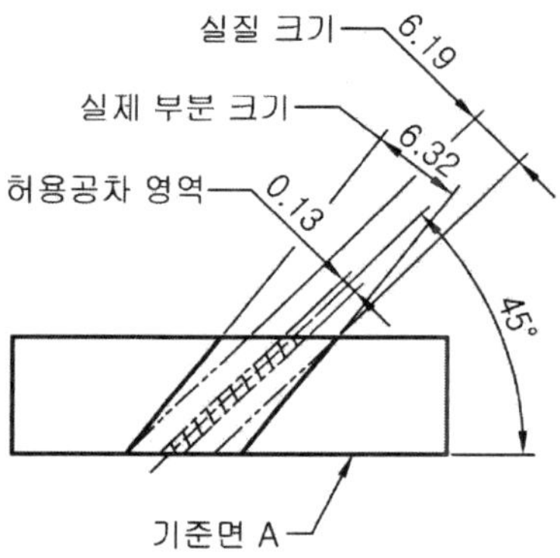

(a) 최대 실체 크기

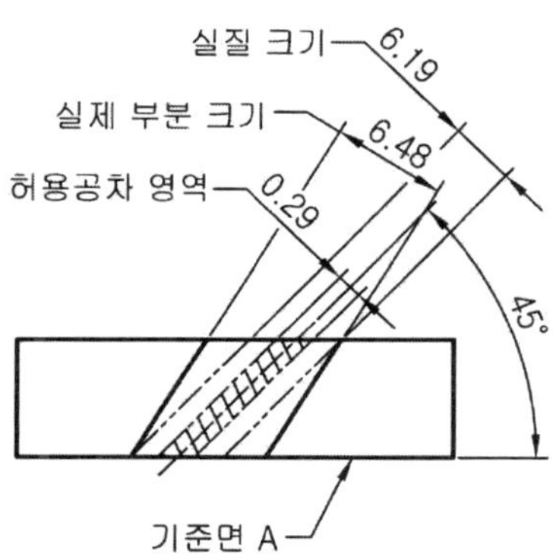

(b) 최소 실체 크기

[그림 3.87] 최대 실체 공차방식으로 규제된 경사도의 공차영역

(e) 데이텀 평면에 대한 면의 경사도 공차

그림 3.88은 데이텀 평면에 대한 면의 경사도 공차를 적용한 것이다. 지시선의 화살표로 나타내는 면은 데이텀 평면 A에 대하여 이론적으로 정확하게 40° 기울고, 지시선의 화살표 방향으로 0.08mm만큼 떨어진 두 개의 평행한 평면 사이에 있어야 한다.

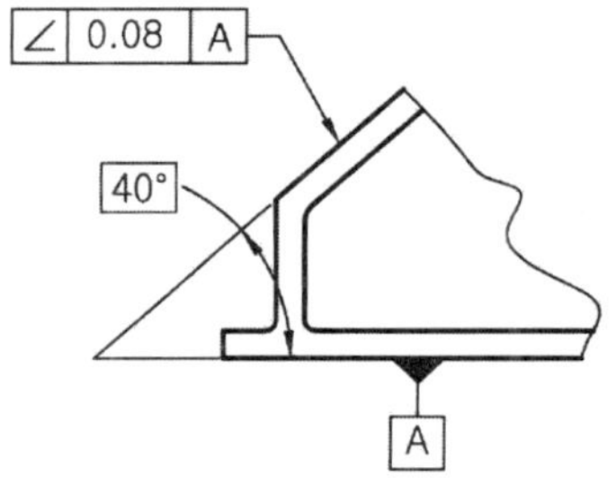

[그림 3.88] 데이텀평면에 대한 면의 경사도

(3) 경사도 공차의 측정

(a) 데이텀 직선에 대한 면의 경사도 측정

데이텀 축 직선을 내접 원통 멘드럴(mandrel)로 설치하고 정반에 평행하게 설정한다. 피 측정물은 인디케이터 눈금의 최대차가 최소가 되도록 회전시켜 조정하고 각도 정반에서 공차가 주어진 면까지의 거리의 변화를 전면에 걸쳐 측정하며, 눈금의 최대차가 경사도이다.

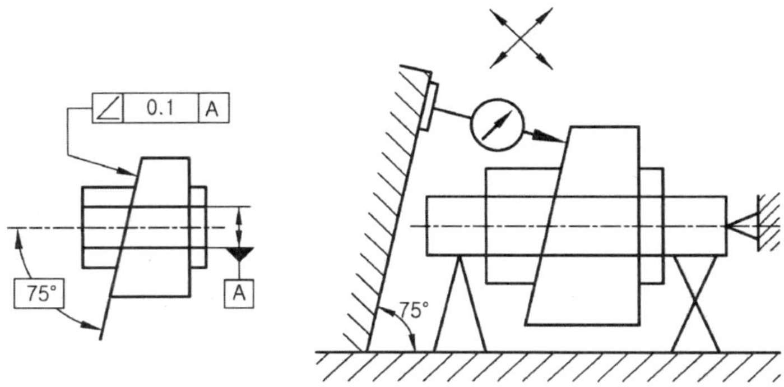

[그림 3.89] 데이텀 직선에 대한 면의 경사도 측정

(b) 데이텀 평면에 대한 면의 경사도 측정

피측정물을 각도 정반 위에 놓고 공차가 주어진 면을 인디케이터 눈금의 최대차가 최소가 되도록 조정한다. 높이의 차를 전면에 걸쳐 측정하며 경사도는 눈금의 최대차로 구해진다.

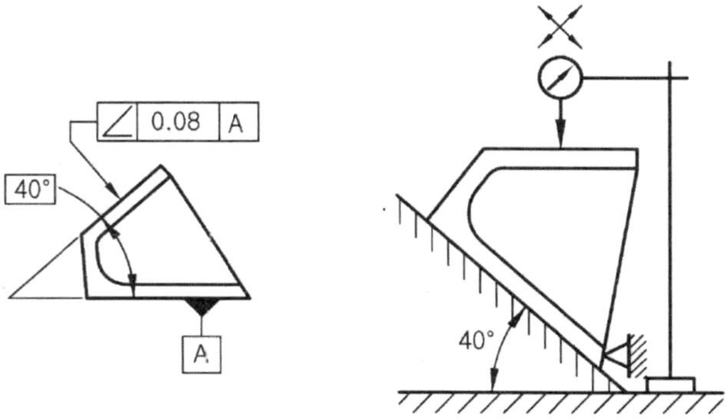

[그림 3.90] 데이텀 평면에 대한 면의 경사도 측정

(c) 데이텀 직선에 대한 선의 경사도 측정

피측정물과 구멍의 축선에 설치한 멘드릴을 안내 형체 구멍에 설치한다. 이 방법의 경우는 안내 형체 전체를 조정 가능한 정반 위에 설치하여 맨드럴 우단이 좌단에 비해 최고 위치를 잡을 수 있도록 회전시키고 나서 멘드럴의 기울기를 측정한다. 경사도는 경사각에다 L을 곱한 값이다.

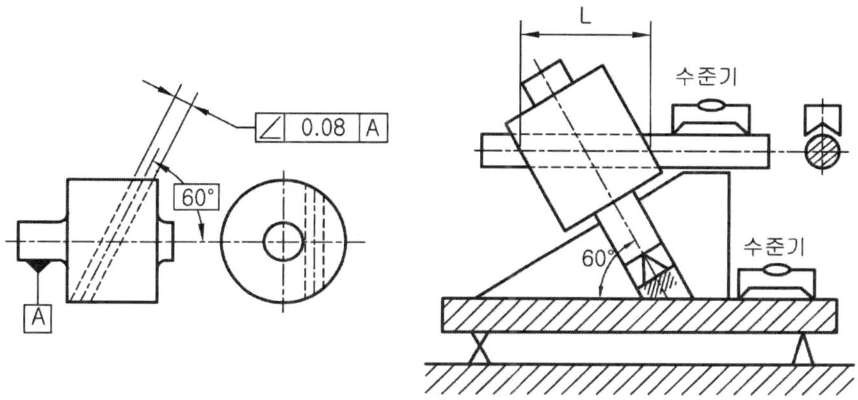

[그림 3.91] 데이텀 직선에 대한 선의 경사도 측정

2.4 선 요소(line element)에 대한 규제

평행도, 직각도, 경사도 등의 방향 공차는 축심이나 표면의 모든 요소들이 규정된 공차영역 범위 내에 있어야 할 경우, 그의 공차영역 값은 전 공차를 나타낸다. 전 표면이 아니라 단지 개개의 직선 요소에 대하여 규제하고자 할 경우에는 기하공차 기입 틀 근처에 "LE(line element)"라는 주기를 표시한다. 이는 데이텀과 관련하여 독자적으로 표면의 각 요소를 규제한 것으로 공차영역 범위 내에서 전 표면을 규제하는 것이 아니다.

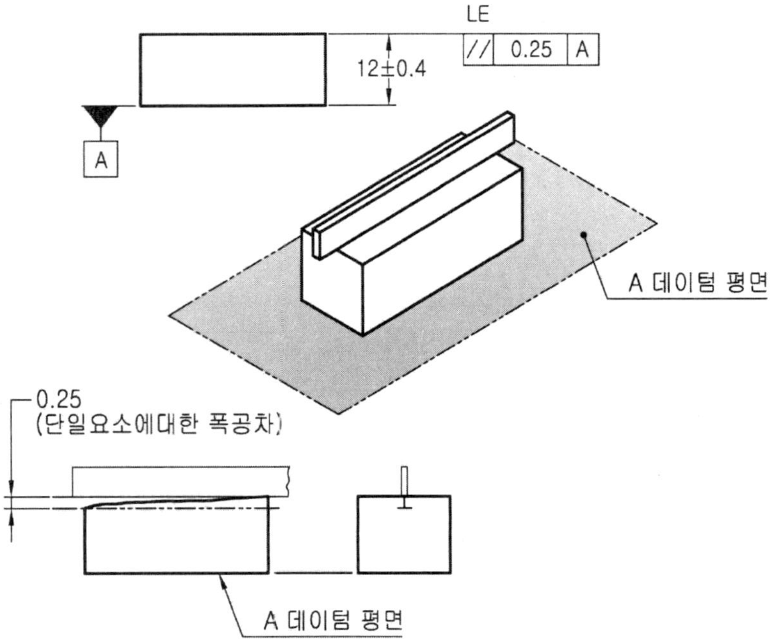

[그림 3.92] 개별적 요소에 의한 평행도 규제

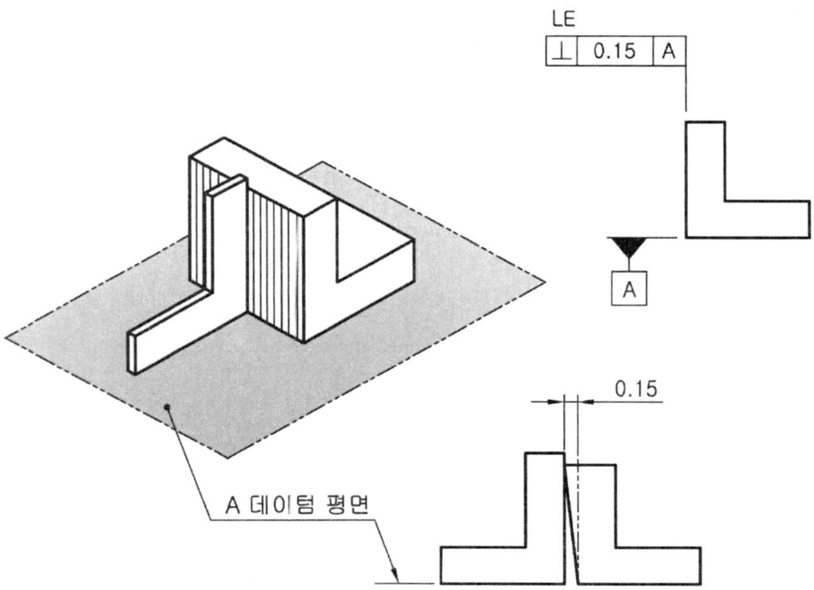

[그림 3.93] 개별적 요소에 의한 직각도 규제

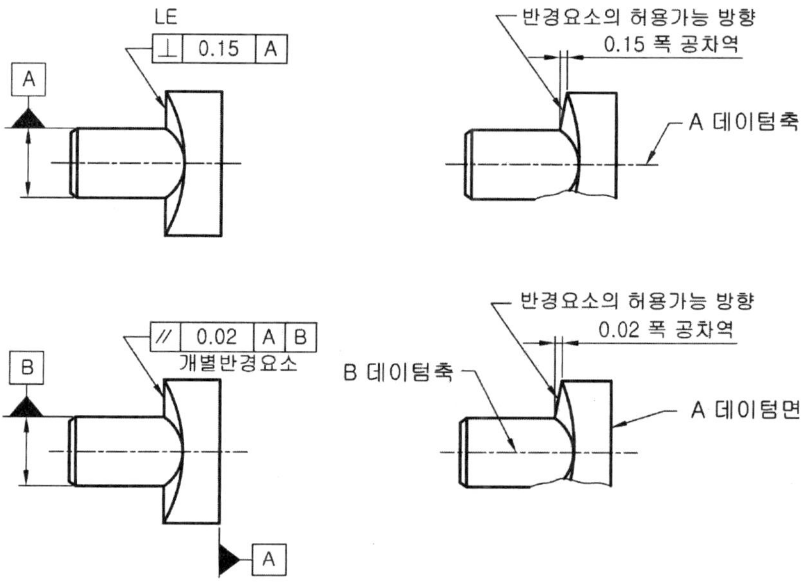

[그림 3.94] 개별적 요소에 의한 반지름 방향의 규제

제 3 장 흔들림 공차

3.1 원주 흔들림(circular runout)

(1) 원주 흔들림의 정의 및 공차영역

원주 흔들림은 데이텀 축 직선을 축으로 회전면을 갖는 대상물이나 데이텀 축 직선에 대하여 수직인 대상물에 대하여 데이텀 축 직선을 기준으로 회전했을 때, 그 표면이 지정된 위치 또는 임의의 위치에서 지정된 방향으로 변위의 크기로 정의되는 기하공차이다.

관련형체로 규제되는 기하공차임으로 데이텀을 기준으로 형체의 표면을 규제한다. 흔들림 공차영역은 데이텀 축 직선에 수직한 임의의 측정 평면 위에서 데이텀 축 직선과 일치하는 중심선상에서 반지름 방향의 흔들림으로, 규제된 공차만큼 떨어진 두 개의 동심원 사이의 영역이다. 데이텀 축심의 둘레에 구성되어 있는 표면에 적용할 경우, 원주 흔들림은 진원도와 동축도의 누적 편차를 규제하는데 사용될 수 있다.

(2) 원주 흔들림의 적용

(a) 반지름 방향의 원주 흔들림 공차

공차영역은 데이텀 축 직선에 수직한 임의의 측정 정면 위에서 데이텀 축 직선과 일치하는 중심을 갖고, 반지름 방향으로 t만큼 떨어진 두 개의 동심원 사이의 영역이다. 그림 3.95에서 지시선의 화살표로 나타내는 원통면에 대하여 반지름 방향의 흔들림은 데이텀 축 직선 A-B를 기준으로 1회전 시켰을 때, 데이텀 축 직선에 수직한 임의의 측정 평면 위에서 0.1mm 만큼 떨어진 동심원 사이에 있어야 한다.

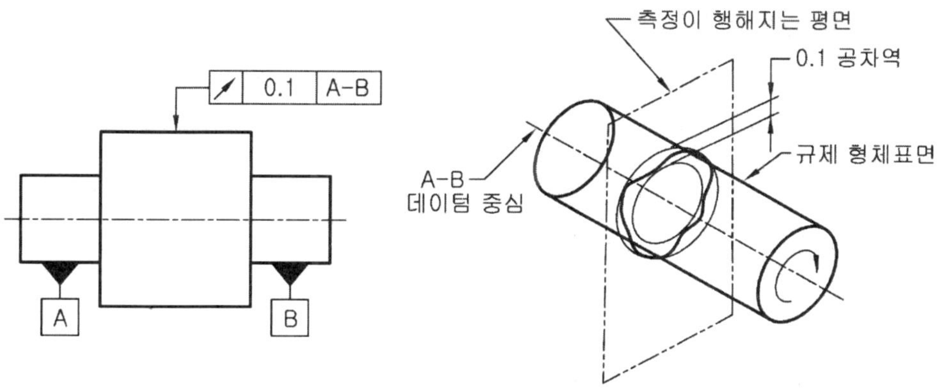

[그림 3.95] 반지름 방향의 원주 흔들림

(b) 한정된 영역의 원주 흔들림 공차

지시선의 화살표로 나타내는 형체의 일부분에 대하여 즉, 한정된 영역에서만 기하공차를 적용하고자 할 경우에는 굵은 1점 쇄선으로 그 영역의 크기를 표시하여 나타낸다. 그림 3.96에서 데이텀 축 직선 A를 기준으로 1회전시켰을 때, 데이텀 축 직선에 수직한 임의의 측정 평면 위에서 흔들림이 0.2mm를 초과해서는 안 되며, 그 공차영역은 굵은 일점쇄선으로 표시된 구간에 대해서만 적용된다.

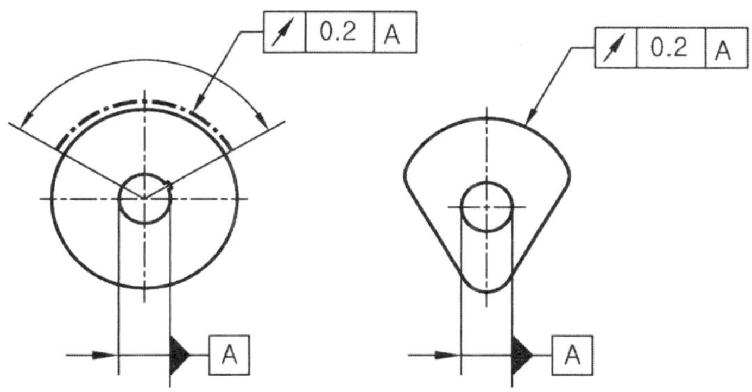

[그림 3.96] 한정된 영역에서의 원주 흔들림

(c) 축에 직각 방향의 원주 흔들림 공차

공차영역은 데이텀 축 직선에 대하여 직각 방향으로 t만큼 떨어진 두 개의 폭 사이에 끼인 영역이다. 그림 3.97에서 지시선의 화살표로 나타내는 원통 측면의 흔들림은 데이텀 축 직선 D를 기준으로 1회전 시켰을 때, 측정 원통면상 임의의 측정 위치에서 0.1mm의 폭 공차영역을 초과해서는 안 된다.

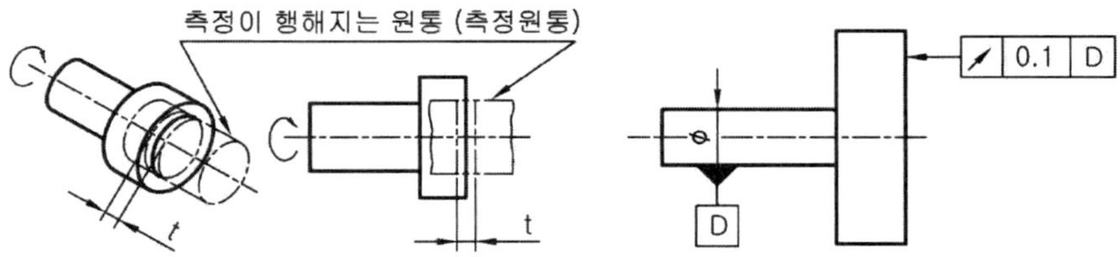

[그림 3.97] 축에 직각 방향의 원주 흔들림

(d) 경사진 법선 방향의 원주 흔들림 공차

공차영역은 데이텀 축 직선과 일치하는 축선을 가지는 원추면 위에 있고, 그 원추면을 따라 t만큼 떨어진 두 개의 원 사이에 끼인 영역이 된다. 특별히 지시선에 의하여 측정 방향의 지정이 없는 경우에 적용하며, 측정 방향은 표면에 대하여 수직 방향이다. 그림 3.98에서 지시선 화살표로 나타내는 방향에서 이 원추면의 흔들림은, 데이텀 축 직선 A를 기준으로 1회 전시켰을 때, 임의의 측정 원추면 위에서 흔들림이 0.02mm를 초과해서는 안 된다.

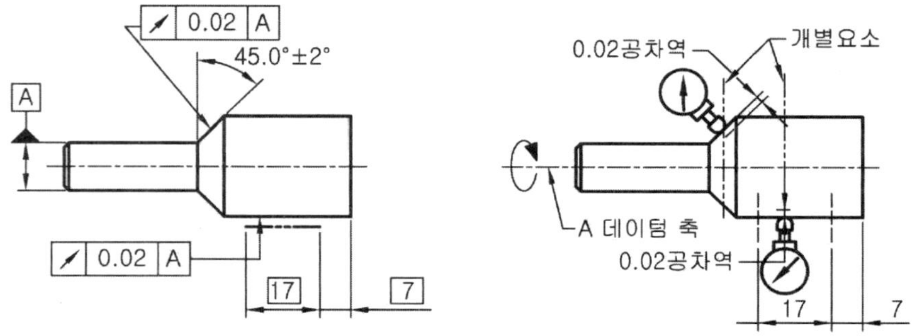

[그림 3.98] 경사진 법선 방향의 원주 흔들림 공차

(e) 곡면에 적용한 원주 흔들림

그림 3.99에서 화살표로 지시한 곡면 형체에 대한 원주 흔들림은 다음과 같다. 즉, 데이텀 축 직선 C를 기준으로 1회전 시켰을 때, 곡면상의 임의의 측정면 위에서 모든 점의 접선에 수직한 방향으로 0.1mm의 공차영역을 초과해서는 안 된다.

그림 3.100에서는 특별한 지정방향으로 기하공차를 적용한 것으로, 지시한 곡면에 대한 원주 흔들림은 다음과 같다. 즉, 데이텀 축 직선 C를 기준으로 1회전 시켰을 때, 임의의 측정 원추면 위에서 데이텀 축 직선과 α의 각도를 이루는 방향으로 흔들림이 0.1mm를 초과해서는 안 된다.

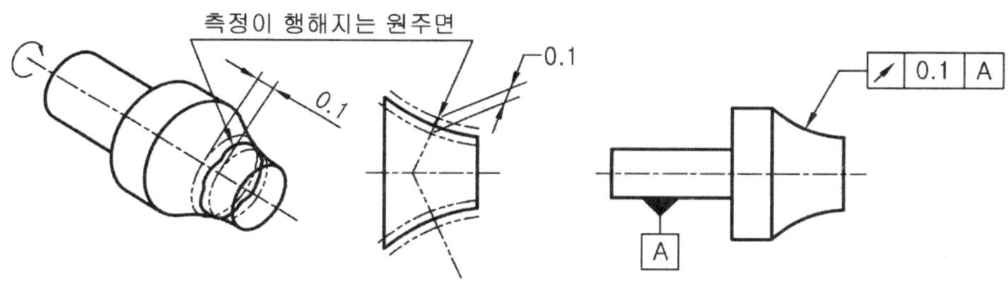

[그림 3.99] 곡면에 적용한 원주 흔들림

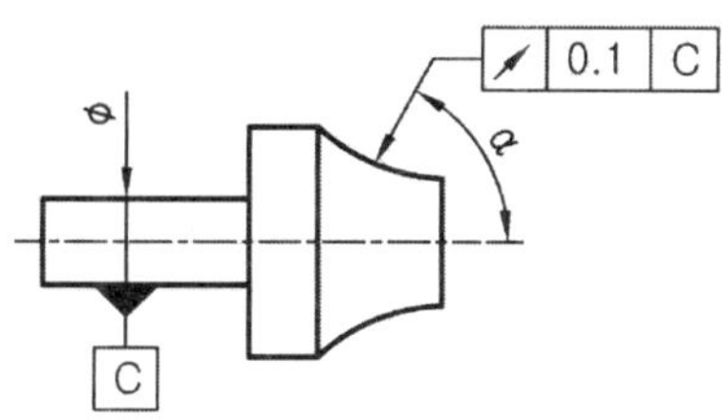

[그림 3.100] 지정 방향의 원주 흔들림 공차

(3) 원주 흔들림의 측정

(a) 반지름 방향의 원주 흔들림

그림 3.101에서 반지름 방향의 원주 흔들림을 측정하는 모양을 도시하고 있다. 피측정

물을 동축의 외접원통 안내 구멍에 설정하여 축 방향으로 고정하여 측정물을 회전시켜 측정한다. 원주 흔들림은 각 단면에서의 1회전 할 때 인디케이터의 최대차가 된다.

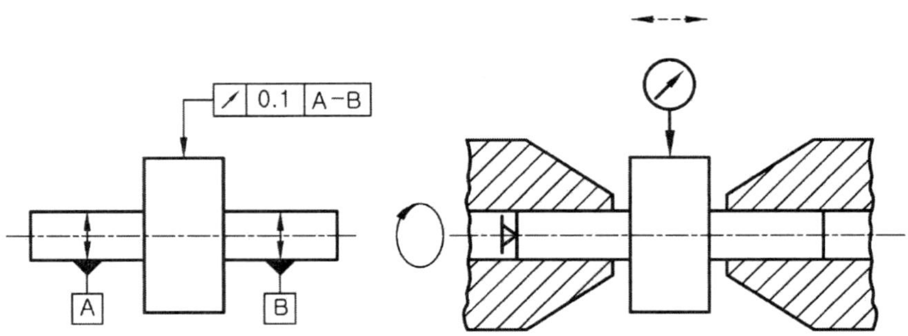

[그림 3.101] 반지름 방향의 원주 흔들림 측정

(b) 양 센터와 V 블록을 이용한 반지름 방향의 원주 흔들림

그림 3.102에서 양 데이텀을 동일한 V 블록 위에 놓고 축 방향으로 이동이 되지 않도록 하여 측정물을 회전시켜 측정한다. 또 V 블록 대신에 나이프 에지를 이용하여 측정 할 수도 있고 양 센터로 지지하여 측정할 수도 있다.

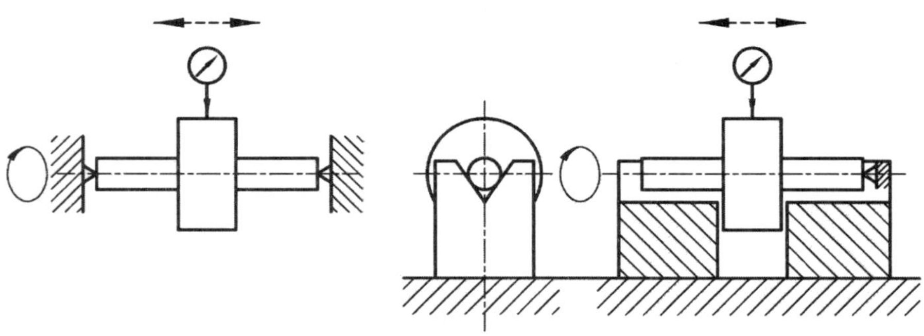

[그림 3.102] 양 센터와 V 블록을 이용한 반지름 방향의 원주 흔들림 측정

(c) 축 방향의 원주 흔들림

피측정물의 데이텀의 외접안내 구멍을 축 방향으로 고정한다. 원주 흔들림은 각 점에서 1회전 중의 눈금의 최대차이며, 소요수의 점에서 측정을 반복한다.

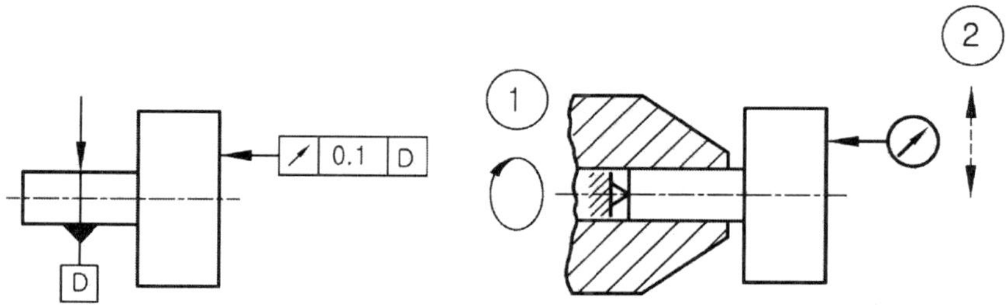

[그림 3.103] 축 방향의 원주 흔들림 측정

3.2 온 흔들림(total runout)

(1) 온 흔들림의 정의와 공차영역

온 흔들림은 데이텀 축 직선을 축으로 하는 원통면을 갖는 대상물이나 데이텀 축 직선에 대하여 수직인 원형평면의 대상물에서 데이텀 축 직선을 기준으로 회전했을 때, 그 표면이 지정된 방향으로 변위의 크기를 규제하는 기하공차이다. 데이텀을 기준으로 규제형체 표면에 대하여 원형방향과 직선방향의 두 방향으로 적용되는 공차로 된다. 공차역이 파이프의 한쪽 벽 두께와 같다.

데이텀 축심과 동축으로 구성되어 있는 표면에 적용 될 경우, 온 흔들림은 표면의 진원도와 진직도, 동축도, 경사도, 테이퍼와 윤곽도 등의 누적 공차를 규제하는데 사용된다. 또한, 데이텀 축심에 대하여 직각인 표면에 적용될 경우, 온 흔들림은 직각도(떨림의 검사)와 평면도(요철의 검사)의 누적 편차를 규제한다.

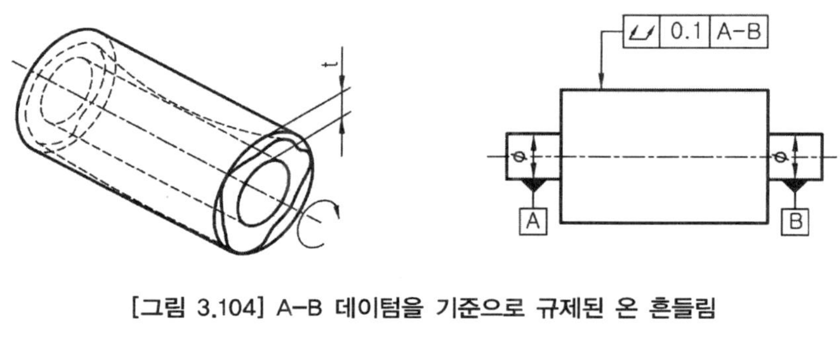

[그림 3.104] A-B 데이텀을 기준으로 규제된 온 흔들림

(2) 온 흔들림의 적용

(a) 반지름 방향의 온 흔들림 공차

그림 3.105는 반지름 방향의 온 흔들림 공차를 나타낸 것으로 지시선과 화살표로 나타낸 원통면에 대한 반지름 방향의 온 흔들림은 다음과 같다. 지시된 이 원통 부분과 측정기구 사이에서 축선 방향으로 상대 이동시키면서, 데이텀 축 직선 A를 기준으로 원통 부분을 회전시켰을 때, 원통 표면 위에 있는 임의의 점에서 전체 길이에 걸쳐 흔들림이 0.02mm를 초과해서는 안 된다. 측정기구 또는 대상물의 상대 이동은 이론적으로 정확한 윤곽선에 따르고, 데이텀 축 직선에 대하여 정확한 위치에서 실시되어야 한다.

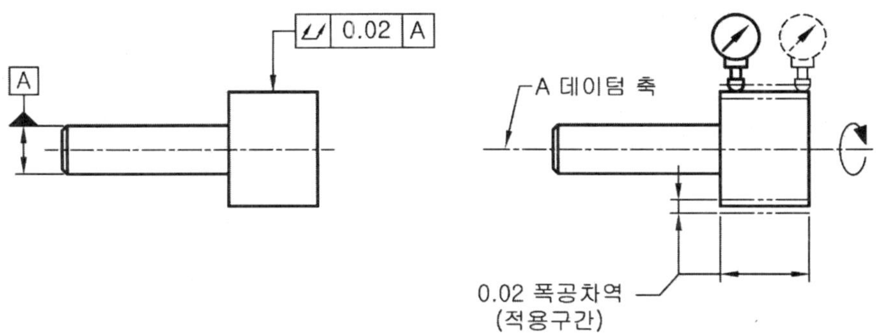

[그림 3.105] 하나의 데이텀을 기준으로 반지름 방향의 온 흔들림

(b) 축 방향의 온 흔들림 공차

그림 3.106은 데이텀과 수직한 표면에 규제된 온 흔들림 공차를 나타낸 것이다. 지시선의 화살표로 나타낸 원통 측면에 대한 축방향의 온 흔들림은 이 측면과 측정 기구 사이에서 반지름 방향으로 상대 이동시키면서, 데이텀 축 직선 D에 관하여 원통 측면을 회전시켰을 때, 원통 측면 위의 임의의 점에서 전체 측정 길이에 걸쳐 흔들림이 폭 0.1mm를 초과해서는 안 된다. 측정기구 또는 대상물의 상대 이동은 이론적으로 정확한 윤곽선에 따르고, 데이텀 축 직선에 대하여 정확한 위치에서 실시되어야 한다.

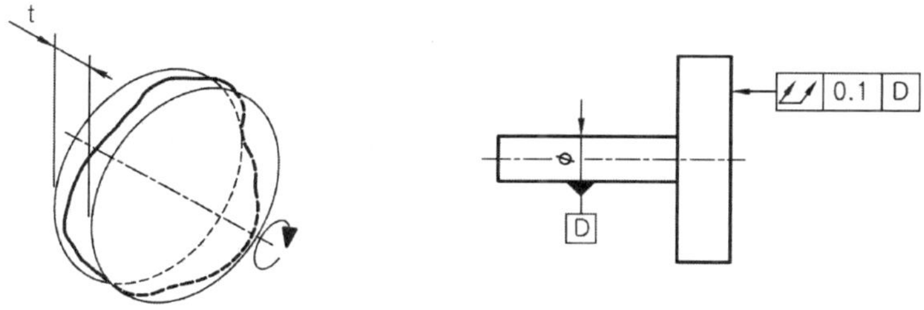

[그림 3.106] 데이텀과 수직한 표면에 규제된 온 흔들림

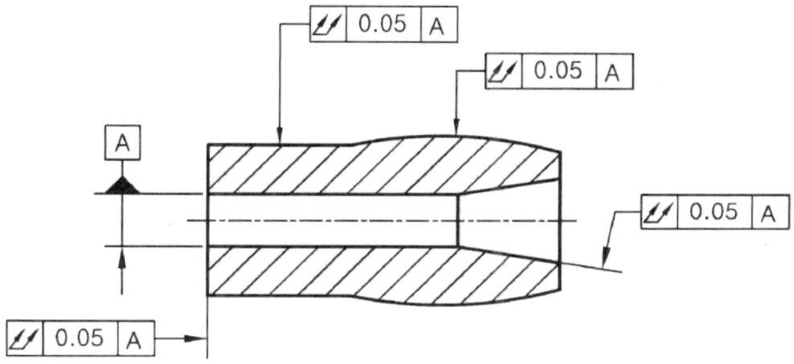

[그림 3.107] 온 흔들림으로 규제된 부품의 예

(3) 흔들림의 측정

(a) 반지름 방향의 온 흔들림 측정

그림 3.108에서 반지름 방향의 온 흔들림을 측정하고 있는 그림을 도시한 것이다. 피측정물을 정반과 평행하게 설치한 두 개의 동축 외접 안내 구멍에 설치하고 축 방향으로 고정한다.

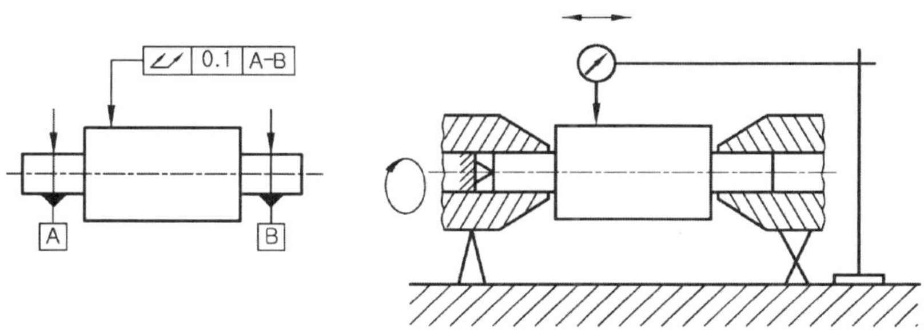

[그림 3.108] 반지름 방향의 온 흔들림 측정

반지름 방향의 온 흔들림은 데이터 축에 대하여 이론적으로 정확한 형상의 직선 요소에 따라 인디케이터를 이동시키면서 측정물을 회전 시켰을 때의 눈금의 최대차이다. 간단하게는 데이텀을 V블록 또는 양 센터를 사용하여 측정할 수도 있다.

(b) 축 방향의 온 흔들림 측정

그림 3.109에서 축 방향의 온 흔들림을 측정하고 있는 그림을 도시한 것이다. 피측정물을 정반에 수직인 외접 안내 구멍 속에 설치하고 축 방향으로 고정한다. 축 방향의 온 흔들림은 데이텀 축에 대하여 이론적으로 정확한 형상의 직선 요소에 따라 반경방향으로 인디케이터를 옮기면서 피측정물을 회전시켰을 때의 눈금의 최대차이다.

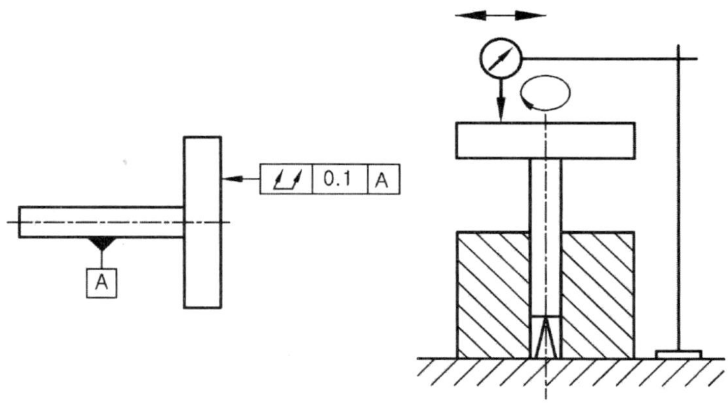

[그림 3.109] 축 방향의 온 흔들림 측정

제4장 위치공차

4.1 동심도(concentricity)와 동축도(coaxiality)

(1) 동심도(concentricity)와 동축도(coaxiality) 공차의 정의와 특징

동심도는 그림 3.118에서와 같이 추출된 실제 임의의 한 단면상에서 데이텀 A 형체의 내부 중심을 기준으로 외부 형체의 중심은 규정된 지름 공차역안에 위치해야 한다. 원은 중심을 가지며, 여러 개의 원들이 같은 중심을 가지면 이는 동심이라 한다. 동축도과 동심도는 동일한 기하공차 기호를 사용하고, 동축도와 구별하기 위해 공차틀 근처에 "ACS" 기호를 붙인다.

동축도란 데이텀 축 직선과 동일 직선위에 있어야 할 축선이 데이텀 축 직선으로부터 어긋남의 크기로 정의된다. 두 개 이상의 원통이 동일한 축심을 가지거나 하나의 직선상에 있으면 동축이 된다. 원통 및 정다각형의 형상은 축심을 가지고 있고, 이들이 공통의 축심을 가질 때 동축이라 한다. 원통과 원통, 원추와 곡면윤곽의 축심, 정다각형 등과 같이 하나의 축심에 대하여 대칭인 임의의 두 개의 관련형상은 동축이 될 수 있다. 동축도(coaxiality)는 원통형상에 주로 적용되나 축심을 갖는 여러 형상에도 적용될 수 있으며, 그 특징은 다음과 같다.

(a) 동축도 공차는 대칭도, 위치도, 윤곽도와 함께 위치공차의 한 가지 형식으로 축심을 가지는 두 개 또는 그 이상의 형체에서 데이텀 축심을 기준으로 공차붙이 형체에 대한 축심의 불일치량을 규제하는 기하공차이다. 주로, 데이텀을 기준으로 회전하는 회전체 부품에서 편심량을 허용량 이하로 규제하고자 하는 경우에 적용된다.

(b) 동축도 공차영역은 데이텀 형체의 정확한 축심을 기준으로 공차붙이 형체의 축심에 대하여 가상원통이 된다. 이 원통 지름의 크기는 규제된 동축도 공차와 같고 공차붙이 형체의 축심은 규제공차 범위 내에서 어떤 자세나 모양이 되어도 상관없다. 축심을 기준으로 규제형체의 공차영역의 형태가 원통인 경우에는 공차 앞에서 지름기호인 ∅를 표시한다.

(c) 동축도는 직각도나 평행도와 마찬가지로 관련형체로 규제되는 기하공차이므로 반드시 데이텀을 기준으로 규제된다. 제품의 기능을 고려하여 적합한 형체를 데이텀으로 선택하는 것이 중요하다.

(d) 동축도는 최대 실체 공차방식은 적용하지 않는다. 다만, 최대 실체 크기에서 결합이 되는 경우에는 위치도 공차를 사용하는 것이 바람직하다.

(e) 규제 형체의 동축도를 측정하는 데는 규제 형체의 표면을 사용하지 않으면 안 된다. 형체의 형상이 정확하지 않으면, 실제 규제 상태와 달라질 수 있으므로 형상오차를 고려하여야 한다.

(2) 동축도 공차 또는 동심도 공차 적용

(a) 한 개의 데이텀 축심을 기준으로 규제된 동축도 공차

그림 3.110에서 데이텀 형체 A의 축심을 기준으로 공차붙이 형체의 축심에 대한 동축도가 ∅0.05의 크기로 규제되어 있다. A 데이텀 형체의 축선을 기준으로 규제 형체는 주어진 공차영역에서 자유로운 모양이 될 수 있으며, 허용 가능한 최대 편심량은 기하공차 값의 절반인 0.025가 된다.

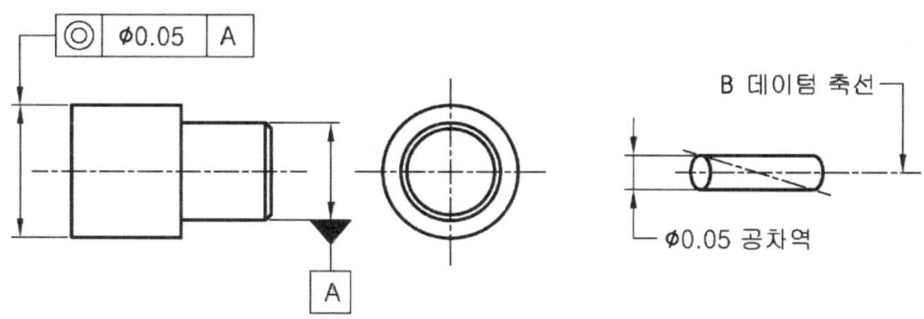

[그림 3.110] 동축도와 그 공차영역

(b) 두 개의 공통 축선을 기준으로 규제된 동축도 공차

그림 3.111에서는 A와 B 데이텀의 공통 축선을 기준으로 중앙의 여러 공차붙이 형체의 축심에 대하여 동축도를 규제한 것으로, 규제된 형체의 축심은 동축도 공차 ∅0.08의 원통 범위 내에 있어야 한다. 이와같이, 지시된 화살표가 형체의 중심선을 지시할 경우에는 데이텀 형체를 제외한 모든 형체의 축심에 동축도가 적용된다.

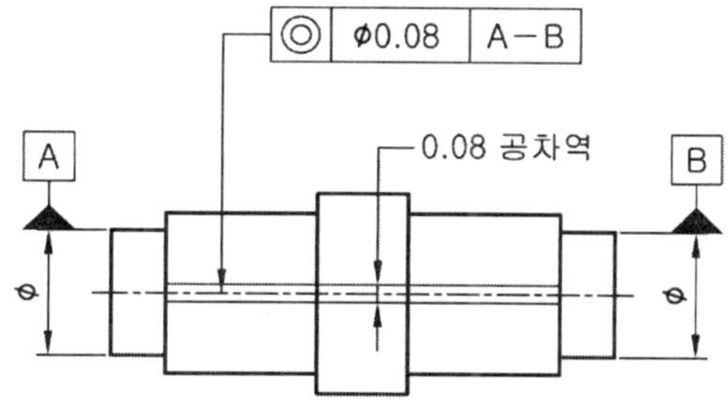

[그림 3.111] 두 개의 공통 축선을 기준으로 규제된 동축도

(c) 축 직선에 규제된 동축도 공차

그림 3.112에서 축 직선에 대하여 하나의 형체에 동축도 규제와 그 공차영역을 도시한 것이다. A 데이텀을 기준으로 화살표로 지시한 형체에 대하여 ∅0.08의 동축도 공차영역이 적용된다. 그림 3.113에서는 A 데이텀 축선을 기준으로 지름이 서로 다른 모든 형체에 동축도를 규제할 경우, 축 직선 중심선에 동축도를 지시한다. 이럴 경우, A 데이텀 축선을 기준으로 3개의 지름이 다른 형체의 중심에 대한 기하공차영역은 ∅0.08이 적용된다.

注. 이러한 도시 방법은 KS A ISO 1101:2013 규격에서 폐지하였으나, 적당한 지시 방법이 없으므로 이전 규정대로 도시하였다.

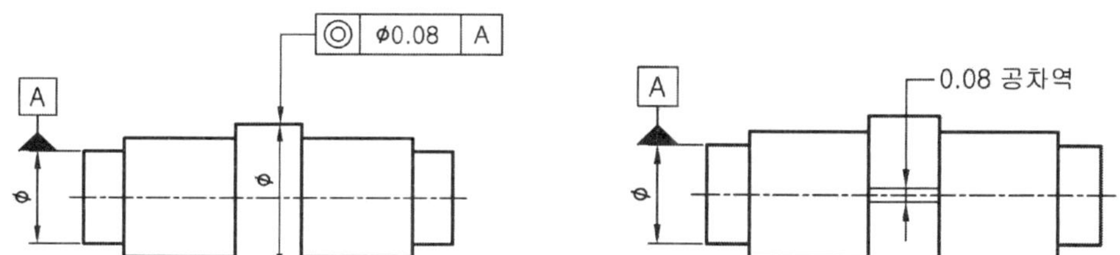

[그림 3.112] 축 직선에 대하여 하나의 형체에 규제된 동축도

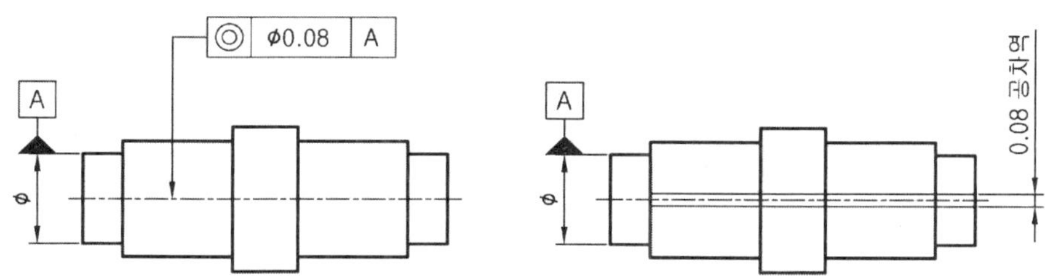

[그림 3.113] 축 직선에 규제된 동축도와 그 공차영역

(d) 포락 조건을 적용한 동축도 공차

포락 조건에 의해 규제된 데이텀 형체는 데이텀 형체 A의 결합 크기가 최대 실체 크기일 경우 기하학적으로 완전한 형상을 유지해야 한다. 데이텀 형체의 크기가 최대 실체 크기에서 최소 실체 크기로 작아지면 데이텀 형체 A의 실제 축심은 실질 조건에 따라서 증대되며, 증가 값은 데이텀 형체가 최대 실체 크기에서 실질 크기의 차이 만큼이 된다. 그림 3.117에서 데이텀 형체 A가 최소 실체 크기인 ⌀24.95에서는 데이텀 형체의 축심에 대한 허용공차영역은 ⌀0.05가 된다.

공차붙이 형체의 실제 부분 크기는 ⌀12와 ⌀11.95 사이로, 크기에 대한 허용공차 0.05의 범위에 속해야 한다. 이 상태에서 공차붙이 형체는 실질 조건을 벗어나지 않는 범위에서 ⌀0.04에서 ⌀0.09까지 변화될 수 있다. 즉, 데이텀 축 A를 기준으로 공차붙이 형체가 최대 실질 크기인 ⌀12.00인 경우 실질 크기인 ⌀12.04(=⌀12+0.04) 크기의 완전한 형태의 경계선을 벗어나면 안 된다.

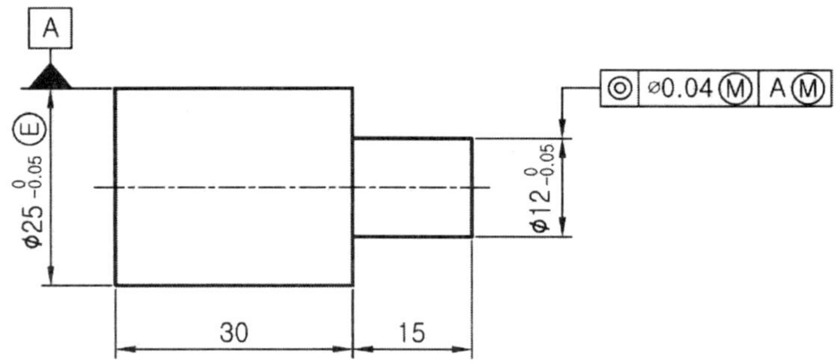

[그림 3.114] 데이텀이 포락 조건으로 규제된 동축도

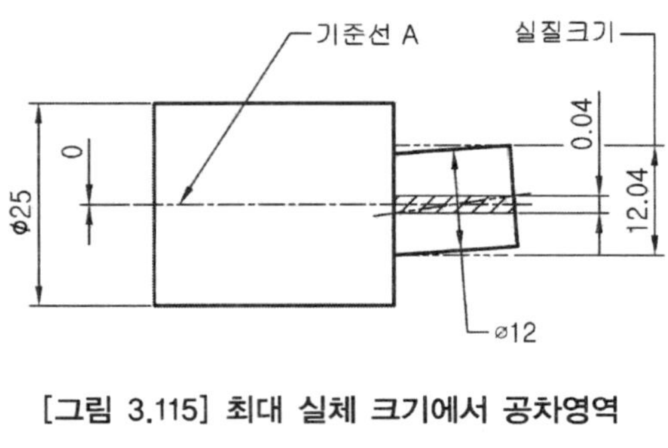

[그림 3.115] 최대 실체 크기에서 공차영역

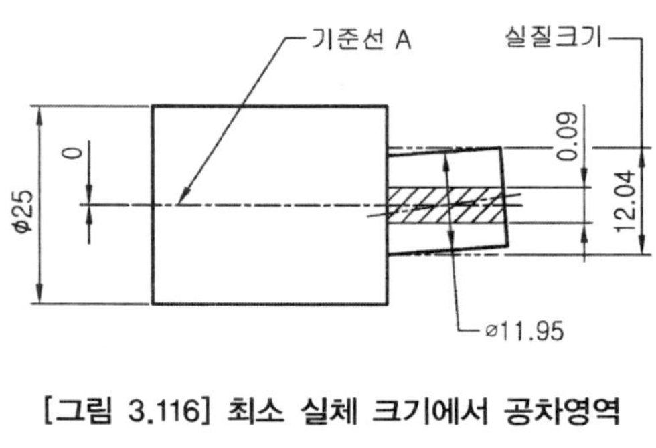

[그림 3.116] 최소 실체 크기에서 공차영역

만약, 공차붙이 형체의 치수가 최대 실체 크기에서 최소 실체 크기로 형체의 크기가 작아지면 기하공차영역은 증대될 수 있으며, 최소 실체 크기에서 기하공차영역은 ⌀0.09가 된다. 그림 3.117 (a)에서는 데이텀 형체 및 공차붙이 형체가 최소 실체 조건에서 허용 가능한 공차영역을 도시하고 있다. 그림 3.117 (b)는 이 형체를 기능 게이지로 측정시 제품과 게이지의 조립상태를 보여주고 있다.

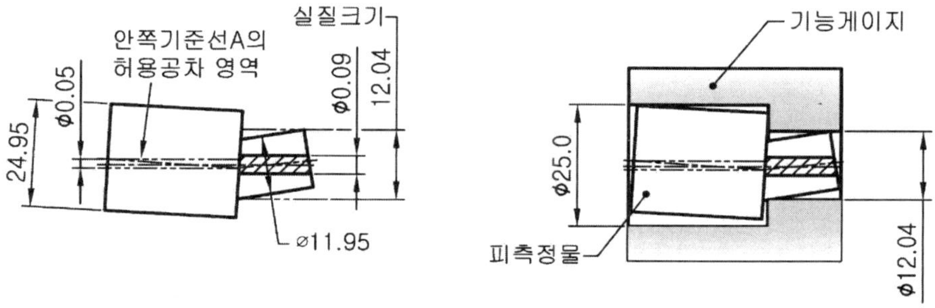

[그림 3.117] 데이텀과 규제형체가 최소 실체 크기에의 공차영역

(e) 동심도 공차

그림 3.118에서는 동심도 공차를 적용한 것으로, 그 공차영역은 데이텀 점과 일치하는 점을 중심으로 한 지름 t인 원 안의 영역이다. 추출된 실제 임의의 한 단면상에서 데이텀 A 형체인 내부 원의 중심을 기준으로 외부 형체의 중심은 지름 0.01mm인 원 안에 있어야 한다.

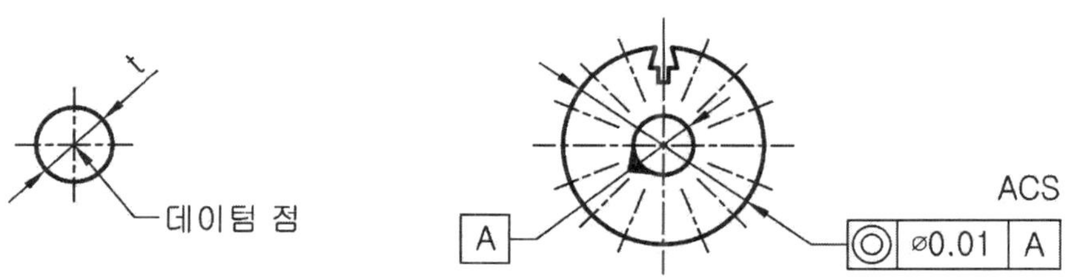

[그림 3.118] 동심도 공차의 적용

(3) 동축도 측정

(a) 데이텀 축선을 기준으로 형체에 규제된 동축도

동축도를 측정하는 일반적인 방법은 데이텀 축심을 기준으로 규제형체를 회전시켜 규제형체 표면에 다이얼 게이지나 테스트 인디케이터를 축 방향으로 이동시키면서 데이텀 축선에 편위된 측정값으로 동축도를 측정하는 것이다. 그림 3.119에서는 하나의 데이텀을 기준으로 동축도를 규제한 도면이며, 그림 3.120은 두 개의 형체 축심을 데이텀으로 동축도를 규제한 것이다.

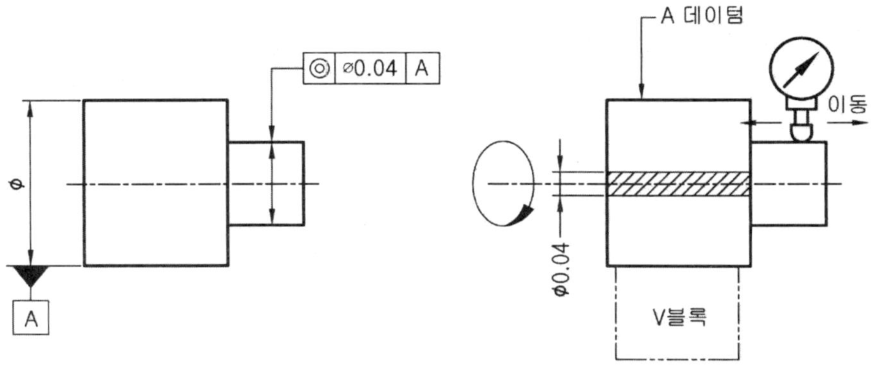

[그림 3.119] 하나의 데이텀으로 규제된 동축도

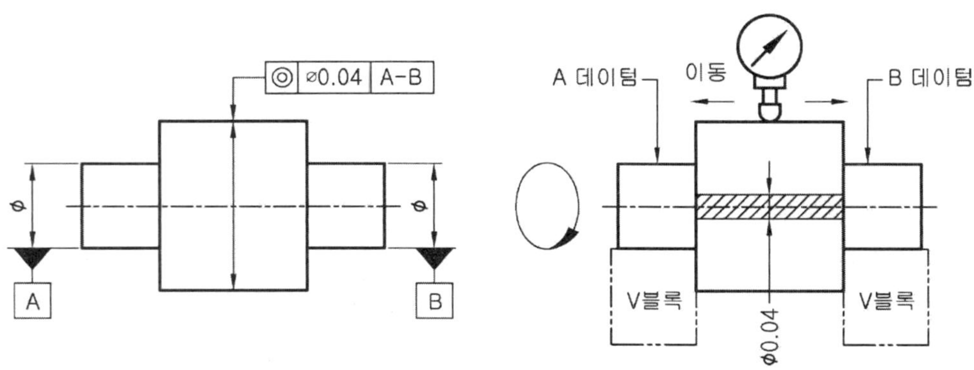

[그림 3.120] 두 개의 데이텀에 의한 동축도

(b) 동심도의 측정

그림 3.121에서 동심도를 측정하고 있는 모양을 도시한 것이다. 측정물의 원형 형체에서 기준이 되는 안쪽 구멍의 중심을 측정기에 중심 맞춤하고, 기하공차가 주어진 형체에 인디케이터를 붙여 1회전 중 반경 변화를 극좌표 선도에 기록한다. 반경 변화의 1/2이 동심도이며 측정에 필요한 단면은 회전축에 수직이 되어야 한다.

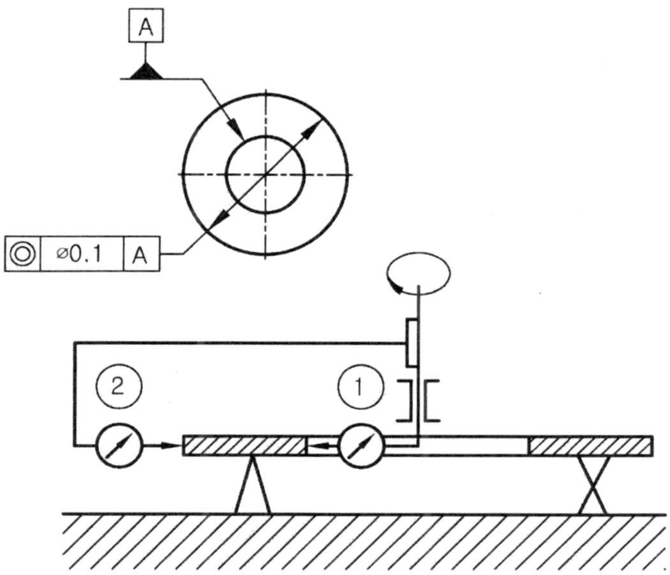

[그림 3.121] 동심도의 측정

(c) 외측 형체에서의 동축도 측정

그림 3.122에서 동축도를 측정하고 있는 모양을 도시한 것이다. 피 측정물의 데이터 축이 측정기의 X 및 Y축에 수직이 되도록 설치하고, 형체의 각 단면에서 X축 및 Y축 방향 측정값의 1/2이 동축도가 된다.

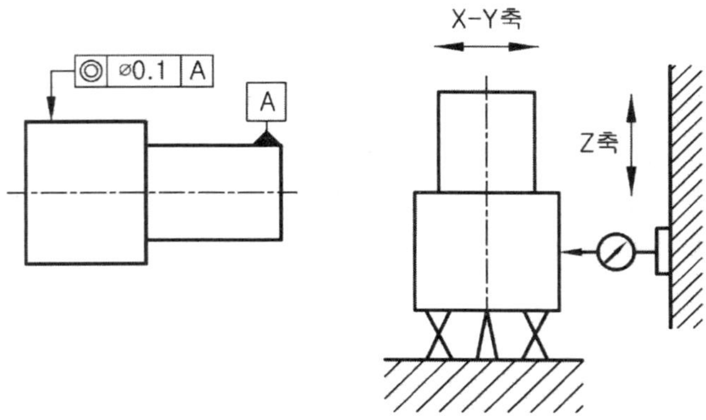

[그림 3.122] 외측 형체의 동축도 측정

4.2 대칭도(symmetry)

(1) 대칭도의 정의 및 적용

대칭도는 데이텀 축 직선 또는 데이텀 중간 평면을 기준으로 서로 대칭이 요구되는 형체가 정확한 대칭 위치로부터 어긋남의 크기로 정의된다.

(a) 데이텀 중심 평면에 대한 면의 대칭도 공차

공차영역은 데이텀 중심 평면에 대하여 대칭으로 배치되고, 서로 t만큼 떨어진 두 개가 평행한 평면 사이에 끼인 영역이다. 그림 3.123에서 지시선의 화살표로 나타낸 중심면은 데이텀 중심 평면 A에 대칭으로 0.08mm의 간격을 갖는 평행한 두 개의 평면 사이에 있어야 한다.

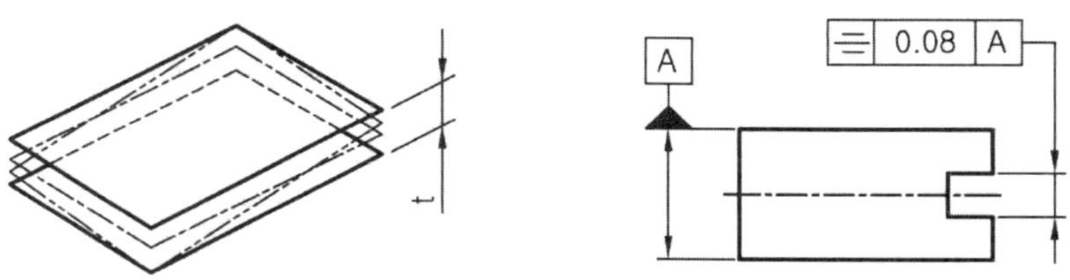

[그림 3.123] 데이텀 중심 평면에 대한 대칭도

(b) 데이텀 중심 평면에 대한 선의 대칭도 공차

기하공차의 지정이 한 방향에만 규제되어 있는 경우에, 이 공차영역은 데이텀 중심 평면에 대하여 대칭으로 배치되고 서로 위·아래 방향으로 t만큼 떨어진 두 개의 평행한 평면 사이에 끼인 영역으로 규제되는 기하공차이다.

그림 3.124에서 지시선의 화살표로 나타낸 수직한 구멍중심의 축선은 데이텀 중심 평면 A-B를 기준으로 위·아래 방향으로 0.08mm의 간격을 갖는 평행한 두 개의 평면 사이에 있어야 한다.

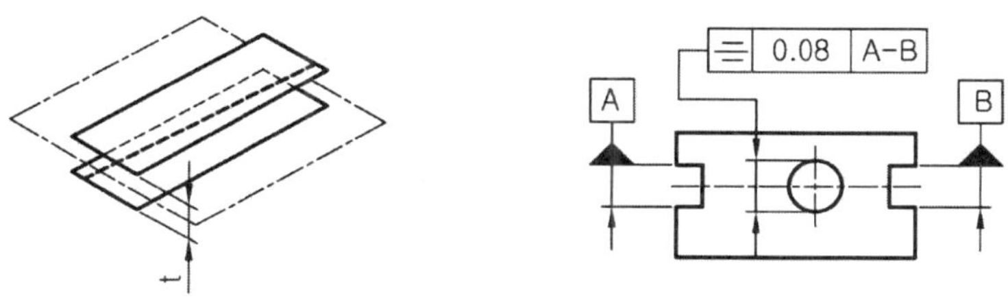

[그림 3.124] 수직한 구멍 중심에 규제된 대칭도

(c) 데이텀 직선에 대한 면의 대칭도 공차

공차영역은 데이텀 직선에 대하여 대칭으로 배치되고, 서로 좌·우 방향으로 t만큼 떨어진 두 개의 평행한 평면 사이에 끼인 영역이다. 그림 3.125에서 지시선의 화살표로 나타낸 중심면은, 데이텀 축 직선 A에 대칭으로 0.08mm의 간격을 갖는 평행한 두 개의 평면 사이에 있어야 한다.

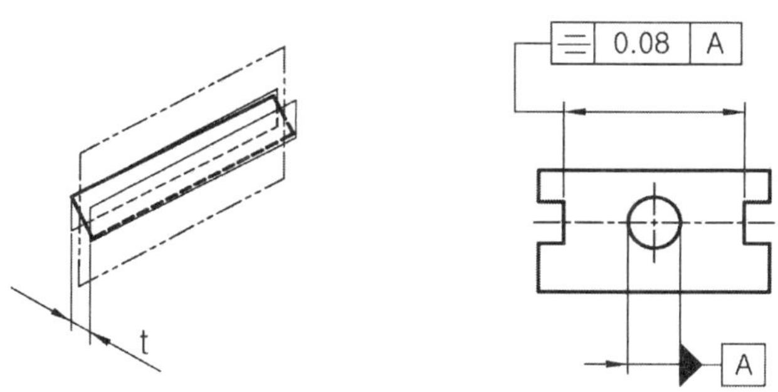

[그림 3.125] 데이텀 직선에 대한 면의 대칭도

(d) 데이텀 직선에 대한 선의 대칭도 공차

공차의 지정이 서로 직각인 두 방향으로 실시되어 있은 경우에는, 이 공차영역은 데이텀 직선(보기를 들면 두 개의 데이텀 평면의 교선)과 일치하는 선을 축선으로 한 단면 $t_1 \times t_2$ 크기의 직육면에 안의 영역으로 규제된다.

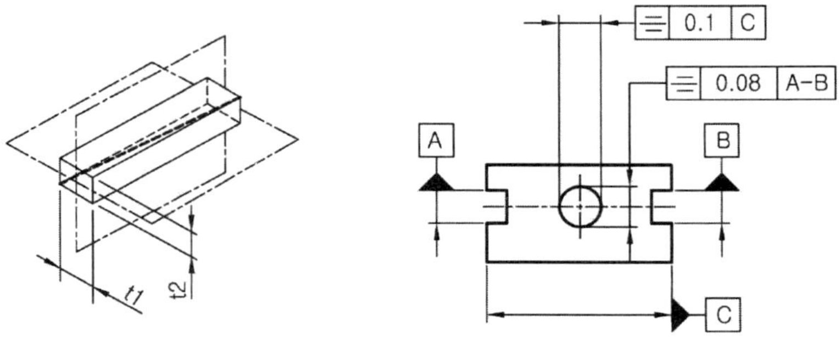

[그림 3.126] 하나의 구멍에 두 개로 규제된 대칭도

그림 3.126에서 하나의 구멍에 수평한 중심과 수직한 중심에 두개의 대칭도 공차가 규제되었을 경우로, 지시선의 화살표로 나타낸 축선은 데이텀 중심평면 A-B를 기준으로 구멍의 수직한 방향으로 0.08mm, 데이텀 중심평면 C를 기준으로 구멍의 중심이 수평한 방향으로 0.1mm의 간격을 갖는 두 쌍의 평행한 두개의 평면으로 둘러싸인 직육면체 안에 있어야 한다.

(2) 대칭도의 측정

(a) 정반과 하이트 게이지를 이용한 대칭도 측정

다음 그림 3.127은 대칭도로 규제된 도면과 그 측정 예를 나타낸다. 데이텀 형체의 실치수를 200mm, 공차붙이 형체의 실 치수를 100mm라 가정해 보자. 우선 데이텀 형체의 치수와 공차붙이 형체의 대칭도가 0라고 가정하면, 측정 대상물체를 정반위에 놓고 하이트 게이지로 높이를 측정할 경우, 기준 높이는 150mm가 된다.

대칭도 기하공차의 크기가 폭의 공차영역으로 0.05임으로 편심량은 그 절반인

0.025mm가 되고 따라서 기준 높이는 75±0.025mm로 74.975~75.025mm의 크기가 된다. 먼저, 한 면의 높이를 측정하고 이를 뒤집어서 측정하되 측정값의 크기가 74.975보다 크고 75.025mm 보다 작은 범위에 있는지를 확인한다.

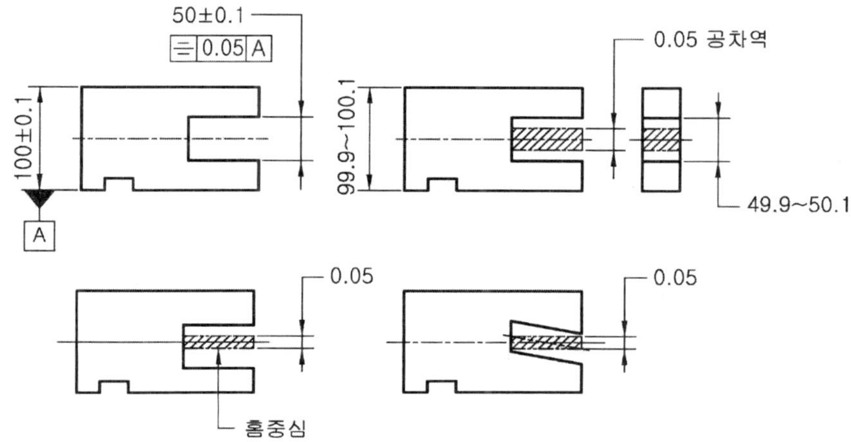

[그림 3.127] 대칭도 공차와 공차영역

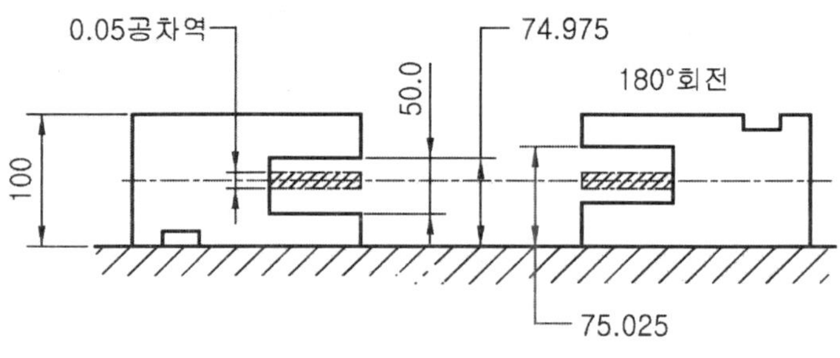

[그림 3.128] 대칭도 공차의 측정

(b) 데이텀 중심 평면에 대한 대칭도 측정

그림 3.129에서 측정물을 정반 위에 놓고 공차가 주어진 형체가지의 거리를 측정한다. 다음에 측정물을 돌려서 같은 측정을 한다. 대칭도는 측정한 거리의 1/2에서 공차값의 1/2을 초과해서는 안 된다. 그림 3.130은 데이텀 중심 평면에 대한 구멍 중심의 대칭도 측정 모양을 도시한 것이다. 버니어 캘리퍼스 등을 사용하여 공차가 주어진 형체에서 데이텀 면까지의 거리를 측정하며, 거리 B 및 C의 차이 값의 1/2이 대칭도 공차가 된다.

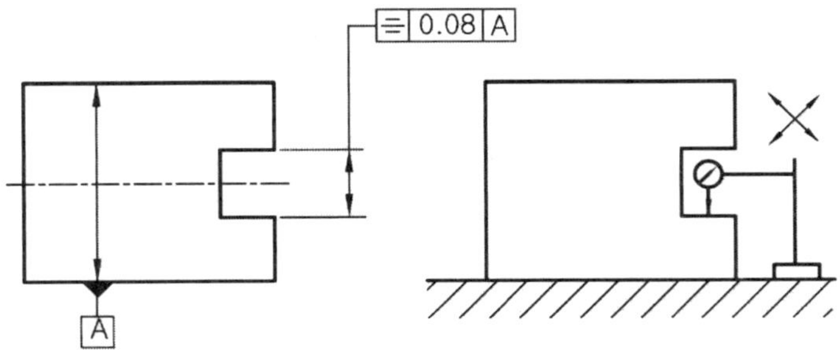

[그림 3.129] 데이터ム 중심 평면에 대한 대칭도

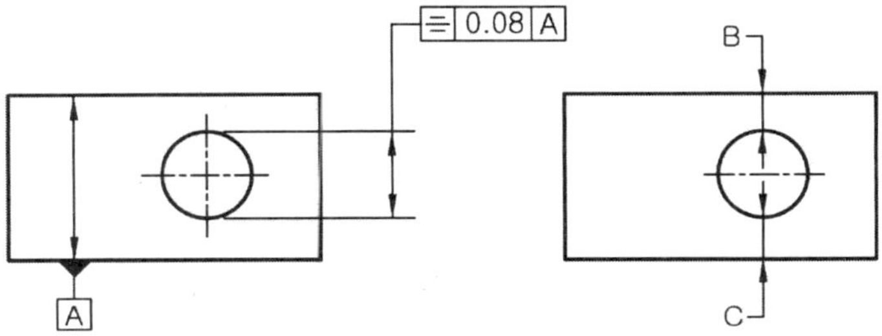

[그림 3.130] 데이텀 중심 평면에 대한 구멍의 대칭도

(c) 정반과 하이트 게이지를 이용한 대칭도 측정

데이텀의 위치 ①과 ②를 측정하여 데이텀의 중심 평면을 계산해서 이것이 정반과 평행해지도록 조정 설치한다. 대칭도는 공통 평면과 ③ 및 ④의 위치의 측정으로 산출된 구멍의 축선과의 거리이며 공차값의 1/2을 초과해서는 안 된다.

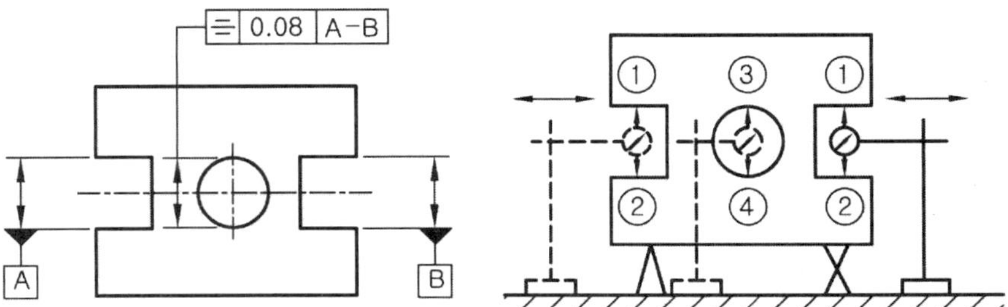

[그림 3.131] 수직한 구멍 중심에 규제된 대칭도 측정

4.3 위치도(position)

(1) 위치도 공차의 정의와 특징

위치도란 데이텀 형체를 기준으로 이론적으로 정확한 위치로부터 점, 직선, 평면 형체 등의 어긋남의 크기로 정의된다. 대부분의 부품은 위치를 갖는 형체이므로 기하학적 특성 중 가장 다양하고 가장 널리 사용되는 기하공차이며, 그 특징은 다음과 같다.

(a) 위치도는 규제형체의 형상과 데이텀 설정에 따라서 진직도, 평행도, 진원도, 직각도, 동심도 등이 복합적으로 내포되어 규제될 수 있는 복합공차이다.

(b) 위치도로 규제되는 형체는 주로 조립되는 부품에 적용하여, 조립부품 상호간에 호환성과 간섭 없는 조립을 보증하고자 할 때 적합한 기하공차이다. 특히, 최대 실체 공차방식을 적용하면 제작공차를 크게 적용할 수 있으므로, 생산성 향상과 원가절감에 도움이 된다. 또한, 기능 게이지를 이용하여 검사한다면 다량의 제품을 효율적으로 검사 할 수 있다.

(2) 직각좌표공차와 위치도 공차의 차이점

그림 3.132는 직각좌표 치수공차에 의하여 구멍의 위치를 규제한 도면으로 가로방향으로 구멍간 중심거리는 40±0.05, 세로방향으로 20±0.05임으로 구멍간 위치에 대한 공차영역은 가로 세로 0.05의 크기가 되는 4각형이 된다. 가로 세로 0.05×0.05의 4각형에서 대각선 길이는 사각형 모서리에 외접하는 원의 지름과 같고 그 크기는 ⌀0.07이 된다.

그림 3.133에서 도시한 바와 같이 사각형 공차영역에서는 구멍중심이 4각형 영역 내부에 존재하면 합격이나, 사각형 영역을 제외한 나머지 부분에는 공차영역을 벗어나게 된다. 이런 경우, 경우에 따라서는 정확한 중심위치에서 같은 거리에 존재하는 위치 정밀도를 갖는 제품이라도 구멍중심 위치가 4각형 모서리 방향으로는 공차영역 범위 내에 존재하나, 모서리 부분을 제외한 방향으로는 공차영역을 벗어나게 되는 문제점이 있다.

실제 구멍중심이 같은 거리에 있을 때 방향에 관계없이 동일한 정밀도로 규제하려면 공차영역을 지름 공차영역으로 규제해야 한다. 그림 3.134에서는 그림 3.132에서 도시한 직각좌표 치수공차에 의한 도면을 위치도 도면으로 나타낸 것이다. 구멍중심의 위치에 대한 치수를 이론적으로 정확한 치수로 지시하고 형체의 크기를 나타내는 구멍의 치수 아래에 공차 기입틀 기입한다. 구멍의 위치공차는 $\phi 0.07$이 되고, 규제 형체가 조립이 될 경우, 최대 실체 공차방식을 적용한다.

일반적으로 직각좌표 공차방식에서 X축 방향의 공차영역을 x, Y축 방향의 공차영역을 y라 하면, 위치도 공차는 다음과 같이 구할 수 있다.

$$\text{위치도 } \varnothing = \sqrt{x^2 + y^2} \tag{3.5}$$

최대 실체 공차방식을 적용하면 구멍의 실 치수가 최대 실체 크기에서 최소 실체 크기로 구멍이 커지게 되면 변하는 크기만큼 추가적으로 위치 정밀도가 크게 적용될 수 있다. 그림 3.135에서 구멍이 최소 실체 크기에서 공차영역의 크기는 ∅ 0.27의 크기만큼 증대될 수 있음을 보여주고 있다.

기하공차에 의한 위치도 규제는 다음과 같은 장점이 있다.

(a) 직각좌표 치수공차에 의하여 위치를 규제할 경우, 사각형의 공차영역이 되나, 위치도와 같은 기하공차로 규제할 경우 지름의 공차영역으로 규제가 가능하다. 이렇게 됨으로써 사각형 모서리의 외접원에서 사각형 면적을 뺀 면적만큼 추가적으로 공차영역이 확보될 수 있다.

(b) 끼워맞춤 형체의 경우 조립에서 위치공차와 더불어 형체의 크기도 크게 영향을 미친다. 직각좌표 치수공차방식에서는 형체의 크기와 상관없이 항상 동일한 공차영역을 규제하고 있다. 구멍의 크기가 가장 작은 MMS 상태에서의 위치 정밀도를 모든 크기의 형체 치수에 적용하는 것은 공차가 너무 엄격하게 적용되어 불합리하다. 그러나 기하공차 방식에서는 최대 실체 공차방식을 적용하여 형체의 크기에 따라서 기하 공차영역의 크기가 달라져 큰 위치도를 적용할 수 있다.

(c) 직각좌표 공차방식으로 규제할 경우 규제 형체의 자세나 위치가 기준 설정의 방법에 따라 달라진다. 그러나 위치도 공차방식으로 규제할 경우 데이텀의 우선순위에 따라 규제되므로 인해서 모든 형체의 자세나 위치가 동일함으로 균일한 제품 생산에 적합하다.

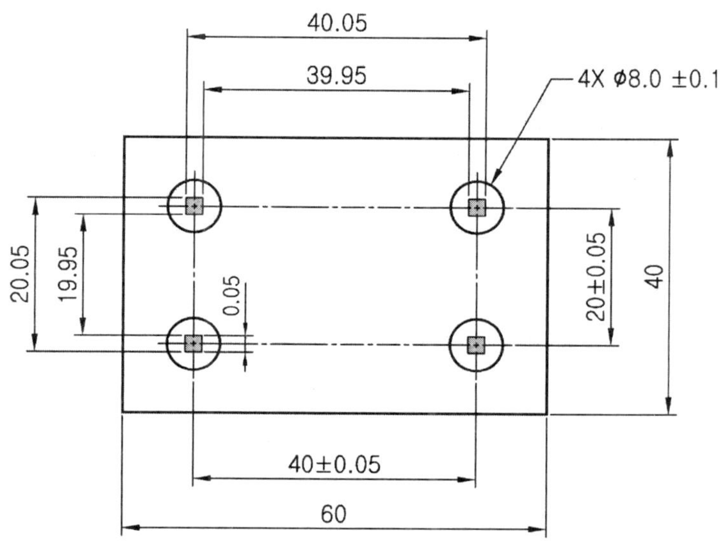

[그림 3.132] 직각좌표 치수공차에 의한 위치규제

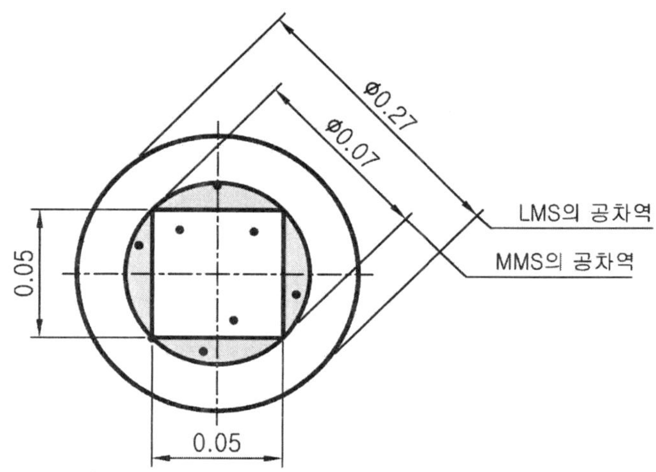

[그림 3.133] 사각형 공차영역과 지름 공차영역

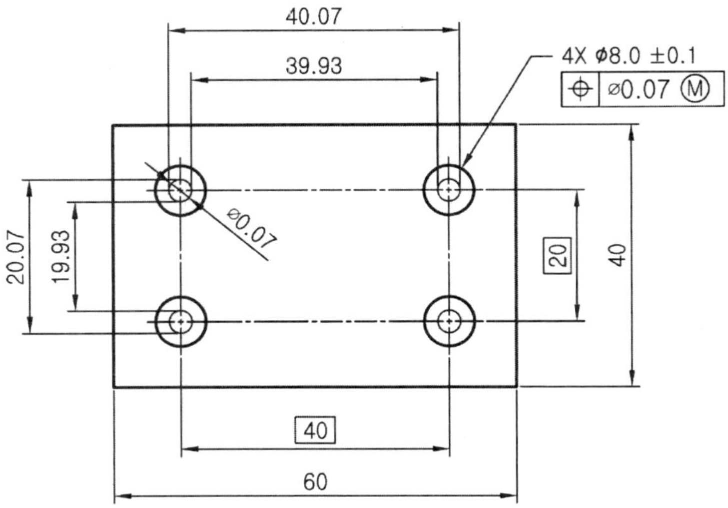

[그림 3.134] 최대 실체 크기(MMS)에서의 공차영역

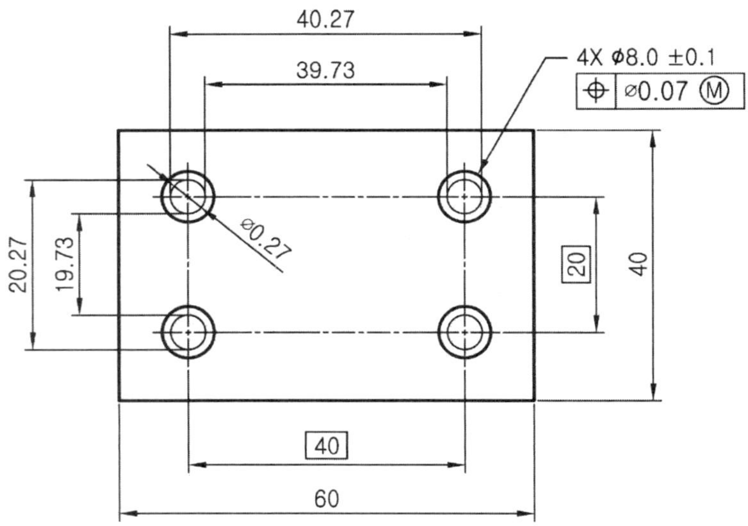

[그림 3.135] 최소 실체 크기(LMS)에서의 공차영역

(3) 위치도 공차의 적용

(a) 점의 위치도 공차

공차영역은 대상으로 하고 있는 점에 대하여 이론적으로 정확한 위치를 중심으로 지름 t의 원 안 또는 구 안의 영역으로 규제한다. 그림 3.136에서 지시선의 화살표로 나타낸 점은, 데이텀 직선 A로부터 60mm, 데이텀 직선 B로부터 100mm 떨어진 이론적으로 정확한 위치를 중심으로 지름 0.03mm의 원 안에 있어야 한다. 이 면에 수직 방향의 두께를 고려하면 여기에서 설명한 원은 원통이 되고 점은 선이 된다.

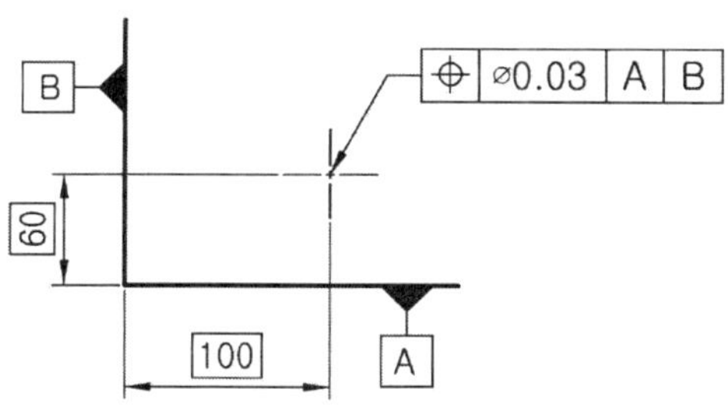

[그림 3.136] 점의 위치도 공차

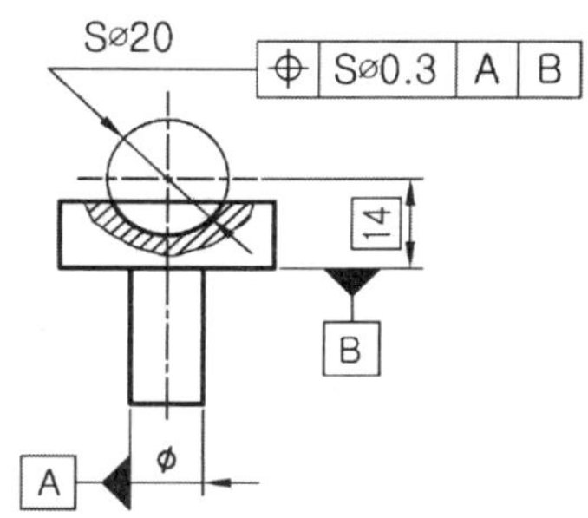

[그림 3.137] 구의 위치도 공차

그림 3.137은 구의 형체에 대하여 규제한 것으로 지시선의 화살표로 나타낸 구의 중심은, 데이텀 직선 A, B에 대하여 우선순위를 고려한다. 즉, 데이터 축 직선 A의 중심과 데이텀 평면 B로부터 14mm 떨어진 이론적으로 정확한 위치에 중심을 갖는 지름 0.3mm의 구안에 있어야 한다. 또한, 구의 공차영역으로 기하공차 값 앞에 $S\varnothing$ 기호를 붙인다.

(b) 선의 위치도 공차

공차의 지정이 한 방향에만 규제하고자 하는 경우, 선의 위치도의 공차영역은 이론적으로 정확한 위치에 대하여 대칭으로 배치하고 t만큼 떨어진 두 개의 평행한 직선 사이 또는 두 개의 평행한 평면 사이에 끼인 영역으로 규제한다.

그림 3.138에서 지시선의 화살표로 나타낸 각각의 선은, 그들 직선에 이론적으로 정확한 위치로서 지정된 직선에 대하여 대칭으로 배치되고 0.02mm의 간격을 갖는 두 개의 평행한 직선 사이에 있어야 한다.

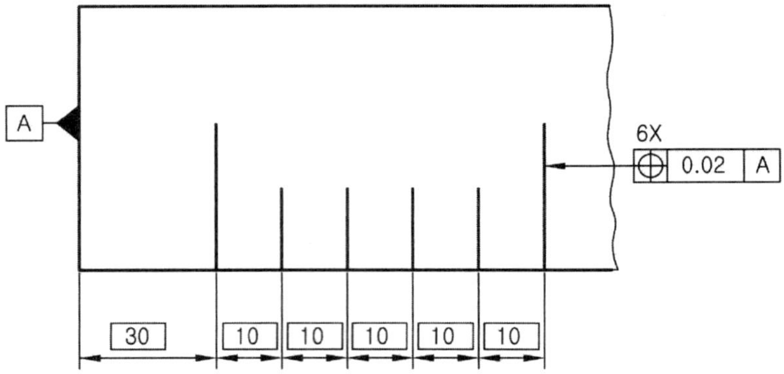

[그림 3.138] 한 방향으로 규제된 선의 위치도 공차

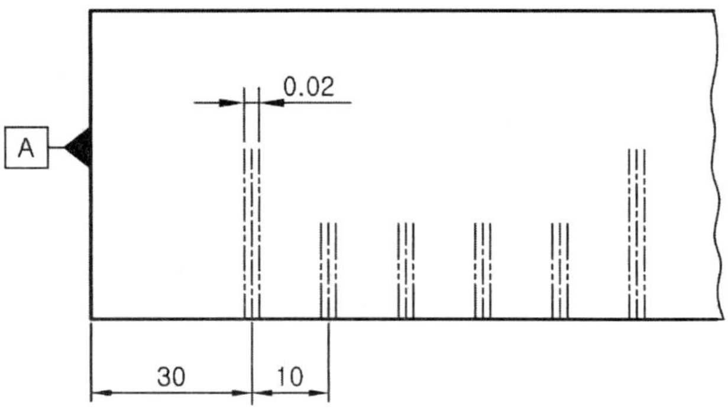

[그림 3.139] 한 방향으로 규제된 선의 위치도 공차영역

(c) 직육면체 공차영역으로 규제된 위치도

공차영역의 지정이 서로 직각인 두 방향으로 실시되어 있는 경우, 위치도 공차영역은 이론적으로 정확한 위치를 축선으로 하는 단면 $t_1 \times t_2$인 직육면체 안의 영역이다. 그림 3.140에서 지시선의 화살표로 나타낸 축심은 데이텀 평면 A로부터 100mm, 데이텀 평면 B로부터 85mm 멀어진 이론적으로 정확한 위치에 있어서 지시선의 화살표로 나타낸 방향에 대칭으로 각각 0.05, 0.02mm의 간격을 갖는 평행한 두 개의 평면으로 둘러싸인 직육면체 안에 있어야 한다.

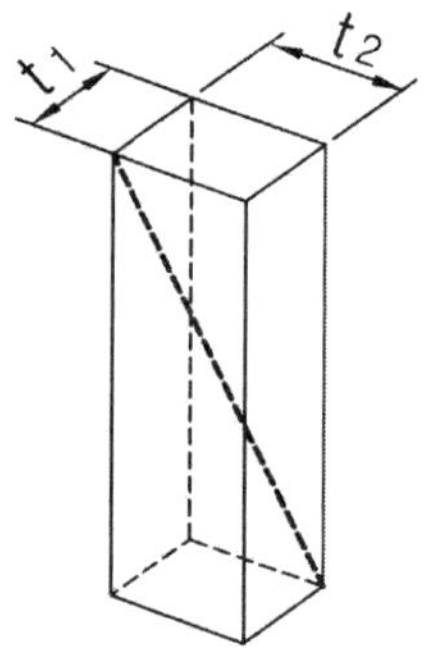

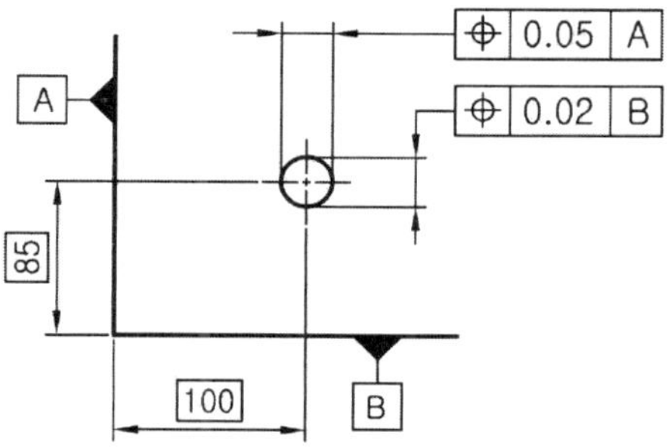

[그림 3.140] 원통에 규제된 직육면체 공차영역

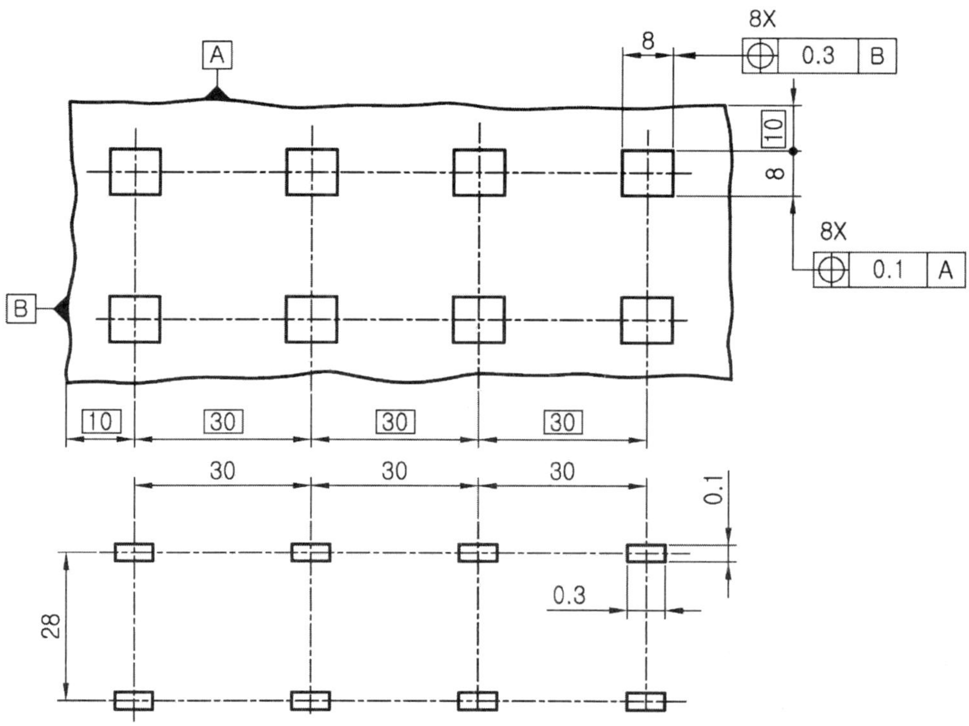

[그림 3.141] 직사각형 공차영역

(d) 지름의 공차영역으로 규제된 위치도

공차를 나타내는 수치 앞에 기호 ⌀가 붙어 있는 경우, 위치도 공차영역은 이론적으로 정확한 위치를 축선으로 하는 지름 t인 원통 안의 영역이다. 그림 3.142 (a)에서 지시선의 화살표로 나타낸 축선은 데이텀 평면 A 위에 있어서 데이텀 평면 A에 수직한 직선을 축선으로 데이텀 평면 B로부터 85mm, 데이텀 평면 C로부터 100mm의 이론적으로 정확한 위치를 지나는 지름 0.08mm인 원통 안에 있어야 한다. 그림 3.142 (b)에서 지시선의 화살표로 나타낸 여덟 개 구멍의 축선 상호간의 관계 위치는 서로 30mm 떨어진 이론적으로 정확한 위치를 축으로 하는 지름 0.08mm인 원통 안에 있어야 한다.

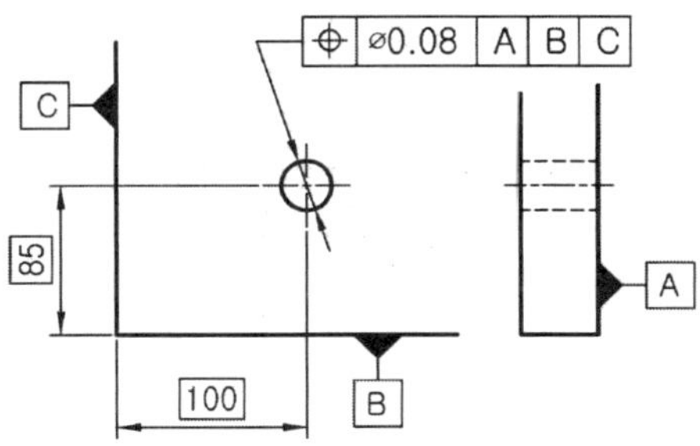

(a)

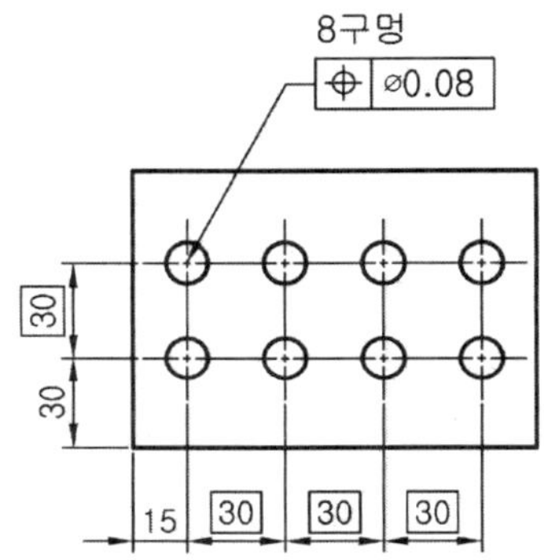

(b)

[그림 3.142] 지름의 공차영역

(e) 경사진 평면에 대한 위치도 공차

공차영역은 대상으로 하고 있는 평면이 이론적으로 정확한 방향을 기준으로 t만큼 떨어진 두 개의 평행한 평면 사이에 끼인 영역으로 규제된다. 그림 3.143에서 지시선의 화살표로 나타낸 평면은, 데이텀 축 직선 B의 축선을 1차 데이텀 기준으로 하고, 데이텀 평면 A를 2차 데이텀으로 하여 A 형체로부터 35mm 떨어진 위치에, 105° 기울어진 이론적으로 정확한 방향으로 0.05mm의 간격을 갖는 평행한 두 개의 평면 사이에 있어야 한다.

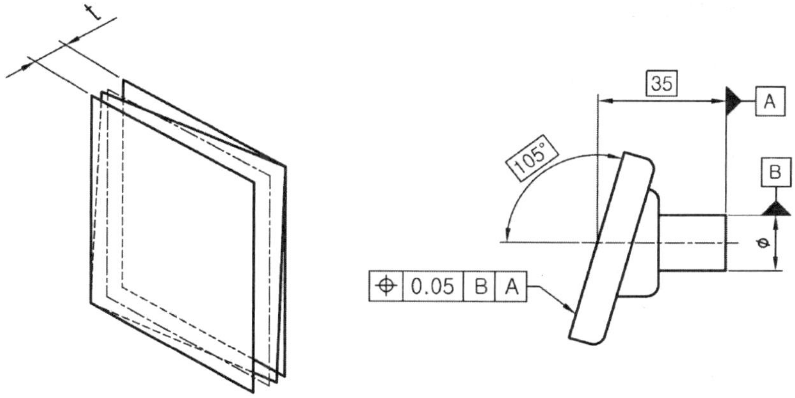

[그림 3.143] 경사진 평면에 적용한 위치도

(f) 복합적으로 규제된 위치도와 직각도

그림 3.144에서는 하나의 형체에 대하여 복합적으로 위치도와 직각도를 규제하였다. 이것은 주어진 위치도 공차영역 내에서 ⌀0.05의 크기를 갖는 직각도 공차영역으로 규제되어 있다. 규제된 형체 구멍의 축심은 이 두 개의 공차영역 내에 존재해야 한다.

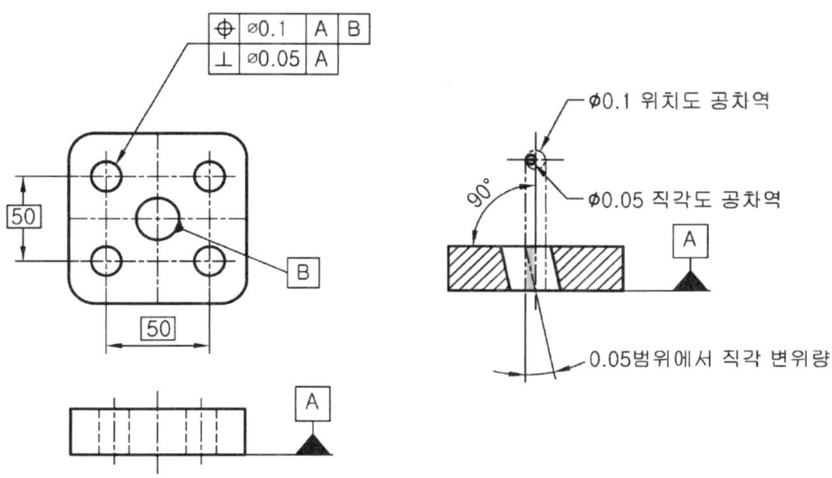

[그림 3.144] 복합적으로 규제된 위치도와 직각도

(g) 극좌표 치수에 의하여 규제된 위치도

극좌표 치수에 의하여 규제된 위치도는 기어(gear)를 설계할 경우 기어의 중심거리 설계와 같은 곳에 적용하면 편리하다. 기어에서 치의 물림은 축간 거리가 백래시(backlash)에 영향을 크게 주기 때문에 축간 거리를 정확하게 설계하는 것이 매우 중요하다. 따라서 기하공차 규제조건은 형체치수무관계로 설계하였다.

그림 3.145에서 공차 붙이 형체는 좌 · 우로 0.2, 위 · 아래로 0.04의 폭 공차영역의 크기로 축간 거리에 대한 위치도가 엄격하게 규제되어 있다. 그러나 주어진 공차영역 내에서 축의 중심이 가공된다 하드라도 두 축은 평행도 오차와 어긋남 오차가 적어야 물림이 원활하게 되므로 주어진 위치도 공차영역 내에서 직각도 공차를 추가적으로 규제하였다. 따라서, 공차붙이 형체의 축심은 ∅0.04 공차영역 내에 존재하면서 규제된 위치도 공차영역을 벗어나서는 안 된다.

그림 3.146는 위치도와 직각도가 복합적으로 적용된 공차영역을 도시한 것이다. 공차붙이 형체의 축심을 구성하는 모든 요소는 ∅0.04의 크기를 갖는 직각도 공차영역에 존재해야 하며, 이 직각도 공차영역은 규정된 위치도 공차 영역 내에 위치해야 한다.

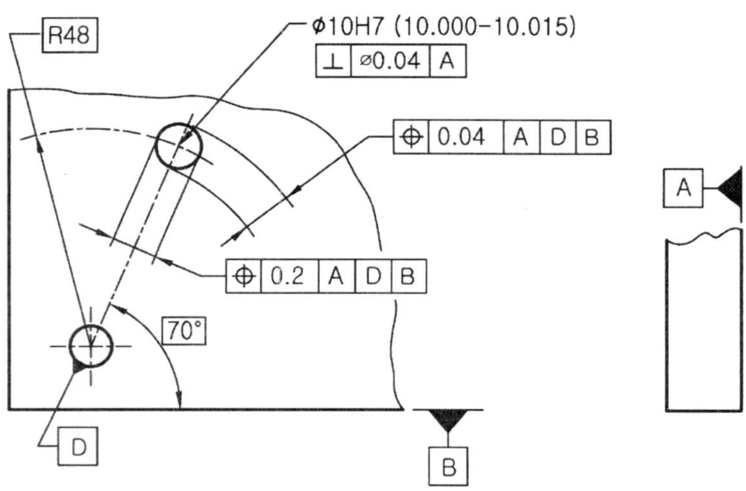

[그림 3.145] 극좌표 방식에 의한 위치도

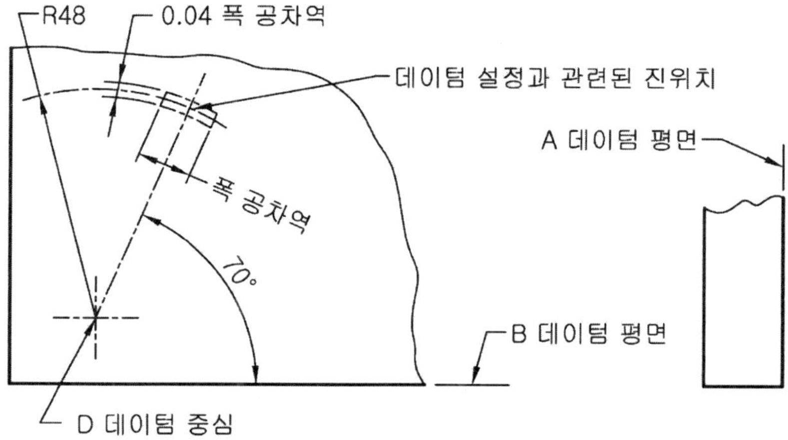

[그림 3.146] 극좌표 방식에 의한 위치도 공차영역

(h) 자리파기 구멍에 대한 위치도

구멍과 자리파기 구멍과 같은 형체에 위치도 공차를 적용한 경우로, 구멍과 자리파기 치수 아래에 하나의 공차 기입틀로 나타낸다. 그림 3.147은 규정된 데이텀과 관련하여 형체에 수직을 규제하는 1차 데이텀 A와, 형체와 동심을 규제하는 2차 데이텀 B를 기준으로, 구멍과 자리파기 구멍의 두 축심은 최대 실체 크기에서 ∅0.25 크기의 공차영역을 갖는 동축의 위치에 존재하여야 한다.

한국산업표준인 KS 규격에서는 표 2.4에서와 같이 볼트의 크기에 따라서 구멍, 자리파기 및 접시자리파기 치수에 대하여 규정하고 있으므로 이를 참조하여 설계하면 좋다.

구멍과 자리파기 구멍에 다른 위치도 공차를 적용하고자 할 경우에, 구멍과 자리파기 치수 아래에 각각 별도의 공차 기입틀로 나타낸다. 그림 3.148은 규정된 데이텀과 관련하여 형체에 수직을 규제하는 1차 데이텀 A와, 형체와 동심을 규제하는 2차 데이텀 B를 기준으로, 최대 실체 조건에서 구멍은 ∅0.25 크기의 공차영역을, 자리파기 구멍에는 ∅0.5 크기의 공차영역으로 규제되어 있다. 즉, 구멍과 자리파기 구멍의 두 축심은 동축의 위치에 다른 크기의 위치도 공차를 규제한 것이다.

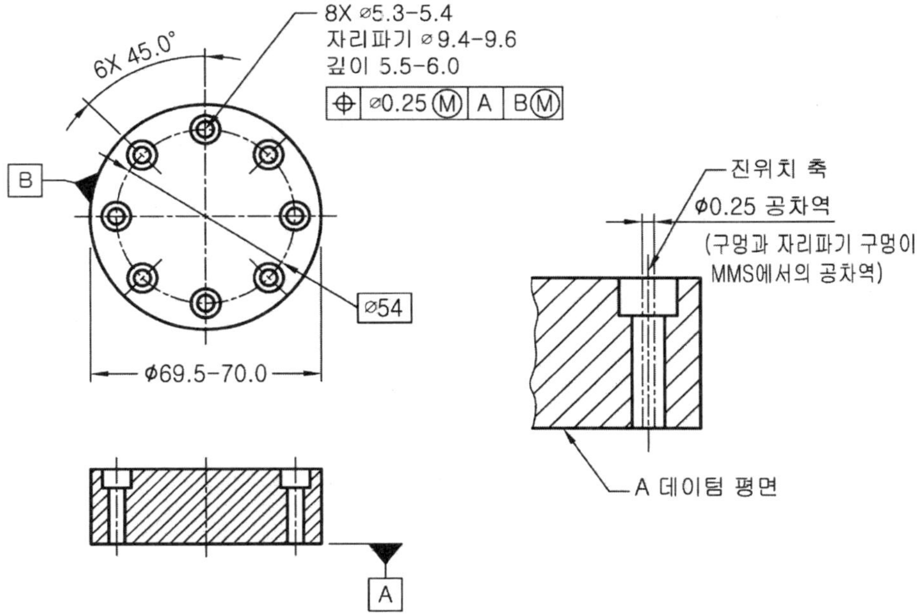

[그림 3.147] 구멍과 자리파기 구멍에 동일한 위치도 적용

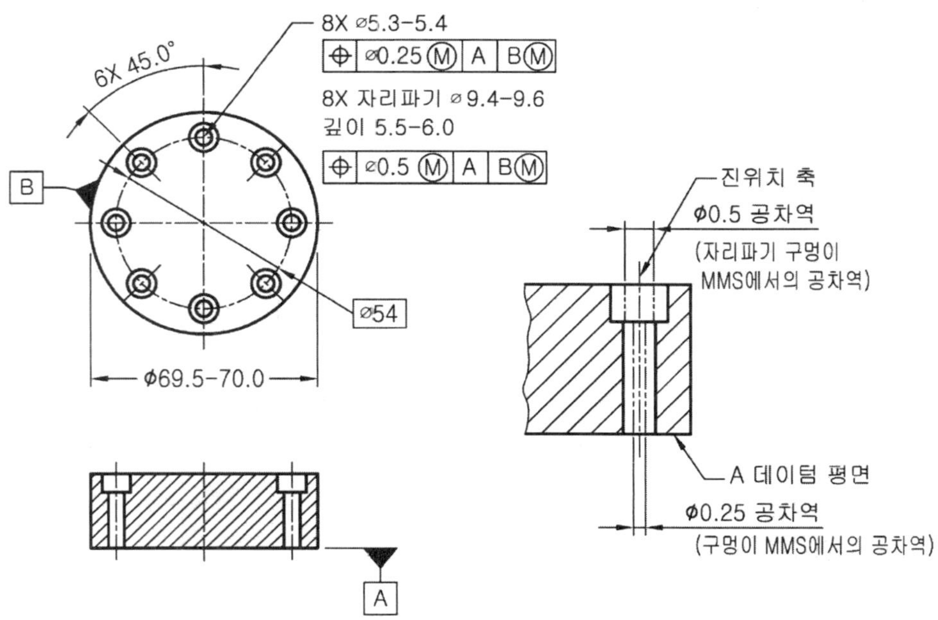

[그림 3.148] 구멍과 자리파기 구멍에 다른 위치도 적용

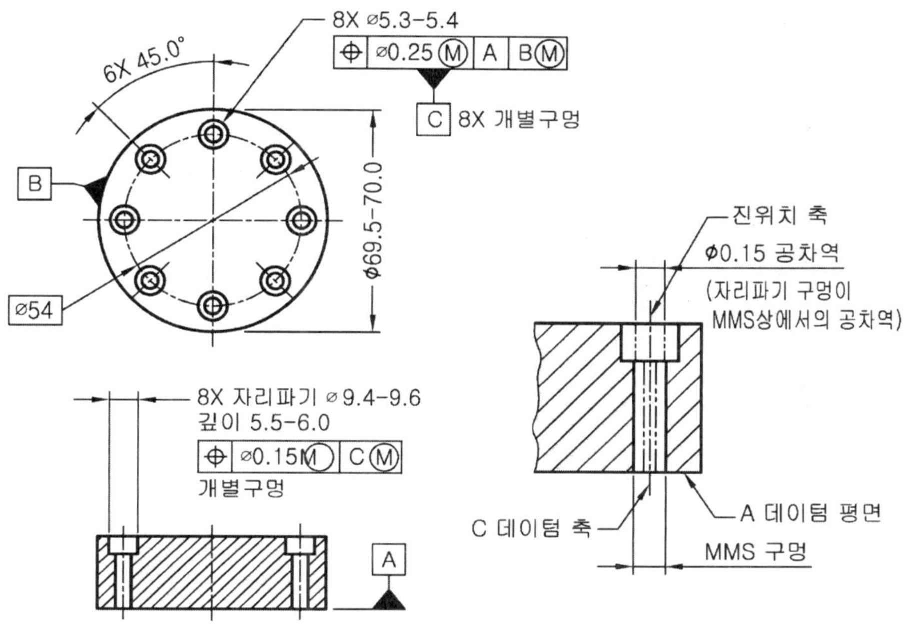

[그림 3.149] 구멍을 데이텀으로 한 자리파기 위치도

구멍에 위치도 공차를 규제하고, 이 구멍을 자리파기 구멍의 데이텀 형체로 규제할 수 있다. 이때, 각각의 구멍을 데이텀 형체의 기준으로 적용한다는 주기를 표시한다. 그림 3.150은 규정된 데이텀과 관련하여 형체에 수직을 규제하는 1차 데이텀 A와, 형체와 동심을 규제하는 2차 데이텀 B를 기준으로, 구멍의 축심은 최대 실체 크기에서 ⌀0.25 크기의 공차영역을 갖는 위치에 존재하여야 한다.

자리파기 구멍은 개별 구멍의 축심을 기준으로 동심상에 위치도 공차를 규제한 것으로 구멍과 자리파기 구멍의 두 축심은 동축의 위치에 다른 데이텀 형체를 기준으로 다른 크기의 위치도 공차를 갖고 있다.

(i) 원추형으로 규제된 위치도

길이가 긴 제품에서 양단의 기하공차를 달리 규제해도 무방한 경우에는 각 표면에 대한 기하공차를 달리 규제한다. 그림 3.150에서 표면 C에 대한 위치도는 ⌀0.5가 되며, 반대쪽 표면인 표면 D에서의 위치도는 ⌀1로 규제되어 있다.

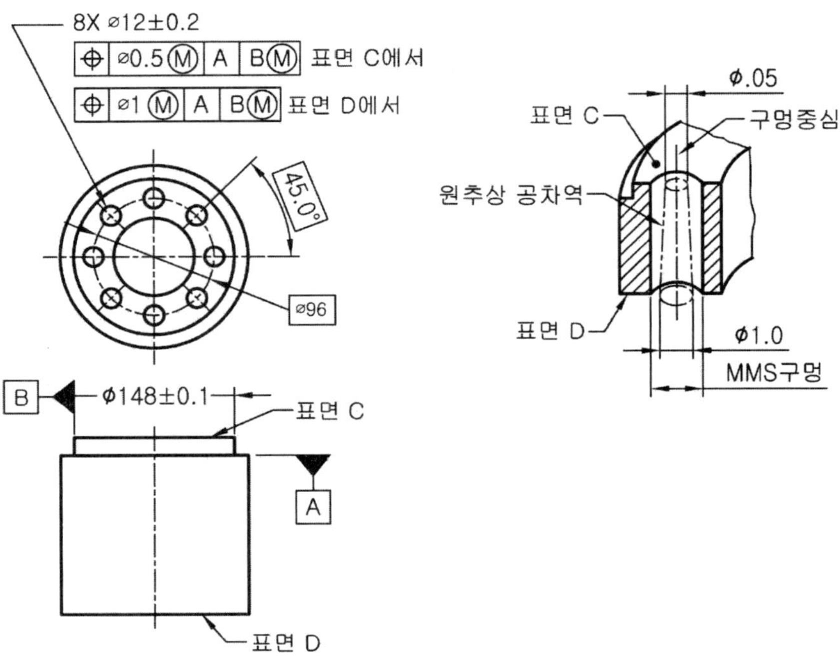

[그림 3.150] 원추형의 위치도

(j) 공차붙이 형체와 데이텀에 최대 실체 공차방식을 적용한 위치도

그림 3.151에서 각 형체 각각의 실제 부분의 크기는 ⌀8.1에서 8.2사이의 범위로, 크기에 대한 허용공차 0.1의 범위에 속해야 한다. 모든 허용공차가 적용된 형체는 실질 조건 경계, 즉 ⌀8(=⌀8.1-0.1)인 완전한 형태의 내접 원기둥을 벗어나서는 안 된다. 이 경우 각각 원의 중심에 대한 공차영역은 이론적으로 정확한 16mm, 32mm의 지점에 위치한다. 각 형체의 지름이 ⌀8.1의 최대 실체 크기일 경우 각 형체의 축은 ⌀0.1의 위치에 대한 허용공차 영역에 속해야 하고, 각 형태의 지름이 ⌀8.2인 최소 실체 크기일 경우 각 형태의 축은 ⌀0.2의 허용공차 영역에 속해야 한다.

데이텀 기준 형체 A의 결합 크기가 ⌀10인 최대 실체 크기일 경우 기준 축에 대해서 이론적으로 정확하게 위치한다. 데이텀 형체의 최대 실체 크기에서 최소 실체 크기로 멀어지게 되면 데이텀 형체의 공차영역은 실질 조건에 따라 크기가 달라지며, 그 크기는 최대 실체 크기와 실 치수와의 차이만큼 된다. 극단적인 경우로 데이텀 형체 A가 ⌀10.2의 최소 실체 크기일 때 데이텀 형체 A와 결합되는 실제 축은 ∅0.2의 영역 내에서 이동할 수 있다. 위치에 대한 허용공차는 4개의 구멍과 데이텀 형체에 대한 실 치수에 따라 허용공차가 증가하며, 허용 위치도 공차는 표 3.5에 나타나 있다.

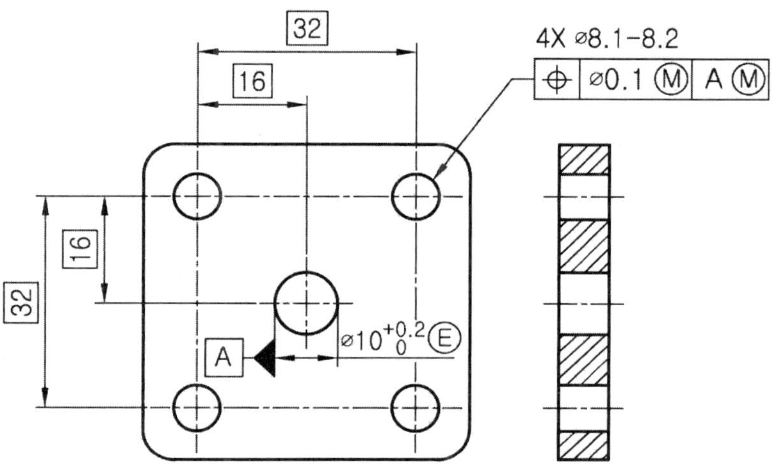

[그림 3.151] 최대 실체 공차방식을 적용한 위치도

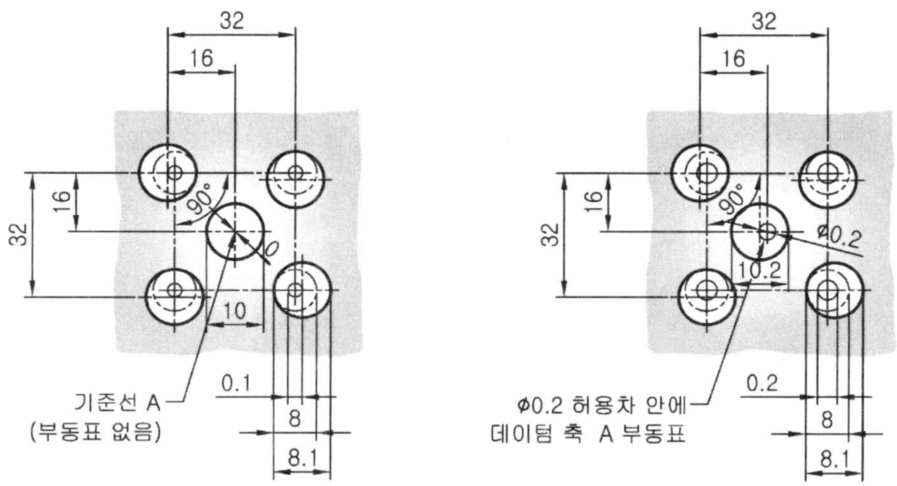

(a) 최대 실체 크기 (b) 최소 실체 크기

[그림 3.152] 데이텀의 크기에 따른 허용 공차영역

〈표 3.5〉 공차붙이 형체와 데이텀 형체의 실 치수에 따른 허용 위치도

		형체크기					
		∅ 8.10 (MMS)	∅ 8.12	∅ 8.14	∅ 8.16	∅ 8.18	∅ 8.20 (LMS)
데이텀 크기	∅ 10.00(MMS)	0.10	0.12	0.14	0.16	0.18	0.20
	∅ 10.05	0.15	0.17	0.19	0.21	0.23	0.25
	∅ 10.10	0.20	0.22	0.24	0.26	0.28	0.30
	∅ 10.15	0.25	0.27	0.29	0.31	0.33	0.35
	∅ 10.20(LMS)	0.30	0.32	0.34	0.36	0.38	0.40

공차붙이 형체	크기	∅ 8.1 (MMS)	∅ 8.2 (LMS)	∅ 8.1 (MMS)	∅ 8.2 (LMS)
	공차영역	0.1	0.2	0.1	0.2
데이텀 형체	크기	∅ 10.0 (MMS)	∅ 10.0 (MMS)	∅ 10.2 (LMS)	∅ 10.2 (LMS)
	공차영역	0	0	0.2	0.2
기하공차	허용공차	0.1	0.2	0.3	0.4
	그림	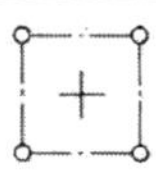	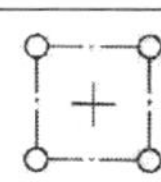	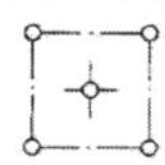	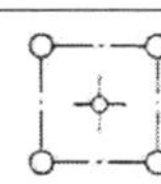

또한, 제시된 도면에 대한 기능 게이지 핀의 기본 치수와 모양이 그림 3.153에 제시하였다. 기능 게이지 설계시 제품 검사 시간을 단축하기 위해서는 삽입이 용이하도록 하여야 한다. 이를 위해서 데이텀 구멍에 삽입되는 핀의 치수를 다른 핀의 길이보다 다소 2~3mm 정도 길게 설계하고 모든 핀의 끝 부분은 포물선 모양이나 모따기 형체로 제작한다.

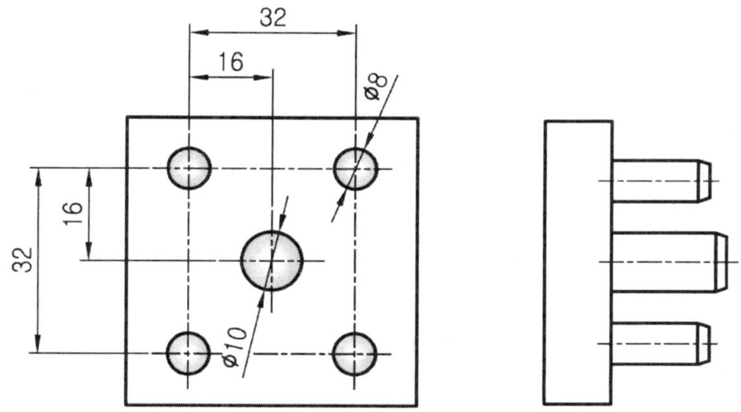

[그림 3.153] 기능 게이지의 기본치수 및 모양

(4) 일반 위치도의 적용

그림 3.154과 그림 3.155에서 ∅8.1~8.2의 크기를 갖는 4개의 그룹 형태의 구멍에 ∅7.9~7.8의 크기를 갖는 4개의 그룹 형체로 구성된 핀이 함께 조립되는 경우를 살펴보자.

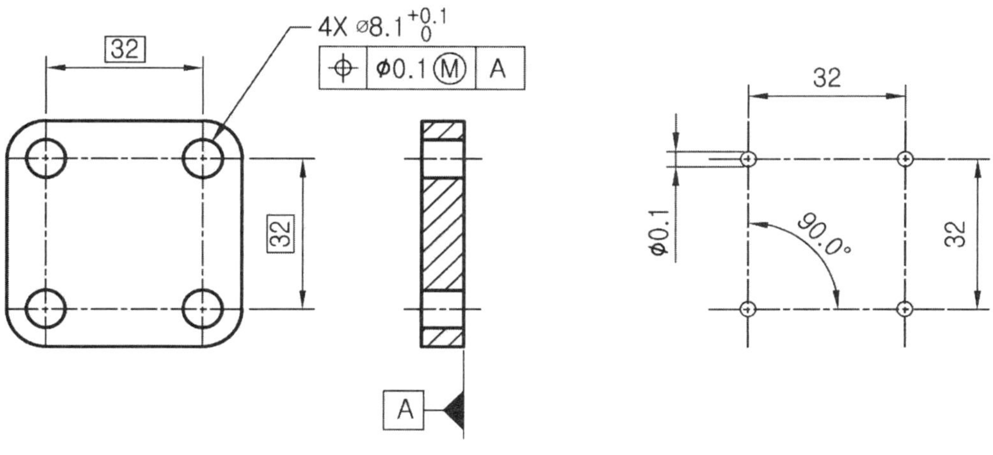

[그림 3.154] 4개의 구멍에 대한 위치도 적용

구멍과 핀의 최대 실체 크기의 차이가 최소틈새로 8.1－7.9＝0.2이다. 구멍과 핀에 대한 위치 허용공차의 합은 최소틈새 0.2를 초과해서는 안 된다. 이 예에서, 이러한 허용공차는 구멍과 핀 사이에 균등하게 50%씩 배분하여 구멍과 핀의 위치 허용공차는 각각 ∅0.1이 된다. ∅0.1의 허용공차 구역은 이론상으로 정확한 위치에 위치해야 한다. 두 제품이 끼워맞춤이 되는 부품으로 호환성을 고려하여 최대 실체 공차방식을 적용하였으며, 각각의 형태의 실질 크기에 따라 위치 허용 공차는 증가한다.

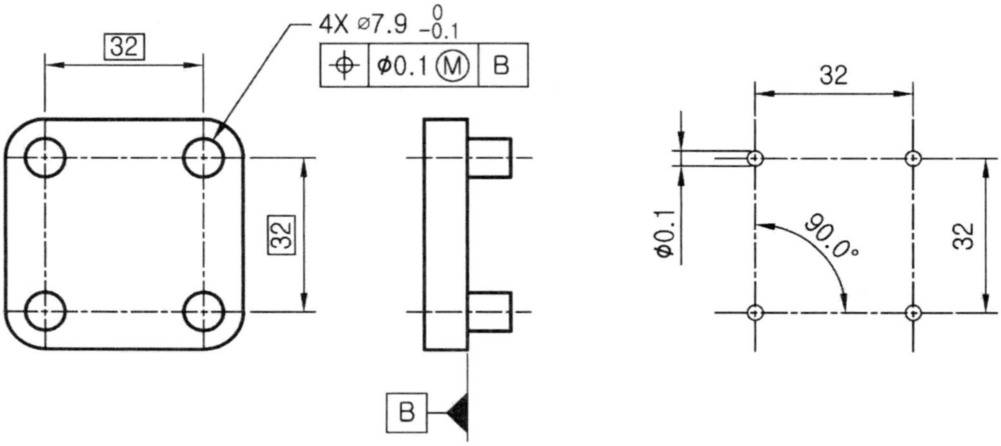

[그림 3.155] 4개의 핀에 대한 위치도 적용

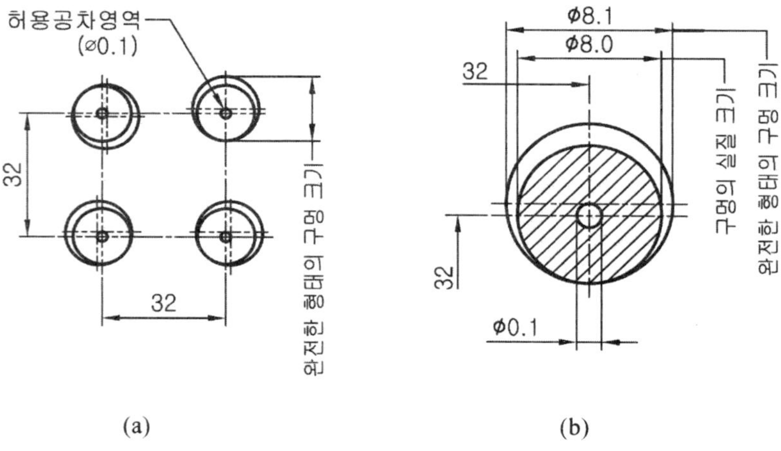

[그림 3.156] 4개의 구멍에 대한 구멍의 실질 크기

그림 3.156 (a)는 최대 실체 크기이고 완전한 형태인 4개의 구멍에 대한 원주 표면을 보여준다. 그림 3.156 (a)의 구멍 중 하나가 확대되어 그림 3.156 (b)에 표시되었다. 구멍에 대한 최대 실체 크기가 ⌀8.1일 경우, 구멍에 대한 허용 위치 공차영역은 ⌀0.1이다. 구멍의 중심이 ⌀0.1 허용공차 영역의 맨 가장자리에 위치할 때, ⌀8.1 원은 ⌀8의 내접 외곽선을 연결한 원기둥이 된다. 이러한 ⌀8의 포락선 원기둥은 이론상으로 정확한 위치에 와야 하며, 구멍의 표면에 기능적 경계를 이루고 있다.

그림 3.156 (a)는 최대 실체 크기이고 완전한 형태인 4개의 핀에 대한 원주 표면을 보여준다. 그림 3.157 (a)의 핀 중 하나가 확대되어 그림 3.157 (b)에 표시되어 있다. 핀의 최대 실체 크기는 ⌀7.9일 경우, 핀에 대한 허용 위치 공차영역은 ⌀0.1이다. ⌀0.1 허용공차 영역의 맨 가장자리에 위치할 경우, ⌀7.9원은 ⌀8의 외접 외곽선을 연결한 원기둥을 이루고 이는 이론적으로 정확한 위치에서 핀의 실질 조건이 된다.

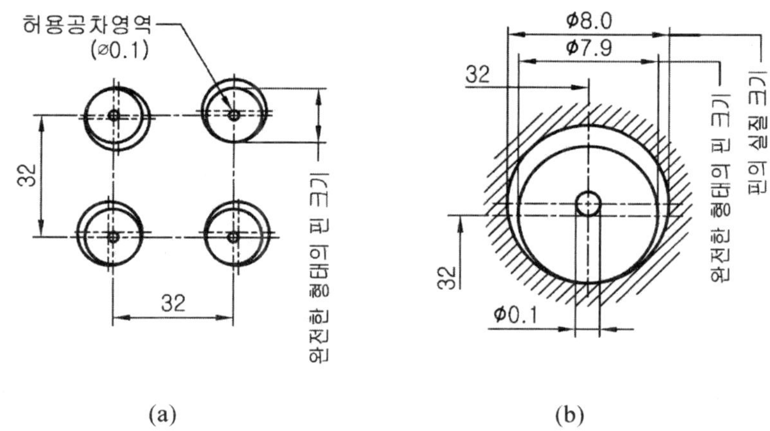

[그림 3.157] 4개의 핀에 대한 핀의 실질 크기

그림 3.158에서 구멍의 크기가 최대 실체 크기보다 커지면, 구멍의 허용 위치공차가 증가하여 구멍의 간격이 증가한다. 또한, 핀의 크기가 최대 실체 크기보다 작은 경우에도 핀의 허용 위치공차가 증가하여 핀의 간격이 증가한다. 각 구멍과 축은 형태의 실 치수에 따라서 허용되는 위치공차는 달라지기 때문이다.

그림 3.158 (a)에서는 극단적인 경우로 구멍이 최소 실체 크기인 ⌀8.2인 경우에는, 구멍의 축심이 구멍의 실질 크기인 ⌀8.0을 벗어나지 않는 ⌀0.2의 허용공차 영역 범위 내 어디든

위치할 수 있다는 것을 보여주고 있다. 그림 3.158 (b)는 핀에 대해서 구멍과 동일한 관계를 보여 준다. 핀이 최소 실체 크기인 ∅7.8인 경우에, 위치에 대한 허용공차 영역은 지름 ∅0.2가 된다.

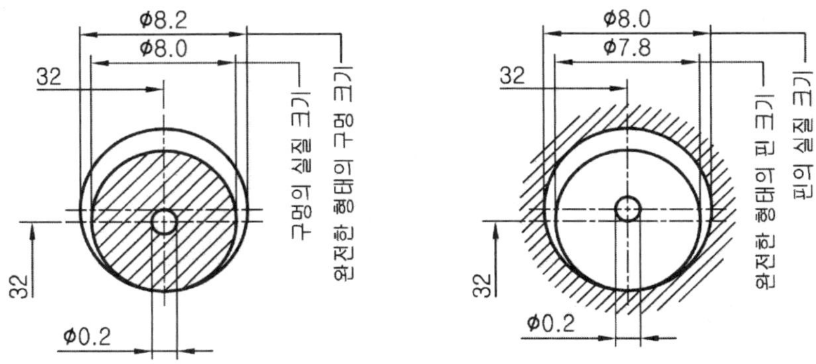

(a) 구멍의 최소 실체 크기 (b) 핀의 최소 실체 크기

[그림 3.158] 최소 실체 크기에서의 허용 위치도

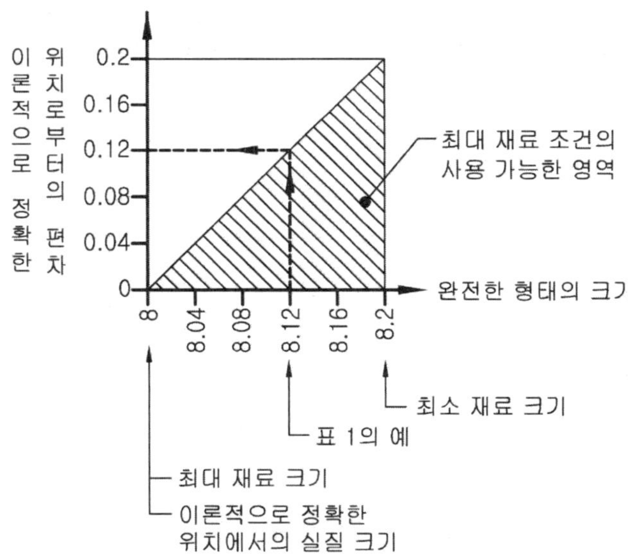

[그림 3.159] 구멍 실 치수에 따른 허용공차 도식

기하학적 공차의 증가를 허용하는 최대 실체 공차방식은 결합부품의 경우에 적용된다. 어느 부품도 조립에 가장 불리한 상태인 허용공차의 가장 가장자리에 오도록 결합부품이 제작되는 경우에도 크기와 기하학적 공차에 의한 실질 조건을 벗어나지 않으므로 조립이 항상 가능하게 되어 호환성을 확보할 수 있다.

〈표 3.6〉 구멍의 치수에 따른 위치도와 게이지 치수

	형체의 크기						공차의 크기
	∅ 8.10 (MMS)	∅ 8.12	∅ 8.14	∅ 8.16	∅ 8.18	∅ 8.20 (LMS)	0.1
허용 위치도 공차	∅ 0.10	∅ 0.12	∅ 0.14	∅ 0.16	∅ 0.18	∅ 0.20	0.10~0.20
기능 게이지 치수	∅ 8.00 (실질크기)						그림 3.160
한계 게이지 치수	∅ 8.1(통과측 게이지), ∅ 8.20(정지측 게이지)						

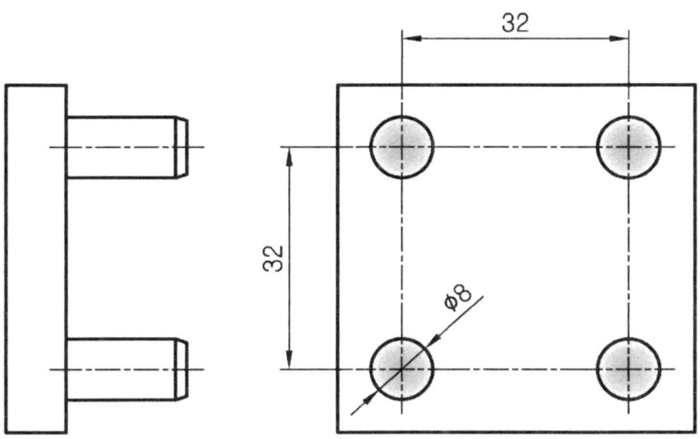

[그림 3.160] 기능 게이지 모양 및 기준 치수

(5) 0 위치도의 적용

그림 3.161과 그림 3.162에서 ∅ 8.0~8.2의 크기를 갖는 4개의 그룹 형태의 구멍에 ∅ 8.0~7.8의 크기를 갖는 4개의 그룹 형체로 구성된 핀이 함께 조립되는 경우를 살펴보자. 극단적인 경우인 최대 실체 조건에서 위치에 대한 허용공차가 영(零)이 된다. 최대 실체 공차방식

에서 규제형체의 실질 크기에 대하여 허용공차는 증가하며, 그 크기는 형체의 실 치수와 최대 실체 치수차가 된다.

그림 3.161에서 각 형체의 실제 부분 크기는 ⌀8.0에서 ⌀8.2의 크기로, 크기에 대한 허용공차 0.2의 범위에 속해야 한다. 모든 허용공차가 적용된 형태는 실질 조건 경계, 즉 ⌀8의 완전한 형태의 내접 원주를 벗어날 수 없다. 이 경우 각 중심은 이론적으로 정확한 중심에 위치한다. 각 구멍의 지름이 ⌀8.0인 최대 실체 치수일 경우 ⌀0의 위치공차가 되고, 형체의 지름이 ⌀8.2인 최소 실체 치수일 경우에는 ⌀0.2의 위치도가 허용된다. 그림 3.161과 3.163에서 구멍과 축의 치수가 각각 ⌀8인 경우의 ⌀0.1의 위치도 공차영역을 도시하고 있다.

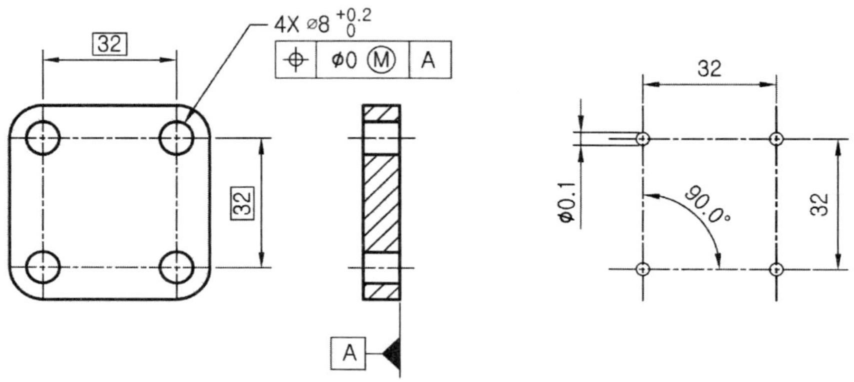

[그림 3.161] 4개의 구멍에 대한 “0” 위치도

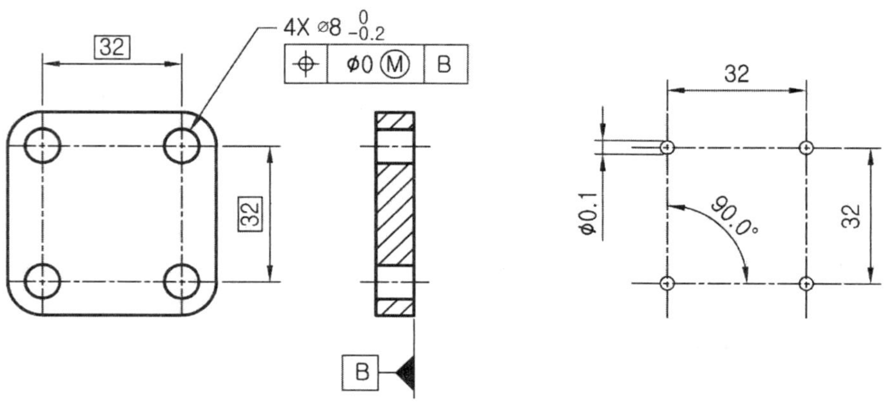

[그림 3.162] 4개의 핀에 대한 “0” 위치도

그림 3.163은 역학적 허용공차 도식을 나타낸 것으로 표 3.7에 형체의 크기와 이론적으로 정확한 위치와의 용인 가능한 공차 사이의 상호 관계를 보여준다. 도면상의 표시에 따르면 실제 크기가 최대가 되는가, 최소가 되는가에 따라서 위치에 대한 허용공차는 ∅0에서 ∅0.2 사이에서 달라질 수 있다. "0 Ⓜ" 표시는 다른 기하학적 특성과 함께 사용될 수 있다.

이상에서 일반 위치도와 영 위치도를 비교하여 보자. 일반 위치도에서 구멍의 실 치수에 따라 위치도 공차가 ∅0.1에서 ∅0.2로 변하며, 최대의 위치도는 ∅0.2의 크기가 된다. 이때 치수공차는 ∅8.1에서 ∅8.2로 0.1의 크기를 갖는다.

"영" 위치도를 적용한 도면에서 구멍의 실 치수에 따라 위치도 공차가 0에서 ∅0.2로 변하며, 최대의 위치도는 ∅0.2의 크기가 된다. 이때 치수공차는 ∅8.0에서 ∅8.2로 0.2의 크기를 갖는다.

즉, 최대의 기하공차가 동일한 조건에서 "0" 위치도 공차를 적용하여 설계하면, 치수공차를 크게 이용할 수 있으므로 치수공차가 매우 적은 경우에 적용하면 좋다. 또한, 기능 게이지 치수와 한계 게이지의 통과측 게이지 치수가 동일함으로 기능 게이지 핀으로 한계 게이지 통과측 게이지로 사용할 수가 있어 통과측 게이지를 줄일 수 있다.

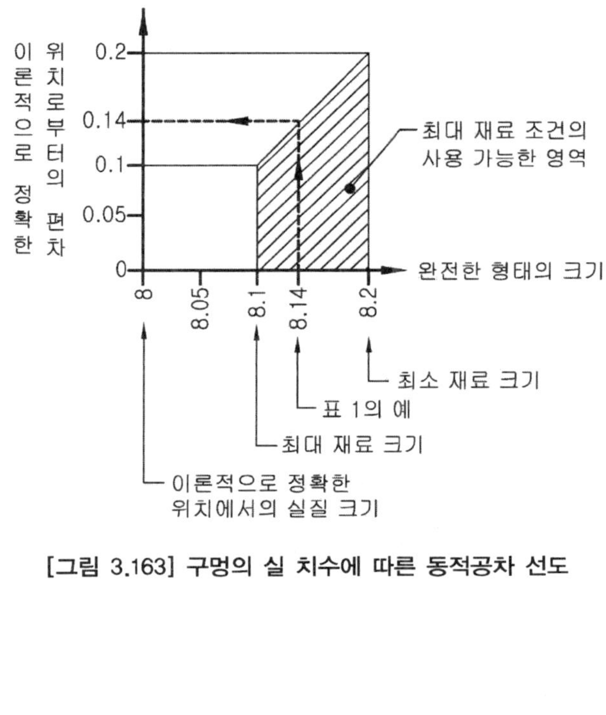

[그림 3.163] 구멍의 실 치수에 따른 동적공차 선도

〈표 3.7〉 구멍의 치수에 따른 위치도와 게이지 치수

	형체의 크기						공차의 크기
	∅ 8.00 (MMS)	∅ 8.04	∅ 8.08	∅ 8.12	∅ 8.16	∅ 8.20 (LMS)	0.2
허용 위치도 공차	∅ 0	∅ 0.04	∅ 0.08	∅ 0.12	∅ 0.16	∅ 0.20	0.0~0.20
기능 게이지 치수	∅ 8.00 (실질크기)						그림 3.160
한계 게이지 치수	∅ 8.0(통과측 게이지), ∅ 8.20(정지측 게이지)						

(6) 동축 형체의 규제

상호관계를 이루는 동축 형체에 대한 기하공차를 규제하는 방법은 규제형체의 기능, 결합상태, 호환성 등 설계요구 조건을 만족시킬 수 있는 부품 특성이 되도록 적절한 기하공차를 규제하여야 한다. 그림 3.164를 참고하여 다음과 같이 동축 형체를 규제할 수 있다.

(a) 원주 흔들림에 의한 규제

동축 형체에서 데이텀 축선을 기준으로 공차붙이 형체에서 반지름 방향의 표면형상을 형체 치수공차와 관계없이 규제할 필요가 있는 경우에는 원주 흔들림 공차를 적용한다.

(b) 온 흔들림에 의한 규제

동축 형체에서 데이텀 축선을 기준으로 공차붙이 형체 원통 표면 전체를 규제할 필요가 있는 경우에는 온 흔들림 공차를 적용한다.

(c) 위치도 공차에 의한 규제

동축 형체에서 상대 부품과 결합되는 경우, 결합되는 부품간에 호환성을 확보하고 간섭 없는 조립을 보증하기 위해서 최대 실체 공차방식으로 위치도 공차를 적용한다.

(d) 동축도 공차에 의한 규제

동축 형체에서 데이텀 축선을 기준으로 회전하는 회전체 부품의 경우에, 데이텀 축선에 대하여 공차 붙이 형체 축선의 편심량을 규제할 필요가 있는 경우에 적용한다.

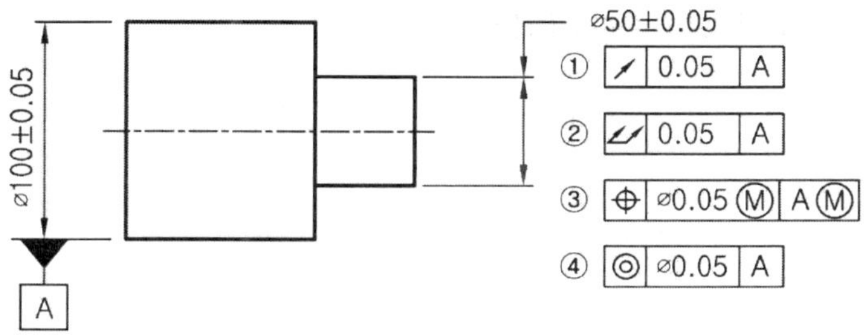

[그림 3.164] 동축 형체의 적절한 규제 예

(7) 외곽에서 크게 허용되는 패턴 형체의 위치도

다수 형체가 모여 특정한 모양을 구성할 경우 이를 패턴(patten)이라 한다. 그림 3.165에서 4개의 구멍과 8개의 구멍은 특정한 형체의 패턴을 구성하고 있다. 형체의 패턴에 대한 위치공차는 치수공차방식으로 ±0.5의 크기로 지시되어 있으며, 형체 자체의 위치와 방향을 규제하는 기하공차는 위치도로 각각 ⌀0.3로 규제되어 있다. 이러한 규제 방법은 형체 패턴의 위치에 대한 위치공차는 크게 적용하고 형체 패턴 자체의 위치 공차는 정밀하게 적용하기 위한 방법이나 공차영역의 해석이 불분명하여 바람직하지 못하다.

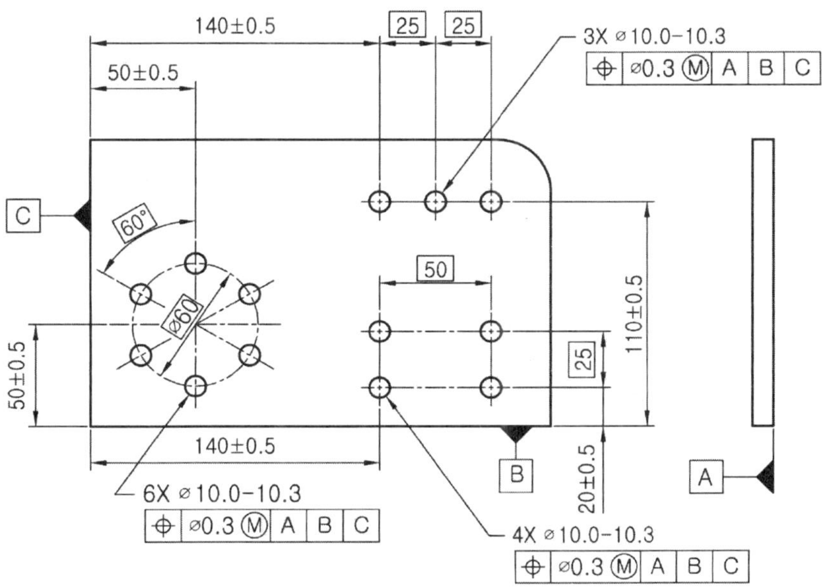

[그림 3.165] 외곽으로부터 크게 허용되는 위치도

(8) 단일 위치도를 적용한 패턴형체

특정한 패턴에 대하여 기하공차를 규제할 경우, 단일 위치도 공차 방식으로 규제할 수 있다.

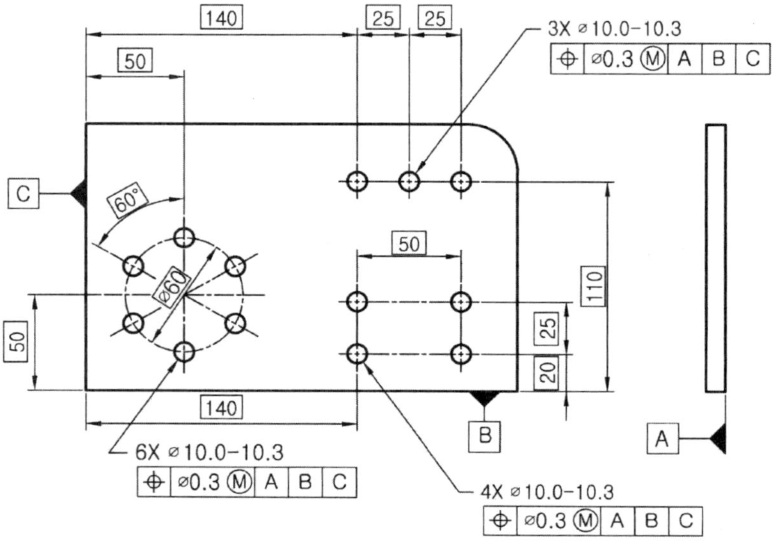

[그림 3.166] 단일 위치도에 의한 규제

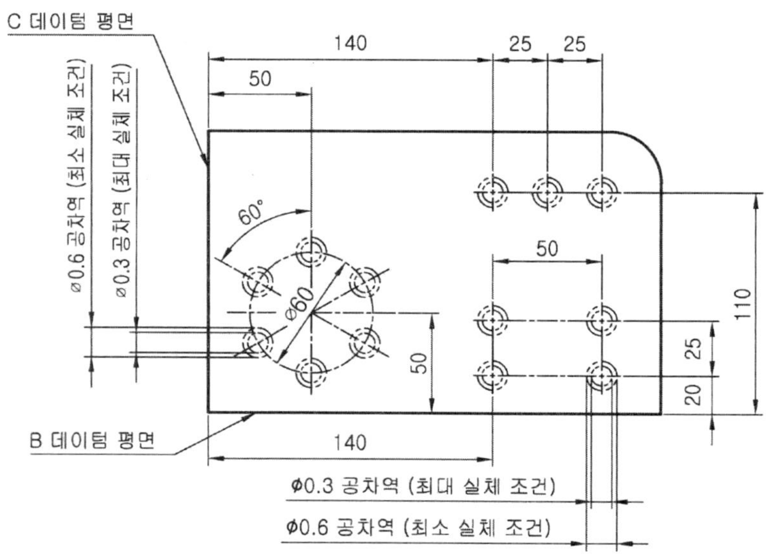

[그림 3.167] 단일 위치도 규제에 의한 공차영역

그림 3.166은 형체 그룹을 구성하고 있는 패턴에 대하여 위치공차를 적용한 도면으로, 모든 구멍의 실제 중심은 데이텀 A와 B, C로부터 측정될 때 그들 각각의 공차영역 범위 이내에 있어야 한다. 그림 3.167은 단일 위치도를 적용한 형체 패턴에 대한 공차영역을 나타낸 것이다.

(9) 복합 위치도 공차 방식

패턴 형체에 대하여 기하공차를 적용할 경우, 패턴 형체의 위치와 그 패턴 형체를 구성하고 있는 형체 요소간의 상호 관계 즉, 위치와 방향 등을 달리 적용하는 공차방식이다. 그림 3.168에서와 같이 공차 기입틀에 위치도 기호는 하나만 사용하고, 두 개의 수평으로 분리한다. 윗 부분은 패턴의 위치를 규제하는 공차영역(pattern locating tolerance zone framework : PLTZF)으로 플라쯔(plahtz)라 하며, 아래 부분은 패턴을 구성하고 있는 형체의 위치와 방향을 규제하는 형체관련 공차영역(feature relating tolerance zone framework : FRTZF)으로 프리쯔(fritz)라 한다. 플라쯔와 프리쯔의 특징을 살펴보면 다음과 같다.

(a) 패턴의 위치를 규제하는 공차영역인 플라쯔(PLTZF)는 이론적으로 정확한 치수에 의해 규정된 데이텀으로부터 위치 결정되며, 설정된 데이텀은 요구되는 우선순위에 따라 규정된다. 패턴 형체의 위치를 규제하기 위해서는 매우 큰 기하공차를 적용한다.

(b) 형체관련 공차영역인 프리쯔(FRTZF)는 패턴의 위치공차 범위내에서 각 형체의 상호 관계, 즉 위치와 방향을 규제하기 위해서 작은 기하공차를 적용한다.

(c) 규정된 데이텀에서 플라쯔와 관련되어 사용되는 이론적으로 정확한 치수는 프리쯔(PRTZF)에는 적용되지 않는다.

(d) 공차붙이 형체의 모든 요소는 프리쯔에서 규정된 공차영역 이내에 존재해야 하며, 이 공차영역은 플라쯔 공차 영역을 벗어나면 안 된다.

(e) 프리쯔 공차 영역을 설정하는 A 데이텀 형체는 공차붙이 형체에 대한 직각도를 규제하는 효과를 지니고 있으며, 플리쯔 공차 영역에서도 동일한 데이텀 A에 의해 플라쯔 공차영역이 확립됨으로 인해 플라쯔 공차영역과 프리쯔 공차영역은 데이텀 A 형체에 의해 두 공차영역의 축심은 나란하게 된다.

(f) 프리쯔 공차 영역을 설정하는 B 데이텀 형체는 공차영역의 방향을 설정한다. 이는 플라쯔에 의해 확립되고 부여된 공차영역 범위 내에서 자유롭게 방향이 경사지게 설정될 수 있음을 말한다.

(10) 3개구멍에 대한 공차영역의 해석

(a) 패턴위치 공차영역에 대한 해석

그림 3.168에서 먼저 3개구멍의 패턴에 대하여 공차영역을 살펴보자. 3개구멍이 나란한 모양으로 배열되어 어떤 패턴을 구성하고 있다. 패턴의 위치도는 구멍이나 핀과 같이 하나의 형체의 위치도와 같이 3개의 데이텀으로 위치 결정된다. 1차 데이텀 A는 바닥면이 되며, 2차 데이텀 B로부터 110mm, 3차 데이텀 C로부터 140mm의 위치에 최대 실체 조건에서 ∅0.8의 위치도로 규정되어 있다.

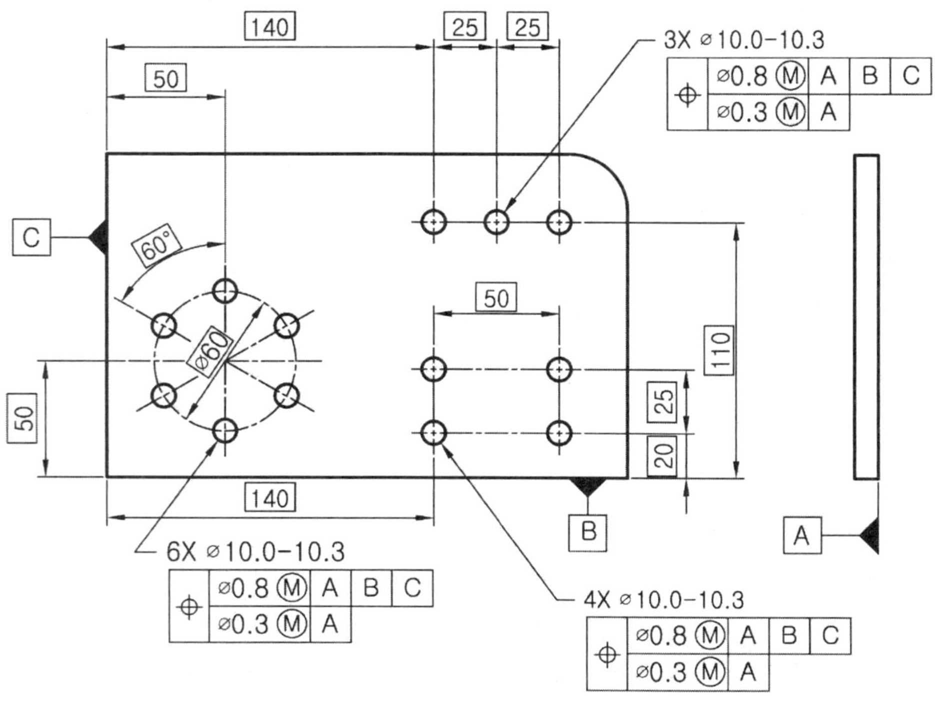

[그림 3.168] 복합 위치도에 의한 규제

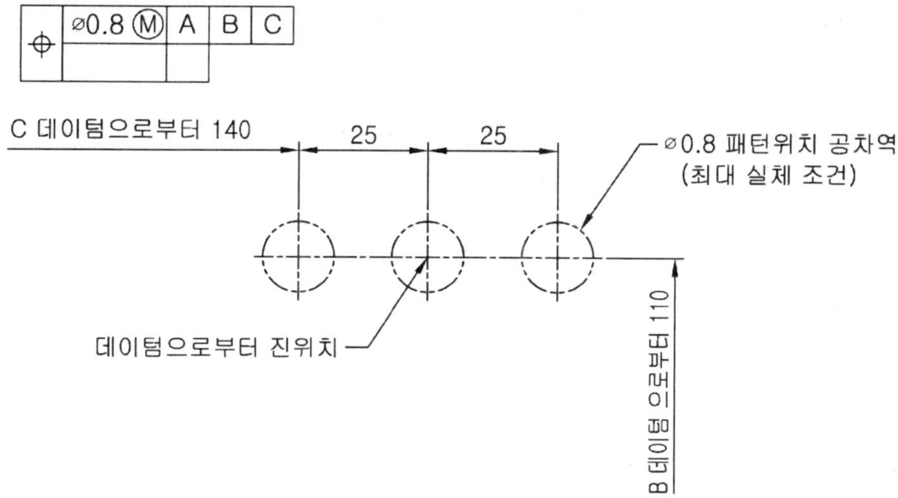

[그림 3.169] 3개구멍의 형체위치 공차영역

(b) 3개구멍에 대한 형체관련 공차영역에 대한 해석

3개구멍은 서로 25mm의 위치에 있다. 패턴의 위치를 규제하는데 사용되는 이론적으로 정확한 치수는 이러한 패턴을 구성하고 있는 형체 상호간의 위치와 방향을 규제하는 공차영역에는 적용되지 않는다. 그림 3.170에서 1차 데이텀 A를 바닥면으로 하여, 3개의 구멍과 구멍사이는 이론적으로 정확한 25mm의 위치에 최대 실체 조건에서 ∅0.3의 위치도로 규정되어 있다.

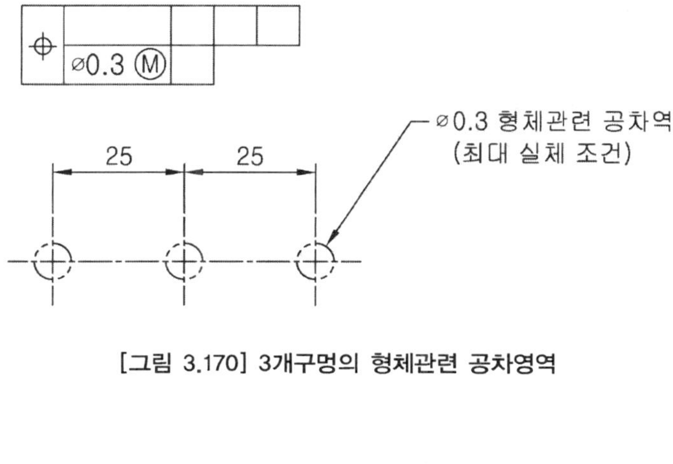

[그림 3.170] 3개구멍의 형체관련 공차영역

(c) 3개구멍에 대한 패턴위치 공차영역과 형체관련 공차영역의 적용

3개구멍에 대한 패턴위치 공차영역과 형체관련 공차영역이 적용되는 한 예를 보여주고 있다. 형체관련 공차영역은 방향의 특성을 규제하는 데이텀 B나 C가 없이 데이텀 A 형체만 패턴관련 공차영역과 동일하게 1차 데이텀으로 설정되었으므로 두 공차영역의 축심은 A형체에 대하여 수직이며 평행하다. 또한, 형체관련 공차영역은 자유로운 방향으로 위치될 수 있으며, 형체의 축심은 패턴위치 공차영역과 형체관련 공차영역의 공통 영역에 위치해야 한다.

그림 3.171은 형체관련 공차영역에서 A가 1차 데이텀으로 설정된 형체에 대한 자세를 보여주고 있다. 방향을 규제하는 데이텀이 없으므로 두 개가 패턴 위치공차영역과 형체관련 공차영역은 자유로운 방향으로 공차영역이 설정된다.

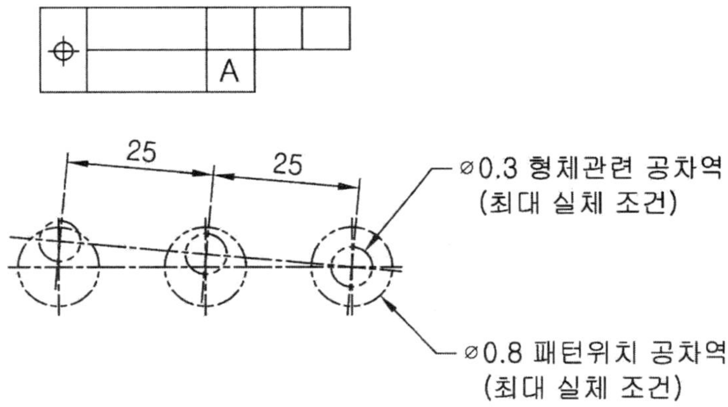

[그림 3.171] 패턴위치와 형체관련 공차영역 적용

그림 3.173은 또 다른 복합 위치 공차영역을 적용한 것으로 형체관련 공차영역에서 1차 데이텀으로 A, 2차 데이텀으로 B가 설정된 형체에 대한 자세를 보여주고 있다. 방향을 규제하는 데이텀 B가 패턴 위치공차영역과 동일한 방향으로 설정되었으므로 두 개의 공차영역은 동일한 방향으로 공차영역이 설정된다.

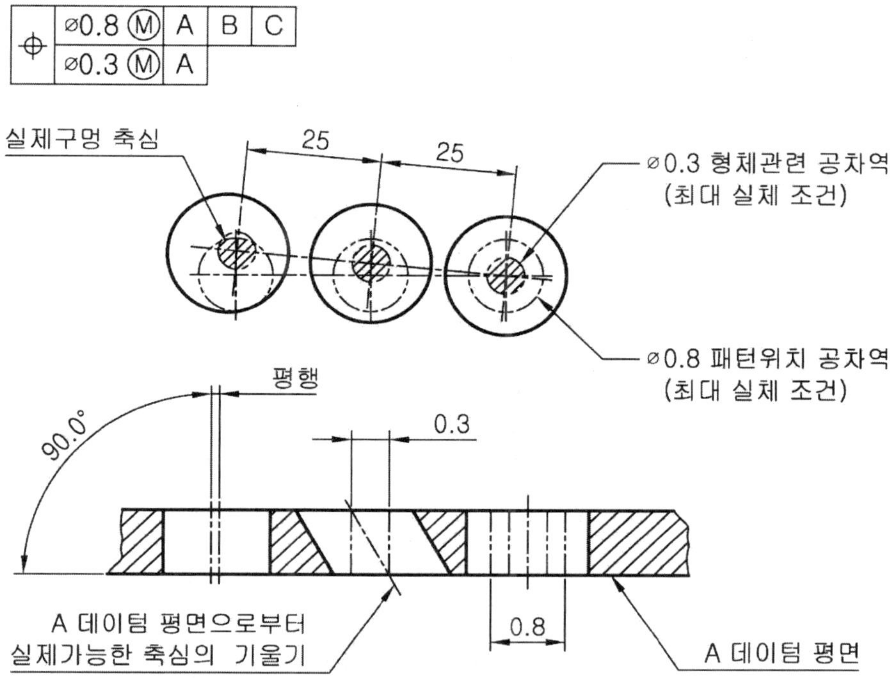

[그림 3.172] 패턴위치 공차영역과 형체관련 공차영역을 적용한 구멍의 형상

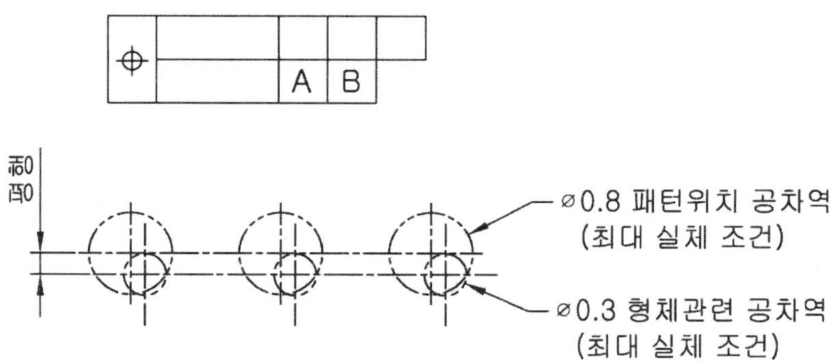

[그림 3.173] 방향성이 규제된 형체관련 공차영역

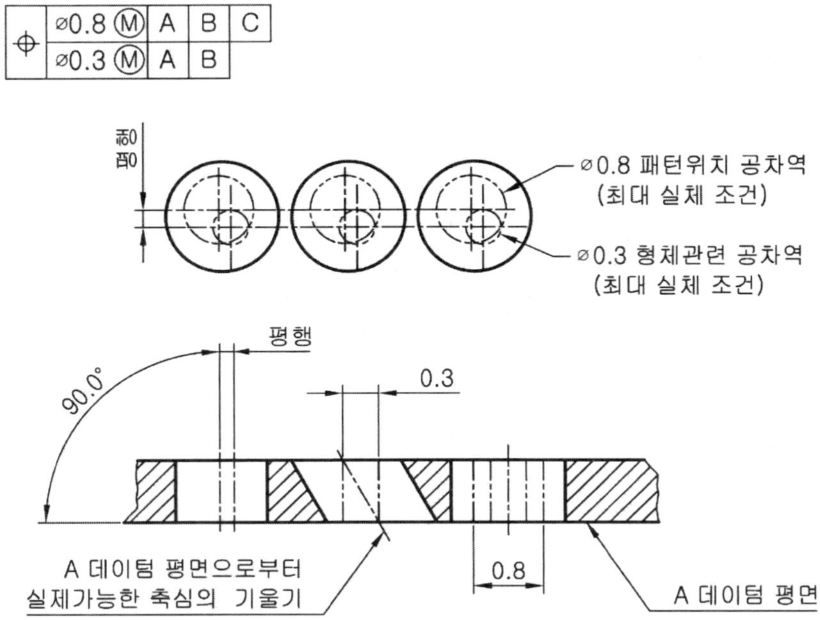

[그림 3.174] 패턴위치 공차역과 방향성 형체관련 공차역을 적용한 구멍형상

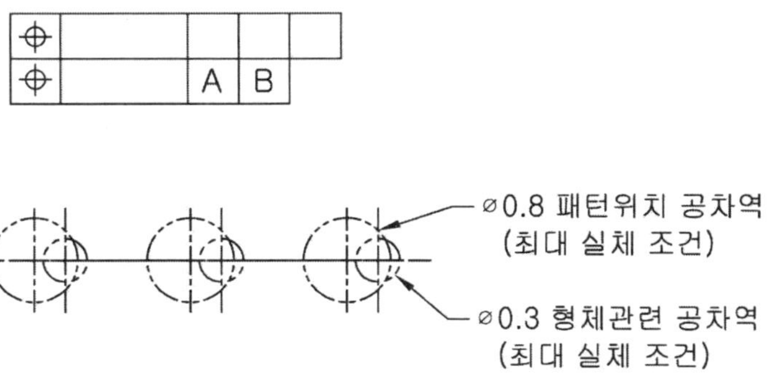

[그림 3.175] 방향과 거리가 규제된 형체관련 공차영역

그림 3.175은 또 다른 복합 위치 공차영역을 적용한 것으로 두 개의 공차틀이 겹쳐져 도시되어 있다. 형체관련 공차영역에서 1차 데이텀으로 A, 2차 데이텀으로 B가 설정된 형체에 대한 자세를 보여주고 있다. 방향을 규제하는 데이텀 B가 패턴 위치공차영역과 동

일한 방향과 함께 위치까지 설정되었으므로 두 개의 공차영역의 방향과 B 데이텀으로부터 거리가 같은 위치에서 공차영역이 설정된다.

(11) 4개의 구멍으로 구성된 패턴에 대한 공차영역

(a) 4개구멍에 대한 패턴위치 공차영역

4개구멍이 직사각형 모양으로 배열되어 하나의 패턴을 구성하고 있다. 패턴의 위치도는 1차 데이텀 A는 바닥면이 되며, 2차 데이텀 B로부터 20, 3차 데이텀 C로부터 140의 위치에 최대 실체 크기의 상태에서 ∅0.8의 위치도로 공차영역이 설정된다.

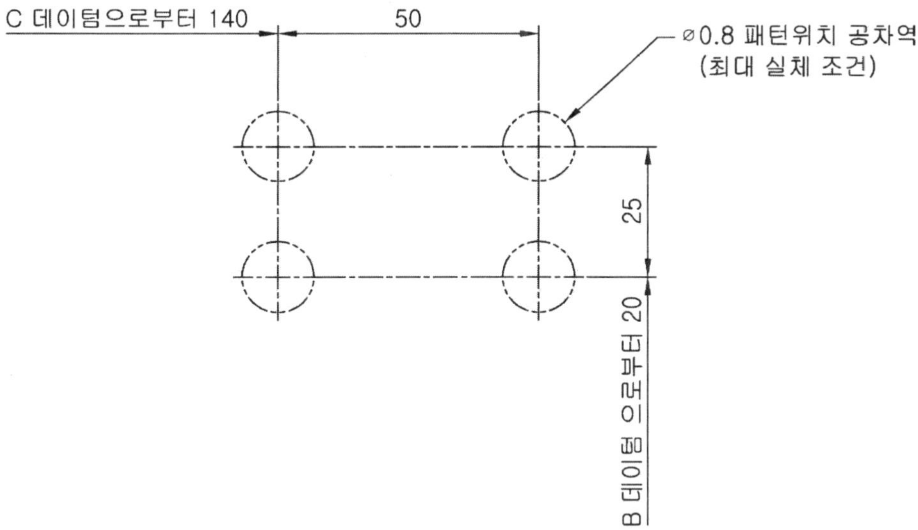

[그림 3.176] 4개구멍의 형체위치 공차영역

(b) 4개구멍에 대한 형체관련 공차영역

그림 3.176에서 4개구멍은 1차 데이텀 A를 바닥면으로 하여 서로 직각방향으로 이론적으로 정확한 거리인 가로방향으로 50, 세로방향 25mm의 최대 실체 크기에서 ∅0.3의 위치도로 규정되어 있다.

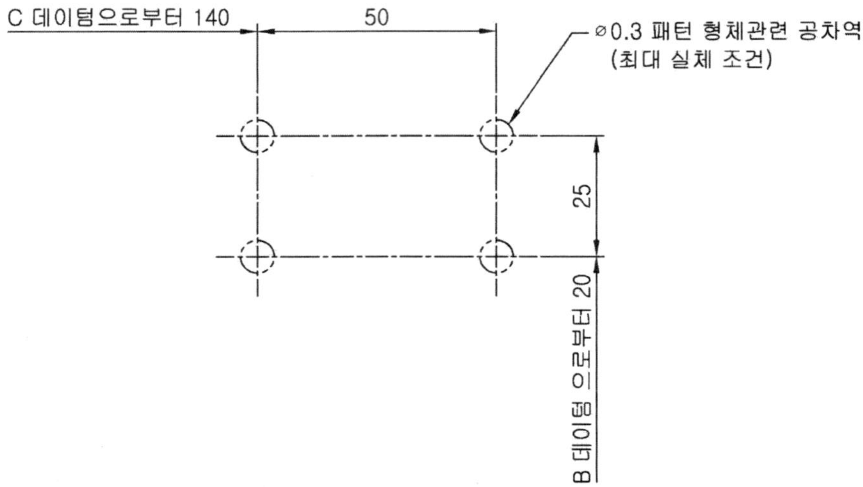

[그림 3.177] 4개구멍의 형체관련 공차영역

(c) 4개구멍에 대한 패턴위치 공차영역과 형체관련 공차영역의 적용

4개구멍에 대한 패턴위치 공차영역과 형체관련 공차영역이 적용되는 한 예를 보여주고 있다.

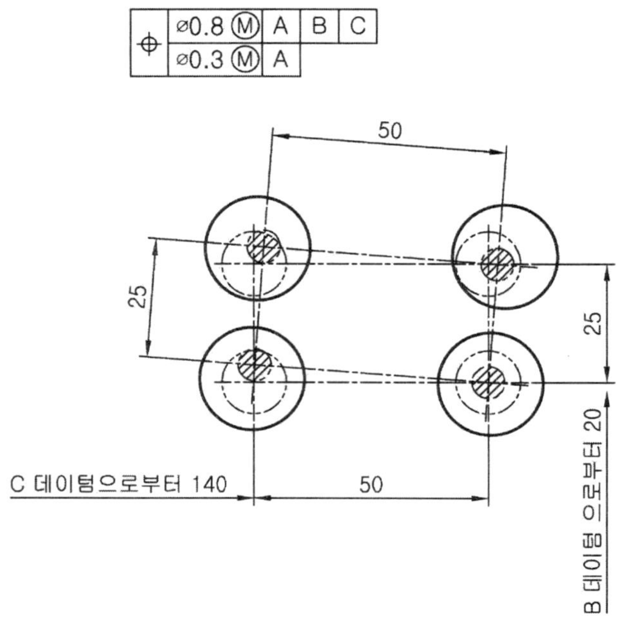

[그림 3.178] 패턴위치 공차영역과 형체관련 공차영역 적용

형체관련 공차영역은 방향의 특성을 규제하는 데이텀 B나 C가 없이 데이텀 A 형체만 패턴관련 공차영역과 동일하게 1차 데이텀으로 설정되었으므로 두 공차영역의 축심은 A 형체에 대하여 수직이며 평행하다. 또한, 형체관련 공차영역은 자유로운 방향으로 위치될 수 있으며, 형체의 축심은 패턴위치 공차영역과 형체관련 공차영역의 공통 영역에 위치해야 한다.

그림 3.179는 형체관련 공차영역에서 1차 데이텀으로 A, 2차 데이텀으로 B가 설정된 형체에 대한 자세를 보여주고 있다. 방향을 규제하는 데이텀 B가 패턴 위치공차영역과 동일하게 설정되었으므로 두 개의 공차영역의 방향은 같다.

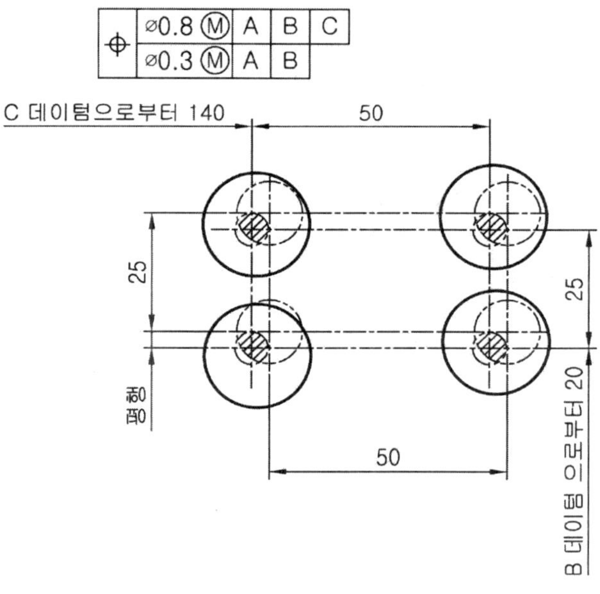

[그림 3.179] 패턴위치 공차영역과 형체관련 공차영역 적용

그림 3.180은 또 다른 복합 위치 공차영역을 적용한 것으로 두 개의 공차틀이 겹쳐져 도시되어 있다. 형체관련 공차영역에서 1차 데이텀으로 A, 2차 데이텀으로 B가 설정된 형체에 대한 자세를 보여주고 있다. 방향을 규제하는 데이텀 B가 패턴 위치공차영역과 동일한 방향과 함께 위치까지 설정되었으므로 두 개의 공차영역의 방향과 B 데이텀으로부터 거리가 같은 위치에서 공차영역이 설정된다.

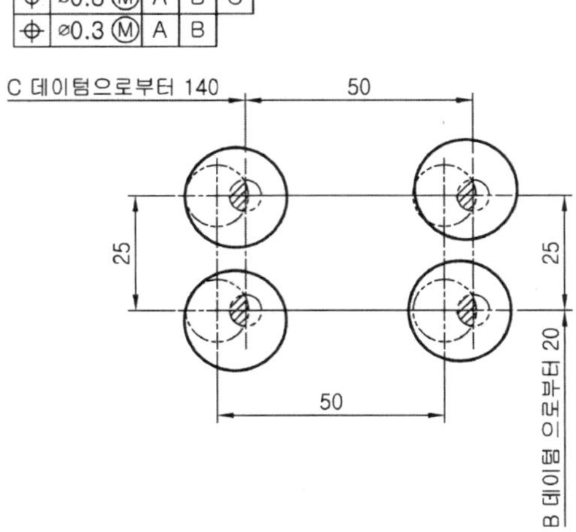

[그림 3.180] 패턴위치 공차영역과 형체관련 공차영역 적용

(12) 6개구멍에 대한 공차영역 해석

(a) 6개구멍에 대한 패턴위치 공차영역

그림 3.181에서 그림 3.183은 형체관련 공차영역의 데이텀에 따라 공차영역이 어떻게 달라지는지를 도시하고 있는 그림이다.

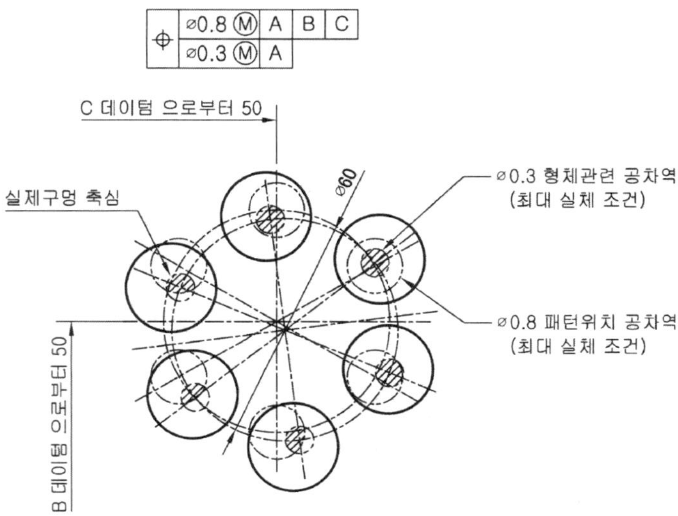

[그림 3.181] 6개구멍의 패턴위치 공차영역

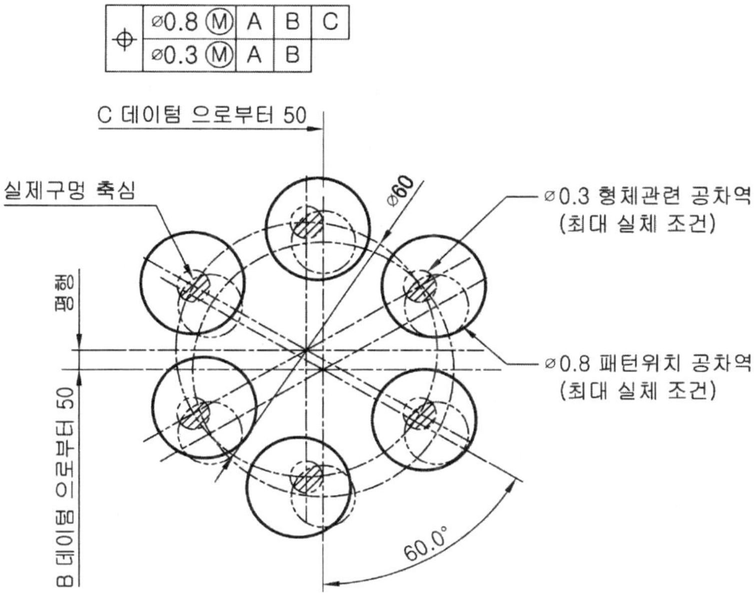

[그림 3.182] 패턴관련 공차영역과 형체관련 공차영역 적용

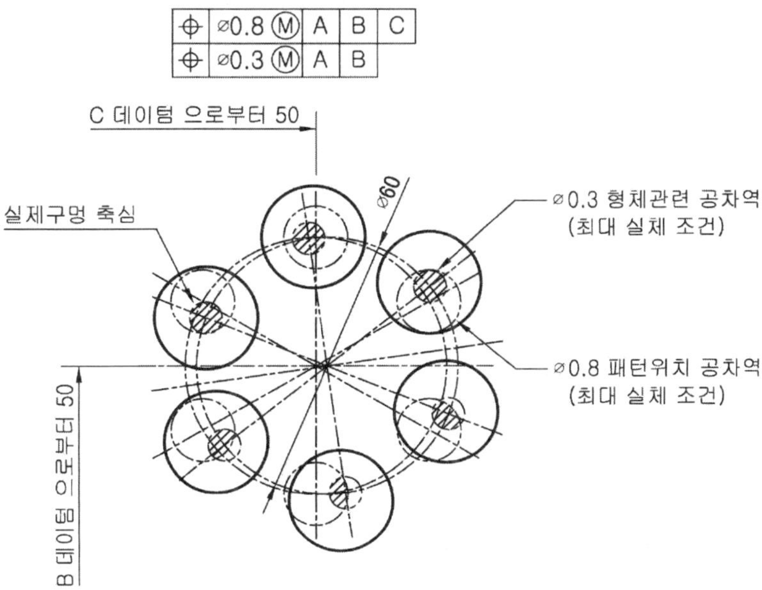

[그림 3.183] 패턴관련 공차영역과 형체관련 공차영역 적용

(13) 원주패턴 형체에 대한 규제

그림 3.184는 원주패턴 형체에 대한 위치도를 규제한 도면이다. 1차 데이텀 A에 의하여 규제 구멍의 중심은 A면에 대하여 구멍의 자세가 직각을 유지해야 한다. 2차 데이텀 B에 의하여 6개의 구멍 중심은 B 형체의 축심에 대해 동축 상태를 유지해야 한다. 3차 데이텀 C에 의하여 C 데이텀 형체의 중간면인 축심을 기준으로 구멍이 좌우로 대칭의 위치에 위치해야 함을 규제하고 있다.

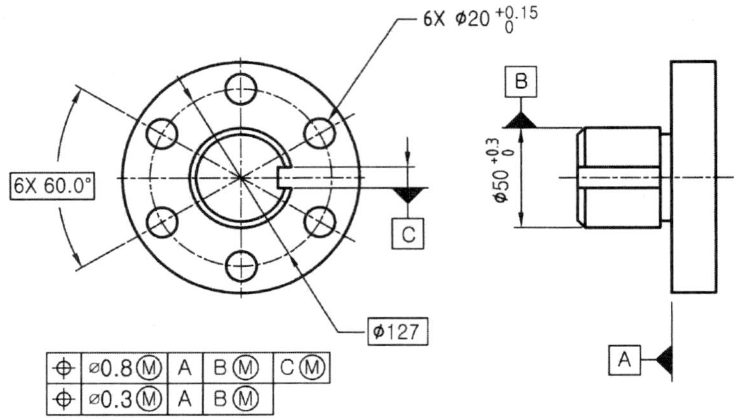

[그림 3.184] 원주형체 패턴에 대한 위치공차

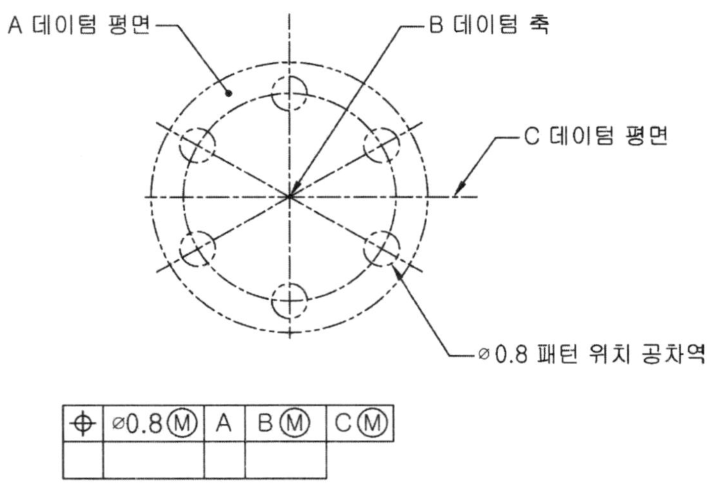

[그림 3.185] 패턴 위치에 대한 공차영역

이때, 공차붙이 형체인 구멍과 데이텀 형체 B와 C는 상대방 부품과 결합 상태로 최대 실체 공차방식을 적용하였다.

패턴의 형체관련 공차영역은 1차 데이텀 A와 2차 데이텀 B를 기준으로 공차영역이 설정되어 있다. 공차붙이 형체의 축심은 모두 최대 실체 크기에서 ⌀0.3의 공차영역을 갖고 있으며 이 공차영역은 형체 패턴의 위치를 규제하는 공차영역 내에 존재해야 한다.

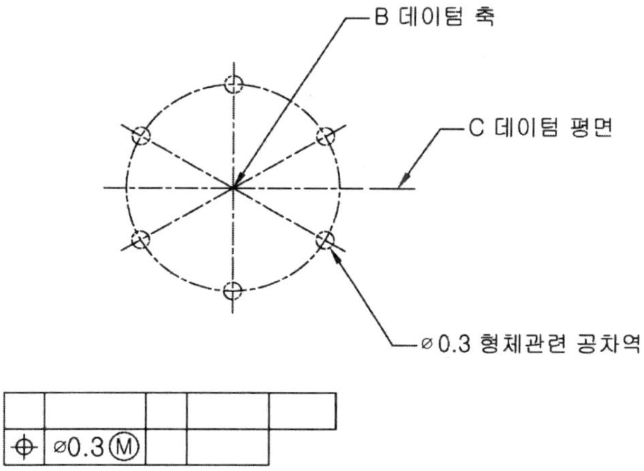

[그림 3.186] 형체관련 공차영역

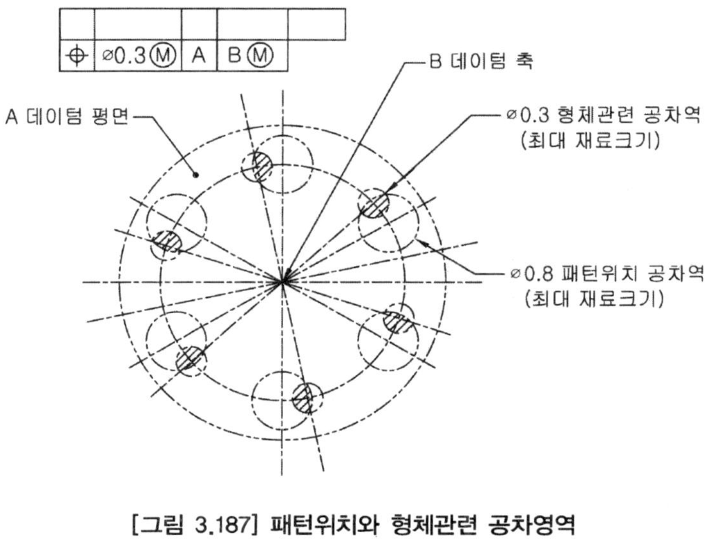

[그림 3.187] 패턴위치와 형체관련 공차영역

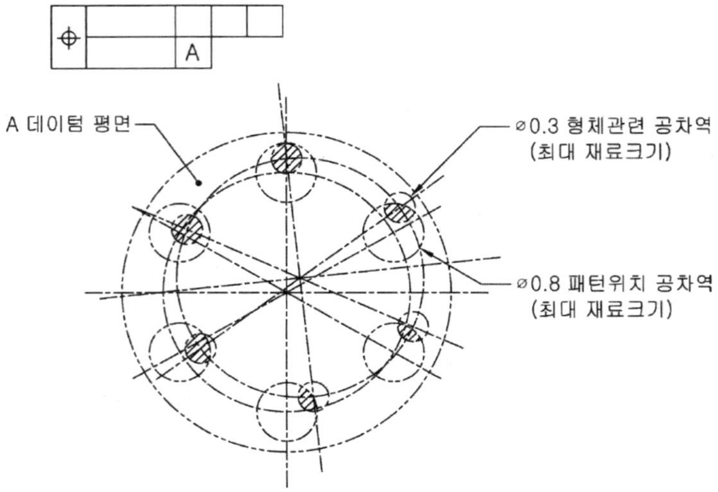

[그림 3.188] 패턴위치와 형체관련 공차영역에 의한 공차영역 설정

(14) 동축 형체에 대한 위치도 규제

그림 3.189는 동축 형체에 비교적 큰 패턴 위치공차영역의 범위내에서 정밀한 형체관련 기하공차를 규제하는 것으로 이는 위치도 공차만으로 동축도를 규제할 수 없을 경우에 적용한다. 4개의 구멍 중심은 구멍이 MMS 상태에서 ⌀ 0.25의 공차영역 범위 내에 있어야 하며, 동시에 하나하나의 구멍은 MMS 상태에서 ⌀ 0.15의 공차영역 범위의 이론적으로 정확한 위치에 존재해야 한다. 형체관련 공차영역은 패턴 위치 공차영역 내에서 방향이 자유롭게 설정된다.

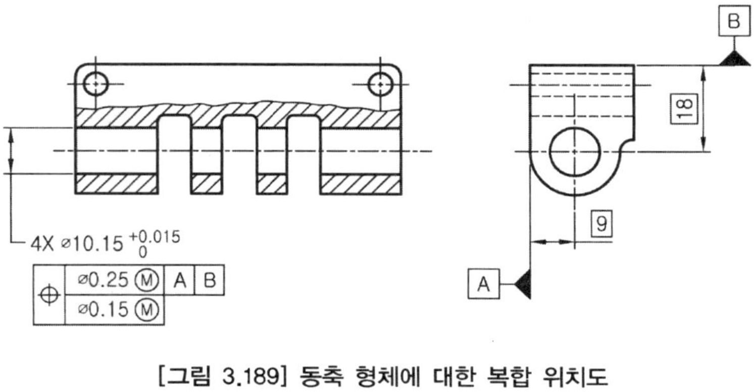

[그림 3.189] 동축 형체에 대한 복합 위치도

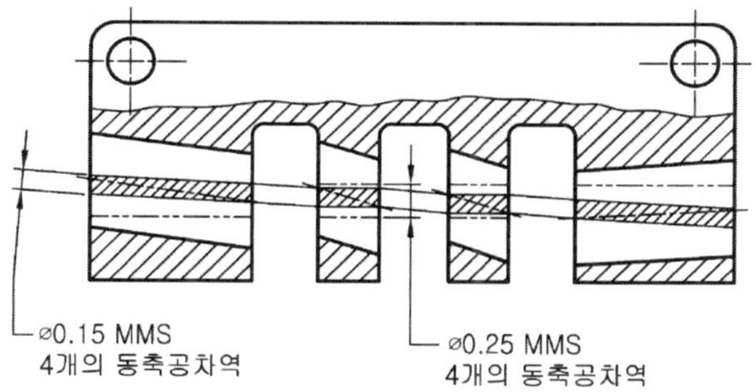

[그림 3.190] 동축 형체에 대한 위치도 공차영역

그림 3.191에서 4개의 구멍 중심은 구멍이 MMS 상태에서 ⌀0.25의 공차영역 범위 내에 있어야 하며, 동시에 하나하나의 구멍은 MMS 상태에서 ⌀0.15의 공차영역 범위의 이론적으로 정확한 위치에 존재해야 한다. 형체관련 공차영역은 패턴 위치 공차영역 내에서 데이텀 A, B에 평행한 상태로 위치하게 된다.

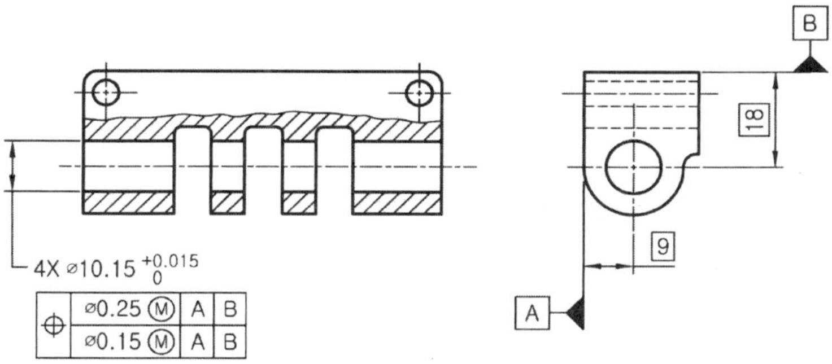

[그림 3.191] 동축 형체에 대한 복합 위치도

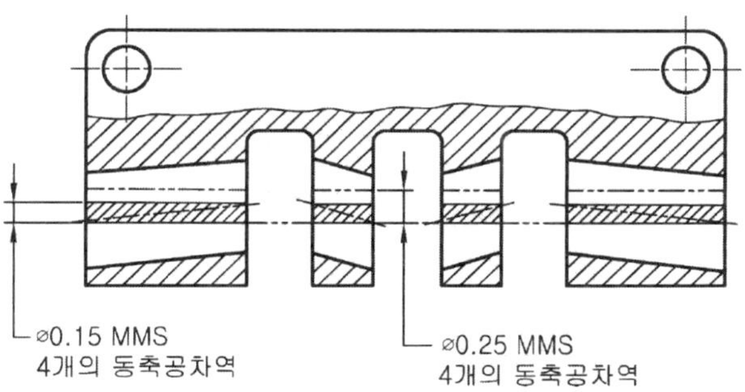

[그림 3.192] 동축 형체에 대한 위치도 공차영역

(15) 위치도의 측정

그림 3.193에서 위치도 측정 도면을 도시하고 있으며, 측정 순서는 다음과 같다.

(a) 측정물을 측정기의 좌표축에 맞추어 좌표 X_1, Y_1을 측정한다. 이 경우 위치도는 다음 식으로 구해진다.

$$\text{위치도} = \sqrt{(100-x_1)^2+(68-y_1)^2}$$

위치도는 공차값의 1/2을 초과해서는 안 된다.

(b) 피측정물은 측정기 좌표에 맞추어 좌표 x_1, x_2, y_1, y_2 를 측정한다.

- 구멍의 x방향의 위치 $X = \dfrac{x_1+x_2}{2}$
- y방향의 위치 $Y = \dfrac{y_1+y_2}{2}$ 이기 때문에

$$\text{위치도} = \sqrt{(100-x_1)^2+(68-y_1)^2}$$

이다. 위치도는 공차값의 1/2을 초과해서는 안 된다. 구멍이 여러 개일 때는 각 구멍에 대해 측정하여 계산된다.

(c) 측정물을 측정기 좌표에 맞추어 거리 X_1, X_2, X_3를 측정한다. 위치도는 규정 위치도로부터 각 선의 편차의 최대값과 최소값의 차다. 위치도는 공차 값의 1/2을 초과해서는 안 된다.

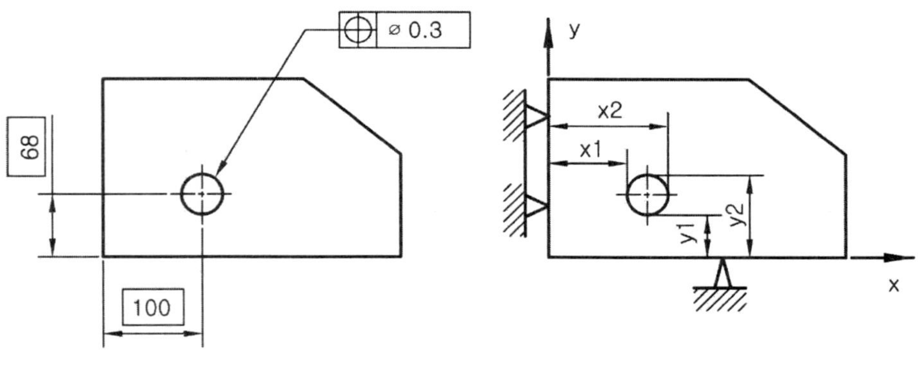

[그림 3.193] 위치도 측정 도면

제5장 윤곽도(Profile Tolerance)

5.1 윤곽도의 특징

(1) 윤곽도의 정의와 특징

윤곽도는 물체의 외형 윤곽을 규제하는 기하공차로, 다른 기하공차로 규제하기 곤란한 불규칙한 형상이나 곡선의 윤곽, 반지름이 다른 캠의 윤곽 등과 같은 형체에 대하여 기준이 되는 표면 윤곽에서의 허용 변동량을 규제할 수 있는 기하공차이다.

이와 같은 윤곽도는 어떤 물체의 모양을 규제하거나 방향, 위치 등을 조합하여 규제하는데 사용될 수 있다. 따라서 윤곽도는 단독형체로 모양공차를 나타낼 수 있으며, 관련형체로 방향공차, 위치공차의 규제가 가능한 기하공차이다. 윤곽도의 특징을 살펴보면 다음과 같다.

(a) 윤곽도 공차는 기준 윤곽에서 벗어난 크기로 규제된다. 먼저, 기준 윤곽은 적정한 투상도와 이론적으로 정확한 치수로 나타내는 반지름, 각도, 좌표치수, 크기 및 수식 등에 의하여 나타낸다.

그림 3.194에서는 기준 윤곽에 대하여 지시한 예로서 연속적 곡률 반지름 및 곡선에 대응하는 부분에 치수를 빠짐없이 기입하여 기준 윤곽을 표시한 것이다. 그림 3.195와 같은 형체에서는 윤곽선을 지나는 연속점에 대하여 선형 좌표 또는 극 좌표로 그 위치를 기입하여 기준 윤곽을 나타내었다.

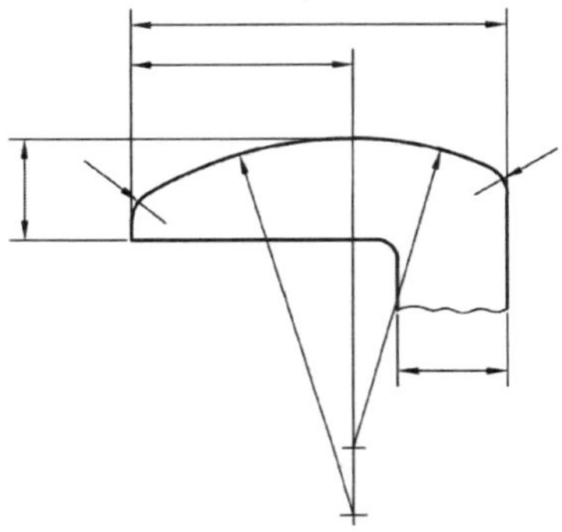

[그림 3.194] 곡률 반지름 및 치수기입

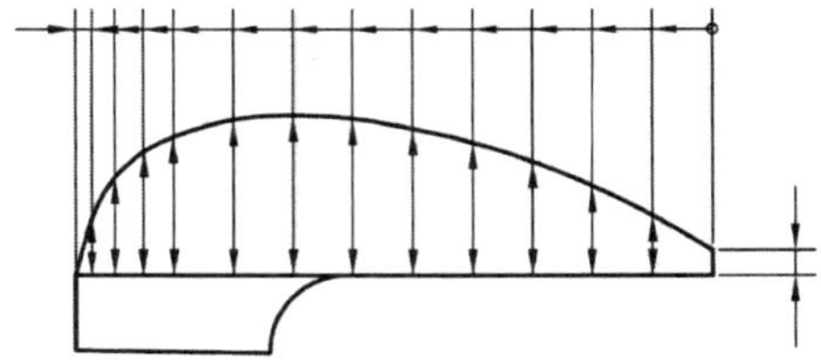

[그림 3.195] 연속점의 좌표 기입

그림 3.196과 같이 캠의 변위를 표시할 경우, 종동차(follower)와 관련된 치수를 표를 이용하여 지시할 수 있다.

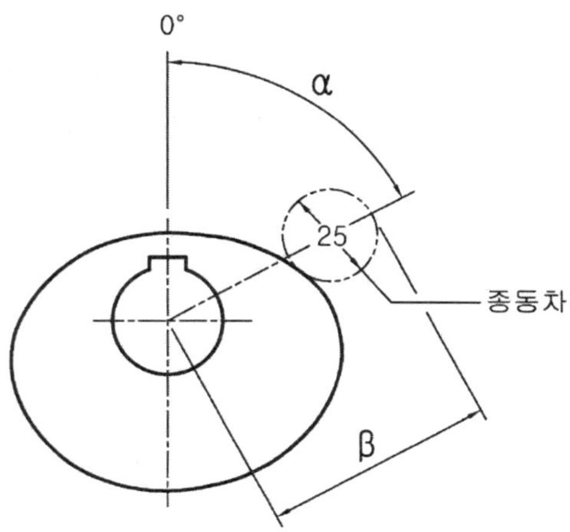

[그림 3.196] 종동차의 표시

〈표 3.8〉 캠의 위치와 변위

β	0°	20°	40°	60°	80°	100°	120~210°	230°	260°	280°	300°	320°	340°
α	50	52.5	57	63.5	70	74.5	76	75	70	65	59.5	55	52

(b) 윤곽도는 면의 윤곽도와 선의 윤곽도의 두 종류가 있다. 면의 윤곽도는 규제되는 형체의 길이와 폭에 대하여 적용되며, 기호는 닫힌 폐곡선 모양이 된다. 선의 윤곽도는 형체의 가로방향 길이에 대하여 적용되며, 기호는 열린 곡선 모양이다.

(c) 윤곽도는 최대 실체 공차방식을 적용하지 않고, 형체치수무관계(RFS)로 적용된다. 또한, 윤곽도는 단독형체로 규제할 수도 있고 관련형체로도 가능하다. 일반적으로 면의 윤곽도는 관련형체로 규제되는 경우가 많다.

(d) 윤곽도에 대한 공차영역은 양측공차와 편측공차로 규제된다. 윤곽도 공차로 규제된 형체에 가상선 표시가 되어 있지 않으면 이는 양측공차이며, 이는 기준 윤곽에 대하여 안쪽과 바깥쪽에 대한 등가 양측공차로 적용된다. 편측공차의 경우에는 기준윤곽의 내측이나 외측에 한 줄의 가상선으로 나타낸다. 이럴 경우 기준 윤곽에 대하여 어느 한쪽으로만 공차영역이 적용된다. 또한, 만약 기준 윤곽에 대하여 어느 한쪽으로 일정량만큼 편향시켜 적용하고자 할 경우에는 이론적으로 정확한 치수를 사용하여 나타낼 수 있다.

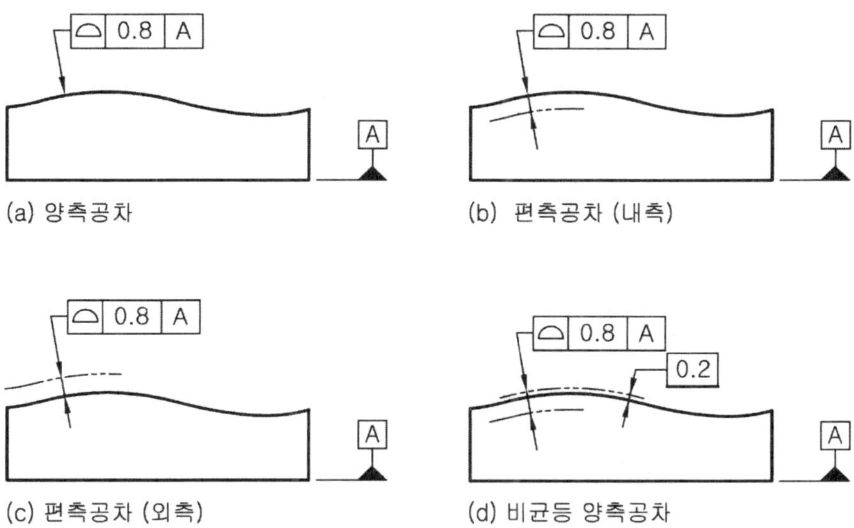

[그림 3.197] 윤곽도 공차의 형태

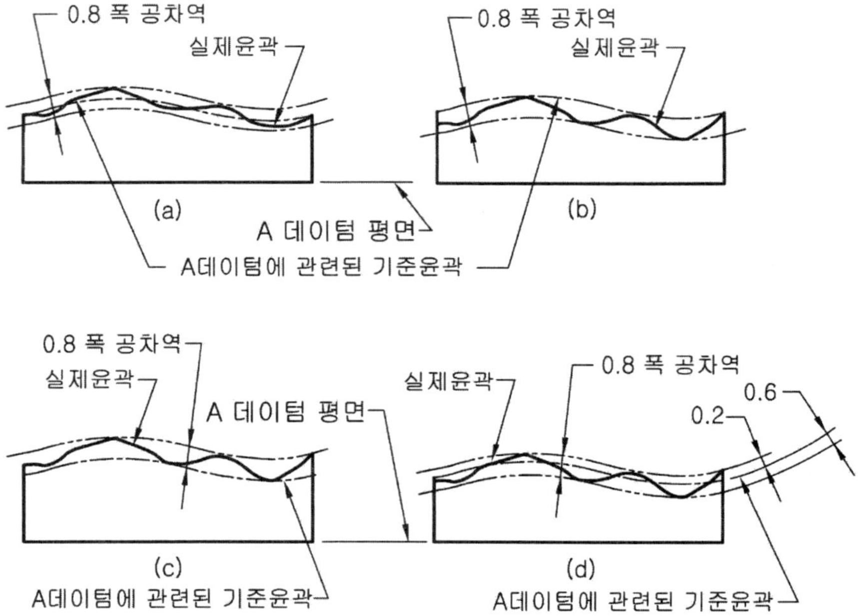

[그림 3.198] 윤곽도 공차의 표면 윤곽

(e) 불규칙 곡선부의 편측 공차영역의 표시는 그림 3.199에서와 같이 공차 기입 틀 안에 부등 편측 공차를 나타낼 경우에는 "UZ" 기호를 표시한다. 이 괄호안에 (−)기호는 기준 윤곽에서 내측으로 편향된 거리를 나타낸다. (+)는 외측으로 편향된 거리이다.

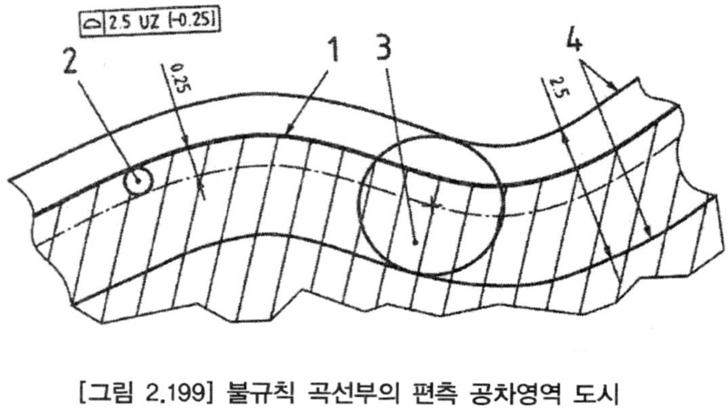

[그림 2.199] 불규칙 곡선부의 편측 공차영역 도시

그림 2.199의 보기에서

1. 이론적으로 정확한 기준윤곽.
2. 윤곽의 편위량을 나타내는 값(내측으로 편위량이 0.25)
3. 공차 영역의 크기를 나타내는 값(폭 공차로 2.5)
4. 윤곽공차 영역의 한계를 나타내는 곡선

(f) 윤곽의 부분들이 다른 치수공차와 함께 규제될 경우, 각 윤곽을 구성하고 있는 모든 요소는 치수공차의 규제 범위 이내에 존재해야 한다.

(g) 윤곽공차가 한 부품의 모든 윤곽에 적용할 경우 온 둘레라는 의미로 꺾어진 지시선 부위에 지름이 문자의 높이와 같게 원을 그려서 나타낸다.

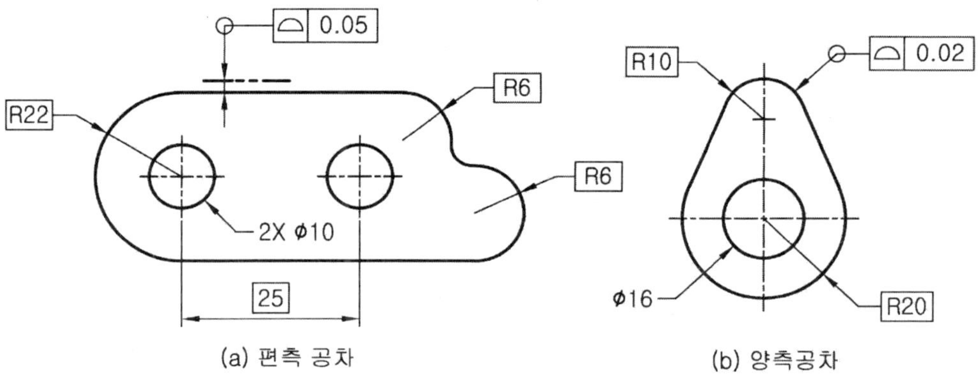

[그림 3.200] 온 둘레(윤곽) 공차

(h) 윤곽 공차는 전 표면에 적용 할 수도 있고, 부품의 여러 단면을 취하여 개개의 윤곽에도 적용할 수 있다. 이때 그림 3.201에서와 같이 사이(between)기호를 사용한다.

(i) 윤곽 공차가 날카로운 모서리를 포함 할 경우, 공차영역은 경계선의 교차점까지 연장하여 생성되는 범위까지 공차영역으로 간주한다.

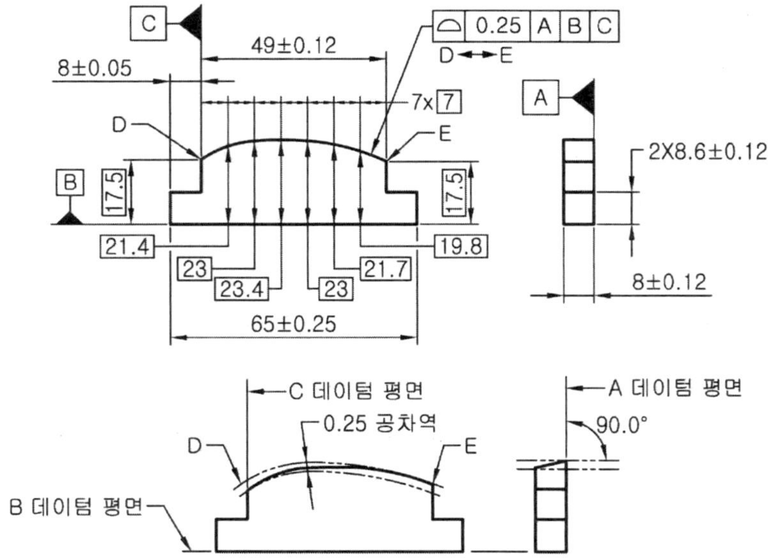

[그림 3.201] 두 점 사이의 표면윤곽 규제(사이기호)

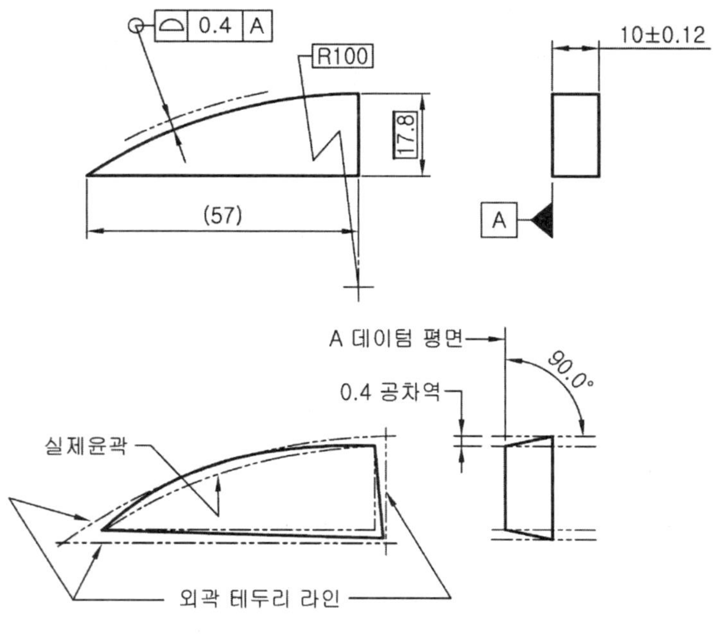

[그림 3.202] 날카로운 형체의 표면 윤곽도

(2) 윤곽도의 적용

가. 면의 윤곽도

면의 윤곽도는 이론적으로 정확한 치수에 의하여 정해진 기하학적 기준윤곽으로부터 규제되는 임의의 면의 전 표면이 기준윤곽에서 벗어난 크기로 정의된다. 면의 윤곽도에 대한 공차영역은 규제된 윤곽표면에 평행한 두 개의 가상 평면이나 가상 곡면 사이의 간격이다. 면의 윤곽도 규제는 단독형상에 규제할 수 있으며 데이텀을 기준으로 규제할 수도 있다.

(a) 단독 형체에 대한 면의 윤곽도 공차

그림 3.203에서 대상으로 하고 있는 면은, 이론적으로 정확한 치수로 규제되는 기준 윤곽을 기준으로 0.1mm의 폭 경계면 사이에 있어야 함을 규제하고 있다. 가상선 표시가 생략되었으므로 등가의 양측 공차로 규제되어 있으며, 기준 윤곽에서 내측 및 외측으로 0.05mm 이상을 침범해서는 안 된다.

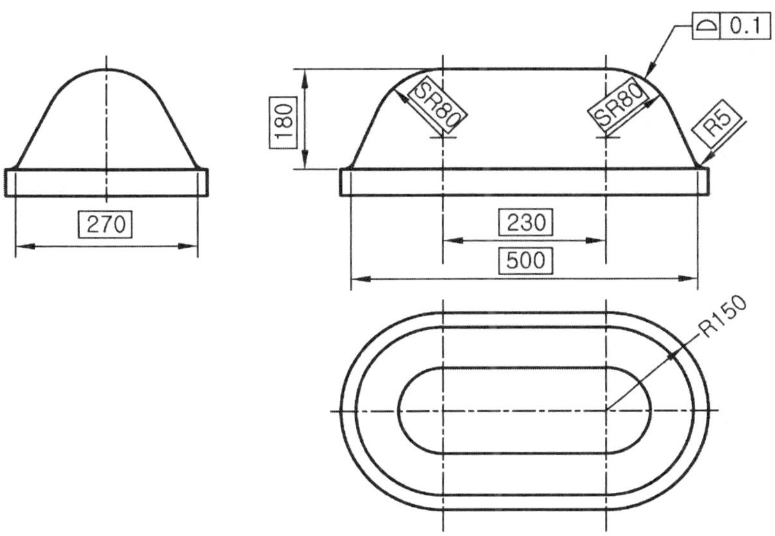

[그림 3.203] 단독형체로 규제된 면의 윤곽도

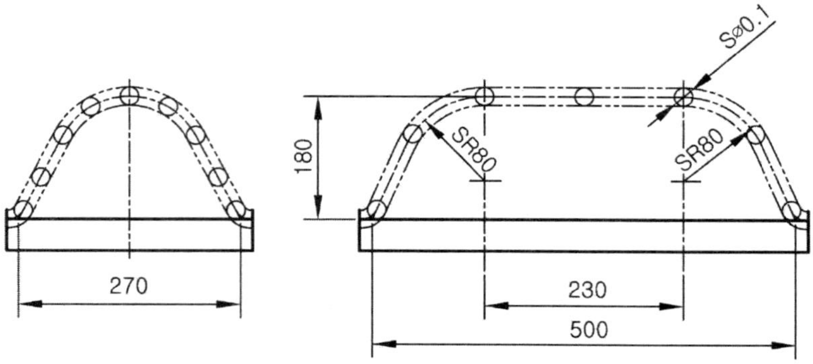

[그림 3.204] 단독형체로 규제된 면의 윤곽도 공차영역

(b) 관련 형체의 면의 윤곽도 공차

그림 3.205에서 대상으로 하고 있는 면은, 데이텀 A를 기준으로 이론적으로 정확한 윤곽의 구가 만드는 기준 윤곽을 기준으로 폭이 0.05mm인 두 개의 경계면 사이에 있어야 함을 규제하고 있다.

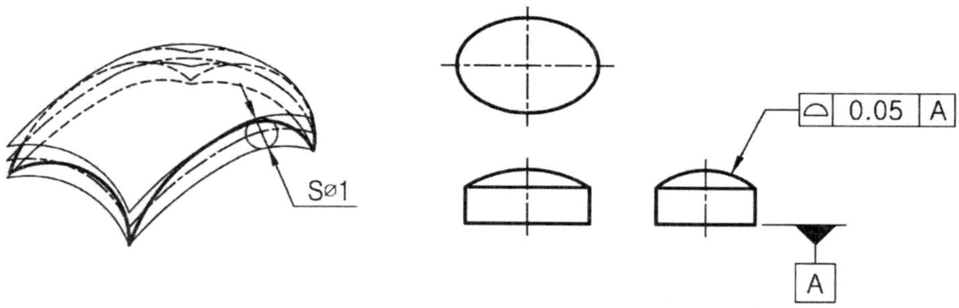

[그림 3.205] 관련형체로 규제된 면의 윤곽도와 공차영역

(c) 평면 형체에 규제된 윤곽도

그림 3.206은 평면 형체에 대하여 단독형체로 윤곽도를 나타낸 것이다. 두 표면은 공통의 영역으로 윤곽도 공차영역 폭 0.08 범위내에 있어야 함을 나타내며, 양측공차이다. 그림 3.207은 관련 형체로 규제된 윤곽도 공차로 데이텀 A와 B를 기준으로 규제 형체의 표면은 0.08 만큼 떨어진 평행한 면 이내에 있어야 한다. 양측 공차임으로 기준 윤곽으로부터 내측과 외측으로 각각 0.04 만큼 등가의 공차영역으로 규제된다.

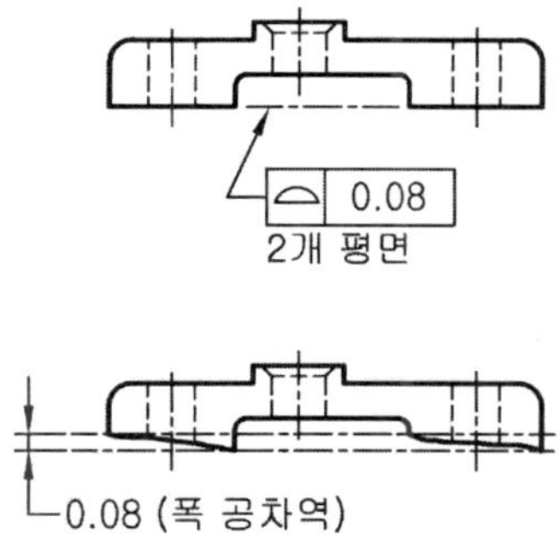

[그림 3.206] 단독형체로 규제된 윤곽도

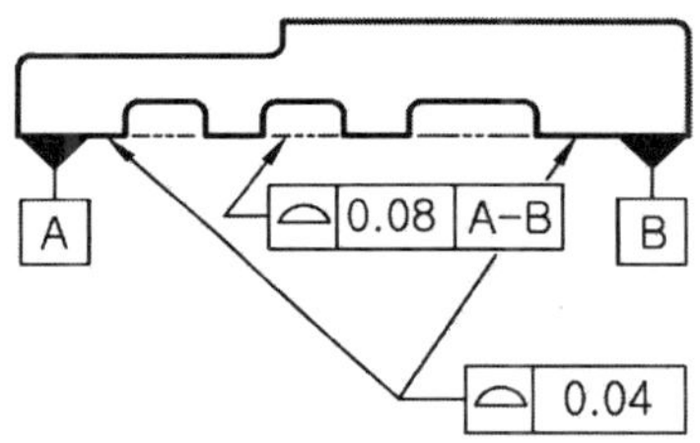

[그림 3.207] 관련형체로 규제된 윤곽도

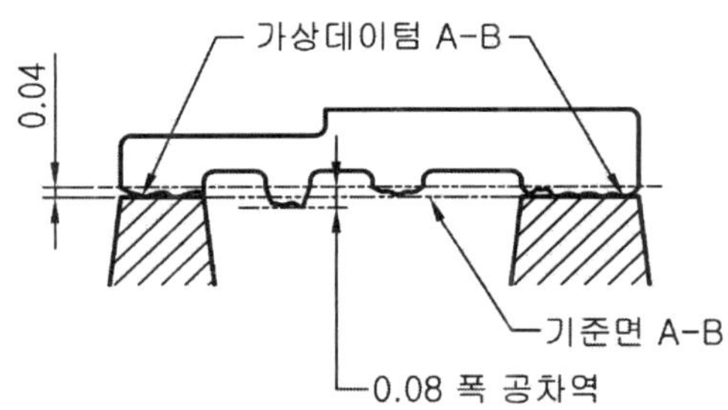

[그림 3.208] 관련형체로 규제된 윤곽도의 공차영역

(d) 선 요소를 적용한 윤곽도

윤곽공차는 다른 기하공차와 함께 복합적으로 도시할 수 있다. 그림 3.209는 평행도 공차와 함께 윤곽공차가 규제된 도면을 도시한 것이다. 표면은 윤곽공차 범위 뿐 만이 아니라 표면의 각 개별 직선요소는 규정된 공차범위 내에서 데이텀에 평행하여야 한다. 이때

전체 표면이 아니라, 선 요소로 적용된다는 것을 특별히 규제하고자 할 경우에는 "LE" 라고 공차 틀 근처에 주기로 표시한다.

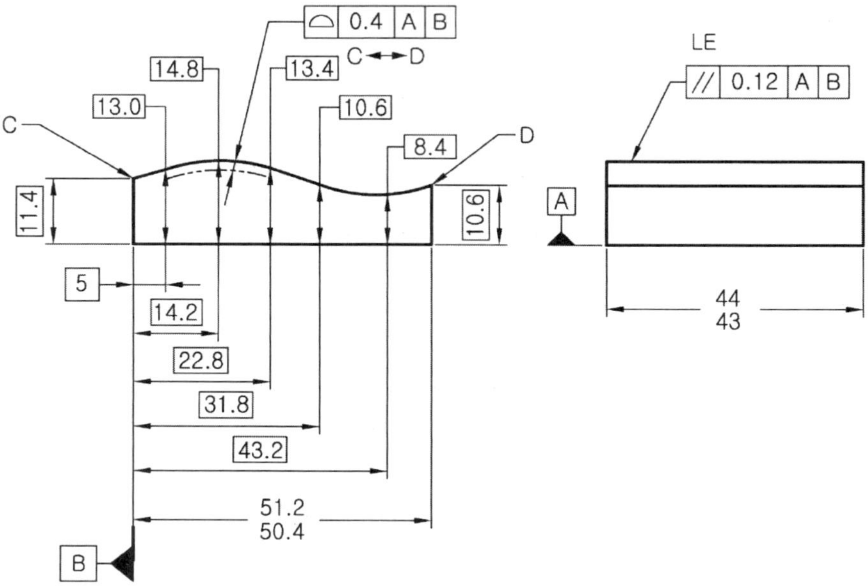

[그림 3.209] 윤곽도의 복합공차

그림 3.209에 윤곽 공차와 함께 평행도 공차로 규제된 형체에 대한 공차영역을 그림 3.210에 도시하였다. C와 D 사이의 표면은 데이텀 A와 B를 기준으로 이론적으로 정확한 치수에 의하여 형성되는 기준 윤곽으로부터 내측으로 0.4만큼 떨어진 평행한 영역이다. 또한, 이 구간에서 세로 방향으로 선 요소(line element)는 A와 B의 데이텀을 기준으로 폭 0.12 만큼 떨어진 폭 공차영역 범위내에서 평행하여야 한다.

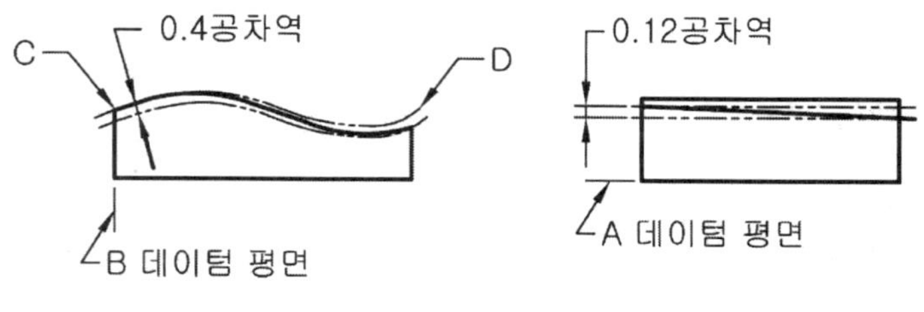

[그림 3.210] 윤곽도의 복합공차 공차영역

(e) 하나의 형체에 두 개의 기하공차를 적용한 윤곽도

그림 3.211에서는 하나의 윤곽 형체에 대하여 윤곽도와 원주 흔들림을 규제한 것으로 A와 B 사이의 표면은 1차 데이텀 평면 M, 2차 데이텀 축 N을 기준으로 0.25만큼 떨어진 두 윤곽 사이의 공차영역이다. 또한, 동일한 데이텀을 기준으로 원통면의 원주 흔들림은 0.15 이내이다.

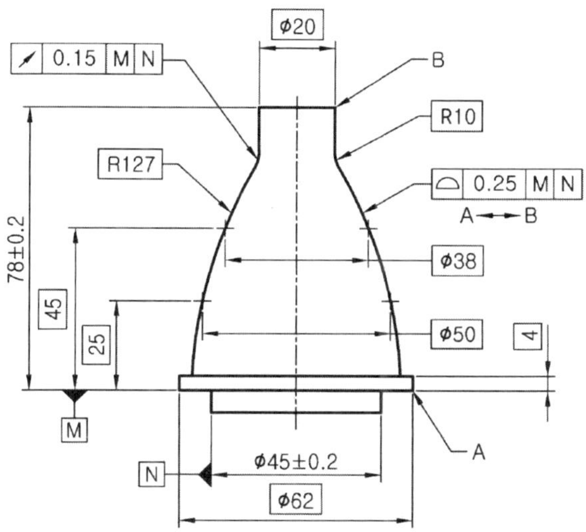

[그림 3.211] 회전체 표면의 복합 윤곽도

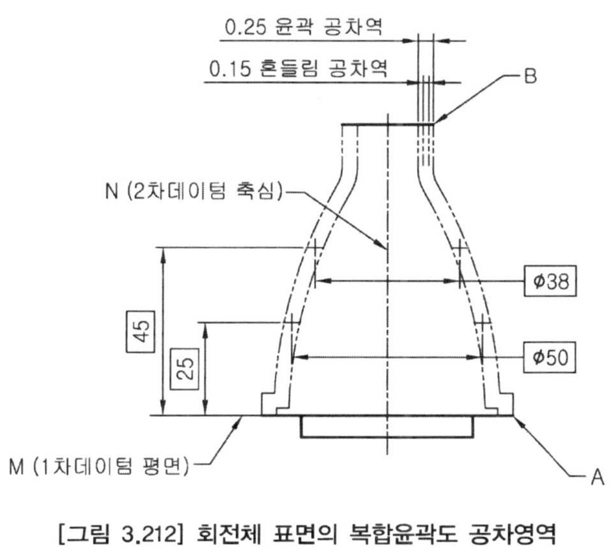

[그림 3.212] 회전체 표면의 복합윤곽도 공차영역

(f) 복합 윤곽도

윤곽 자체를 구성하고 있는 형체에는 크기나 모양, 방향 및 위치의 요소가 있다. 그림 3.213에서와 같이 윤곽 자체를 구성하는 크기나 모양, 방향을 규제하는 공차영역은 정밀하게 적용하고, 윤곽 형체 위치에 대한 공차영역은 크게 적용할 필요가 있을 경우, 복합 윤곽공차를 사용할 수 있다. 이것은 상대적으로 매우 큰 윤곽 위치 공차 역 범위 이내에서 윤곽 자체의 크기나 방향을 정밀하게 규제하기 위한 것이다.

복합 윤곽도의 기하공차 기입 틀은 각각 수평으로 나누어져 있으며, 윤곽도 공차 기호는 하나만 사용하여 공통으로 적용한다. 위 부분은 윤곽도 형체의 위치를 나타내는 공차영역이며 아래쪽은 윤곽의 위치 영역 내에서 형체 자체의 크기나 자세 등을 규제하는 윤곽도 공차이다.

규제되는 윤곽은 1차 데이텀 A, 2차 데이텀 B, 3차 데이텀 C를 기준으로 이론적으로 정확한 치수에 의해 0.8의 폭 공차영역 이내에 윤곽의 위치가 규제된다. 또한, 윤곽을 구성하는 모든 요소는 윤곽의 위치 공차영역 내에서 데이텀 A를 기준으로 폭 0.1의 폭 공차영역 내에 윤곽의 형상이 규제되어 있다. 이때, 형상 관련 공차영역은 방향을 규제하는 데이텀, B나 C가 설정되지 않았으므로 그 방향이 자유롭다.

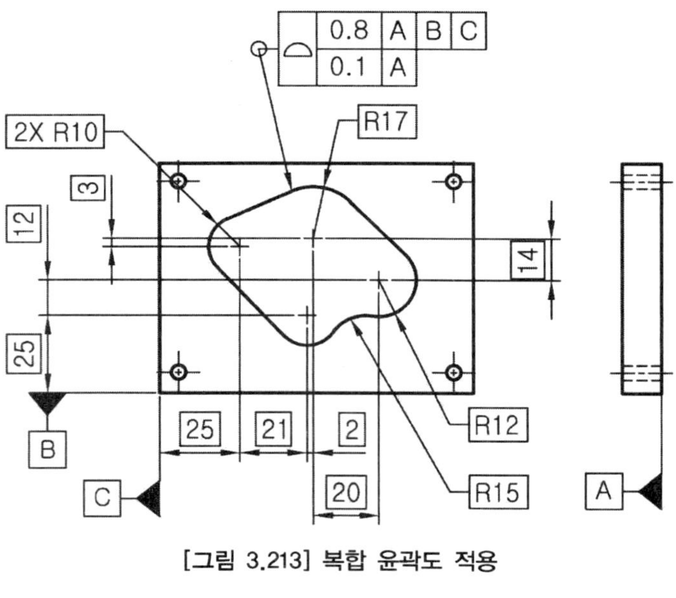

[그림 3.213] 복합 윤곽도 적용

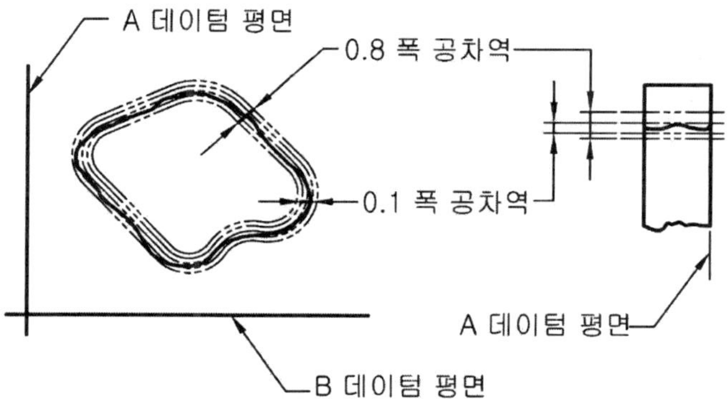

[그림 3.214] 복합 윤곽도 공차영역

그림 3.215에서 규제되는 윤곽은 1차 데이텀 A, 2차 데이텀 B, 3차 데이텀 C를 기준으로 이론적으로 정확한 치수에 의해 윤곽의 위치가 규제된다. 또한, 윤곽을 구성하는 모든 요소는 윤곽의 위치 공차영역 내에서 직각을 규제하는 데이텀 A와 평행상태를 규제하는 데이텀 B를 기준으로 폭 0.2의 폭 공차영역 내에 윤곽의 형상이 규제되어 있다. 따라서 윤곽을 구성하는 패턴 관련 공차영역과 윤곽 자체의 관련 공차영역은 데이텀 B를 기준으로 평행하게 위치하게 된다.

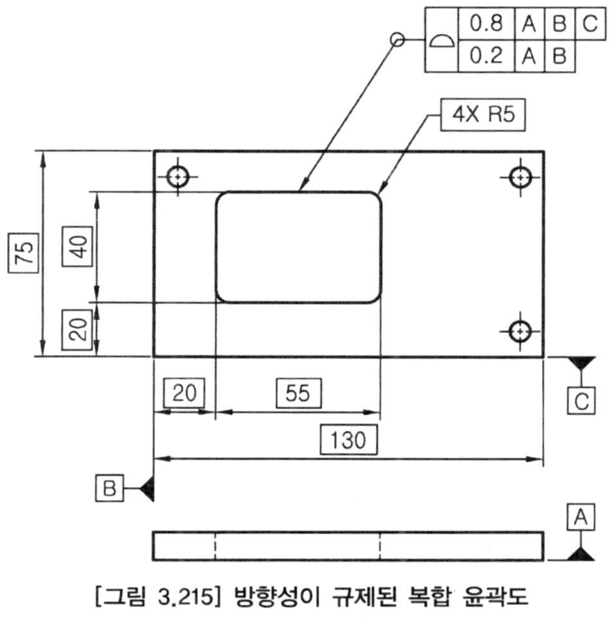

[그림 3.215] 방향성이 규제된 복합 윤곽도

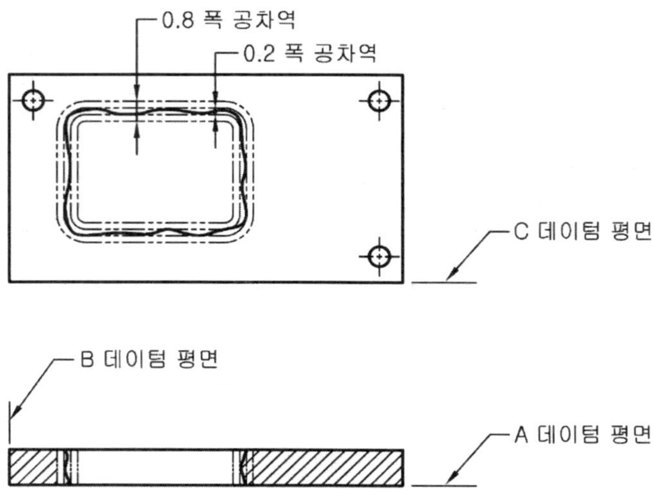

[그림 3.216] 방향성이 규제된 복합 윤곽도 공차영역

(g) 경사진 평면을 규제하는 윤곽도

윤곽도 공차는 평면의 표면 형체와 그 형체에 대한 방향성을 규제하는 기하공차로 사용될 수 있다. 그림 3.217은 1차 데이텀 형체 A와 2차 데이텀 형체 B를 기준으로 이론적으로 정확한 105° 방향에서 공차영역이 폭이 0.05인 등가 양측공차로 규제되어 있다. 기하공차는 기준이 되는 데이텀의 규제 조건이 같고 공차영역의 크기가 같으면 어떤 기하공차로 규제되더라도 별 차이가 없다. 따라서 본 제품은 경사도로 규제하여도 좋다.

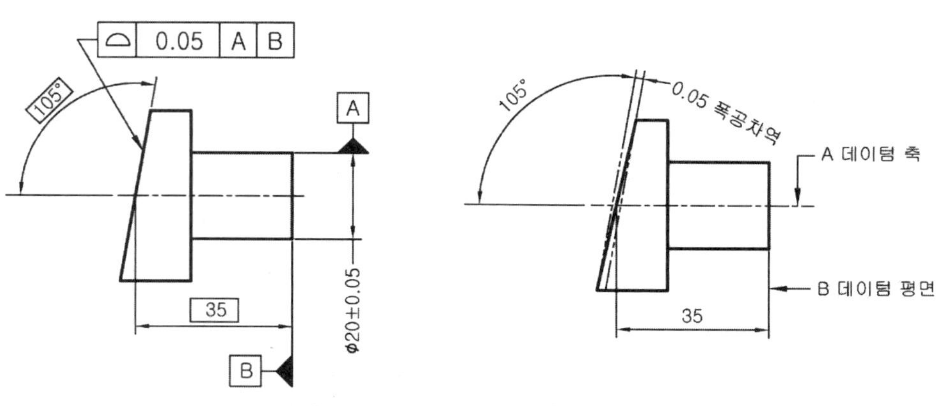

[그림 3.217] 평면의 표면에 대한 윤곽도

윤곽도 공차는 단지 형체의 모양 규제나, 형상과 방향이 복합된 형체의 규제에 적용될 수 있다. 그림 3.218은 원추 형체에 치수공차와 면의 윤곽도 공차로 단독형체로 규제한 원추 형체를 도시한 것이다. 규제된 형체의 표면은 이론적으로 정확한 15° 방향으로 0.02 만큼 떨어진 두 개의 평행한 원추 면 내에 존재해야 한다.

또한 그림 3.219에서는 원추 형체에 대하여 관련형체로 규제된 윤곽도로 형체의 표면은 A 데이텀 축심에 의해 동심상태가, 데이텀 형체 B에 의하여 직각의 방향으로 데이텀이 설정되어 있으며, 이론적으로 정확한 15°의 방향으로 0.02 만큼 떨어진 두 개의 평행한 원추 면 내에 존재해야 한다. 각각의 경우에 형체는 한계치수 범위 내에 있어야 한다.

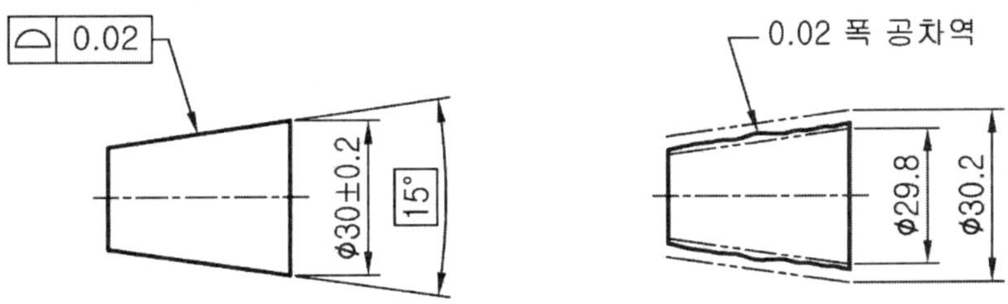

[그림 3.218] 단독형체로 규제된 윤곽도

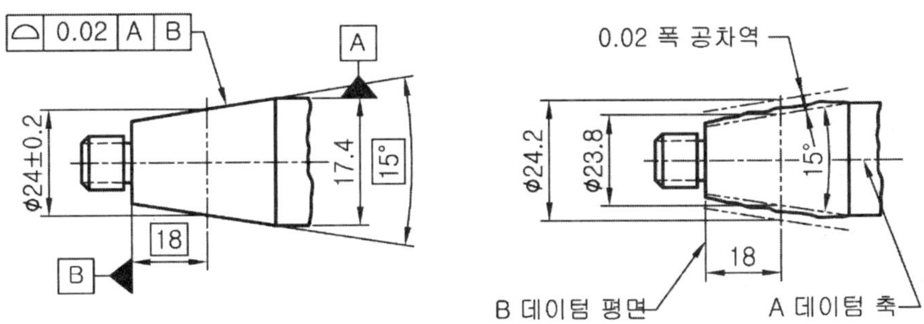

[그림 3.219] 원추 형체에 대한 윤곽도

나. 선의 윤곽도

선의 윤곽도란, 이론적으로 정확한 치수에 의하여 정해진 기하학적으로 정확한 윤곽으로부터 선 윤곽의 어긋남의 크기로 정의된다. 진직도가 평면이나 원통 형체의 표면에 대하여 한 방향으로 규제되는 것과 같이 선의 윤곽도는 곡면의 형상에 대하여 한 방향의 선의 윤곽에 대한 공차로 곡선에 대한 진직도와 같다. 선의 윤곽도에 대한 공차영역은 양측공차에서는 가상 곡선이 없으며, 편측공차에서는 기준윤곽에서 내측이나 외측에 하나의 가상 곡선으로 표시한다.

그림 3.220에서 공차 영역은 양측공차로 기준 영역에서 내측과 외측에 대하여 똑 같이 배치된다. 공차 범위의 영역은 어떤 점에 대해서도 실제 윤곽에 대하여 수직으로 적용된다.

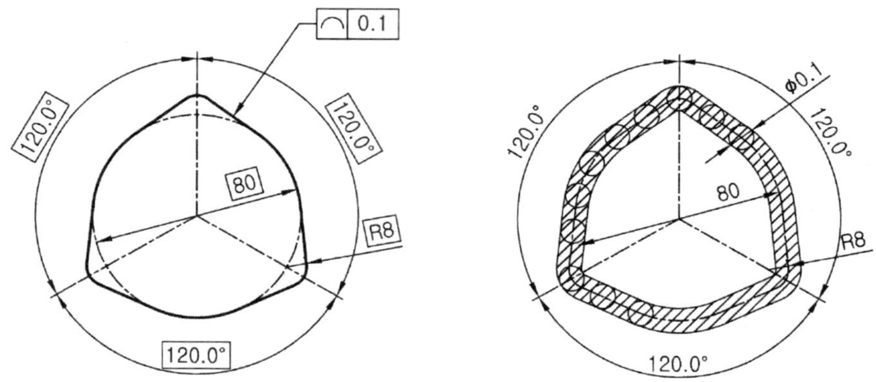

[그림 3.220] 선의 윤곽도 규제

(a) 단독 형체의 선의 윤곽도 공차

공차영역은, 이론적으로 정확한 윤곽선 위에 중심을 두는 지름 t의 원이 만드는 두 개의 포락선 사이에 끼인 영역이다. 투상면에 평행한 임의의 단면에서 대상으로 하고 있는 윤곽은, 이론적으로 정확한 윤곽을 갖는 선 위에 중심을 두는 지름 0.04mm의 원이 만드는 두 개의 포락선 사이에 있어야 한다.

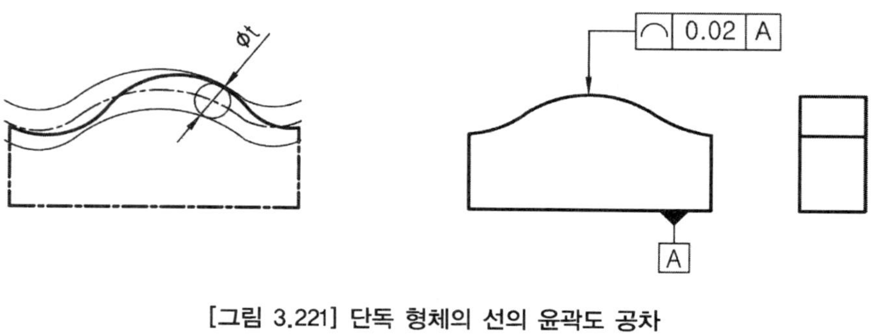

[그림 3.221] 단독 형체의 선의 윤곽도 공차

(b) 관련 형체의 선의 윤곽도 공차

그림 3.222에서 투상면에 평행한 임의의 단면에서 대상으로 하고 있는 윤곽은, 데이텀 평면 A에 관련하여 이론적으로 정확한 윤곽을 갖는 선 위에 중심을 두는 지름 0.04mm의 원이 만드는 두 개의 포락선 사이에 있어야 한다. 그림 3.224에서 선의 윤곽도를 갖는 부품으로 치수 공차와 함께 규제된 것이다. 윤곽으로 이어지는 표면의 모든 선의 요소들은 윤곽 공차영역과 치수 공차영역의 범위 내에 위치해야만 한다.

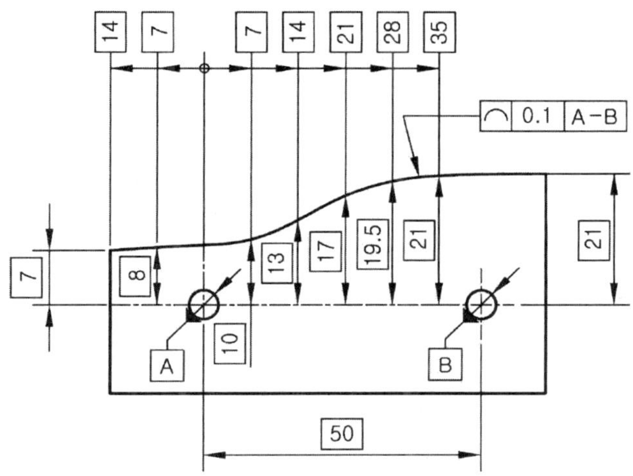

[그림 3.222] 관련형체로 규제된 선의 윤곽도

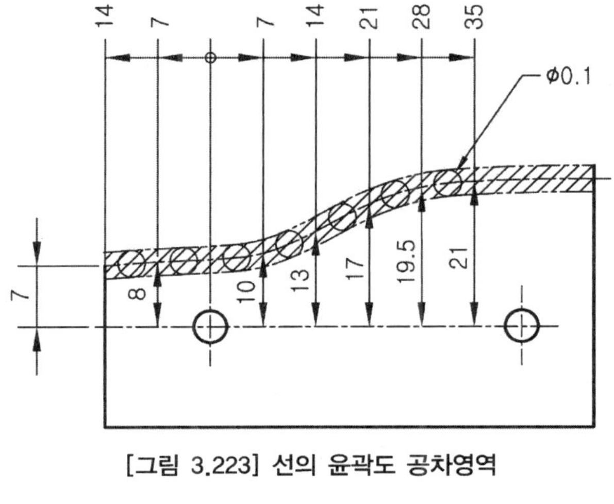

[그림 3.223] 선의 윤곽도 공차영역

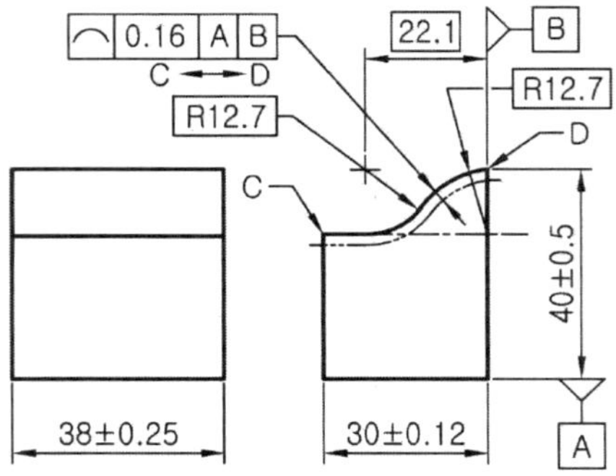

[그림 3.224] 치수공차와 선의 윤곽도

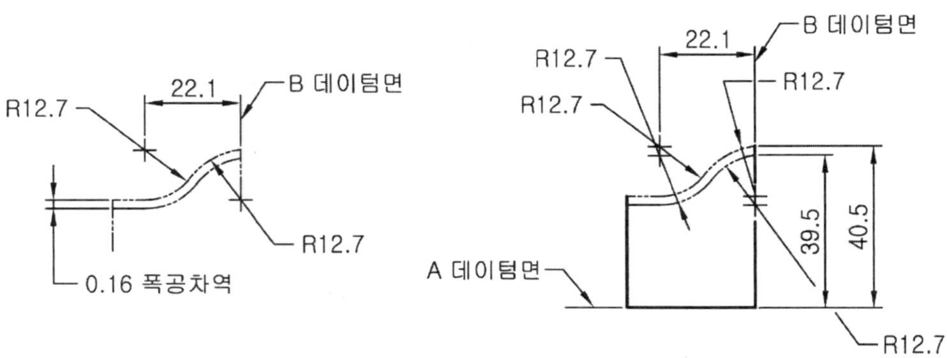

[그림 3.225] 선의 윤곽도 공차 프로파일

(3) 윤곽도의 측정

(a) 투영기에 의한 윤곽도 측정

피 측정물의 윤곽을 윤곽 투영기로 스크린에 투영해서 한계 윤곽선과 비교 측정한다.

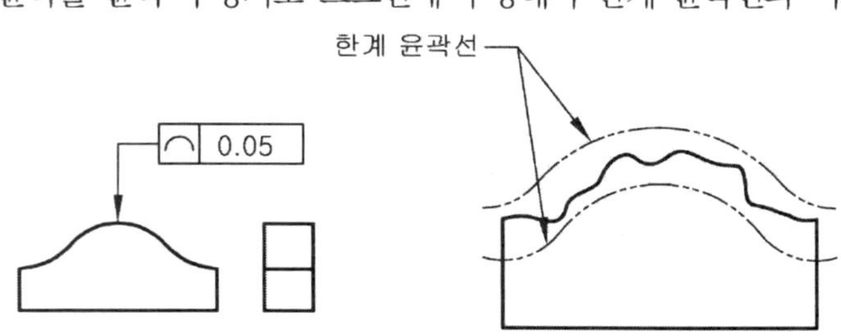

[그림 3.226] 투영기에 의한 윤곽도 측정

(b) 윤곽 템플레이트와 비교 측정

피 측정물을 모방 장치의 윤곽 템플레이트에 맞추어 비교 측정하는 방법으로, 피 측정물 윤곽과 윤곽 템플레이트의 형상은 같은 형상이어야 한다. 피 측정물과 윤곽 템플레이트의 동일한 위치에 인디케이터와 모방 단자를 올려놓고, 측정용 부품의 조정용 지지대를 조절하여 인디케이터 영점을 맞춘다. 모방 단자의 움직임에 따라, 인디케이터 움직임을 측정한다.

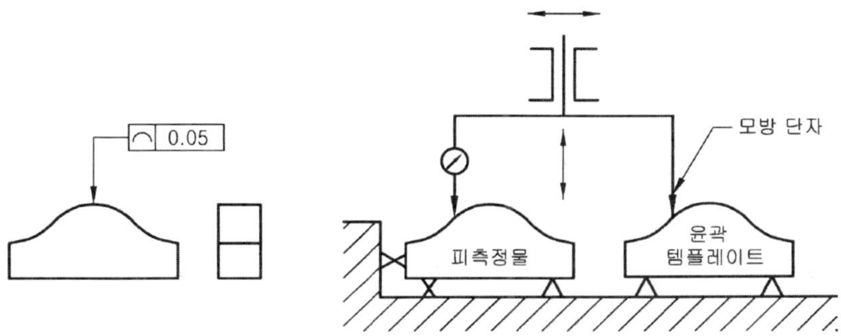

[그림 3.227] 모방 장치를 이용한 선의 윤곽도 측정

(c) 윤곽 템플레이트와 광선을 이용한 윤곽도 측정

윤곽 템플레이트를 측정물 위에 놓은 다음, 규정된 방향으로 축 선 맞춤 한다. 물체와 윤곽 템플릿 사이에 규정된 광선을 비추어 검사하며, 틈으로 빛이 보이지 않으면 형상 공차는 3㎛ 이하이다.

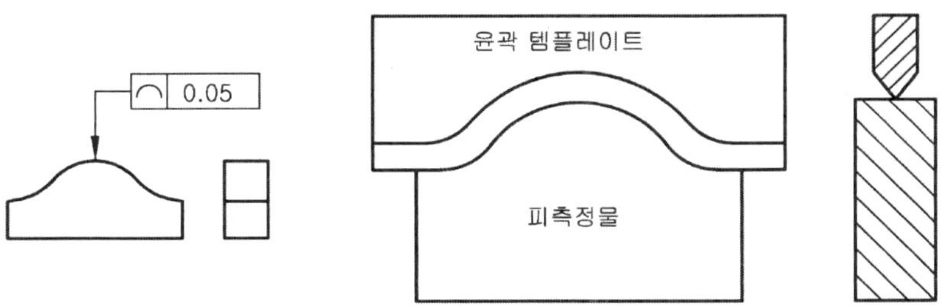

[그림 3.228] 윤곽 템플레이트와 광선을 이용한 윤곽도 측정

(d) 모방 장치와 형상 템플레이트의 비교에 의한 윤곽도 측정

피 측정물을 모방 장치와 형상 템플레이트에 정확하게 맞추어 측정물과 템플레이트의 차이를 측정하는 것으로 피 측정물 윤곽과 윤곽 템플레이트의 형상은 같은 형상이어야 한다. 전·후 및 좌·우로 이동하면, 모방단자의 움직임에 따라, 인디케이터의 눈금이 움직이게 되고 눈금의 움직임량의 최대값이 윤곽도 공차가 된다.

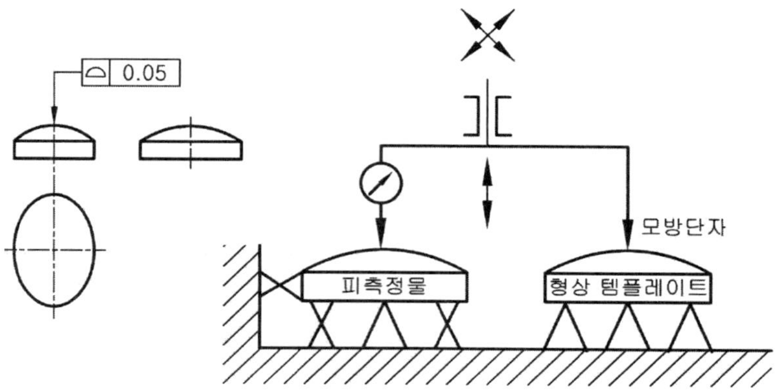

[그림 3.229] 모방 장치를 이용한 면의 윤곽도 측정

(e) 윤곽 템플레이트와 핀 게이지에 의한 윤곽도 측정

측정물을 회전 축의 중심에 오도록 위치 결정하고 윤곽 템플레이트를 측정물에서 필요한 거리와 방향으로 설정하여 양자 사이의 간격을 핀 게이지로 측정한다. 면의 윤곽도는 측정된 간격의 최대와 최소의 차이다. 이 방법은 단지 회전 표면에만 적용이 가능하며, 물체 또는 템플렛을 회전시키기 위한 장치를 사용하여야 한다.

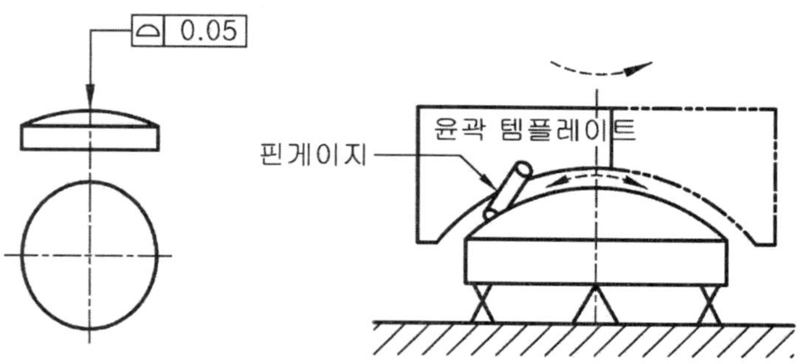

[그림 3.230] 핀 게이지에 의한 면의 윤곽도 측정

연습문제

문 1. 표면과 축심에 대한 진직도로 규제될 경우 그 차이점을 설명하시오.

문 2. 단위 길이에 대한 진직도는 왜 필요한가?

문 3. 진원도와 원통도 공차의 차이점을 설명하시오.

문 4. 선의 윤곽도와 면의 윤곽도 차이점은 무엇인가?

문 5. 진원도를 어떤 경우에 평균 직경으로 적용해야 하는가?

문 6. 평행도, 직각도, 경사도에 대하여 어떻게 다른지 구분하여 설명하시오.

문 7. 다음 그림 3.231에서 데이텀 설정에 대하여 설명하시오.

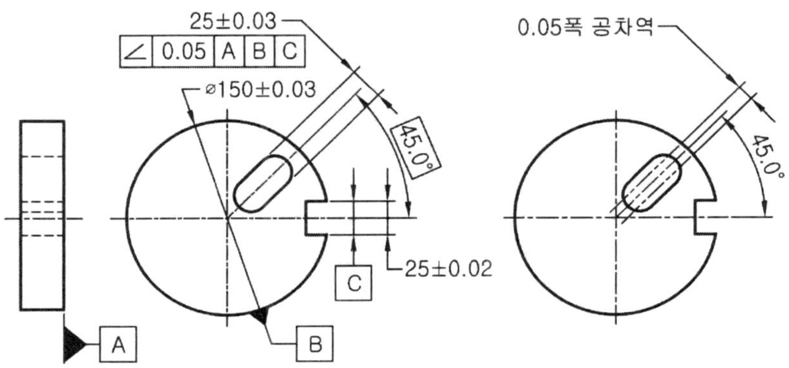

[그림 3.231] 구멍중심과 홈의 중간 면에 규제된 경사도

문 8. 아래 도면에 규정된 각각의 직각도 공차를 해석하고, 그 차이점을 설명하시오.

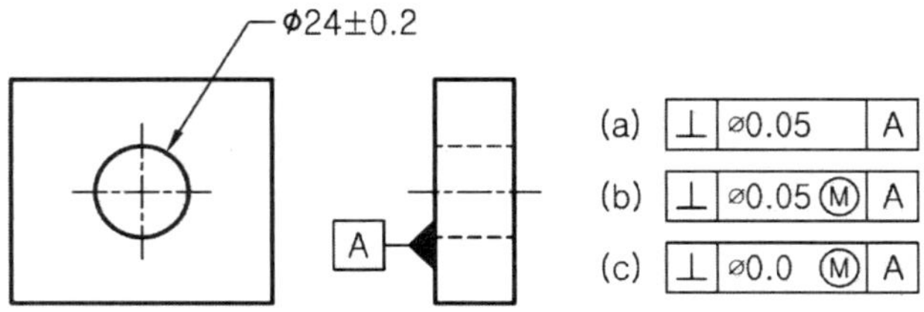

문 9. 평면의 표면을 규제할 경우, 모양 공차나 방향 공차로 규제할 수 있다. 그 차이점을 설명하라.

문 10. 원주 흔들림과 온 흔들림의 기본적인 차이점을 설명하라.

문 11. 진원도와 원주 흔들림의 차이점은 무엇인가?

문 12. 원통도와 온 흔들림의 차이점은 무엇인가?

문 13. 위치도 공차의 사용 목적을 설명하시오.

문 14. 아래 도면은 위치도 공차 방식으로 변환하고 그 차이점을 설명하시오.

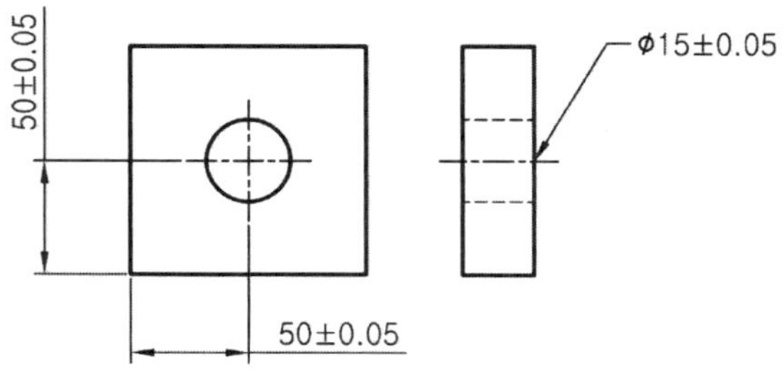

문 15. 아래 도면에서 규정된 각 위치도 공차를 해석하고 차이점을 비교 하시오.

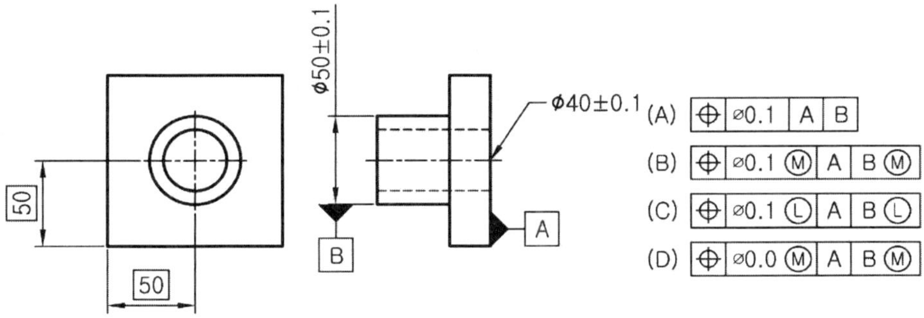

문 16. 위치도 공차가 RFS와 MMS로 규제될 경우의 차이점은 무엇인가?

문 17. 동축 형체의 적절한 규제 방법에 대하여 적용시 차이점을 설명하시오.

문 18. 면의 윤곽도와 선의 윤곽도의 차이점에 대하여 설명하시오.

IV

기하공차의 적용

제1장 기하공차의 적용

제 1 장 기하공차의 적용

1.1 비원형 형체에 대한 적용설계

그림 4.1와 같은 비 원형 형체에 대한 설계는 다음과 같은 절차에 따라 진행한다.

(a) 두 부품에 대한 끼워 맞춤을 선정한다. 끼워 맞춤은 제품의 기능과 제작을 고려하여 적용하되, 상용끼워맞춤을 이용해도 좋다. 본 예제에서 맞춤 홈 부는 30.00-30.05로, 돌기부는 29.95-29.90으로 설계되어 있다.

(b) 홈 부와 돌기부에 대한 최대 실체 크기를 구한다. 홈 부와 돌기부에 대한 최대 실체 크기는 30.00과 29.95이다.

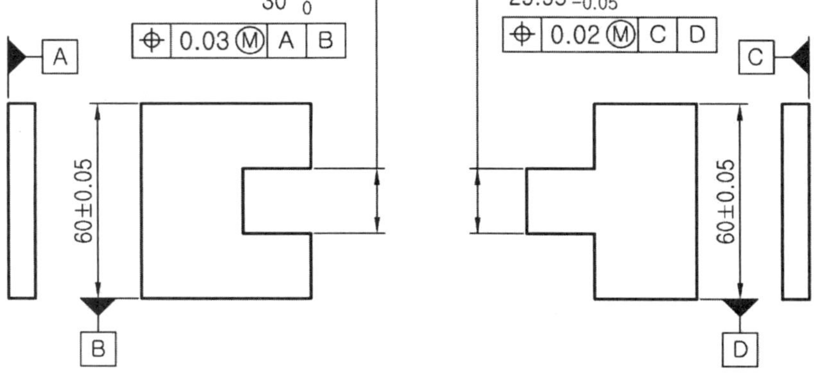

(a) 홈 제품 (b) 돌기제품

[그림 4.1] 비원형 형체에 규제된 위치도

(c) 최소 틈새를 구하고 그 값을 기하공차 값으로 배분한다. 최소 틈새 값은 0.05이며, 공정의 난이도를 고려하여 기하공차 값을 배분하는데, 홈에 대한 기하공차는 0.03, 돌기부에 대한 공차는 0.02로 배분하였다.

기하공차 값 = (홈 부의 MMS−돌출부의 MMS)를 적절하게 홈 부와 돌기부에 배분

(d) 적합한 기하공차는 위치도로 규제되었다. 결합되는 부품으로 공차붙이 형체에 대하여 최대 실체 공차방식을 적용하기 위해 공차 기입틀 안에 기호 Ⓜ을 붙인다.

(e) 위치도 공차는 관련형체로 규제되는 기하공차로 기능이나 제작을 고려하여 적절하게 데이텀을 설정한다. 먼저 밑면을 가공이나 측정을 위해 1차 데이텀으로 홈 부에는 A, 돌기 형체에는 C를 설정하였으며, 조립되는 형체의 위치가 데이텀 형체의 중심선상에 위치해야 하는 요구를 위해 2차 데이텀 B와 D가 설정되었다.

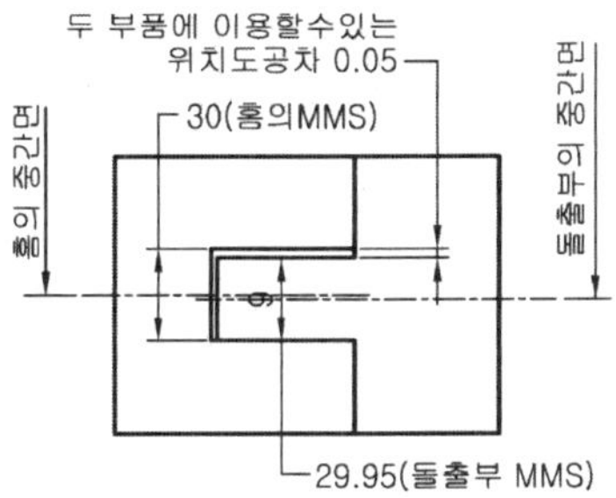

[그림 4.2] 비원형 형체의 공차영역

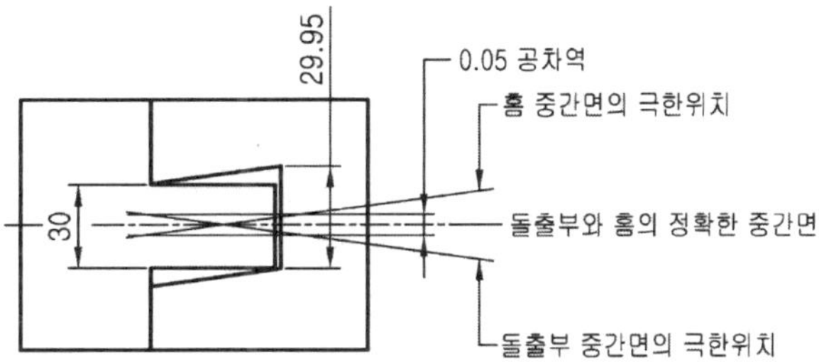

[그림 4.3] 돌출부와 홈의 극한의 결합상태

1.2 데이텀 형체가 끼워맞춤이 되는 비원형 형제

그림 4.4와 같이 데이텀 형체가 끼워맞춤이 되는 비원형 형체에 대한 기하공차 적용 설계의 예를 보여 주고 있다. 설계 절차는 다음과 같다.

(a) 두 부품에 대한 끼워 맞춤을 선정한다. 끼워 맞춤은 제품의 기능과 제작을 고려하

여 적용하되, 상용끼워맞춤을 이용하거나 적절한 치수를 부여한다. 본 예에서, 데이텀 형체와 공차붙이 형체의 치수, 최대 실체 크기 및 최소틈새는 표 4.1과 같다.

〈표 4.1〉 데이텀 형체와 공차붙이 형체 최대 실체 크기 및 최소틈새

	데이텀 형체		공차붙이 형체	
	형체의 치수	최대 실체 크기	형체의 치수	최대 실체 크기
부품 1	60.00−59.95	60.00	15.00−15.05	15.00
부품 2	60.05−60.10	60.05	14.95−14.90	14.95
최소틈새	0.05		0.05	

(b) 공차붙이 형체와 데이텀 형체의 최소 틈새를 합산한 전체 최소 틈새량을 배분한다. 표 4.1에서 보는 바와 같이 데이텀 형체에 대한 최소틈새는 0.05, 공차붙이 형체는 0.05로 합하면 0.10이 된다. 일반적으로 홈의 가공이 돌기보다 어려우므로 홈에 대한 기하공차 값은 0.06, 돌기 형체에 대한 기하공차는 0.04로 배분하였다. 전체의 기하공차는 최소 틈새량 보다 커서는 안 된다.

전체 최소 틈새량(0.10)=홈에 대한 기하공차(0.06)+돌기에 대한 기하공차(0.04)

(c) 적합한 기하공차는 위치도로, 결합되는 부품에 대하여 최대 실체 공차방식을 적용하기 위해 공차 기입틀 안에 기호 Ⓜ을 붙인다. 또한, 공차영역은 폭의 공차로 주어져야 한다.

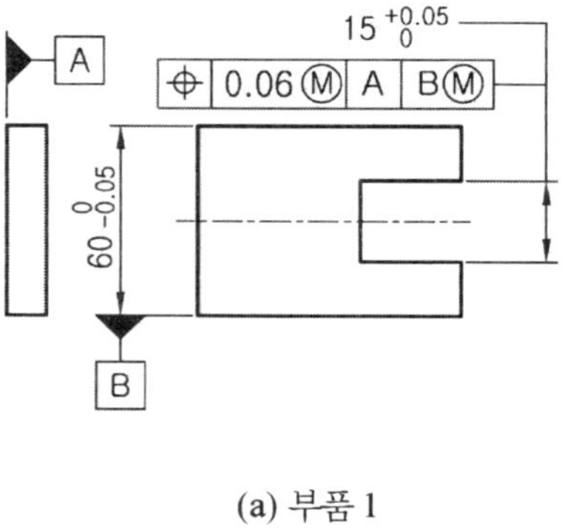

(a) 부품 1

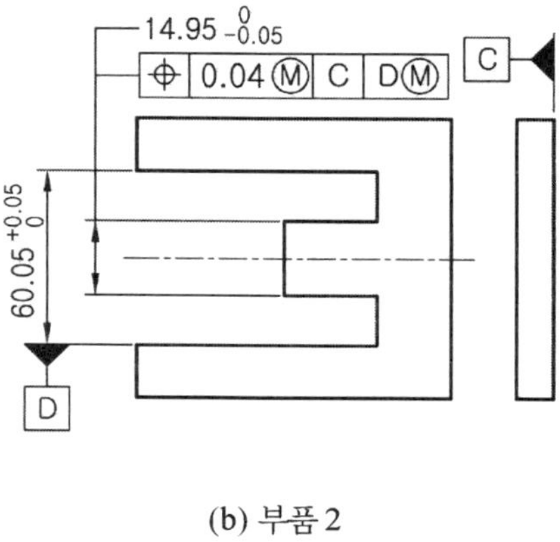

(b) 부품 2

[그림 4.4] 데이텀 형체가 결합되는 비 원형 형체에 적용된 기하공차

(d) 위치도 공차는 관련형체로 규제되는 기하공차로 기능이나 제작을 고려하여 적절하게 데이텀을 설정한다. 가공이나 측정의 편의를 위해 바닥을 1차 데이텀 A와 C를 설정하였으며, 홈 부와 돌기부의 중심이 데이텀 형체 B와 D의 중심선상에 위치하도록 하기 위해 2차 데이텀으로 설정하였다.

(e) 데이텀 형체가 크기의 형체로 공차로 규제되어 있고 결합되는 부품임으로 데이텀 형체에 대해서도 최대 실체 공차방식을 적용하여 기호 Ⓜ를 붙인다. 이와 같은 기하공차들은 공차붙이 형체의 치수 아래에 붙인다.

1.3 동축 형체의 위치도

그림 4.5는 동축 형상을 갖고 있는 축과 구멍에 대한 끼워맞춤 부품에 대한 기하공차 적용 설계를 나타내고 있다. 설계 순서는 다음과 같다.

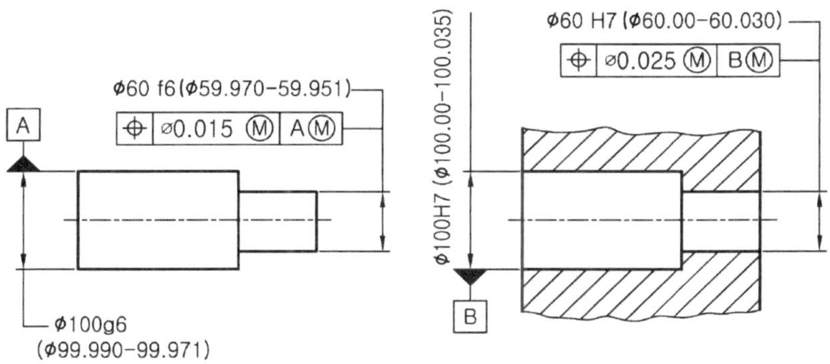

[그림 4.5] 결합되는 동축형체에 기하공차 적용

(a) 두 부품에 대한 끼워 맞춤을 선정한다. 끼워 맞춤은 제품의 기능과 제작을 고려하여 적용하되, 상용끼워맞춤을 이용하여, 데이텀 형체는 ∅ 100H7/g6, 공차붙이 형체는 ∅ 60H7/f6로 설계하였다.

(b) 축과 구멍의 데이텀 형체와 데이텀 형체에 대하여 각각 최대 실체 크기를 구한 다음 최소틈새를 구한다. 표 4.2에서 보는 바와 같이 데이텀 형체에 대한 최소틈새는 0.01, 공차붙이 형체는 0.03으로 합하면 0.04가 된다.

〈표 4.2〉 데이텀 형체와 공차붙이 형체 최대 실체 크기 및 최소틈새

	데이텀 형체		공차붙이 형체	
	형체의 치수	최대 실체 크기	형체의 치수	최대 실체 크기
구멍	∅ 100H7 (∅ 100.00-100.035)	100.000	∅ 60H7 (∅ 60.00-60.030)	60.000
축	∅ 100g6 (∅ 99.990-99.971)	99.990	∅ 60f6 (∅ 59.970-59.951)	59.970
최소틈새	100.000-99.990=0.01		60.000-59.970=0.03	

(c) 공차붙이 형체와 데이텀 형체의 최소 틈새를 합산한 전체 최소 틈새량을 배분한다. 일반적으로 구멍의 가공이 축보다 어려우므로 구멍에 대한 기하공차 값은 0.025, 축에 대한 기하공차는 0.015로 배분하였다. 전체의 기하공차는 최소 틈새량 보다 커서는 안 된다.

전체 최소 틈새량(0.04)=구멍에 대한 기하공차(0.025)+축에 대한 기하공차(0.015)

(d) 적합한 기하공차는 위치도로 규제되었다. 결합되는 부품으로 공차붙이 형체에 대하여 공차영역을 지름으로 하기 위해 지름기호 ∅ 를 기하공차 값 앞에 붙이고 최대 실체 공차방식을 적용하기 위해 공차 기입틀 안에 기호 Ⓜ을 붙인다.

(e) 위치도 공차는 관련형체로 규제되는 기하공차로 기능이나 제작을 고려하여 적절하게 데이텀을 설정한다. 공차붙이 형체는 데이텀 형체의 축심을 기준으로 동일한 축선상에 위치해야 한다. 따라서 기준이 되는 데이텀 형체를 각각 A, B로 설정하였으며, 중심선을 공차영역으로 하기 위해 치수선의 연장선상에 데이텀 기호를 붙인다.

(f) 데이텀 형체가 공차로 규제되어 있고 결합되는 부품임으로 데이텀 형체에 대해서도 최대 실체 공차방식을 적용하기 위해 기호 Ⓜ를 붙인다. 이와 같은 기하공차들은 공차붙이 형체의 치수 아래에 붙인다.

1.4 데이텀과 규제 형체가 결합되는 부품에 대한 적용설계

그림 4.6에서 부품 1과 부품 2가 결합된다고 한다. 조립의 관점에서 살펴보면 다음과 같다.

(a) 부품 1번과 2번 부품은 결합이 될 경우, 부품 1번은 2번 부품의 중심선상에 위치해야 할 것이다. 1번 부품에서 조립상 기준이 되는 형체는 외주 원통 표면의 축심과 돌기의 외주 축심, 돌기의 측면 부분으로 생각해 볼 수 있다. 기능 및 제작상의 기준으로 볼 때 외주 원통 표면의 중심 위치를 규제하는 것이 돌기의 외주나 측면을 이용하는 것 보다 좋다. 따라서 외주 원통표면의 축심을 데이텀 형체 B로 설정하였다. ø60H7의 안쪽구멍은 외주 원통의 중심선상에 위치해야 함으로 외주 원통의 축심을 기준으로 치수공차와 기하공차를 규제하였다. 돌기부분은 바닥을 가공과 측정의 편의를 위해 밑면을 1차 데이텀 A로, 외주 표면의 축심을 2차 데이텀 B로 데이텀의 우선순위를 설정하여 위치도를 규제하였다.

(b) 2번 부품에서 조립상 기준이 되는 형체는 조립되는 내측 구멍의 축심, 요철 부위의 외주 및 폭이 될 수 있으나, 내측 구멍의 축심이 좋다. 이 내측 구멍의 축심은 외주 원통의 축심과 동축이 되어야 함으로 외주 원통의 축심을 데이텀 형체 D로 설정하여 치수공차와 기하공차를 규제하였다.

요철의 홈 부는 가공과 측정의 편의를 위해 밑면을 1차 데이텀 C로 설정하였으며, 내측 구멍의 축심을 2차 데이텀 D로 설정하여 기하공차를 규제하였다.

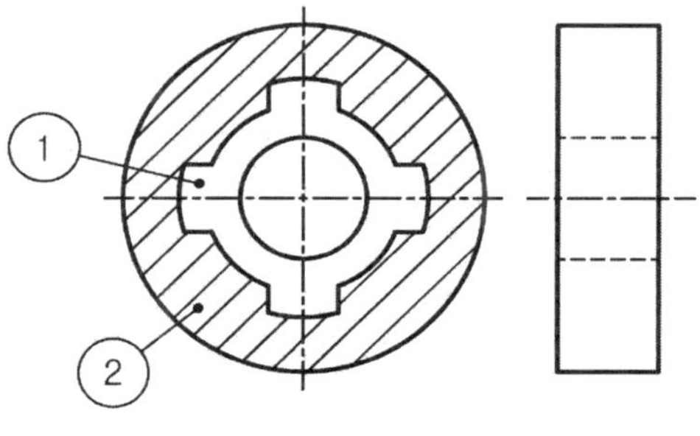

[그림 4.6] 조립도

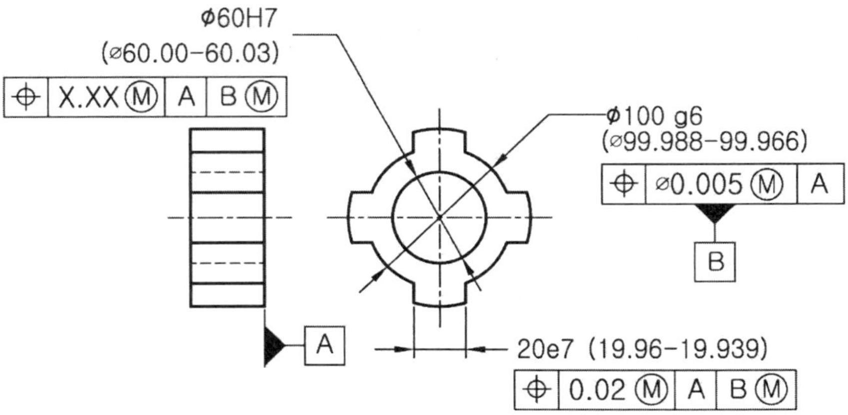

[그림 4.7] 부품 1의 설계

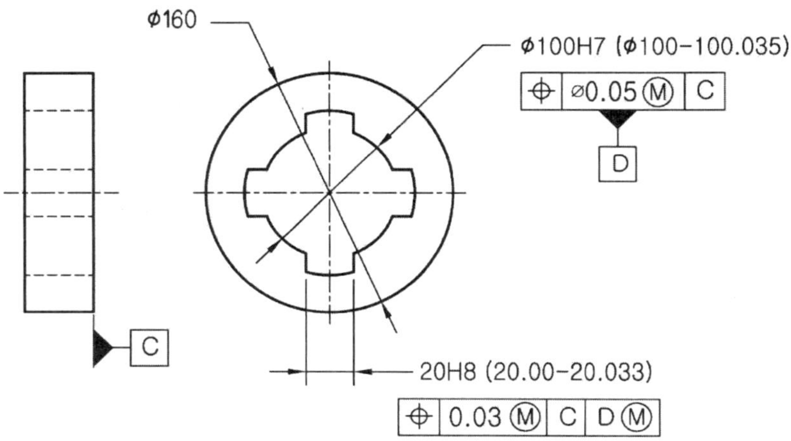

[그림 4.8] 부품 2의 설계

〈표 4.3〉 데이텀 형체와 공차붙이 형체 최대 실체 크기 및 최소틈새

	데이텀 형체	공차붙이 형체
1번 부품	원통 치수	돌기부
	∅ 100g6(∅ 99.988-99.966)	20e7(19.960-19.939)
2번 부품	구멍치수	홈 부
	∅ 100H7(∅ 100.00-100.035)	20H8(20.00-20.033)
최소틈새	100.00-99.988=0.012	20.00-19.960=0.04

(c) 두 부품의 위치도 공차 결정 방법은 다음과 같다. 규제 형체인 요철부위와 데이텀 형체인 원통 형체의 최소틈새를 합산한 전체 최소 틈새량 0.052를 배분한다. 일반적으로 홈의 가공이 돌기보다 어려우므로 홈에 대한 기하공차 값은 0.03, 돌기에 대한 기하공차는 0.022로 배분하였다. 전체의 기하공차는 최소 틈새량과 동일하게 하였다.

전체 최소 틈새량(0.052)=홈에 대한 기하공차(0.03)+돌기에 대한 기하공차(0.022)

1.5 부동 체결구의 위치도

그림 4.9와 같이 관통볼트 체결과 같이 체결구를 부동 체결구라 하며, 위치도는 다음과 같다.

$$\text{기하공차의 크기} = \text{구멍의 최대 실체치수} - \text{볼트의 호칭경} \tag{4.1}$$

그림 4.10에서 구멍의 최소지름은 ⌀6.4, 볼트의 호칭경이 M6임으로 체결되는 각 부품의 위치도는 ⌀0.4이다. 볼트가 체결됨으로 인해 최대 실체 공차방식을 적용하였다.

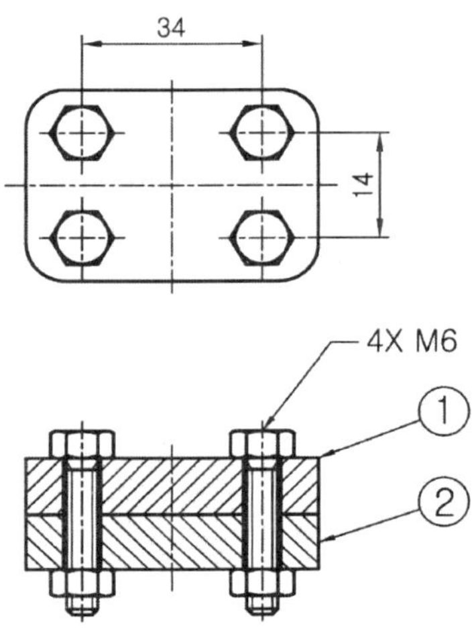

[그림 4.9] 부동 체결구

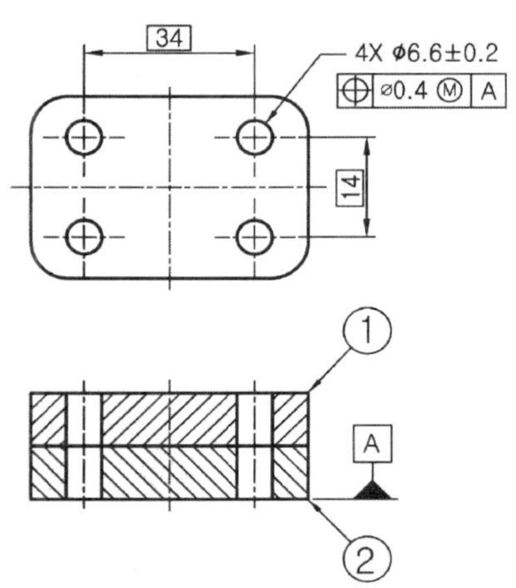

[그림 4.10] 부동체결방식에 의한 위치도

1.6 고정 체결구에서의 기하공차 설계

다음 그림 4.11과 같이 부품 1과 부품 2가 그림과 같이 탭 볼트로 조립되는 형체를 고정체결구라 한다.

(a) 부품 1번에서 볼트 체결구멍의 최대실체치수는 ⌀6.4이다. 탭 볼트와 같은 고정 체결구의 위치도는 다음과 같다.

$$\text{기하공차의 크기} = \frac{\text{구멍의 최대실체치수} - \text{볼트의 호칭지름}}{\text{배분}} \qquad (4.2)$$

즉, 볼트의 최대실체치수-볼트의 호칭경의 값 0.4에서 구멍과 나사에 대한 위치도로 50%씩 배분하면 위치도 기하공차는 ⌀0.2가 된다.

(b) 부품 1에서 4개의 구멍은 자리파기 구멍의 데이텀 형체가 되며, 각각의 구멍 중심이 데이텀 B로 설정되었다. 개개의 구멍중심이 자리파기 구멍의 데이텀 형체가 됨을 지시하기 위해 "개별구멍"이라는 주기를 부기하였다.

(c) 자리파기 구멍은 4개의 구멍의 중심을 기준으로 위치도를 설정하였다. 각각의 구멍의 축심 데이텀 B를 기준으로 적용되며 이를 나타내기 위해 "개별구멍"이라는 주기를 지시하였다.

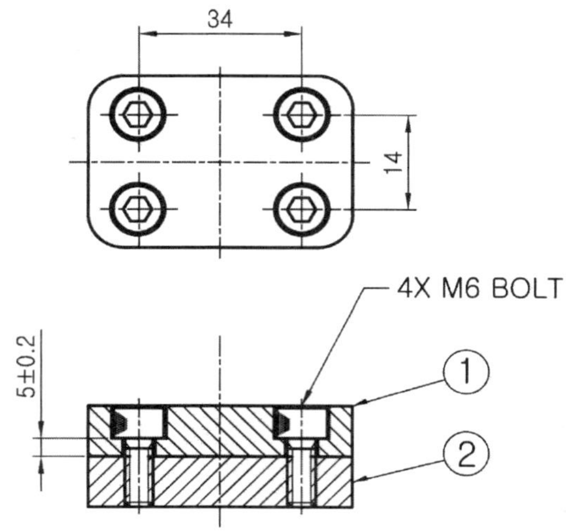

[그림 4.11] 고정 체결구

(d) 부품 2번에는 돌출공차영역을 적용한다. 돌출 공차영역을 적용하기 위해서 기하공차틀 안에 Ⓟ기호를 부가하고 돌출길이를 기입한다. 부품 1의 최대 두께가 돌출길이가 되고 가상선으로 Ⓟ5.2 지시되어 있다.

(e) 각 구멍의 위치를 나타내는 치수를 이론적으로 정확한 치수로 나타내었다. 이론적으로 정확한 치수는 공차가 없는 치수로 사각형의 틀 안에 치수를 나타내면 된다.

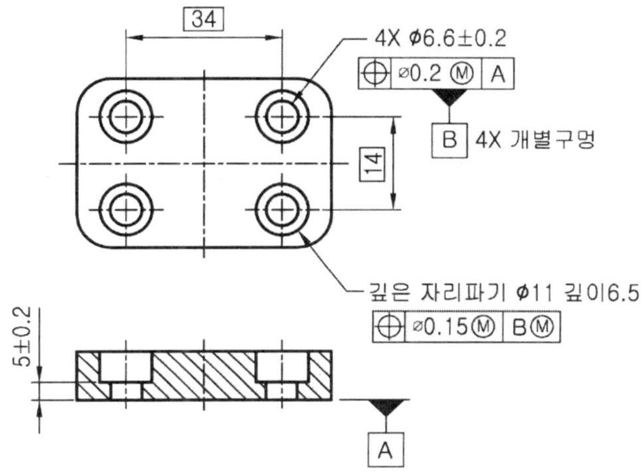

[그림 4.12] 부품 1의 위치도 설계

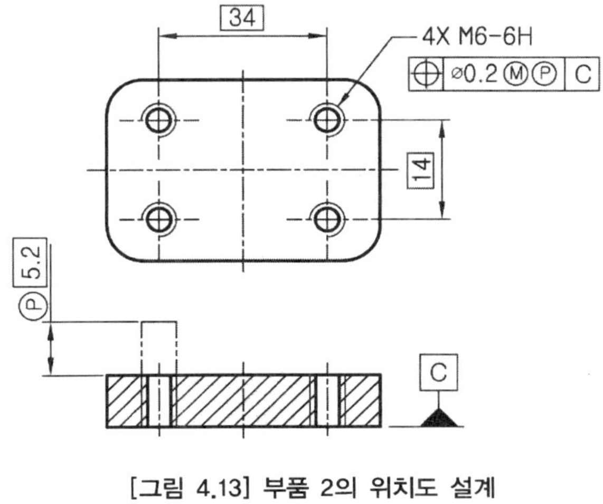

[그림 4.13] 부품 2의 위치도 설계

1.7 돌출공차영역을 적용하지 않은 경우

그림 4.11와 같은 고정 체결구에서 만약 돌출 공차영역을 적용하지 않는 경우에는 체결 구멍의 직각도를 고려하여 다음과 같이 기하공차가 계산된다.

$$H = F + T_1 + T_2\left(1 + \frac{2P}{D}\right) \tag{4.3}$$

여기서, T_1 = 헐거운 구멍의 위치도 공차

T_2 = 탭 구멍이나 타이트하게 끼워지는 구멍의 위치도 공차

D = 나사산이나 타이트하게 끼워지는 요소의 최소 결합 깊이

P = 체결구의 최대 돌출길이

H = 헐거운 구멍의 최소치수

F = 체결구의 최대직경이다.

예제 4.1

그림 4.11에서 체결구의 최대직경 6.35, 헐거운 구멍쪽 위치도 공차 0.2, 탭 구멍쪽 위치도 공차 0.4, 헐거운 구멍쪽 판의 최대두께 12.0, 탭 구멍쪽 판의 최소두께 8.0이라 할 때, 헐거운 구멍의 최소 치수는 얼마인가?

1.8 3개의 결합되는 부품에 대한 위치도

그림 4.14와 같이 몸체, 덮개 및 가스켓(gasket)이 조립되는 부품의 경우를 살펴보다. 몸체와 덮개 사이에 기밀을 위해 가스켓이 끼워져 있다. 몸체와 덮개 판의 체결에 4개의 볼트를 사용하였으며, 분해 조립시 정확한 위치에서 조립이 되기 위해 맞춤 핀이 끼워져 있다. 맞춤핀의 위치는 정밀한 위치를 위해 가장 먼 위치인 대각선에 배치하였다.

핀은 평행 핀으로 SM45C 기계구조용 소재이며, 핀의 치수는 ∅8m6, 길이는 16mm로 선정하였다. 구멍의 치수는 ∅8H7 구멍으로 몸체와 덮개를 볼트로 체결 후 동시 가공한다.

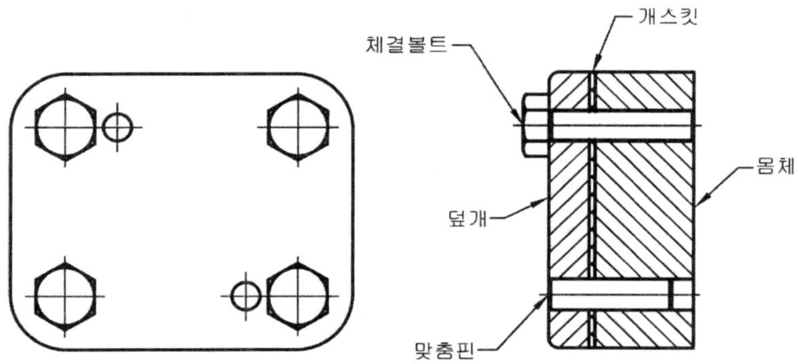

[그림 4.14] 3개의 결합부품

몸체와 덮개판의 관계에서

$$\text{체결 볼트 구멍의 위치도} = \frac{\text{구멍의 최대 재료치수} - \text{볼트의 호칭경}}{\text{배분}}$$

으로 구한다.

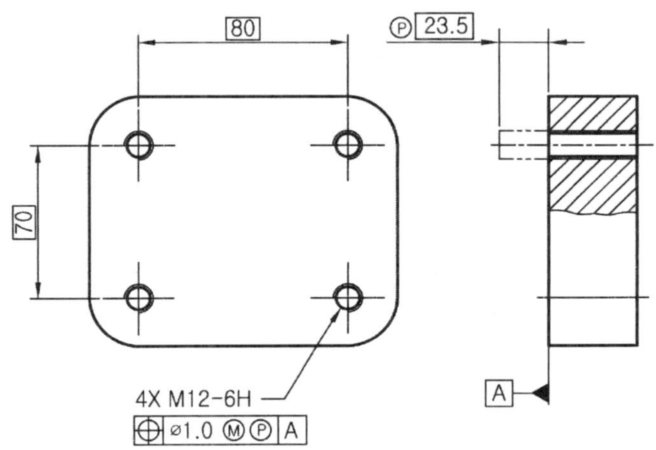

[그림 4.15] 몸체의 설계

(구멍의 최대실체치수 14.0)－(볼트의 호칭경 M12)＝2.0에서 몸체와 덮개 판에 50%씩 배분하여 각각의 기하공차는 지름기호로 ⌀1.0이 된다. 몸체의 나사구멍은 고정체결구로 체결되어 있으므로 돌출공차영역을 적용해야 하며, 몸체의 표면에 접하는 부품의 최대 두께가 돌출길이가 되므로 덮개판과 가스켓의 최대 두께의 합인 23.5(20.2+3.3)가 돌출길이이다.

본체와 개스킷의 관계에서 체결 볼트 구멍의 위치도(15－M12)＝3에서 이미 몸체의 설계에서 위치공차 1.0이 할당되었으므로 가스켓에서는 3에서 1.0를 뺀 나머지 2.0이 가스켓의 기하공차로 할당된다.

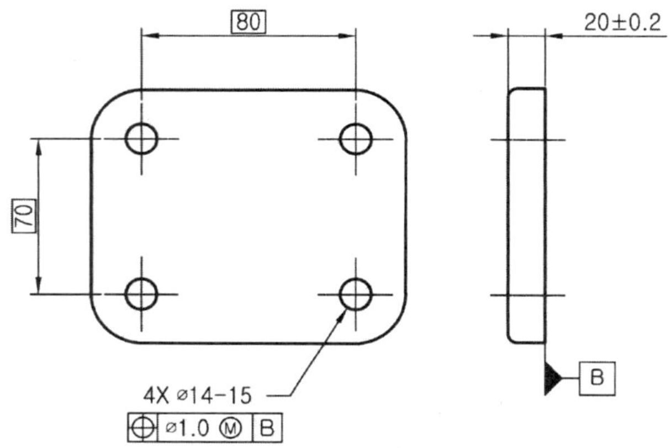

[그림 4.16] 덮개판의 설계

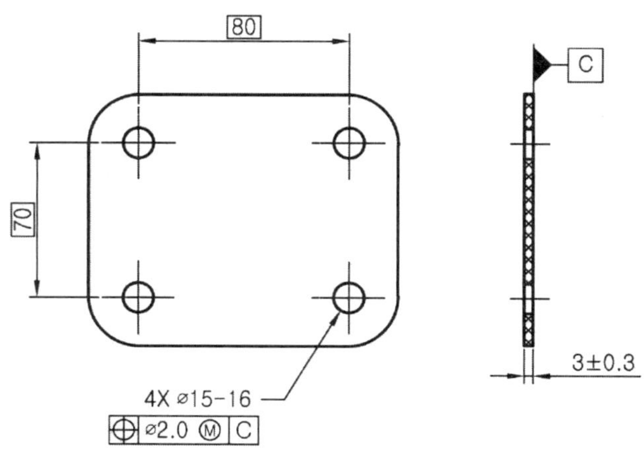

[그림 4.17] 가스켓의 설계

1.9 크랭크 샤프트 조립도

그림 4.18 도면은 크랭크 샤프트(crank shaft)의 조립도이다. 크랭크 축과 커플링(coupling)이 결합되어 있으며, 풀리(pulley)가 회전하면 커플링 및 크랭크샤프트가 일체로 회전한다. 크랭크 축과 커플링의 치수는 그림 4.19와 같다.

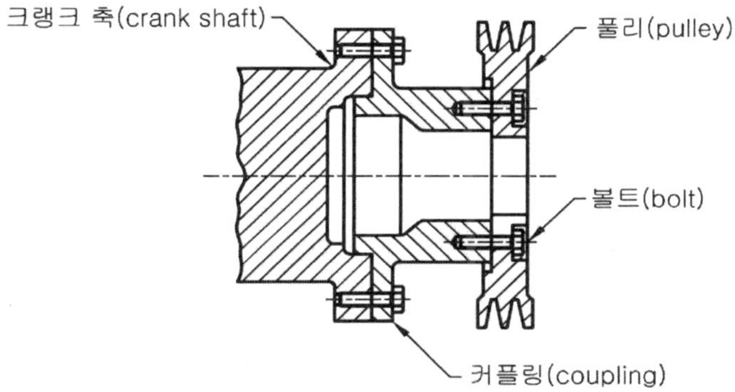

[그림 4.18] 커플링 조립도

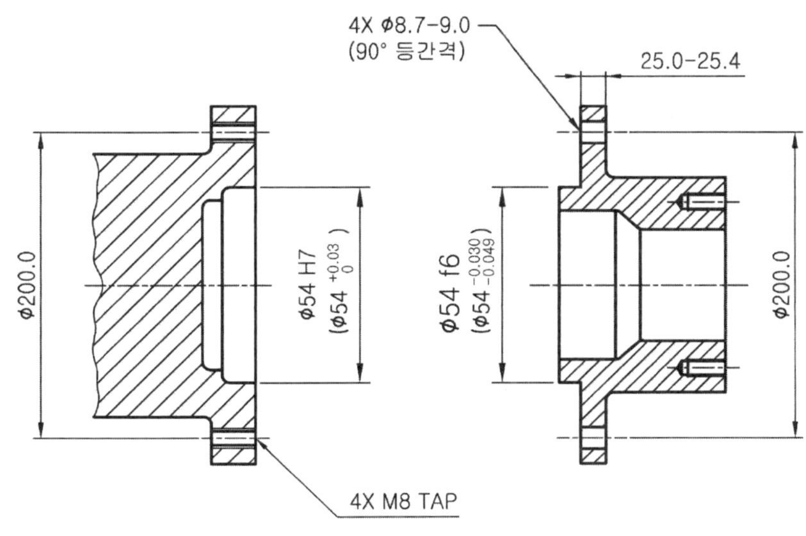

[그림 4.19] 크랭크 축과 커플링의 치수

설계 순서는 다음과 같다.

(a) 제 1 데이텀 설정

기하공차를 적용하기 위해서는 먼저 데이텀을 설정하여야 한다. 두 부품의 어떤 형체에 제 1 데이텀을 설정할 것인가? 이것을 하려면 우선 다음과 같은 것을 고려해야 한다.

① 부품이 조립될 때 어떤 형체가 물리적인 접촉이 많은가?

② 조립에 관련된 부품의 형체들이, 제 기능을 발휘하도록 하기 위하여 데이텀을 어떤 우선 순위에 따라 설정되어야 하는가?

③ 가공이나 측정상 어떤 형체를 기준으로 하는 것이 편리한가? 등 여러 요인을 검토해야 한다.

그림 4.20, 그림 4.21에서 크랭크 샤프트와 커플링이 조립시, 실제로 물리적 접촉이 많고, 헐거운 끼워맞춤이 되는 구멍과 돌출 형체에 제 1데이텀 A와 C를 부여한다. 1차 데이텀 형체는 모든 형체의 방향이나 위치와 관련하여 기준이 됨으로 정밀한 형상이 필요하다. 이 데이텀 평면은 기능적 요구로 평면도 0.05로 규제하였다.

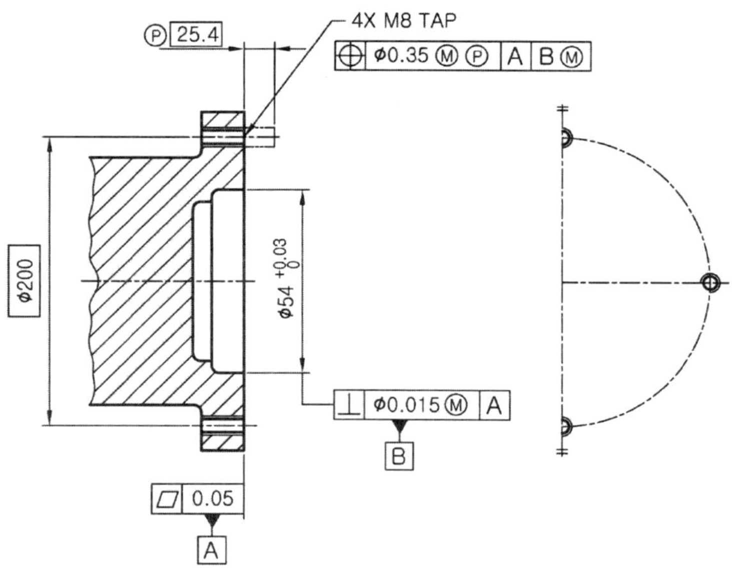

[그림 4.20] 크랭크 축에 대한 기하공차 적용

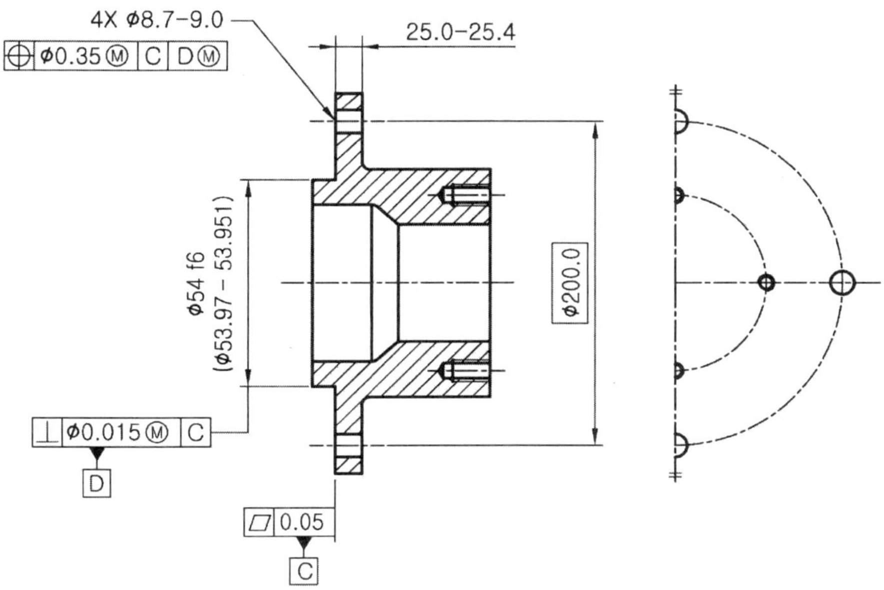

[그림 4.21] 커플링에 대한 기하공차의 적용

(b) 제 2 데이텀 설정

1차 데이텀을 기준으로 B와 D가 제 2 데이텀으로 설정된다. 크랭크 축에 고정 체결구인 나사 구멍에는 돌출 공차영역이 적용된다. 두개의 부품이 조립되어, 동일 축을 중심으로 회전하도록 공차영역은 중심선상에 설정되도록 관련치수선의 연장선상에 기입하고, 최대 실체 공차방식으로 설계된다.

(c) 데이텀 B와 D의 기하공차 설계

① 데이텀 B의 치수는 54.00~54.03, 데이텀 D는 53.97~53.951로 최소틈새가 0.03이다.

② 데이텀 축 B와 D에 적용되는 기하공차는, 제1데이텀 평면 A와 C에 대해 직각이므로 직각도가 된다. 최소틈새량을 각 형체 공차값으로 50%씩 배분하여 0.015가 부여된다.

③ 형체 B와 D가 원형이고, 두 형체의 중심축이 일치하여야함으로 공차값 앞에 ∅ 기호를 기입한 원통공차영역이다.

④ 두 형체가 크기를 갖는 형체이며, 조립관계가 있으므로 기하공차 값 뒤에 최대 실체 조건으로 Ⓜ 기호를 부여한다.

(d) 나사 체결구의 기하공차 설계

① 고정체결구 방식의 기하공차는 구멍의 MMS-볼트의 호칭경의 값(8.7－M8)＝0.7이 된다. 이 값을 가공 난이도를 고려하여 배분하나, 본 예에서는 50%씩 배분하였다.

② 나사 구멍의 경우에 돌출공차영역을 적용하고, 이때 돌출공차의 높이는 커플링 체결부위의 최대 두께인 25.4가 된다.

③ 공차영역과 최대 실체 공차방식을 적용한다.

④ 데이텀을 설정한다. 1차 데이텀 A는 접촉면 A에 수직으로 접하도록 하고, 2차 데이텀 C는 조립되는 요철 부위의 중심축과 동심을 유지하게 한다.

1.10 지지대(Support)에 모터를 조립한 경우

그림 4.22에서 베이스(base) 위에 지지대(support)가 볼트로 고정되어 있고, 지지대에는 모터가 조립된다. 모터 축에는 커플링에 의해 회전축과 연결됨으로 원활한 회전을 위해서는 모터 축이 베이스 면과 평행을 잘 유지해야 한다.

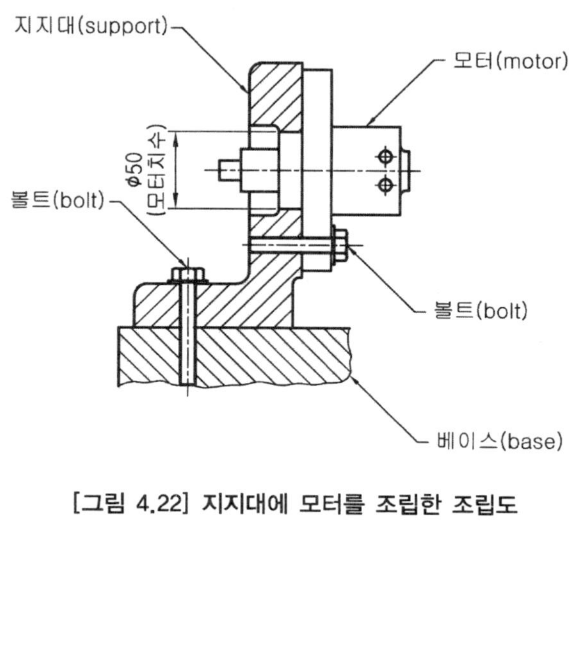

[그림 4.22] 지지대에 모터를 조립한 조립도

그림 4.23은 지지대에 대한 설계도면으로 검토해보면 다음과 같다.

(a) 데이텀 설정

① 데이텀 A : 지지대는 모터를 조립하기 전에 우선 베이스 위에 조립된다. 따라서 지지대의 바닥면이 모든 형체의 기준이 되는 데이텀 평면(데이텀 A)이 된다. 기능적 요구와 제조비용을 고려하여 평면도 0.03으로 규제하였다.

② 데이텀 C : 모터와 결합되는 지지대의 측면을 데이텀 C로 설정한다. 이 데이텀은 모터와 조립시 접촉 바닥면으로 1차 데이텀 A에 대해 직각(직각도)이 유지되어야 한다. 데이텀 A는 제 1 데이텀으로 먼저 가공 후, 제 2 데이텀 C를 가공한다.

③ 데이텀 D : 데이텀 D는 모터가 장착되는 구멍의 축심이다. 구멍의 위치도 공차는 지름의 공차영역으로 설정하고, 위치의 공차값은 ⌀1.0으로 크게 설정한다. 최대 실체 공차방식을 적용하고, 데이텀 설정은 우선 순위에 따라 1차 데이텀 C, 2차 데이텀 A, 3차 데이텀 B로 설정한다. 데이텀 형체 D의 치수는 50.00~50.08이다. 조립 모터부위의 MMS가 50.00이라고 하면, "0" 직각도 공차를 적용한다. 결합부품임으로 최대 실체 공차방식을 적용한다.

④ 데이텀 B : 지지대를 베이스에 장착하는 면의 구멍 가공을 위한 기준면이 된다. 데이텀 B를 3차 데이텀으로 설정하면 주물 표면에 의해 형성되는 면으로 재현성이 떨어진다. 반면에 데이텀 D를 3차 데이텀으로 설정하면 체결구멍의 위치는, 데이텀 D에 대해 좌우대칭(체결구멍의 중심에 위치)에 위치하게 된다. 데이텀 형체 D는, 체결 부위로 DⓂ과 같이 최대 실체 공차방식으로 적용이 가능하다.

2x ⌀8.7 - 8.9
| ⌖ | ⌀0.35Ⓜ | A | C | B |

2x ⌀8.7 - 8.9
| ⌖ | ⌀0.35Ⓜ | A | C | D |

2x ⌀8.7 - 8.9
| ⌖ | ⌀0.35Ⓜ | A | C | DⓂ |

(b) 지지대 나사구멍의 기하공차 설계

지지대는 모터를 체결하기 위하여 M8 나사 구멍이 데이텀 축 D를 중심으로, 지름 90mm인 원에 120도 간격으로 3개 가공된다.

① 데이텀 설정 : 상대 부품이 평면 C에 장착됨으로, 구멍의 형체 규제틀에 데이텀 C를

1차 데이텀으로 설정한다. 모터를 조립하기 위해서는, 나사 구멍의 위치와 직접적인 관계가 있는 데이텀 축 D를 2차 데이텀으로 설정해야 한다.

② 기하공차의 계산 : 형체 패턴관련 위치도로 ⌀1의 기하공차를, 형상관련 위치도로 ⌀0.35가 지시되어 있다. 이는 구멍의 MMS가 8.7로 다음과 같이 구해진다.

위치도 공차 = (모터구멍의 MMS − 나사의 호칭경)/2

또한, 돌출 공차 영역 적용하였으며, 돌출길이는 25.4이다. 조립 부품으로 Ⓜ 기호를 부가하여 최대 실체 공차방식을 적용하였다.

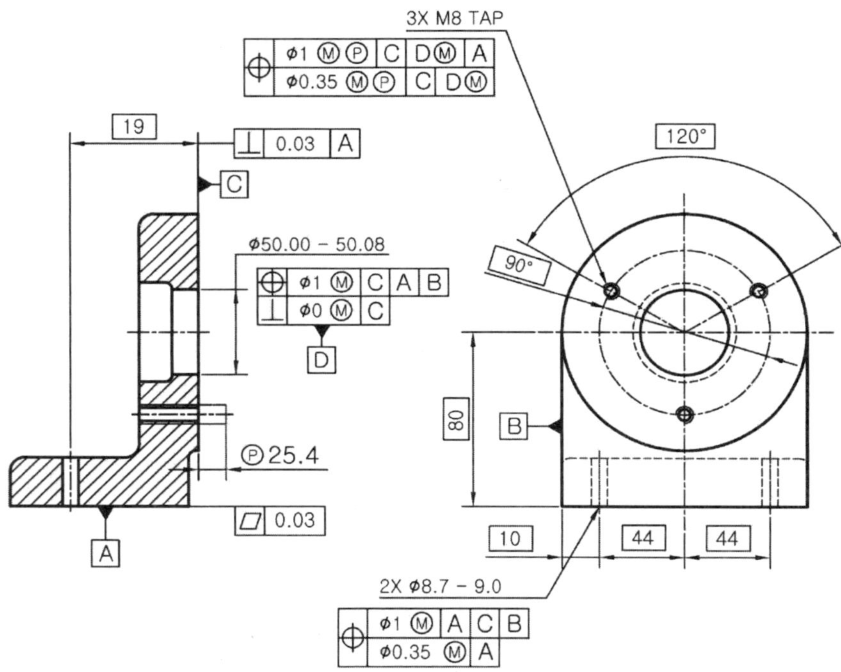

[그림 4.23] 지지대에 대한 기하공차의 적용

V

게이지 설계

제 1 장 한계 게이지

1.1 한계 게이지의 정의 및 특징

한계 게이지(limit gauge)란 구멍이나 축에서 최대 허용치수를 기준으로 한 측정 끝 면과, 최소 허용치수를 기준으로 한 측정 끝 면을 갖는 게이지를 말한다. 측정 끝 면이 고정되어 있는 한계 게이지를 고정식 한계 게이지라 한다.

구멍용 한계 게이지에서는, 구멍의 최소 허용치수를 기준으로 한 측정 끝면이 있는 부분을 통과측이라 하고, 최대 허용치수를 기준으로 한 측정 끝면이 있는 부분을 정지측이라 한다.

축용 한계 게이지에서는, 축의 최대 허용치수를 기준으로 한 측정 끝면이 있는 부분을 통과측이라 하고, 최소 허용치수를 기준으로 한 측정 끝면이 있는 부분을 정지측이라 한다.

한계 게이지는 어떤 제품의 구체적 치수를 측정하는 측정기가 아니라, 미리 정해진 제품의 치수에 대하여 합격 여부를 검사하기 위한 것이다. 게이지는 주로 제품의 호환성을 확보하기 위한 목적으로 사용됨으로 개개의 요소에 대한 측정 값을 구할 필요는 없다.

한계 게이지는 통과측 한계 게이지(go side limits)와 정지측 한계 게이지(not go side limits)가 있으며 이들 한계치수에 대한 정의는 다소 차이가 있다. 간단한 예로, 그림 5.1과 같이 실제 구멍의 모양이 타원이라고 가정하고 이 구멍을 정확한 원통 모양의 한계 게이지로 구멍을 검사한다고 가정해 보자. 통과측 한계 게이지는 구멍의 최소치수를 검사하는 게이지로 구멍을 구성하고 있는 모든 요소는 이 게이지보다 크다

그러나 정지측 한계 게이지로 검사할 경우 게이지 검사상 정지가 되더라도 구멍을 구성하는 모든 요소는 정지측 한계 게이지 치수보다 작다고 보증할 수 없다. 그러므로 형체의 모양이 정확한 원통이 아닐 경우에는 원통형 정지 게이지는 바람직하지 못하며, 제품에 대하여 두 점으로 접촉하는 봉 게이지로 측정하는 것이 바람직하다. 이러한 사실을 근거로 "한계 게이지의 통과측 검사는 그 구멍을 구성하는 모든 요소에 대한 종합적 검사가 이루어지지만, 정지측 검사는 개별적인 요소만으로 검사할 수 밖에 없다"라고 할 수 있다. 한계

게이지에서 이와 같은 원리를 테일러의 원리(Taylor's principle)라 한다.

현실적으로 제작되는 제품은 기하학적으로 정확하게 제작될 수 없기 때문에 이러한 점을 고려하여야 한다. 특히, 기하학적으로 복잡한 형상의 제품일수록 형상 오차가 클 수 있기 때문에 주의가 필요하다. 그러나 봉 게이지를 사용하여 측정할 경우 검사시간이 길어지고 검사 비용이 증대할 수 있기 때문에 형상 오차가 작고 무시해도 좋을 경우에는 정지측 게이지를 통과측 게이지와 마찬가지로 동일 형상으로 해도 무방하다. 현재, 널리 사용되고 있는 플러그 게이지(plug gauge)나 스냅 게이지(snap gauge)에서 형상 오차가 작다는 전제로 통과측과 정지측이 동일한 형상으로 되어있다.(인용자료: 임종태(2002)/공차해석/도서출판 청호)

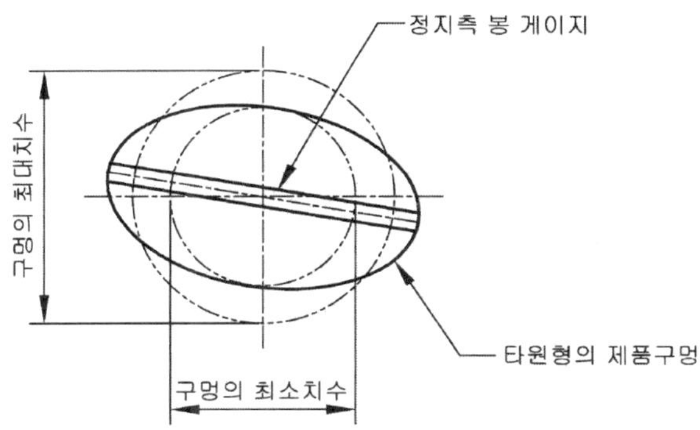

[그림 5.1] 테일러의 원리

1.2 한계 게이지의 일반사항

(a) 한계 게이지의 종류 : KS B 5248 규정에 따르면 구멍용 한계 게이지 및 축용 한계 게이지의 종류는 표 5.1과 같다.

여기에서, 테이퍼록형은 게이지의 테이퍼부와 핸들의 테이퍼 구멍을 끼워맞춤 하여 조립되는 게이지의 모양이며, 트리록형은 게이지 끝 면에 설치된 3개의 V형 홈과, 핸들 끝 면에 설치된 3개의 산모양의 돌기를 끼워 맞추어 볼트에 따라 조립되는 게이지 모양이다.(부록 참조)

(b) **게이지부의 공차, 치수 허용차** : 한계 게이지의 게이지부 공차 및 그 치수 허용차는 KS B 5211에 규정되어 있다. 표 5.7에 호칭 치수의 크기, 축과 구멍에 대한 IT 기본 공차의 등급에 따라 게이지 제작공차와 마멸 여유 등이 규정되어 있으므로 이를 참고하여 설계한다.

(c) **재질 및 경도** : 한계 게이지의 재질은 KS D 3753에 규정한 냉간 금형용 STS 3 또는 이와 동등이상의 것으로 한다. 다만, 스냅게이지는 KS D 3751에 규정한 탄소공구강 STC 95 또는 이와 동등 이상으로 한다. 또, 게이지면의 경도는 HV660 이상(HRC 58 이상)으로 한다. 또한, 경년 변화에 대해서도 충분한 고려를 한다.

(d) **모양 및 치수** : 한계 게이지의 모양 및 치수는 부표 1~8에 따른다. 또한, 플러그 게이지용 핸들은 부속서 A에 따르고, 테이퍼록형 플러그 게이지의 테이퍼부 검사에 사용하는 테이퍼 게이지는 부속서 B에 따른다.

(e) **게이지 부의 모양 오차** : 한계 게이지의 모양 오차의 허용치는 표 5.2와 같다.

(f) **표면 거칠기** : 한계 게이지의 표면 거칠기는 아래 표 5.3과 같다.

(g) **검사** : 한계 게이지의 검사는 치수, 경도, 재료, 모양, 표면거칠기 등의 항목에 대하여 규정에 적합하여야 한다. 또한, 한계 게이지의 주된 검사 항목의 측정 항목은 표 5.4에 따른다.

(h) **표시** : 한계 게이지는 적당한 곳에 호칭치수, 공차위치, 등급기호, 제조자명 또는 약호 및 제작연월일 또는 제조번호를 표시한다.

(i) **제품의 호칭방법** : 한계 게이지의 호칭 방법은 표준번호 또는 표준명칭, 한계 게이지의 종류, 호칭 치수 및 공차 위치, 등급 기호에 따른다.

표준번호 또는 표준명칭	한계 게이지의 종류	호칭치수, 공차위치 및 등급기호
KS B 5248	원통형 플러그 게이지	20 H7
한계 게이지	편구 스냅 게이지	20 h7

〈표 5.1〉 한계 게이지의 종류

<table>
<tr><th></th><th colspan="2">한계 게이지의 종류</th><th>호칭 치수의 범위(mm)</th></tr>
<tr><td rowspan="5">구멍용 한계 게이지</td><td rowspan="2">원통형 플러그 게이지</td><td>테이퍼록형</td><td>1이상 50이하</td></tr>
<tr><td>트리록형</td><td>50초과 120이하</td></tr>
<tr><td colspan="2">플러그 판 게이지</td><td>80초과 250이하</td></tr>
<tr><td rowspan="2">봉 게이지</td><td>테이퍼록형</td><td>80초과 120이하</td></tr>
<tr><td>트리록형</td><td>120초과 500이하</td></tr>
<tr><td rowspan="4">축용 한계 게이지</td><td colspan="2">링 게이지</td><td>1이상 50이하</td></tr>
<tr><td colspan="2">양구 스냅 게이지</td><td>1이상 50이하</td></tr>
<tr><td colspan="2">편구 스냅 게이지</td><td>3이상 50이하</td></tr>
<tr><td colspan="2">C형 스냅 게이지</td><td>50이상 180이하</td></tr>
</table>

〈표 5.2〉 게이지부의 모양 오차의 허용치

<table>
<tr><th colspan="2" rowspan="2">게이지의 종류</th><th colspan="13">게이지 제작공차(㎛)</th></tr>
<tr><th>1.2</th><th>1.5</th><th>2</th><th>2.5</th><th>3</th><th>4</th><th>5</th><th>6</th><th>7</th><th>8</th><th>10</th><th>12</th><th>14</th></tr>
<tr><td rowspan="2">원통형 플러그 게이지</td><td>진원도</td><td colspan="5">1</td><td colspan="3">2</td><td colspan="2">3</td><td>4</td><td colspan="2">-</td></tr>
<tr><td>원통도</td><td colspan="5">1</td><td colspan="3">2</td><td colspan="2">3</td><td>4</td><td colspan="2">-</td></tr>
<tr><td>판 플러그 게이지</td><td>원통도</td><td colspan="5">-</td><td colspan="3">3</td><td colspan="2">4</td><td colspan="3">5</td></tr>
<tr><td rowspan="2">링 게이지</td><td>진원도</td><td colspan="5">1</td><td colspan="3">2</td><td colspan="2">3</td><td>4</td><td colspan="2">-</td></tr>
<tr><td>원통도</td><td colspan="5">1</td><td colspan="3">2</td><td colspan="2">3</td><td>4</td><td colspan="2">-</td></tr>
<tr><td rowspan="2">스냅 게이지</td><td>평행도</td><td colspan="5">1</td><td colspan="3">2</td><td colspan="2">3</td><td colspan="2">4</td><td>-</td></tr>
<tr><td>평면도</td><td colspan="5">1(3줄)</td><td colspan="3">2(6줄)</td><td colspan="2">3(9줄)</td><td colspan="2">4(12줄)</td><td></td></tr>
</table>

주 1. ( )의 수치는 간섭 무늬수를 표시한다.
2. 표의 수치는 온도 20℃ 에서의 값으로 한다.

〈표 5.3〉 게이지 면의 표면 거칠기

<table>
<tr><th rowspan="2">게이지의 종류</th><th colspan="16">게이지 제작 공차(㎛)</th></tr>
<tr><th>1.2</th><th>1.5</th><th>2</th><th>2.5</th><th>3</th><th>4</th><th>5</th><th>6</th><th>7</th><th>8</th><th>9</th><th>10</th><th>12</th><th>13</th><th>14</th><th>15</th></tr>
<tr><td>원통형 플러그 게이지</td><td colspan="10">0.4S</td><td colspan="2">0.8S</td><td colspan="4"></td></tr>
<tr><td>판 플러그 게이지</td><td colspan="5"></td><td colspan="5">0.8S</td><td colspan="5">1.6S</td><td></td></tr>
<tr><td>링 게이지</td><td colspan="10">0.4S</td><td colspan="2">0.8S</td><td colspan="4"></td></tr>
<tr><td>봉 게이지</td><td colspan="5">-</td><td colspan="5">0.4S</td><td colspan="6">0.8S</td></tr>
<tr><td>스냅 게이지</td><td colspan="10">0.4S</td><td colspan="3">0.8S</td><td colspan="3"></td></tr>
</table>

〈표 5.4〉 게이지부의 측정방법(보기)

<table>
<tr><th colspan="2">검사항목</th><th>측정장소</th><th>측정방법</th><th>측정용구</th></tr>
<tr><td colspan="2">경도</td><td>게이지 끝면 또는 측면에서 게이지부에 가까운 장소</td><td>KS B 0811 또는 KS B 0806의 경도시험 방법에 따른다.</td><td>KS B 5525에 규정된 비커스 경도시험기 혹은 KS B 5526에 규정된 로크웰경도 시험기</td></tr>
<tr><td colspan="2">표면거칠기</td><td>게이지면</td><td>원칙적으로 표면거칠기 측정에 따른다. (비교 표면거칠기 표준편과의 비교 관찰에 따라 측정하여도 좋다)</td><td>KS B 0501
KS B 0506
KS B 0507</td></tr>
<tr><td rowspan="3">원통형 플러그 게이지</td><td>바깥지름</td><td rowspan="3">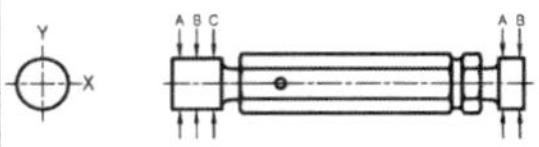
• 통과측:X, Y의 2 방향에서 A, B, C의 6곳
• 정지측: X, Y의 2방향에서 A, B의 4곳
• 측정제외범위 : 게이지 끝에서 1mm</td><td rowspan="2">측미기를 사용하여 게이지 블록과의 비교 측정한다.</td><td rowspan="5">KS B 5236
KS B 5201의 2급이상
KS B 5239
KS B 5247</td></tr>
<tr><td>진원도</td></tr>
<tr><td>원통도</td><td>바깥지름 측정으로 구한다.</td></tr>
<tr><td rowspan="2">판 플러그 게이지</td><td>바깥지름</td><td rowspan="2">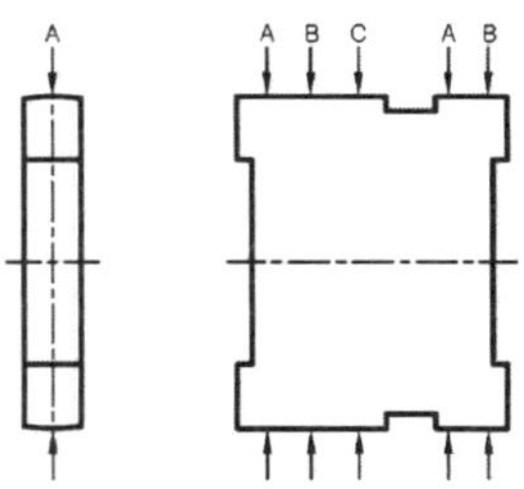
• 통과측 : A,B,C 3곳
• 정지측: A,B 2곳
• 게이지 측면 및 끝면으로부터의 측정제외 범위
• 호칭치수 180mm이하는 2mm
• 호칭치수 180mm 초과는 3mm</td><td>측미기를 사용하여 게이지 블록과의 비교 측정한다.</td></tr>
<tr><td>원통도</td><td>바깥지름 측정으로 구한다.</td></tr>
<tr><td>봉 게이지</td><td>길이</td><td>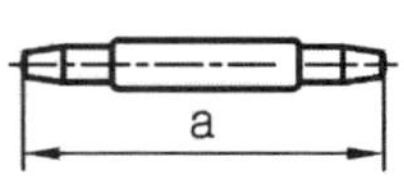</td><td>측장기에 따른다. 또는, 측미기를 사용하여 게이지 블록과의 비교 측정한다.</td><td>측장기
KS B 5201의 1급이상
KS B 5236
KS B 5239
KS B 5247</td></tr>
</table>

〈표 5.4〉 게이지부의 측정방법(보기)

검사항목		측정장소	측정방법	측정용구
링 게이지	안지름	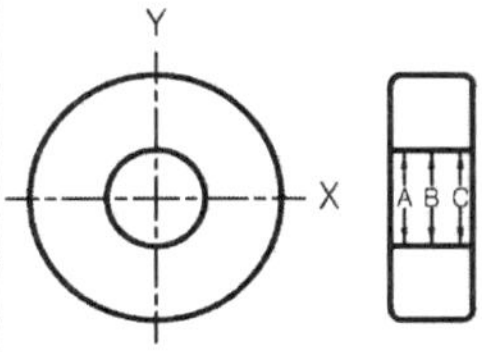	측장기에 따른다. 또는 같은 정도의 안지름 측정 기기를 사용하여 게이지 블록의 비교 측정[a]에 따른다.	측장기 안지름 측정 기기 KS B 5201의 1급이상
	진원도			
	원통도	• 통과측:X, Y의 2방향에서 A, B, C의 6곳 • 정지측:통과측에 준한다. • 측정 제외 범위:게이지 끝면에서 1mm	안지름 측정으로 구한다.[a]	
스넵 게이지	내측치수	양구형 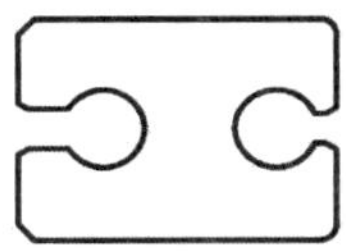 편구형 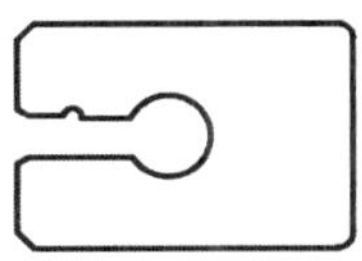	게이지 블록을 스넵 게이지 게이지부 치수보다 작은 것부터 점차 치수를 증가시켜, 게이지 블록이 스넵 게이지면 사이를 스넵게이지 자중에 상당하는 힘으로 통과할 수 있는 블록 게이지의 최대 치수를 구한다.	KS B 5201의 1급이상
	게이지면의 평행도	C형 	내측 치수에 평행도 허용값을 합친 치수의 게이지 블록이 스넵 게이지 자중에 따라 게이지면 사이에 어느 쪽에서 끼워도 들어가지 않음을 확인한다.	
	게이지면의 평면도	옵티칼 플랫 또는 옵티칼 패러렐  게이지면	게이지면에 옵티칼 플랫 또는 옵티칼 패러렐을 대어 적색 간섭 무늬수를 읽는다.[b] 다만, 주변의 1mm는 제외한다.	KS B 5241의2급이상 KS B 5242의 규정된 1급의 옵티칼 패러렐

[a] 호칭 치수 15mm 이하의 링 게이지는 정밀도 저하의 우려가 없음이 확인되면, 플러그 게이지에 따라 검사하여도 좋다.

[b] 호칭 치수 18mm 이하의 스넵 게이지는 이 방법을 생략해도 좋다.

1.3 KS 규격에 의한 한계 게이지 설계

(1) 한계 게이지 설계 원칙

한계 게이지를 설계할 경우 다음과 같은 원칙을 고려하여야 한다.

(a) 제품의 허용 한계 치수를 비교적 확실하게 검사할 수 있도록 설계하여야 한다.

(b) 통과측 게이지는 사용 중 마멸이 발생한다. 게이지가 지나치게 마멸된 상태로 사용되지 않도록 마멸한계 이내에서 사용해야한다. 또한, 게이지의 사용 수명을 길게 하기 위하여 마멸과 반대 방향으로 마멸 여유를 주어야 하며 그 크기는 적절하게 설계한다.

(c) 정지측 게이지는 사용 중 마멸 우려가 없으므로 마멸여유를 고려할 필요가 없다. 다만, 게이지의 제작 공차가 제품 공차에 지나치게 벗어나지 않도록 유의한다.

(d) 게이지는 제작시 검사 제품에 대하여 최대한 넓은 범위의 검사가 이루어지도록 하기 위하여 최소 유효범위가 최대가 되도록 게이지의 기준치수를 설정한다.

그림 5.2는 구멍을 원통형 플러그 게이지로 검사할 경우 최소 유효범위 비율을 나타낸 것이다. 통과 쪽 게이지와 정지측 게이지가 제품 공차에 대해 가장 내측으로 제작될 경우의 범위가 원래의 제품 공차 범위에 대하여 몇 % 인가를 최소 유효범위 비율이라 한다.

$$\text{최소 유효범위 비율 } \eta = \frac{T_z}{T} \times 100\% = \frac{T-H-z}{T} \times 100\% \tag{5.1}$$

여기서 T : 제품공차

H : 게이지 제작공차

z : 게이지 마멸여유

최소 유효범위의 비율 η가 클수록 좋다. 그러므로 게이지 설계시 게이지의 기본 치수가 최소 유효범위가 최대가 되도록 통과측과 정지측 치수를 편측 공차로 설계한다.

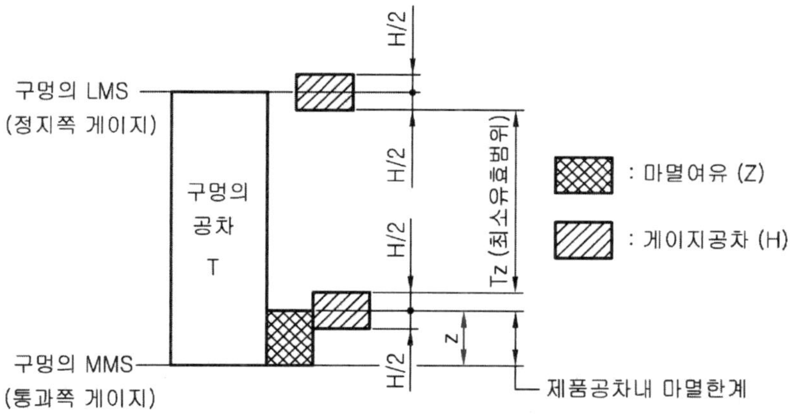

[그림 5.2] 게이지의 최소 유효범위 비율

(2) 한계 게이지의 공차

KS B 0401을 적용하는 구멍 및 축의 치수 검사에 사용하는 한계 게이지 중에서 KS B 5211을 적용하는 한계 게이지에 관하여 다음과 같이 규정되어 있다.

(a) 호칭치수

한계 게이지의 호칭 치수는, 그 게이지를 적용하는 구멍 또는 축의 크기를 나타내는 기준 치수로 한다.

(b) 한계 게이지의 공차

한계 게이지를 제작할 때에 통과측 · 정지측의 각각에 대하여 허용 할 수 있는 최대 허용치수와 최소 허용치수와의 차를 한계 게이지의 공차라 한다.

(c) 구멍 · 축 공차의 등급과 한계 게이지 공차의 등급과의 관계

한계 게이지의 공차의 등급은, 이것을 적용하는 구멍 또는 축의 등급과 한계 게이지의 종류에 따라 정한다. 또한, 주요한 종류의 한계 게이지 공차의 등급은 표 5.5와 같다.

〈표 5.5〉 한계 게이지 제작공차

한계 게이지의 종류	게이지 공차의 기호	구멍 축의 공차(T)					
		IT 5	IT 6	IT7	IT 8	IT 9	IT 10
플러그 게이지 및 평판 플러그 게이지	H	IT 2	IT 2	IT 2	IT 2	IT 2	IT 2
봉 게이지	Hs	IT 2	IT 2	IT 2	IT 2	IT 2	IT 2
스냅 게이지 및 링 게이지	H_1	IT 2	IT 2	IT 2	IT 2	IT 2	IT 2

(d) 한계 게이지의 공차의 기초 수치

동일 치수 구분에 속하는 같은 등급의 구멍 또는 축에 사용하는 한계 게이지에 대하여는 각각 동일한 공차를 주는 것으로 하고, 한계 게이지의 공차 등급은 IT 2~IT 4의 3 종류로 하며, 그 수치는 표 5.6과 같다.

〈표 5.6〉 치수구분에 따른 게이지 제작공차

호칭 치수의 구분(mm)		IT 2	IT 3	IT 4
초과	이하			
-	3	1.2	2	3
3	6	1.5	2.5	4
6	10	1.5	2.5	4
10	18	2	3	5
18	30	2.5	4	6
30	50	2.5	4	7
50	80	3	5	8
80	120	4	6	10
120	180	5	8	12
180	250	7	10	14
250	315	8	12	16
315	400	9	13	18
400	500	10	15	20

비고 : 호칭 치수의 구분 3mm 이하의 IT 2의 1.2㎛는, 스냅 게이지 및 링 게이지에 한하여 1.5㎛로 하여도 좋다.

(3) 구멍용 한계 게이지 설계

(a) 통과측 게이지

그림 5.2를 참조하여 설계한다. 검사하고자 하는 모든 구멍 제품에 통과가 되어야 합격이 된다. 그러므로 통과측 게이지는 게이지 공차와 더불어 마멸여유를 주어야 한다.

$$\text{통과측 치수} = (\text{구멍의 MMS} + z) \pm \frac{H}{2}(\text{양측공차}) \tag{5.2}$$

$$\text{통과측 치수} = \left(\text{구멍의 MMS} + z - \frac{H}{2}\right)^{+H}_{\;0}(\text{편측공차}) \tag{5.3}$$

(b) 정지측 게이지

구멍 제품이 구멍에 정지되어 통과되지 않아서 마멸 여유를 줄 필요가 없다.

$$\text{정지측 치수} = (\text{구멍의 LMS}) \pm \frac{H}{2}(\text{양측공차}) \tag{5.4}$$

$$\text{정지측 치수} = \left(\text{구멍의 LMS} + \frac{H}{2}\right)^{\;0}_{-H}(\text{편측공차}) \tag{5.5}$$

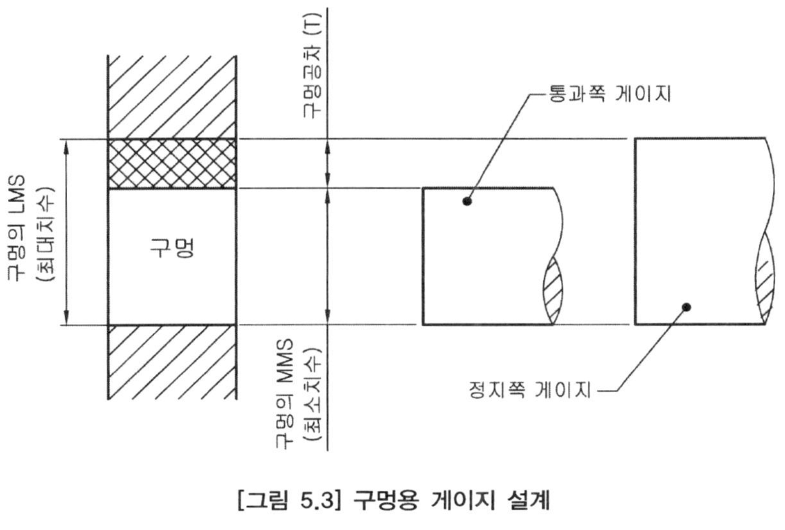

[그림 5.3] 구멍용 게이지 설계

(4) 축용 한계 게이지 설계

축의 크기를 검사하는 축용 한계 게이지는 그림 5.4에서와 같이 MMS 치수의 링 게이지를 만들어 축에 끼웠을 때 게이지가 통과하게 되면 축은 최대치수보다 작은 것이 되고, LMS 치수의 링게이지를 만들어 축에 끼웠을 때 축에 통과하지 않아야 축은 최소치수보다 커서 합격이 된다.

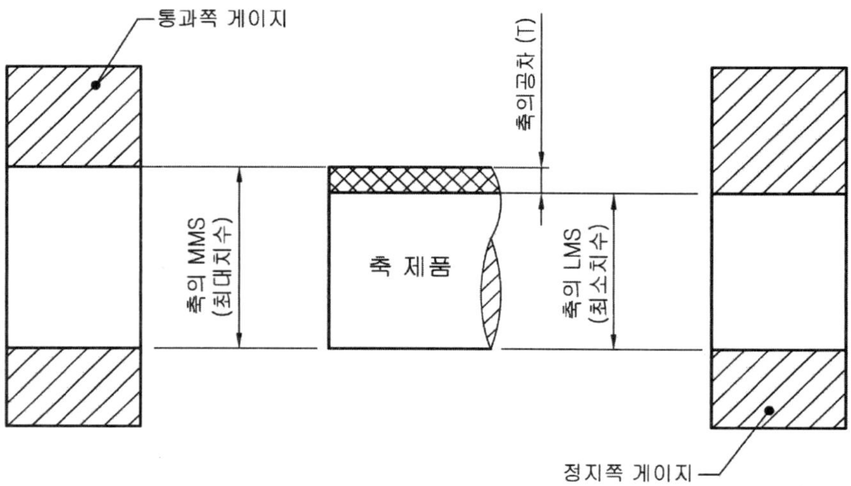

[그림 5.4] 축용 검사게이지

(a) 통과측 게이지

그림 5.5를 참조하여 설계한다. 검사하고자 하는 모든 구멍 제품에 통과가 되어야 합격이 된다. 그러므로 통과측 게이지는 게이지 공차와 더불어 마멸여유를 주어야 한다.

$$\text{통과측 치수} = (\text{축의 MMS} - z_1) \pm \frac{H_1}{2} (\text{양측공차}) \tag{5.6}$$

$$\text{통과측 치수} = \left(\text{축의 MMS} - z_1 + \frac{H_1}{2}\right)_{-H_1}^{\ 0} (\text{편측공차}) \tag{5.7}$$

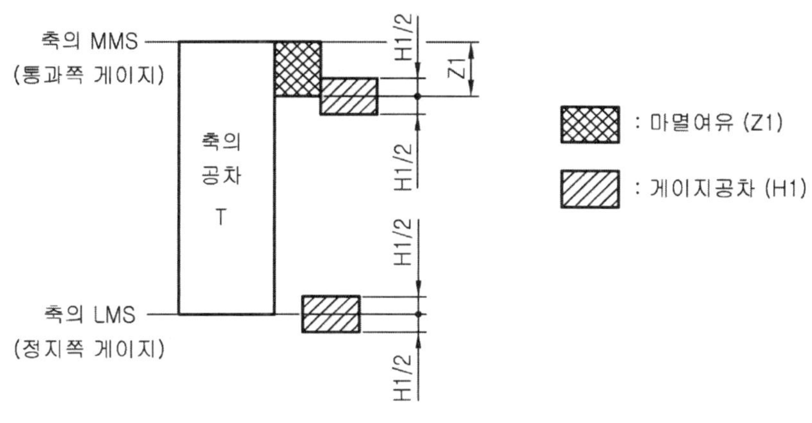

[그림 5.5] 축용 검사게이지의 설계

(b) 정지측 게이지

구멍 제품이 구멍에 정지되어 통과되지 않아서 마멸 여유를 줄 필요가 없다.

$$\text{정지측 치수} = (\text{축의 LMS}) \pm \frac{H_1}{2}(\text{양측공차}) \tag{5.8}$$

$$\text{정지측 치수} = (\text{축의 LMS} - \frac{H_1}{2})^{+H_1}_{\;\;0}(\text{편측공차}) \tag{5.9}$$

(5) 한계게이지 설계상에서의 용어 및 정의

마멸 한계 치수란, 마멸된 상태에 있어서도, 또한 한계 게이지로서 사용하는 것이 허용되는 한계 치수를 말한다. 마멸 한계 치수의 허용차란, 구멍용의 한계 게이지에서는 구멍의 최소 허용치수와 마멸 한계 치수와의 차를, 축용의 한계 게이지에서는 축의 최대 허용치수와 마멸 한계 치수와의 차를 말하며, 다음의 기호로 표시한다.

y : 구멍용 한계 게이지의 마멸 한계 치수의 허용차
y_1 : 축용 한계 게이지의 마멸 한계 치수의 허용차

다만, 측정이 불확실한 영역(구멍용 한계 게이지에서는 α, 축용 한계 게이지에서는 α_1)을 고려할 필요가 있을 경우에는, y 또는 y_1 값을 수정하고, 그 수정 값을 각각 y' 또는 y_1'로 표시한다.

마멸 여유란, 게이지의 마멸을 고려하여 게이지의 통과측의 기준이 되는 치수를 구멍 또는 축의 최대(최소) 허용치수로부터 구멍 또는 축의 공차 내에 옮기는 치수와 마멸 한계 치수와의 차를 말한다. 마멸 여유 중, 구멍 또는 축의 공차 내에 있는 부분을 구멍 축 공차 내 마멸 여유라 하며, 다음의 기호로 표시한다.

z : 구멍용 한계 게이지의 구멍 공차 내 마멸 여유
z_1 : 축용 한계 게이지의 축 공차 내 마멸 여유

신제품인 한계 게이지의 구멍 축 공차내 마멸여유 및 마멸한계 치수의 허용차는 다음 표 5.7과 같으며, 이 표에서 나타내는 기호는 다음과 같다.

T : 구멍 축의 공차
y : 구멍용 한계 게이지의 마멸 한계치수의 허용차
y_1 : 축용 한계 게이지의 마멸 한계치수의 허용차
z : 구멍용 한계 게이지의 구멍공차 내 마멸여유
z_1 : 축용 한계 게이지의 축 공차 내 마멸여유
α : 구멍용 한계 게이지의 측정이 불확실한 영역
α_1 : 축용 한계 게이지의 측정이 불확실한 영역

〈표 5.7〉 한계 게이지의 마멸 여유 및 제작공차

단위:㎛

호칭치수의 구분(mm)		T	IT5 구멍 축용 게이지					T	IT6 구멍 축용 게이지				
초과	이하	(IT 5)	z z_1	y y_1	y' y_1'	α α_1	H, Hs, H (IT 2)	(IT 6)	z z_1	y y_1	y' y_1'	α α_1	H, Hs, H (IT 2)
-	3	4	1	1	-	-	1.2	6	1.5	1	-	-	1.2
3	6	5	1	1	-	-	1.5	8	2	1	-	-	1.5
6	10	6	1	1	-	-	1.5	9	2	1	-	-	1.5
10	18	8	2	1.5	-	-	2	11	2.5	1.5	-	-	2
18	30	9	2	1.5	-	-	2.5	13	2.5	1.5	-	-	2.5
30	50	11	3	2	-	-	2.5	16	4	2	-	-	2.5
50	80	13	4	2	-	-	3	19	5	2	-	-	3
80	120	15	5	3	-	-	4	22	6	3	-	-	4
120	180	18	6	3	-	-	5	25	7	3	-	-	5
180	250	20	6	3	2	1	7	29	7	4	2	2	7
250	315	23	7	3	1.5	1.5	8	32	8	5	2	3	8
315	400	25	7	4	1.5	2.5	9	36	10	6	2	4	9
400	500	27	8	4	1	3	10	40	12	7	2	5	10

〈표 5.7〉 한계 게이지의 마멸 여유 및 제작공차(계속)

단위:㎛

호칭치수의 구분(mm)		T (IT7)	IT7 구멍용 게이지					IT7 축용 게이지				
초과	이하		z	y	y'	α	H, Hs, (IT2)	z_1	y_1	y_1'	α_1	H, (IT3)
-	3	10	2	1.5	-	-	1.2	2	1.5	-	-	2
3	6	12	2.5	1.5	-	-	1.5	3	1.5	-	-	2.5
6	10	15	2.5	1.5	-	-	1.5	3	1.5	-	-	2.5
10	18	18	3	1.5	-	-	2	3.5	2	-	-	3
18	30	21	3.5	1.5	-	-	2.5	3.5	2	-	-	4
30	50	25	4	2	-	-	2.5	5	3	-	-	4
50	80	30	5	2	-	-	3	6	3	-	-	5
80	120	35	6	3	-	-	4	8	4	-	-	6
120	180	40	8	3	-	-	5	9	4	-	-	8
180	250	46	9	5	2	3	7	10	6	3	3	10
250	315	52	11	6	2	4	8	12	7	3	4	12
315	400	57	13	6	0	6	9	14	8	2	6	13
400	500	63	15	7	0	7	10	16	9	2	7	15

〈표 5.7〉 한계 게이지의 마멸 여유 및 제작공차(계속)

단위:㎛

호칭치수의 구분(mm)		T (IT8)	IT8 구멍용 게이지										IT8 축용 게이지				
			플러그 게이지					봉 게이지									
초과	이하		z	y	y'	α	H, (IT3)	z	y	y'	α	Hs (IT2)	z_1	y_1	y_1'	α_1	H, (IT3)
-	3	14	3	2	-	-	2	2	2	-	-	1.2	3	2	-	-	2
3	6	18	3.5	2	-	-	2.5	2.5	2	-	-	1.5	3.5	2	-	-	2.5
6	10	22	4	2	-	-	2.5	2.5	2	-	-	1.5	4	2	-	-	2.5
10	18	27	5	2	-	-	3	3	2	-	-	2	5	2	-	-	3
18	30	33	6	2	-	-	4	4	2	-	-	2.5	6	2	-	-	4
30	50	39	7	3	-	-	4	4	3	-	-	2.5	7	3	-	-	4
50	80	46	9	3	-	-	5	5	3	-	-	3	9	3	-	-	5
80	120	54	11	4	-	-	6	6	4	-	-	4	11	4	-	-	6
120	180	63	12	5	-	-	8	8	5	-	-	5	12	5	-	-	8
180	250	72	14	7	3	4	10	10	7	3	4	7	14	7	3	4	10
250	315	8	16	8	2	6	12	12	8	2	6	8	16	8	2	6	12
315	400	89	18	9	2	7	13	13	9	2	7	9	18	9	2	7	13
400	500	97	20	10	1	9	15	15	10	1	9	10	20	10	1	9	15

〈표 5.7〉 한계 게이지의 마멸 여유 및 제작공차(계속)

단위:㎛

호칭치수의 구분(mm)		T (IT9)	IT9 구멍용 게이지										IT9 축용 게이지				
			플러그 게이지					봉 게이지									
초과	이하		z	y	y'	α	H (IT3)	z	y	y'	α	Hs (IT2)	z_1	y_1	y_1'	α_1	H_1 (IT4)
-	3	25	6	0	-	-	2	6	0	-	-	1.2	6	0	-	-	3
3	6	30	7	0	-	-	2.5	7	0	-	-	1.5	7	0	-	-	4
6	10	36	8	0	-	-	2.5	8	0	-	-	1.5	8	0	-	-	4
10	18	43	9	0	-	-	3	9	0	-	-	2	9	0	-	-	5
18	30	52	11	0	-	-	4	11	0	-	-	2.5	11	0	-	-	6
30	50	62	13	0	-	-	4	13	0	-	-	2.5	13	0	-	-	7
50	80	74	15	0	-	-	5	15	0	-	-	3	15	0	-	-	8
80	120	87	17	0	-	-	6	17	0	-	-	4	17	0	-	-	10
120	180	100	20	0	-	-	8	20	0	-	-	5	20	0	-	-	12
180	250	115	25	0	-4	4	10	25	0	-4	4	7	25	0	-4	4	14
250	315	130	28	0	-6	6	12	28	0	-6	6	8	28	0	-6	6	16
315	400	140	31	0	-7	7	13	31	0	-7	7	9	31	0	-7	7	18
400	500	155	35	0	-9	9	15	35	0	-9	9	10	35	0	-9	9	20

〈표 5.7〉 한계 게이지의 마멸 여유 및 제작공차(계속)

단위:㎛

호칭치수의 구분(mm)		T (IT10)	IT10 구멍용 게이지									
			플러그 게이지					봉 게이지				
초과	이하		z	y	y'	α	H (IT 4)	z	y	y'	α	H_a (IT 3)
-	3	40	6	0	-	-	3	6	0	-	-	2
3	6	48	7	0	-	-	4	7	0	-	-	2.5
6	10	58	8	0	-	-	4	8	0	-	-	2.5
10	18	70	9	0	-	-	5	9	0	-	-	3
18	30	84	11	0	-	-	6	11	0	-	-	4
30	50	100	13	0	-	-	7	13	0	-	-	4
50	80	120	15	0	-	-	8	15	0	-	-	5
80	120	140	17	0	-	-	10	17	0	-	-	6
120	180	160	19	0	-	-	12	19	0	-	-	8
180	250	185	29	0	-7	7	14	29	0	-7	7	10
250	315	210	33	0	-9	9	16	33	0	-9	9	12
315	400	230	38	0	-11	11	18	38	0	-11	11	13
400	500	250	44	0	-14	14	20	44	0	-14	14	15

또한, 구멍 축 공차와 한계 게이지 공차와의 허용 영역의 관계는, IT 5~8등급인 구멍 축에 사용하는 것과 IT 9, 10급인 구멍 축에 사용하는 것과는 다르며, 같은 등급에 사용하는 것이라도 호칭치수 180mm 이하인 경우와 호칭치수 180mm를 초과하는 경우와는 다르다. 그림 5.6과 5.7은 이 관계를 표시하고 있다.

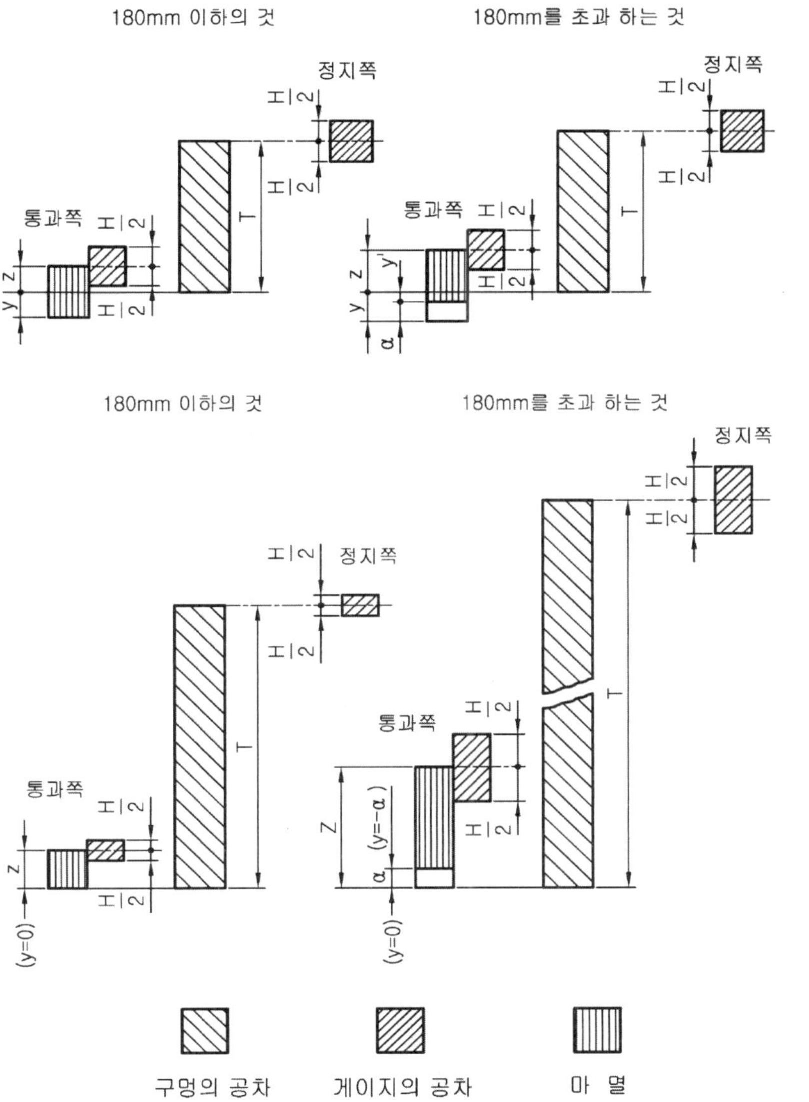

[그림 5.6] 크기에 따른 게이지 설계(구멍용)

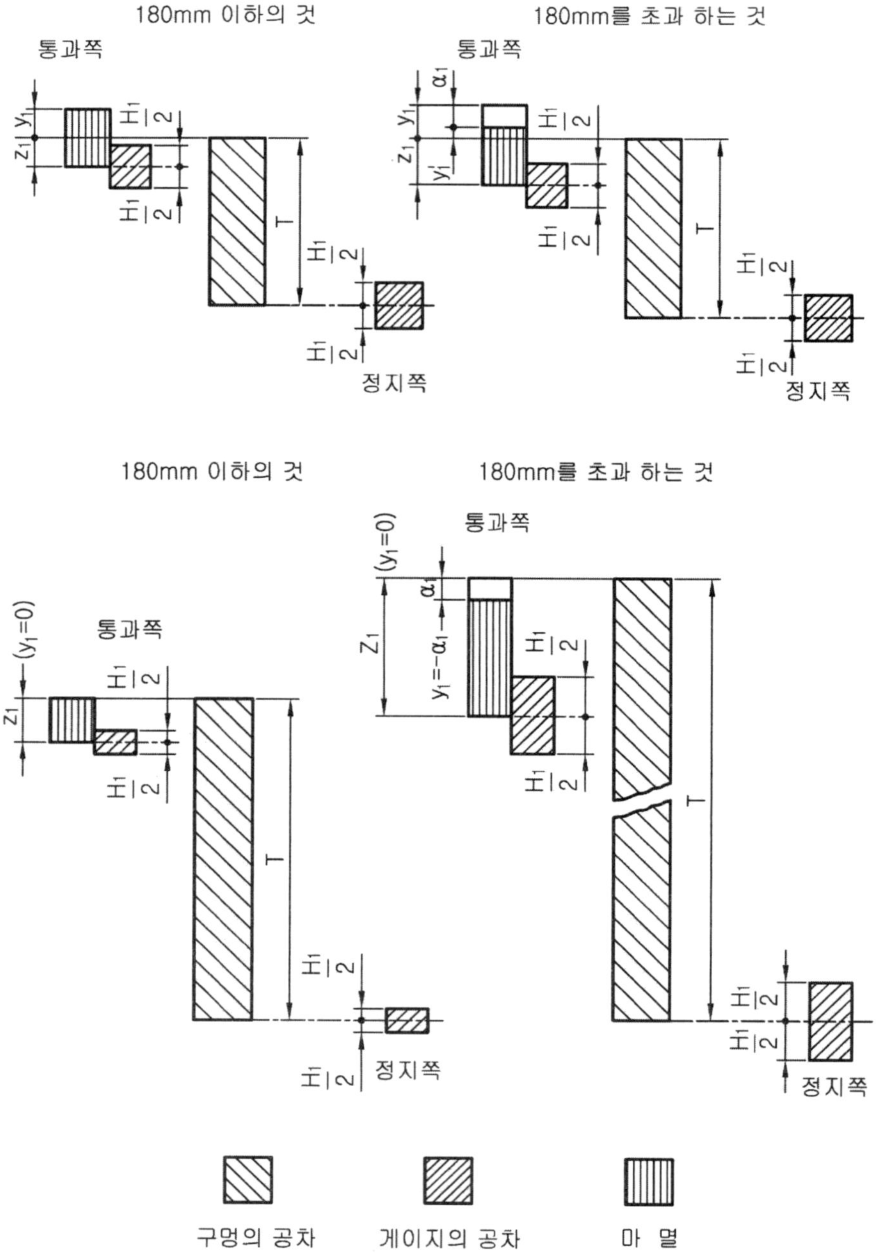

[그림 5.7] 크기에 따른 게이지 설계(축용)

제 2 장 기능 게이지

한계 게이지는 규정된 제품의 치수 한계에 대한 합격·불합격을 검사하는데 사용하는 것이므로, 제품의 조립이나 기능 관계에 대한 검사에 사용할 수 없다. 그러므로 직각도나 위치도 등의 형상이나 위치 관계를 검사하기 위해서는 별도의 게이지가 필요로 하며, 이를 기능 게이지(functional gage)라 한다.

기능 게이지에 적용되는 공차는 한계 게이지에 적용하는 공차와 근본적으로 같다. 다만, 한계 게이지는 제품의 MMS 치수쪽이 통과측 게이지가 되고, LMS 치수쪽이 정지측 게이지가 되지만 기능 게이지는 정지측 게이지가 필요 없으며, 통과측 게이지 중에서 최대 실체 크기 대신 실질 크기가 기능 게이지의 기본치수가 된다. 형상이나 위치의 공차가 MMS의 조건으로 규제되어 있을 경우에는 실질 크기는 항상 일정하기 때문에 이 실질 크기를 기준으로 기능 게이지를 설계한다.

(1) 진직도 공차의 기능 게이지

기능 게이지는 한계 게이지의 통과 측에 해당되므로 게이지 공차와 마멸여유는 한계 게이지의 설계에서와 같이 적용하고, 제품의 형상이나 위치도 공차에 대한 게이지의 공차는 제품 공차의 10% 이내로 부여한다. 핀에 적용되는 기능 게이지의 형상은 조립되는 반대 모양의 구멍 형체가 된다.

그림 5.8(a)의 핀 제품에 대한 기능 게이지를 설계해 보자. 축용 한계 게이지의 통과측 치수는 식 5.7과 같으며, 기능 게이지는 한계 게이지의 통과측 치수에서 축의 MMS 대신 축의 실질 크기를 대입하면 된다. 따라서 축용 기능 게이지의 치수는 다음과 같다.

$$\text{축의 기능 게이지 치수} = (\text{축의 실질 크기} - z_1 + \frac{H_1}{2})^{\;0}_{-H_1} (\text{편측공차}) \qquad (5.10)$$

KS B 5211의 규격에서 한계 게이지 공차 치수 허용차 및 마멸 여유는 IT 7등급 축용 게이지에서 마멸여유는 0.0035, 게이지 제작공차는 0.004로 규정되어 있다. 따라서 식 5.10에 각 값을 대입하면 기능 게이지의 치수는 다음과 같다.

$$게이지\ 치수 = (\varnothing 20.02 - 0.0035 + \frac{0.004}{2})_{-0.004}^{\ \ 0} = \varnothing 20.0185_{-0.004}^{\ \ 0}$$

게이지의 기하공차는 보통 제품공차의 10%를 적용하는 것이 통상적이며, 핀의 제품공차를 고려하면 기능 게이지의 기하공차는 진직도 ⌀ 0.002가 되어 기능 게이지는 다음과 같다.

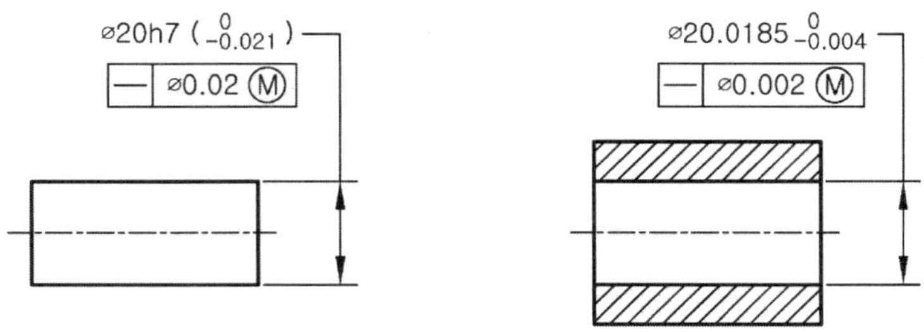

(a) 제품도 (b) 기능 게이지

[그림 5.8] 진직도 공차의 기능 게이지

(2) 직각도 공차의 기능 게이지

그림 5.9(a)와 같은 제품에 대한 기능 게이지를 설계하여 보자. 핀의 크기는 그림 5.8(a)와 동일하므로 마멸여유와 제작공차는 모두 같아 기능 게이지의 치수는 동일하다. 다만 기능 게이지의 모양은 검사하는 제품과 조립되는 반대 모양이 됨으로 기능 게이지 모양은 그림 5.9(b)와 같은 모양이 된다. 기능 게이지의 기하공차값은 제품공차의 10%를 적용하여 직각도 공차가 ⌀ 0.002가 된다.

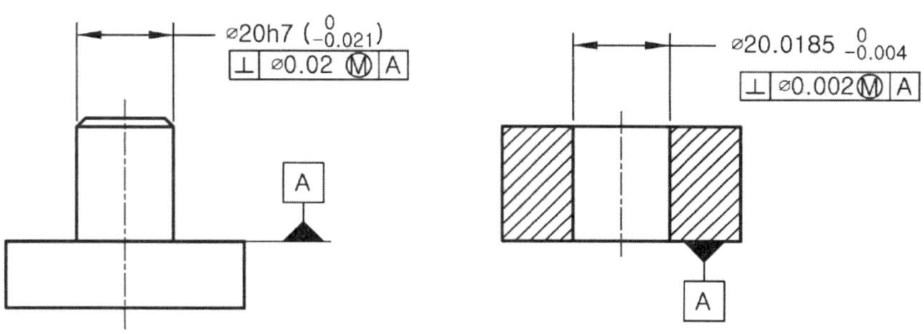

(a) 제품도 (b) 기능 게이지

[그림 5.9] 제품도 및 기능 게이지

(3) 평행도 공차의 기능 게이지

그림 5.10에서 데이텀 A는 IT 7급 공차로 MMS가 ∅20.00, LMS가 20.021으로 규제되어 있고, 구멍∅40H8는 MMS가 ∅40.000, LMS가 40.039로서 평행도 공차가 둘다 MMC의 조건으로 규제되어 있다. KS B 5211의 표 5.7에 의하면, 데이텀 A(∅20H7)의 마멸여유는 0.0035이고, 게이지 공차는 0.0025이다. 또한, 구멍 ∅40H8의 마멸여유는 0.007이고, 게이지 공차는 0.004이다. 그러므로 데이텀 쪽 기능 게이지의 핀의 치수는 한계 게이지의 통과측 게이지와 같으므로 식 5.3에 의거하여 다음과 같다.

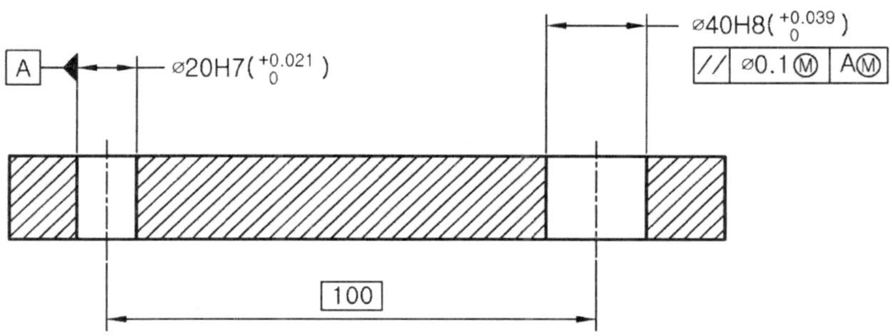

[그림 5.10] 평행도로 규제된 제품도

$$\text{데이텀 기능 게이지}=\left(\varnothing 20.00+0.0035-\frac{0.0025}{2}\right)^{+0.0025}_{\ \ 0}=\varnothing 20.00225^{+0.0025}_{\ \ 0}$$

또한, 구멍 ∅40H8의 기능 게이지 핀 치수는 실질 크기를 기준으로 설계됨으로 식 5.3에서 구멍의 MMS를 구멍의 실질 크기로 대체하면 다음과 같다.

$$\text{규제 구멍의 기능게이지}=\left(\text{구멍 실질크기}+z-\frac{H}{2}\right)^{+H}_{\ \ 0}(\text{편측공차}) \qquad (5.11)$$

$$=\left(\varnothing 39.9+0.007-\frac{0.004}{2}\right)^{+0.004}_{\ \ 0}$$

$$=\varnothing 39.905^{+0.004}_{\ \ 0}$$

또한, 기능 게이지의 핀 사이의 거리는 구멍 중심간 치수가 기준치수가 100이고 기능 게이지 위치도 공차는 제품공차의 10%를 적용하여 ∅0.01이 된다. 완성된 기능 게이지 모양은 그림 5.11과 같다.

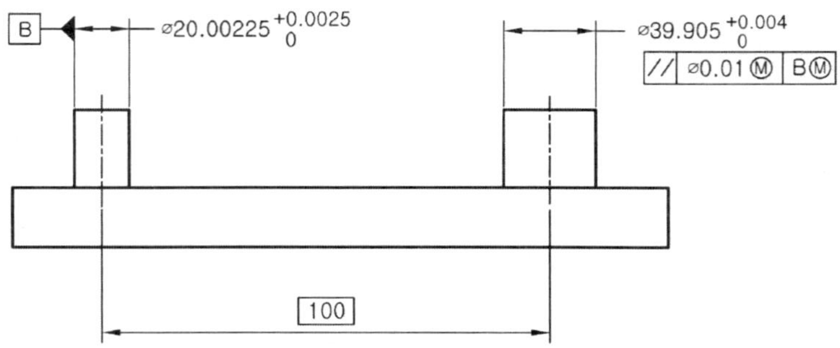

[그림 5.11] 평행도가 적용된 기능 게이지

(4) 위치도 공차의 기능 게이지

그림 5.12(a)는 두 구멍에 대하여 위치도로 규정된 제품과 구멍을 검사하는 기능 게이지를 나타내고 있다. 5.13(a)는 직각좌표로 설계된 제품과 그 구멍을 검사하는 위치 게이지 도면이다. KS B 5211의 표 5.7에 의하면, 구멍 ⌀ 10H7에 대한 마멸여유는 2.5㎛이고, 게이지 공차는 1.5㎛이다.

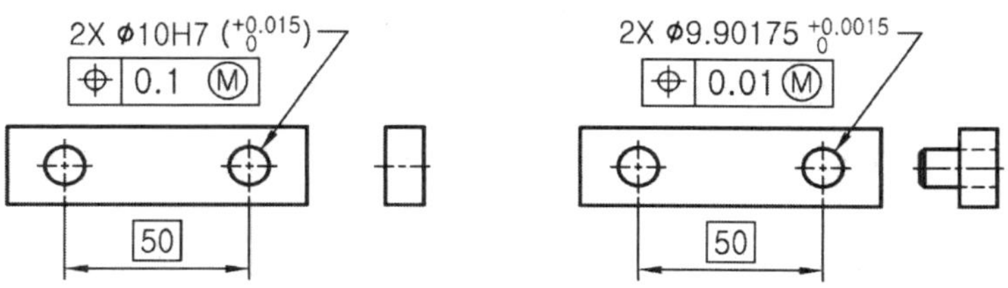

(a) 제품도 (b) 기능 게이지

[그림 5.12] 위치도를 적용한 제품 및 기능 게이지

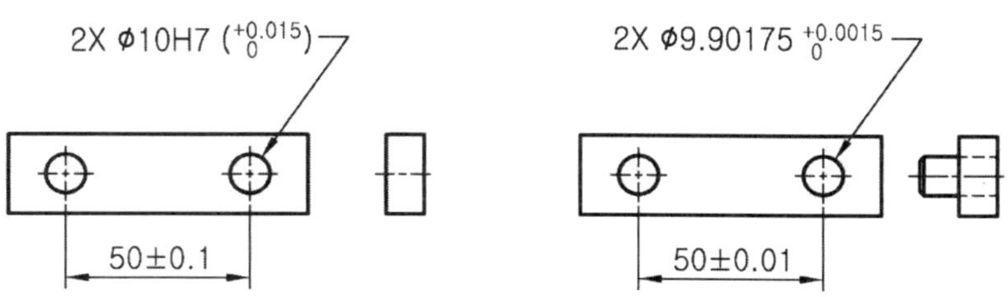

(a) 제품도 (b) 위치 게이지

[그림 5.13] 직각좌표 공차제품 및 위치 게이지

$$\text{구멍의 기능 게이지 치수} = (\text{구멍의 실질 크기} + z - \frac{H}{2})^{+H}_{0} (\text{편측공차})$$

$$= (\varnothing 9.9 + 0.0025 - \frac{0.0015}{2})^{+0.0015}_{0}$$

$$= \varnothing 9.90175^{+0.0015}_{0}$$

위치도를 적용한 도면에서 기능 게이지의 기하공차는 제품 공차의 10%를 적용하여 위치도가 ∅ 0.01이 되고, 직각좌표 공차로 규제된 도면에서 위치 게이지의 위치 공차는 ±0.01이 적용되었다.

그림 5.14와 같이 "0" 위치도로 규제된 제품에 대한 기능 게이지를 설계하여 보자. 기준치수인 구멍의 ∅ 35에 대한 치수공차가 40㎛으로 이는 표 1.2에 의거하면 8등급 공차의 등급에 속한다. 따라서 8등급 축에 대한 마멸여유는 7㎛, 게이지 제작공차는 4㎛의 크기가 된다.

$$\text{축의 기능 게이지 치수} = (\text{축의 실질 크기} - z_1 + \frac{H_1}{2})^{0}_{-H_1} (\text{편측공차})$$

$$= (\varnothing 35.02 - 0.007 + \frac{0.004}{2})^{0}_{-0.004} = \varnothing 35.015^{0}_{-0.004}$$

이와 같이 "0" 기하공차를 적용하게 되면, 기능 게이지의 치수가 한계 게이지의 통과측 게이지 치수와 동일하게 됨을 알 수 있다.

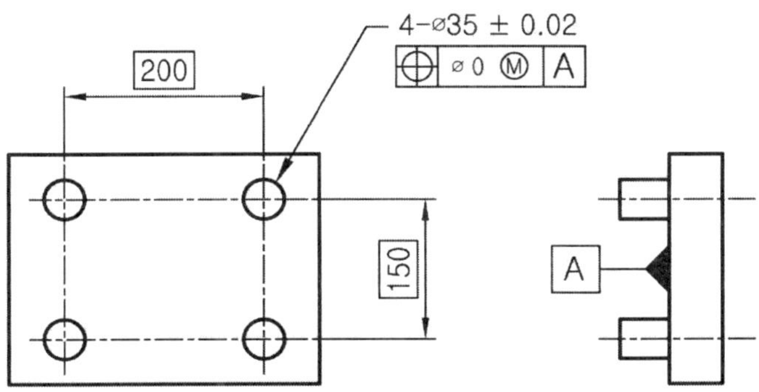

[그림 5.14] "0" 위치도를 적용한 제품

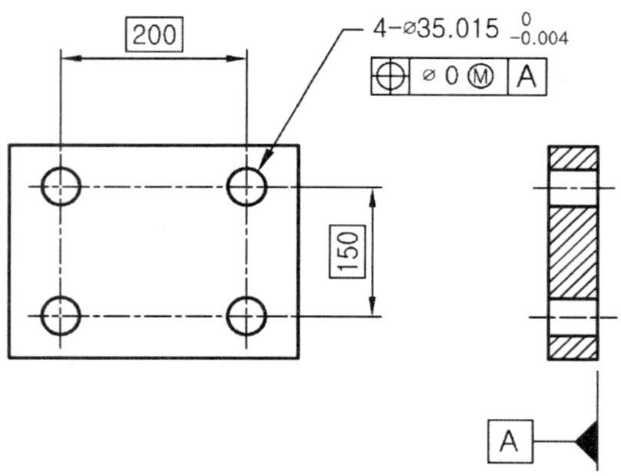

[그림 5.15] "0" 위치도의 기능 게이지

그림 5.16에서 두 개의 핀은 하나의 구멍을 기준으로 위치도로 규정된 도면이다. 데이텀 형체인 구멍의 ⌀50에 대한 치수공차가 40㎛으로 이는 표 1.2에 의거하면 8등급 공차의 등급에 속한다. 따라서 8등급 구멍에 대한 마멸여유는 7㎛, 게이지 제작공차는 4㎛이다. 또한, 규제형체 ⌀12에 대한 치수공차가 43㎛으로 이는 9등급 축에 해당된다. 따라서 표 5.7에 의거하여 마멸여유는 9㎛, 게이지 제작공차는 5㎛의 크기가 된다.

$$\text{구멍의 게이지 치수} = (\text{구멍의 실질크기} + z - \frac{H}{2})^{+H}_{0}(\text{편측공차})$$

$$= (\varnothing 49.95 + 0.007 - \frac{0.004}{2})^{+0.004}_{0}$$

$$= \varnothing 49.955^{+0.004}_{0}$$

직각도 공차는 제품 공차의 10%를 적용하여 직각도 ⌀0.005로 하고 최대 실체 공차방식을 적용한다.

$$\text{핀의 기능 게이지 치수} = (\text{축의 실질 크기} - z_1 + \frac{H_1}{2})^{0}_{-H_1}(\text{편측공차})$$

$$= (\varnothing 12.1 - 0.009 + \frac{0.005}{2})^{0}_{-0.005}$$

$$= \varnothing 12.0935^{0}_{-0.005}$$

위치도 공차는 제품 공차의 10%를 적용하여 직각도 ∅0.01로 하고 최대 실체 공차방식을 적용한다.

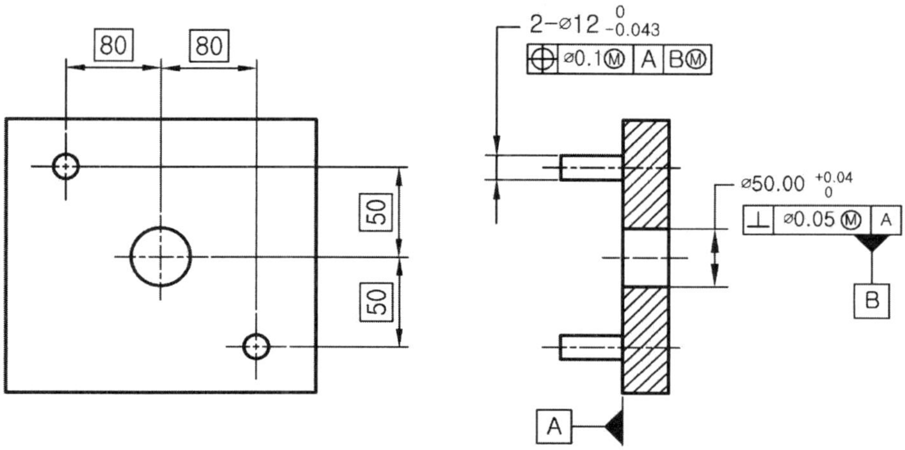

[그림 5.16] 위치도를 적용한 제품

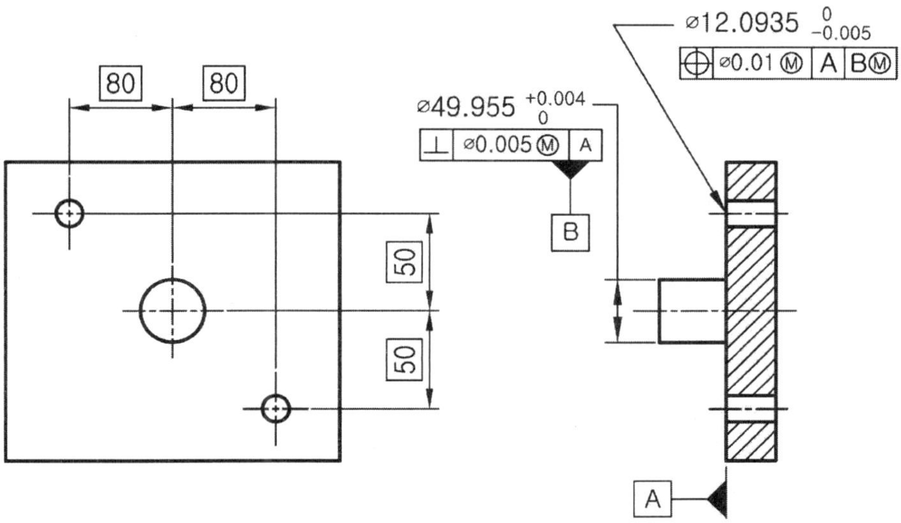

[그림 5.17] 위치도 검사 기능 게이지

(5) 돌출공차영역 규제의 기능 게이지

그림 5.18(a)는 나사에 대하여 돌출공차영역이 적용된 도면이다. 돌출길이가 15mm이므로 데이텀 A면으로부터 15만큼 떨어진 가상의 영역에서 위치도 공차 ∅0.3을 유지해야하므로 기능 게이지는 돌출길이보다 두꺼운 안내판을 사용한다. 이 안내판에는 M10×1.5의 볼트가 들어갈 수 있는 안내 구멍이 있어야 하고, 안내구멍 치수는 볼트 생크부의 지름이 ∅10mm인 경우 위치도 공차만큼 큰 ∅10.3이 되어야 한다.

그림 5.18(b)는 돌출공차영역으로 규제된 나사에 대한 기능 게이지를 나타낸 것이다. 안내판과 핀의 제작공차는 IT 4등급 공차를 적용하여 본 것이며, 나사 축은 탭 구멍보다 1등급 더 정밀한 나사로, 진직도와 함께 편심량을 규제하기 위해 위치도로 규제 되었다.

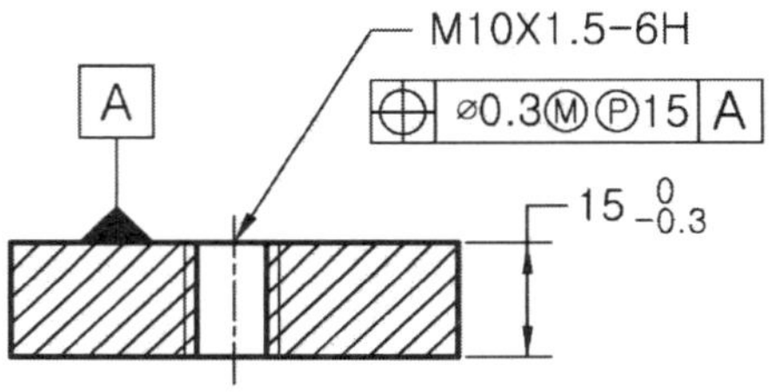

(a) 제품도

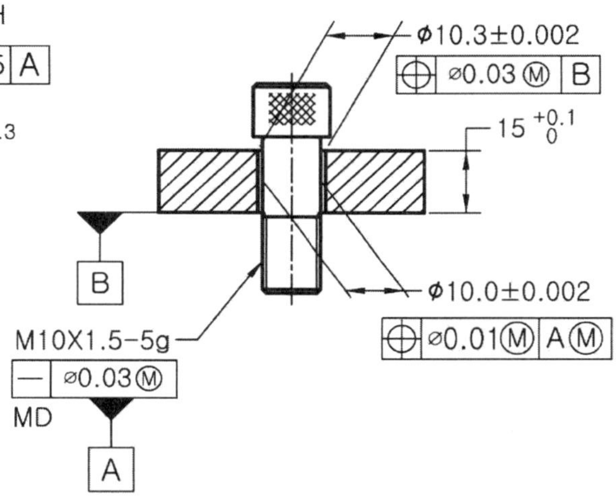

(b) 기능 게이지

[그림 5.18] 돌출공차영역 도면 및 기능 게이지

(6) 결합되는 2개의 부품에 대한 기능 게이지

(a) 위치도의 계산

그림 5.19는 2개의 부품이 고정체결구 방식으로 체결되어 있는 제품이다. 위치도 공차는 구멍과 축의 끼워맞춤, 탭 나사의 체결에 따라 다음과 같이 산출된다.

- 데이텀 형체(B와 D) : 구멍의 MMS(∅15.10)−축의 MMS(∅15.00)= ∅0.1
- 규제형체(나사부) : 구멍의 MMS(∅10.2)−볼트 호칭경(M10)= ∅0.2
- 위치도 : 데이텀 형체와 규제형체의 틈새량의 합 ∅0.3을 나사 플레이트와 구멍 플레이트 부위에 50%씩 배분하면 ∅X와 ∅Y의 위치도는 각각 ∅0.15가 된다.

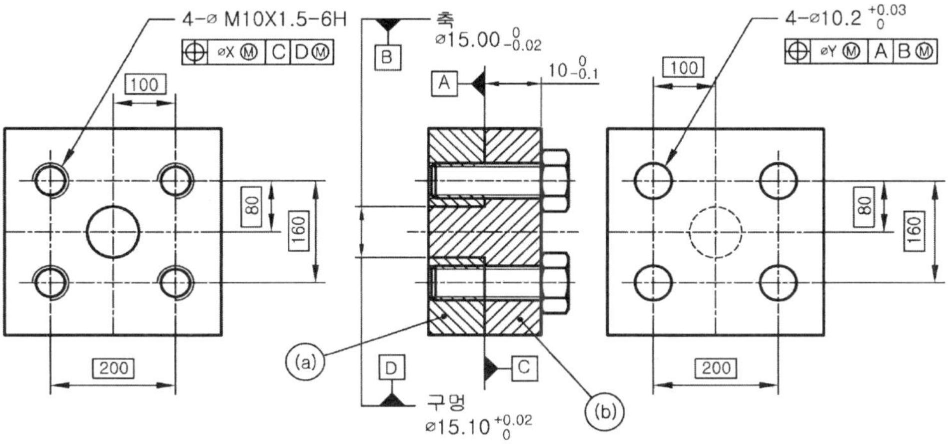

(a) 나사 플레이트 (b) 구멍 플레이트

[그림 5.19] 조립상태

(b) 기능 게이지 설계

나사 플레이트의 기능 게이지 모양은 5.20과 같다. 데이텀 형체는 IT 8등급 구멍공차를 적용하여 마멸여유는 5㎛, 게이지 제작공차는 3㎛이다. 따라서 구멍용 게이지는 다음과 같다.

- 데이텀 형체의 게이지 치수 $=(\text{구멍의 MMS}+z-\dfrac{H}{2})^{H}_{0}$

$$=(15.10+0.005-\frac{0.003}{2})^{+0.003}_{0}$$

$$=15.1035^{+0.003}_{0}$$

- 플레이트의 두께 = 돌출길이보다 커야하며, $10.0^{+0.1}_{0}$로 설계

- 플레이트 구멍과 나사축에 대한 기하공차 : 제품공차의 10%를 적용하여 ∅0.015로 설계
- 플레이트 구멍과 나사축에 대한 제작공차로 IT 4등급 공차 적용

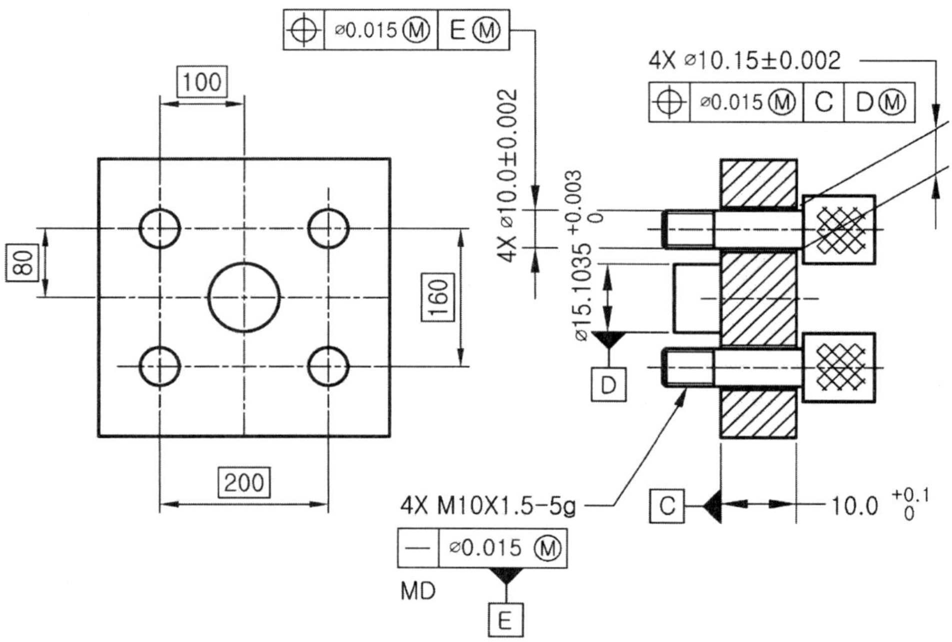

[그림 5.20] 나사 플레이트 기능 게이지

그림 5.21은 구멍 플레이트에 대한 기능 게이지를 설계한 것이다. 데이텀 형체는 IT 8등급 축 공차에 해당하므로 마멸여유는 5㎛, 게이지 제작공차는 3㎛를 적용하였다. 따라서 축용 게이지는 다음과 같다.

$$\text{데이텀 형체의 게이지 치수} = (\text{축의 MMS} - z_1 + \frac{H_1}{2})^{\ \ 0}_{-H_1}$$

$$= (\varnothing 15.00\text{-}0.005 + \frac{0.003}{2})^{\ \ 0}_{-0.003}$$

$$= 14.9965^{\ \ 0}_{-0.003}$$

규제 형체의 게이지 치수는 IT 9등급 구멍에 해당하므로 마멸여유는 9㎛, 게이지 제작 공차는 3㎛를 적용하였다. 따라서 구멍용 게이지는 다음과 같다.

$$\text{규제 형체의 게이지 치수} = (\text{구멍의 실질 크기} + z_1 - \frac{H}{2})^{H}_{0}$$
$$= (10.15 + 0.009 - \frac{0.003}{2})^{+0.003}_{0}$$
$$= 10.1575^{+0.003}_{0}$$

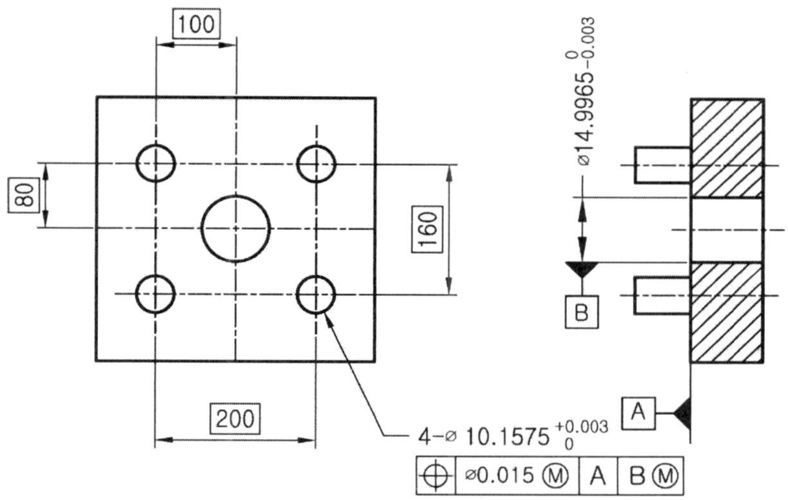

[그림 5.21] 구멍 플레이트 기능 게이지

(7) 최소 실체 공차방식으로 규제된 형체의 기능 게이지

LMS의 실체조건으로 규정된 경우에는 일반적으로 최소 벽 두께를 일정하게 제한하기 위한 것이므로 정지 측 게이지에 해당한다. 즉, LMS의 규제시에는 기능 게이지가 검사하고자 하는 제품에 통과되지 않아야 합격이 된다.

원판의 외주와 구멍과의 최소 살 두께는 6.9이다. 이 제품의 최소 살 두께를 검사할 수 있는 기능 게이지는 한계 게이지의 정지측 게이지에 해당하므로 마멸여유를 고려할 필요가 없다. 게이지 제작공차는 IT 4등급을 적용하면 공차의 크기는 4㎛이 되며, 제품의 안전성을 고려한다면 편측공차를 적용하여 최대치수를 게이지 기본치수로 하는 것이 좋다.

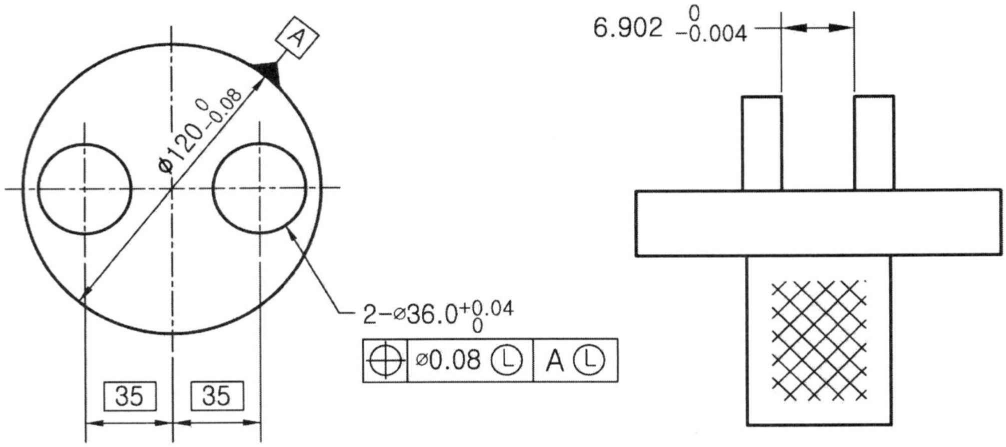

[그림 5.22] 최소 실체 공차방식 적용도면 및 기능 게이지

(8) 동축형체의 위치도

그림 5.23(a)와 같은 제품의 위치도 공차를 검사할 수 있는 기능 게이지의 모양과 기본 치수는 다음과 같다. 데이텀 형체의 게이지 치수는 IT 7등급 구멍에 해당하므로 마멸여유는 6㎛, 게이지 제작공차는 4㎛를 적용하였다. 규제 형체의 게이지 치수는 IT 9등급 구멍에 해당하므로 마멸여유는 11㎛, 게이지 제작공차는 4㎛를 적용하였다. 따라서 구멍용 게이지는 다음과 같다.

- 데이텀의 게이지 치수 $=(\text{구멍의 MMS}+z-\dfrac{H}{2})_{0}^{H}$

$$=(25.00+0.006-\frac{0.004}{2})_{0}^{+0.004}$$

$$=25.004_{0}^{+0.004}$$

- 규제 형체의 게이지 치수 $=(\text{구멍의 실질 크기}+z-\dfrac{H}{2})_{0}^{H}$

$$=(19.9+0.011-\frac{0.004}{2})_{0}^{+0.004}$$

$$=19.909_{0}^{+0.004}$$

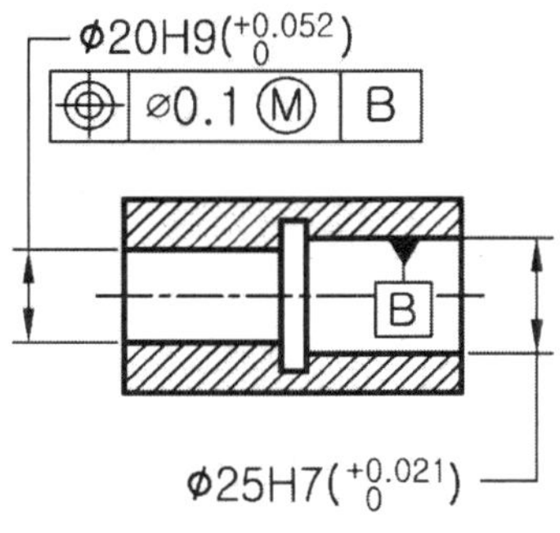

(a) 제품도

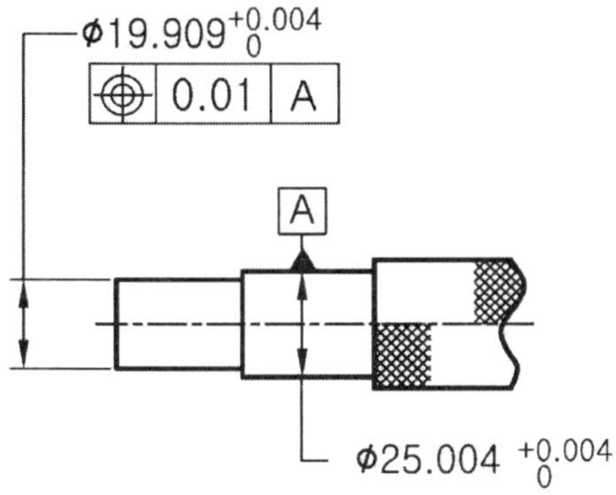

(b) 기능 게이지

[그림 5.23] 동축 형체에 대한 기능 게이지

그림 5.24(a)와 같은 제품의 위치도 공차를 검사할 수 있는 기능 게이지의 모양과 기본 치수는 다음과 같다. 데이텀 형체의 게이지 치수는 IT 6등급 축에 해당하므로 마멸여유는 2.5㎛, 게이지 제작공차는 2.5㎛를 적용하였다. 규제 형체의 게이지 치수는 IT 7등급 축에 해당하므로 마멸여유는 3.5㎛, 게이지 제작공차는 4㎛를 적용하였다. 따라서 축용 게이지는 다음과 같다.

- 데이텀의 게이지 치수 $= (\text{축의 MMS} - z_1 + \frac{H_1}{2})^{\ 0}_{-H_1}$

$$= (\varnothing 24.993\text{-}0.0025 + \frac{0.0025}{2})^{\ 0}_{-0.0025}$$

$$= 24.99175^{\ 0}_{-0.0025}$$

- 규제 형체의 치수 $= (\text{축의 실질 크기} - z_1 + \frac{H_1}{2})^{\ 0}_{-H_1}$

$$= (\varnothing 20.08\text{-}0.0035 + \frac{0.004}{2})^{\ 0}_{-0.004}$$

$$= 20.0785^{\ 0}_{-0.004}$$

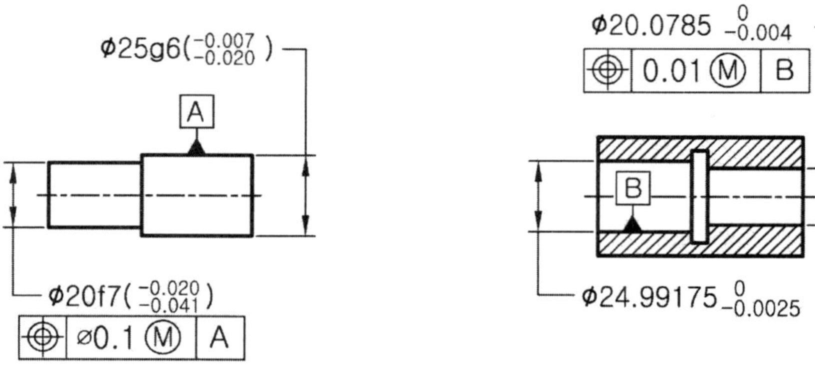

(a) 제품도 (b) 기능 게이지

[그림 5.24] 축에 대한 동축형체 기능 게이지

그림 5.25는 복합위치도로 규제된 형체이다. 패턴의 위치관련 공차와 관련하여 4개의 구멍은 데이텀 A, B를 기준으로 위치도가 ⌀0.25로 규정되어 있다. 따라서, 데이텀과 관련하여 구멍의 위치를 검사하는 게이지의 실질 크기는 ⌀10.15−0.25=⌀9.9가 된다. 또한, 패턴의 형체관련 공차영역과 관련하여 4개구멍 사이의 위치도에 대한 실질 크기는 ⌀10.15−0.15=⌀10.0이 된다.

검사하고자 하는 제품을 게이지에 끼운 후 먼저 ⌀9.9 크기의 핀을 끼워서 핀이 삽입되는 여부를 확인하여 패턴의 위치관련 공차영역을 검사할 수 있다. 합격한 제품은 별도로 ⌀10.0의 크기를 갖는 핀으로 끼워서 패턴의 형체관련 공차영역을 검사한다.

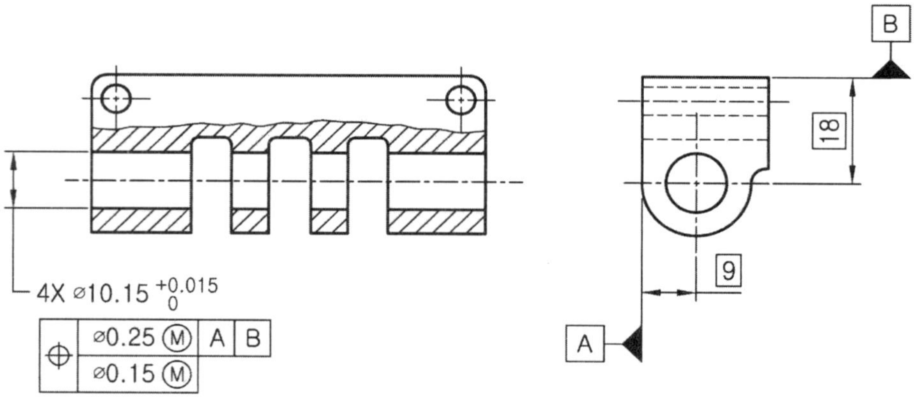

[그림 5.25] 복합적인 동축형체

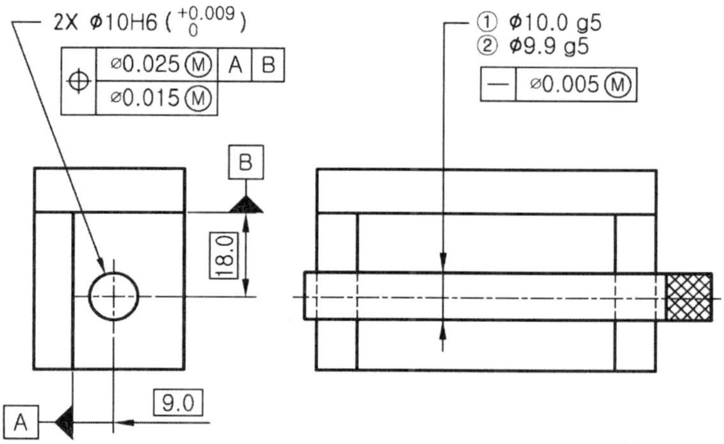

[그림 5.26] 동축에 대한 기능 게이지

(9) 대칭 형체에 대한 기능 게이지

대칭의 형상은 기준 중심선에 대한 치우침을 규제하는 목적으로 사용된다. 그림 5.27은 위치도 공차로 규제된 형체에 대한 기능 게이지를 나타내고 있다. 데이텀 형체는 IT 7등급 축(마멸여유 3.5㎛, 제작공차 4㎛), 규제형체는 8등급 공차등급(마멸여유 4㎛, 제작공차 2.5㎛)으로 게이지 마멸여유와 제작공차를 적용하였다.

- 데이텀의 게이지 치수 = $(\text{축의 MMS} - z_1 + \frac{H_1}{2})^{\ 0}_{-H_1}$

$$= (20.00 - 0.0035 + \frac{0.004}{2})^{\ 0}_{-0.004}$$

$$= 19.9985^{\ 0}_{-0.004}$$

- 규제 형체의 게이지 치수 = $(\text{구멍의 실질 크기} + z_1 - \frac{H}{2})^{H}_{0}$

$$= (9.89 + 0.004 - \frac{0.0025}{2})^{+0.0025}_{0}$$

$$= 9.89275^{+0.0025}_{0}$$

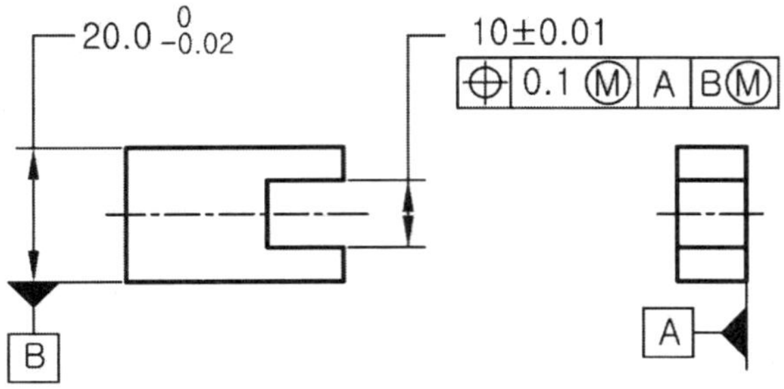

[그림 5.27] 대칭 형체 규제도면

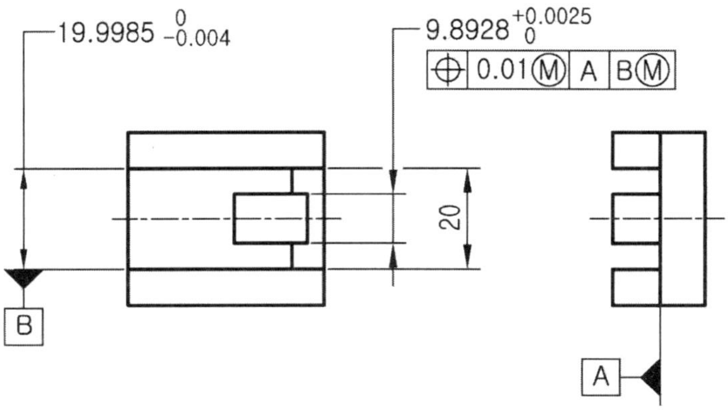

[그림 5.28] 대칭 형체에 대한 기능 게이지

연습문제

문 1. 부동 체결구와 고정체결구에 의한 위치도 공차의 산출 방법은?

문 2. 결합 부품에서 돌출 공차영역을 고려하지 않고 직각도를 고려한 위치도 공차의 산출법은?

문 3. ∅ 30H7 구멍과 ∅ 40h6 축을 검사하는 한계 게이지를 설계해 보세요.

문 4. ∅ 40h6 축을 검사하는 한계 게이지를 설계해 보세요.

문 5. 다음과 같은 동축 형체에 대하여 기능 게이지를 설계하여 보시오.

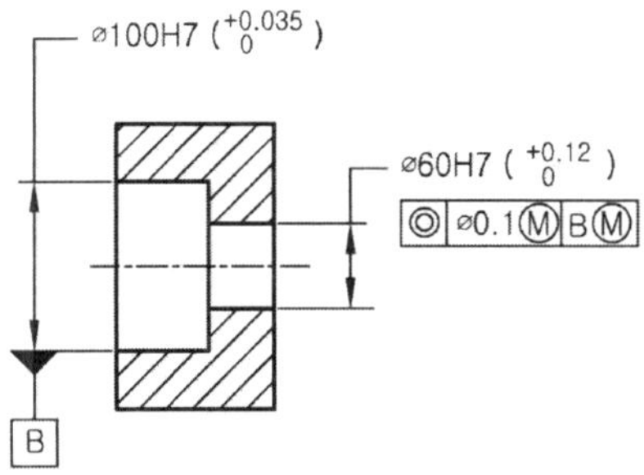

문 6. 다음과 같은 제품을 검사하는 기능 게이지를 설계하시오.

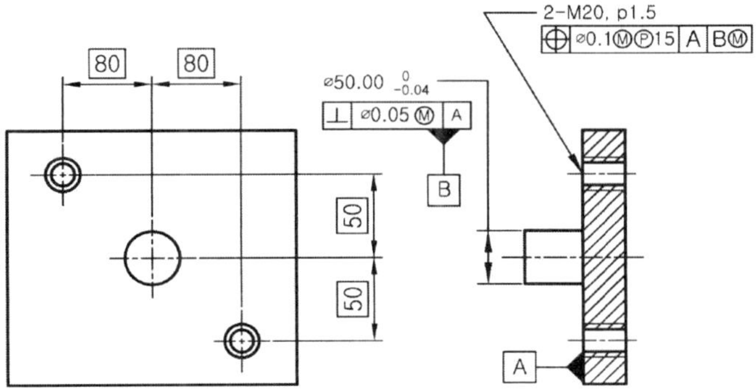

부록

부록

(1) 원통형 플러그 게이지의 모양 및 치수(테이퍼록형)

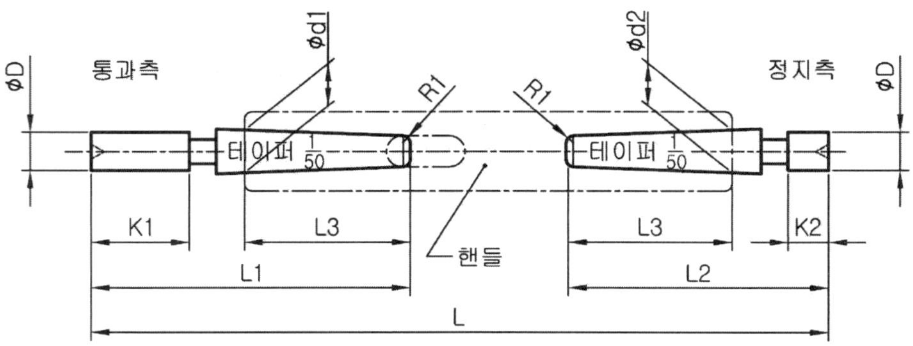

[그림 1]

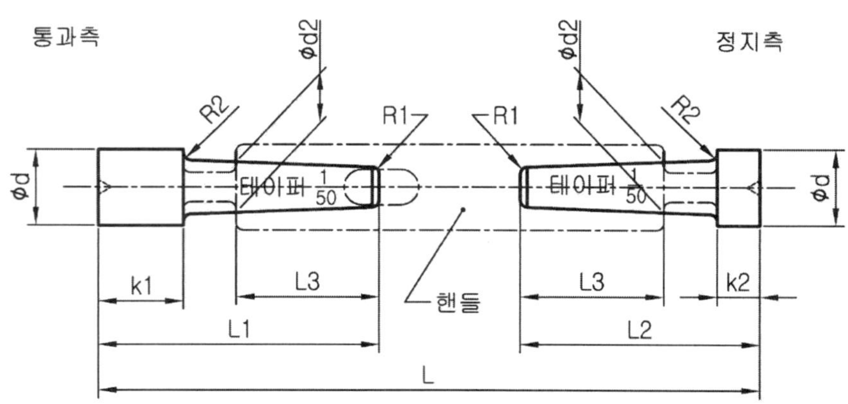

[그림 2]

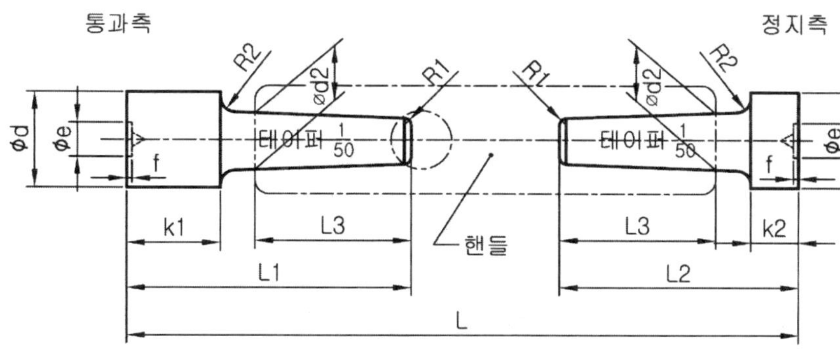

[그림 3]

〈부표 1〉 원통형 플러그 게이지의 모양 및 치수(테이퍼록형)

<table>
<tr><th rowspan="2">호칭치수 d</th><th colspan="2">통과측</th><th colspan="2">정지측</th><th rowspan="2">L_3</th><th rowspan="2">d_2
±0.01</th><th colspan="5">참고</th><th rowspan="2">핸들
번호</th><th rowspan="2">그림
번호</th></tr>
<tr><th>K_1</th><th>L_1</th><th>K_2</th><th>L_2</th><th>e</th><th>f</th><th>r_1</th><th>r_2</th><th>L</th></tr>
<tr><td>1이상 3이하</td><td>6.5</td><td>22</td><td>4.5</td><td>20</td><td>10</td><td>2.5</td><td rowspan="4">-</td><td rowspan="4">-</td><td>0.8</td><td>-</td><td>62</td><td>1</td><td>그림1</td></tr>
<tr><td>3초과 6이하</td><td>8</td><td>26</td><td>6</td><td>24</td><td>12</td><td>4</td><td rowspan="8">1.6</td><td>1</td><td>74</td><td>2</td><td rowspan="3">그림2</td></tr>
<tr><td>6초과 10이하</td><td>10</td><td>32</td><td>7</td><td>29</td><td>15</td><td>5.5</td><td>1.6</td><td>87</td><td>3</td></tr>
<tr><td>10초과 14이하</td><td>12</td><td>40</td><td>8</td><td>36</td><td>20</td><td>7</td><td>2</td><td>99</td><td>4</td></tr>
<tr><td>14초과 18이하</td><td rowspan="2">16</td><td>48</td><td>10</td><td>42</td><td>22</td><td>9</td><td>6</td><td>1</td><td rowspan="3">2.5</td><td>116</td><td>5</td><td rowspan="5">그림3</td></tr>
<tr><td>18초과 24이하</td><td>52</td><td>12</td><td>48</td><td rowspan="2">24</td><td rowspan="2">12</td><td rowspan="4">8</td><td rowspan="4">1.5</td><td>132</td><td rowspan="2">6</td></tr>
<tr><td>24초과 30이하</td><td>18</td><td>54</td><td>14</td><td>50</td><td>136</td></tr>
<tr><td>30초과 40이하</td><td>20</td><td>60</td><td>16</td><td>56</td><td rowspan="2">25</td><td rowspan="2">16</td><td rowspan="2">4</td><td>156</td><td rowspan="2">7</td></tr>
<tr><td>40초과 50이하</td><td>25</td><td>68</td><td>18</td><td>61</td><td>169</td></tr>
</table>

1. 핸들은 표 A.1에 제시한 플러그 게이지용 핸들(테이퍼록형)에 따른다.
2. 테이퍼부는 표의 값에 불구하고, 보통 부속서 B에 규정한 테이퍼록용 테이퍼 검사기로 검사한다.
3. 플러그 게이지와 핸들은 테이퍼부를 가볍게 때려 박아 조립한다.
4. d_2가 플러그 게이지보다 큰 경우는 그림 2의 1점 쇄선으로 표시한 바와 같이 리세스를 마련한다.
5. 테이퍼부 끝의 둥글기는 45° 모떼기로 하여도 좋다.
6. 정지측 게이지 모양은 같은 호칭 치수 범위의 통과측 게이지 모양을 적용하여 뒤끝을 다음 그림과 같이 제거하여도 좋다.
7. 호칭치수 1~3mm의 것은 그림과 같이 역 센터로 하여도 좋다.

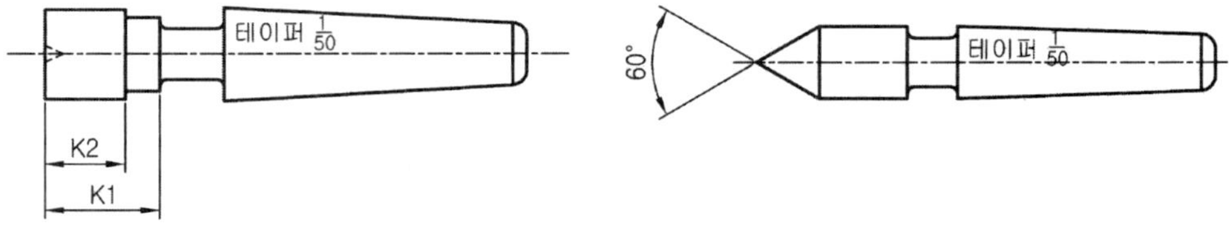

(2) 원통형 플러그 게이지의 모양 및 치수(트리록형)

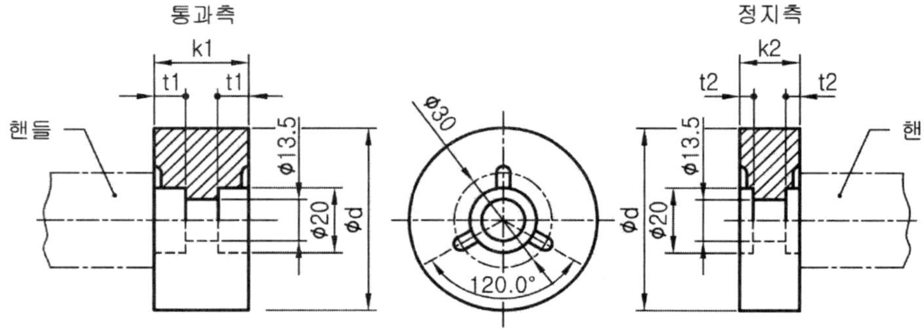

[그림 4]

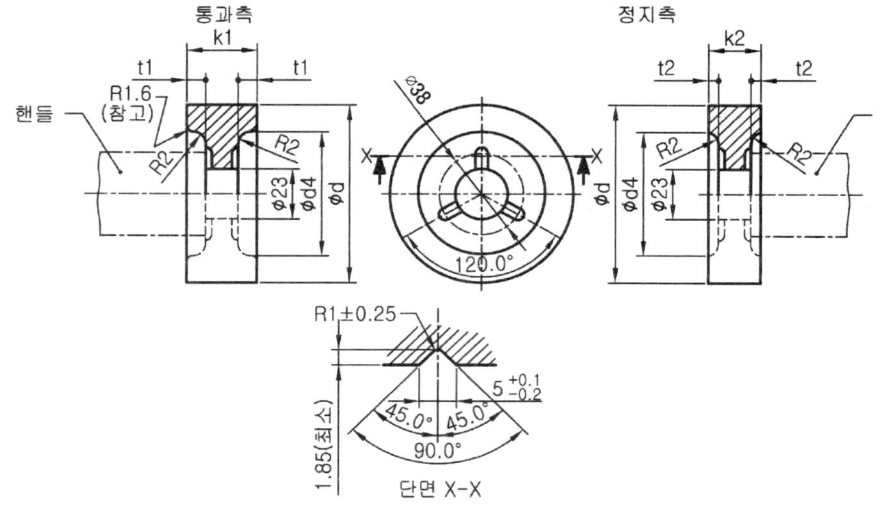

[그림 5]

호칭치수 d	통과측				정지측				d_4	핸들 번호	그림 번호
	K_1	t_1	r_1	볼트 번호	K_2	t_2	r_2	볼트 번호			
50이상 65이하	32	8	-	1	18	5	-	1	-	8	그림 4
65초과 80이하	35	10	5	3	25	5	5	3	48	9	그림 5
80초과 90이하									55		
90초과 95이하									60		
95초과 100이하									65		
100초과 110이하									75		
110초과 120이하	40			4					85		

1. 핸들은 표 A.2에 제시한 플러그 게이지용 핸들(테이퍼록형)에 따른다.
2. 플러그 게이지와 핸들은 표 A.3에 제시한 트리록형 핸들용 볼트를 사용하여 조립한다.

(3) 판 플러그 게이지의 모양 및 치수

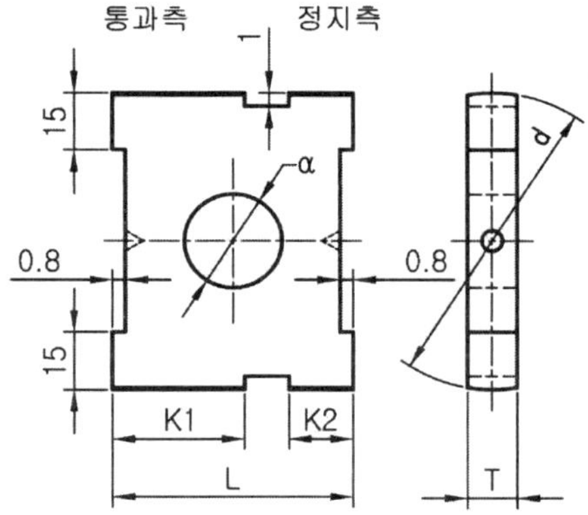

[그림 6]

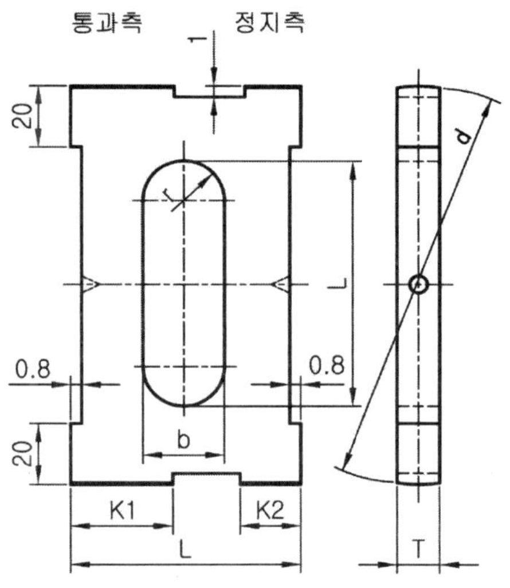

[그림 7]

호칭치수 d	T	L	통과측	정지측	a	r	b	I	그림 번호
			K_1	K_2					
80초과 120이하	12	60	32	16	25	-	-	-	그림 6
120초과 180이하	16	70			-	12	24	80	그림 7
180초과 250이하	20	80			-	15	30	140	

(4) 봉 게이지 모양 및 치수

호칭치수(d)	a	b	c	e	f	g	h	l_1	l_2	그림번호
80초과 120이하	-	10	6	10	-	2	0.6	18	-	그림 8
120초과 180이하	16	12	8	12				22	60	그림 9
180초과 250이하									80	
250초과 315이하	20	16	12	16	30			26	50	그림 10
315초과 500이하	24	18	14	20	45	2.5	0.8	32	60	

1. 핸들은 표 A.1에 제시한 플러그 게이지용 핸들(테이퍼록형)에 따른다. 다만, 핸들의 길이 l은 용도에 따라 긴 것도 좋다.
2. 그림 8의 테이퍼부는 그 값에 불구하고, 보통 부속서 B에 규정한 테이퍼록용 테이퍼 검사기로 검사한다.
3. 그림 8의 게이지 부착부와 핸들은 테이퍼부를 가볍게 두드려 조립한다.
4. 테이퍼부의 둥글기는 45° 모떼기로 하여도 좋다.
5. 그림 8의 게이지와 부착부는 KS B 1021의 홈 붙이 작은 나사를 사용하여 고정시킨다.

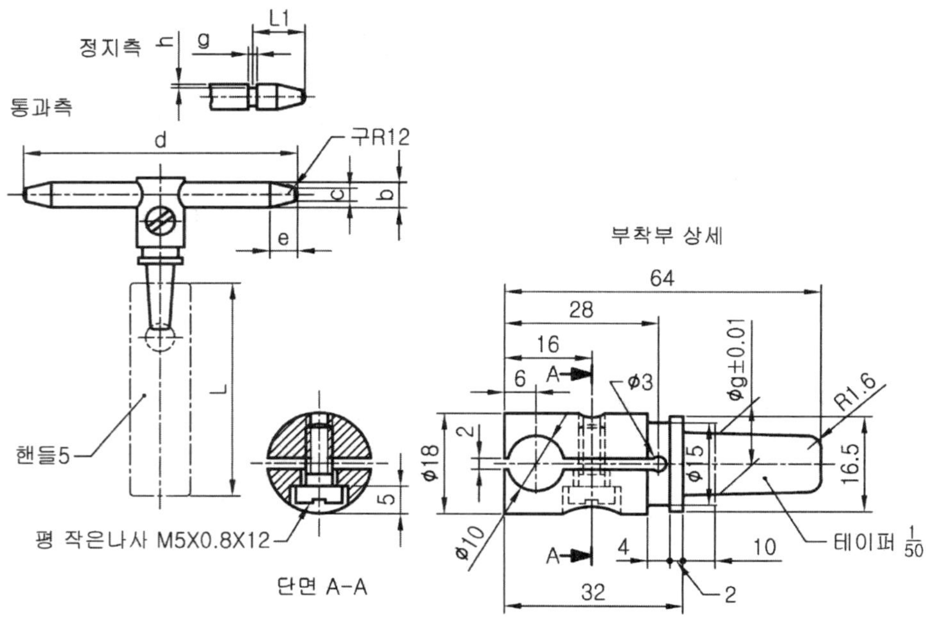

[그림 8]

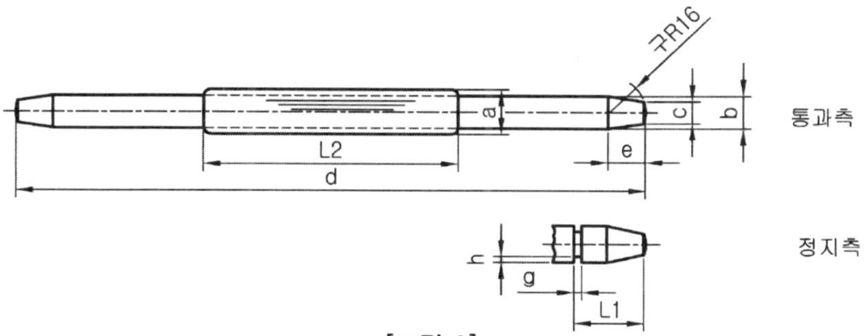

[그림 9]

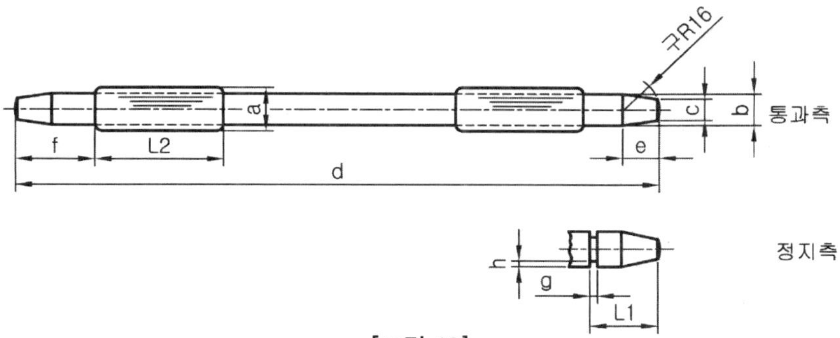

[그림 10]

(5) 링 게이지의 모양 및 치수

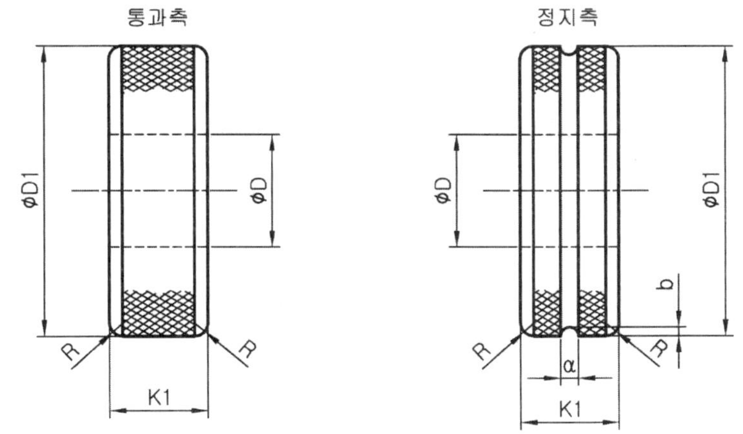

[그림 11]

<table>
<tr><th rowspan="2">호칭치수
D</th><th rowspan="2">바깥지름
D_1</th><th rowspan="2">두께
K_1</th><th colspan="2">정지측 표시용 홈</th><th colspan="2">참 고</th></tr>
<tr><th>a</th><th>b</th><th>r</th><th>두께(K_2)</th></tr>
<tr><td>1이상 2.5이하</td><td rowspan="2">22</td><td>4</td><td rowspan="2">0.6</td><td rowspan="2">0.6</td><td rowspan="2">0.4</td><td>6</td></tr>
<tr><td>2.5초과 5이하</td><td>5</td><td>10</td></tr>
<tr><td>5초과 10이하</td><td>32</td><td>8</td><td>1</td><td>0.8</td><td>0.8</td><td>12</td></tr>
<tr><td>10초과 15이하</td><td>38</td><td>10</td><td rowspan="4">2</td><td rowspan="4">1</td><td rowspan="3">1.2</td><td>14</td></tr>
<tr><td>15초과 20이하</td><td>45</td><td>12</td><td>16</td></tr>
<tr><td>20초과 25이하</td><td>53</td><td>14</td><td>18</td></tr>
<tr><td>25초과 32이하</td><td>63</td><td>16</td><td>1.5</td><td rowspan="2">24</td></tr>
<tr><td>32초과 40이하</td><td>71</td><td>18</td><td rowspan="7">3</td><td rowspan="7">1.5</td><td rowspan="7">2</td></tr>
<tr><td>40초과 50이하</td><td>85</td><td>20</td><td rowspan="2">32</td></tr>
<tr><td>50초과 60이하</td><td>100</td><td rowspan="5">24</td></tr>
<tr><td>60초과 70이하</td><td>112</td><td rowspan="4">35</td></tr>
<tr><td>70초과 80이하</td><td>125</td></tr>
<tr><td>80초과 90이하</td><td>140</td></tr>
<tr><td>90초과 100이하</td><td>160</td></tr>
</table>

1. r의 값은 참고로써 표기했지만 45° 모떼기로 하여도 좋다.
2. 통과측 두께 K_1은 필요에 따라 참고 두께 K_2를 적용하여도 좋다.

(6) 양구판 스냅 게이지의 모양 및 치수

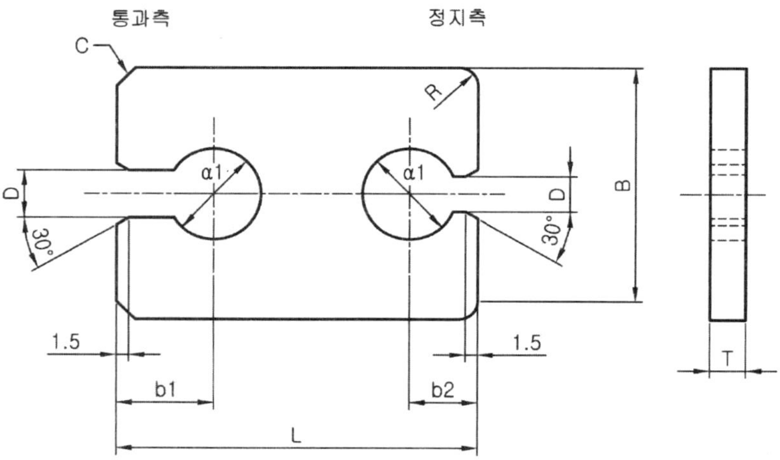

[그림 12]

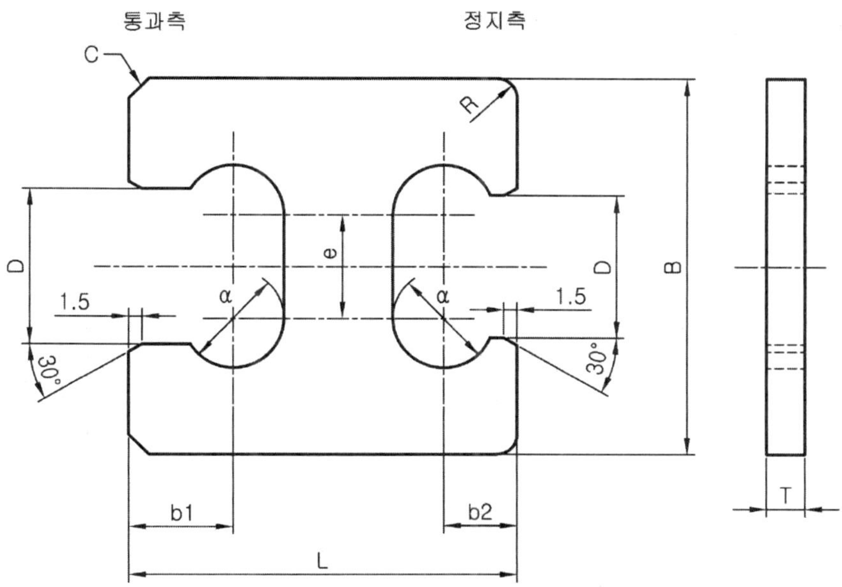

[그림 13]

<table>
<tr><th>호칭치수(D)</th><th>B</th><th>L</th><th>T</th><th>b_1</th><th>b_2</th><th>a</th><th>c</th><th>r</th><th>e</th><th>그림번호</th></tr>
<tr><td>1이상 3이하</td><td>25</td><td rowspan="2">50</td><td>3</td><td>11</td><td>8</td><td>8</td><td rowspan="3">3</td><td rowspan="3">3</td><td rowspan="4">-</td><td rowspan="4">그림 12</td></tr>
<tr><td>3초과 6이하</td><td>30</td><td rowspan="5">4</td><td>14</td><td>10</td><td>11</td></tr>
<tr><td>6초과 10이하</td><td>36</td><td>60</td><td>16</td><td>12</td><td>12</td></tr>
<tr><td>10초과 14이하</td><td>50</td><td>70</td><td>18</td><td>14</td><td>18</td><td rowspan="3">4</td><td rowspan="3">4</td></tr>
<tr><td>14초과 18이하</td><td>60</td><td rowspan="2">80</td><td rowspan="2">21</td><td rowspan="2">17</td><td>13</td><td>14</td><td rowspan="5">그림 13</td></tr>
<tr><td>18초과 24이하</td><td>65</td><td>14</td><td>15</td></tr>
<tr><td>24초과 30이하</td><td>75</td><td>90</td><td rowspan="3">5</td><td>23</td><td>18</td><td>18</td><td rowspan="3">5</td><td rowspan="3">5</td><td>19</td></tr>
<tr><td>30초과 40이하</td><td>90</td><td>110</td><td>28</td><td>20</td><td>23</td><td>24</td></tr>
<tr><td>40초과 50이하</td><td>110</td><td>120</td><td>32</td><td>22</td><td>30</td><td>31</td></tr>
</table>

(7) 편구판 스냅 게이지의 모양 및 치수

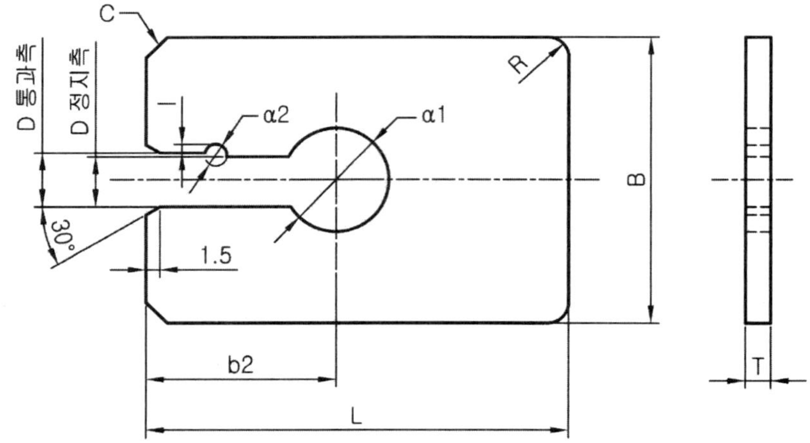

[그림 14]

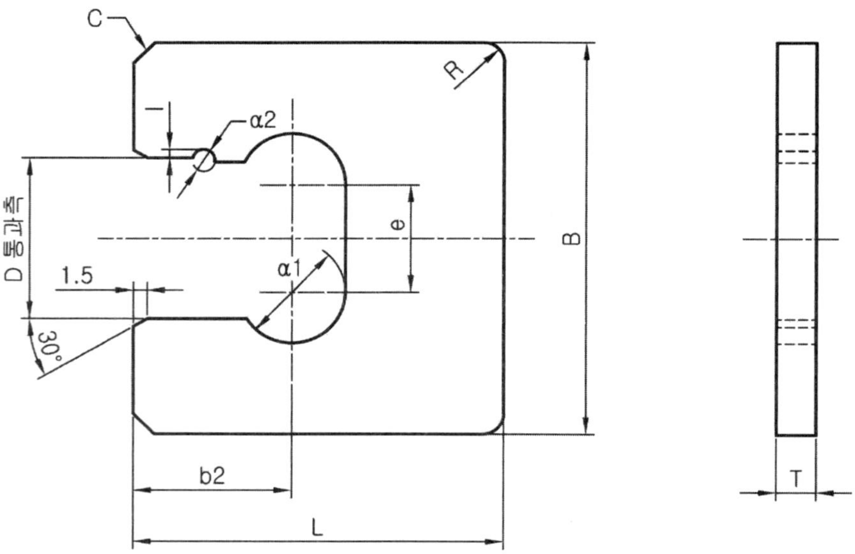

[그림 15]

<table>
<tr><th>호칭치수(D)</th><th>B</th><th>L</th><th>T</th><th>b_1</th><th>b_2</th><th>a_1</th><th>a_2</th><th>c</th><th>r</th><th>e</th><th>그림번호</th></tr>
<tr><td>3이상 6이하</td><td>30</td><td>50</td><td rowspan="5">4</td><td>10</td><td>22</td><td>11</td><td>3</td><td rowspan="2">3</td><td rowspan="2">3</td><td rowspan="6">-</td><td rowspan="6">그림 14</td></tr>
<tr><td>6초과 10이하</td><td>36</td><td rowspan="2">60</td><td>11</td><td>23</td><td>12</td><td rowspan="7">5</td></tr>
<tr><td>10초과 14이하</td><td>50</td><td>12</td><td>28</td><td>18</td><td rowspan="3">4</td><td rowspan="2">4</td></tr>
<tr><td>14초과 18이하</td><td>60</td><td rowspan="2">70</td><td>13</td><td>32</td><td>25</td></tr>
<tr><td>18초과 24이하</td><td>65</td><td>14</td><td>34</td><td>28</td><td rowspan="4">5</td></tr>
<tr><td>24초과 30이하</td><td>75</td><td>80</td><td rowspan="3">5</td><td>15</td><td>36</td><td>34</td><td rowspan="3">5</td></tr>
<tr><td>30초과 40이하</td><td>90</td><td>90</td><td>17</td><td>40</td><td>22</td><td>24</td><td rowspan="2">그림 15</td></tr>
<tr><td>40초과 50이하</td><td>110</td><td>100</td><td>19</td><td>43</td><td>28</td><td>30</td></tr>
</table>

(8) C 형 판 스냅 게이지의 모양 및 치수

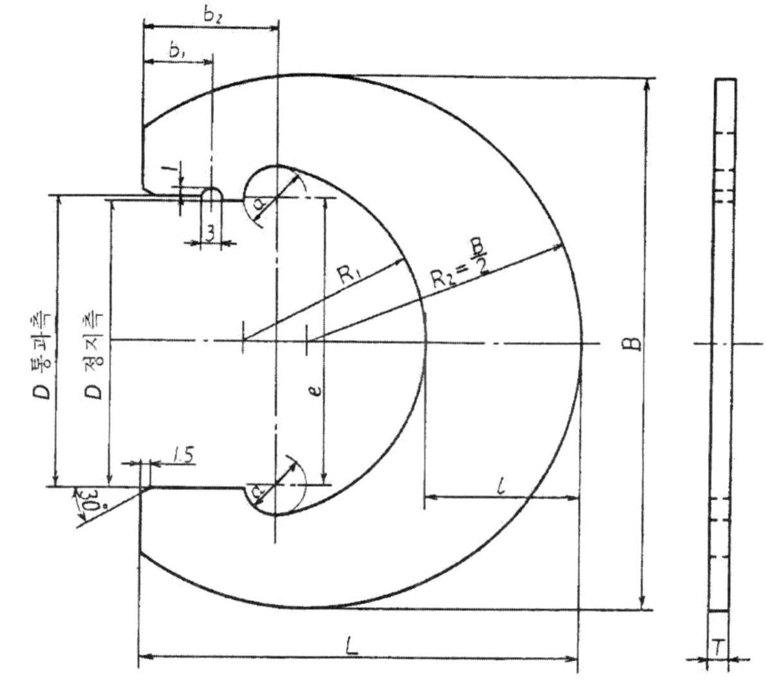

[그림 16]

<table>
<tr><th>호칭치수(D)</th><th>B</th><th>L</th><th>T</th><th>I</th><th>R_1</th><th>b_1</th><th>b_2</th><th>a</th><th>e</th></tr>
<tr><td>50이상 65이하</td><td>120</td><td>100</td><td rowspan="3">6</td><td>36</td><td>36</td><td>18</td><td>35</td><td>15</td><td>55</td></tr>
<tr><td>65초과 80이하</td><td>142</td><td>114</td><td>41</td><td>45</td><td>19</td><td>38</td><td>18</td><td>69</td></tr>
<tr><td>80초과 100이하</td><td>162</td><td>130</td><td>45</td><td>55</td><td>20</td><td>40</td><td>20</td><td>88</td></tr>
<tr><td>100초과 120이하</td><td>192</td><td>150</td><td rowspan="4">8</td><td>51</td><td>65</td><td>22</td><td>44</td><td rowspan="2">22</td><td>106</td></tr>
<tr><td>120초과 140이하</td><td>218</td><td>164</td><td>54</td><td>75</td><td>23</td><td>46</td><td>126</td></tr>
<tr><td>140초과 160이하</td><td>236</td><td>180</td><td>58</td><td>85</td><td>24</td><td>48</td><td rowspan="2">25</td><td>143</td></tr>
<tr><td>160초과 180이하</td><td>258</td><td>195</td><td>60</td><td>95</td><td>25</td><td>52</td><td>163</td></tr>
</table>

부속서 A

플러그 게이지용 핸들 및 트리록형 핸들용 볼트

〈표 A.1〉 플러그 게이지용 핸들(테이퍼록형)

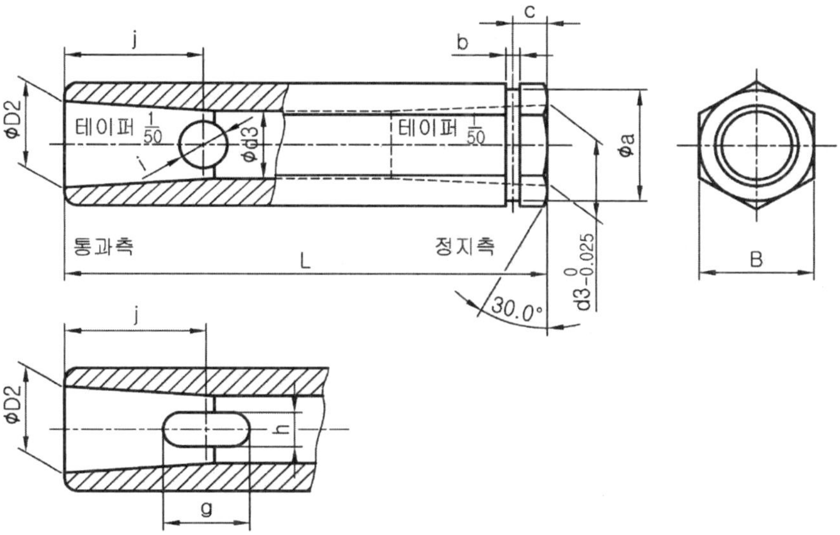

핸들번호	B	I	D_2 ±0.01	j	i	$h \times g$	d_3	정지측 표시용 홈		
								a	b	c
1	5	40	2.5	11	-	2×6	2.2	4.5	1	4
2	7	48	4	14	-	2.4×8	3.7	6.5		
3	9	56	5.5	17	-	3×9	5.1	8.5	1.5	
4	11	63	7	23	-	3×12	6.5	10.5		5
5	14	70	9		6	-	8.5	13		6
6	17	80	12	26	9	-	11.5	16	2	
7	22	90	16	28	11	-	15.3	21		

1. 테이퍼부는 이 표의 어느 수치이든지 부속서 B에 정한 테이퍼록용 테이퍼 게이지로 검사한다.

2. 핸들은 KS B 0220의 표 7에 규정한 것과 같다.

〈표 A.2〉 플러그 게이지용 핸들(트리록형)

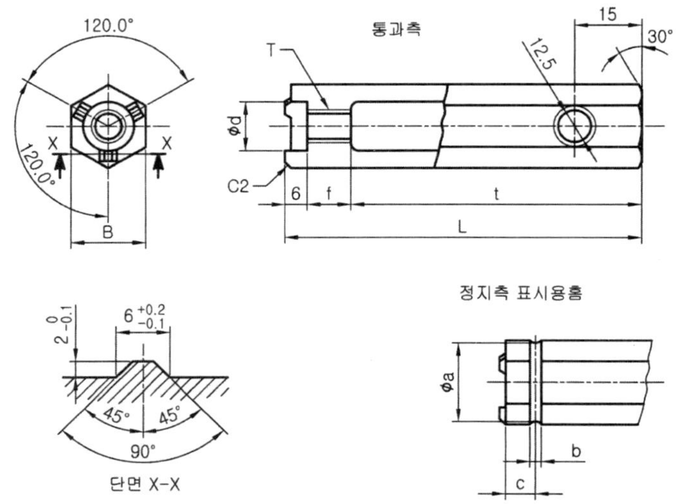

핸들번호	B	I	t	정지측 표시용 홈			d	T	f
				a	b	c			
8	29	125	105	28	3	8	21	M12×1.25-6H	14
9	32	150	120	31		16	24	M22×1.5-6H	24

비 고 : 핸들은 KS B 0220의 표 2에 규정한 것과 같다.

〈표 A.3〉 트리록형 핸들용 볼트

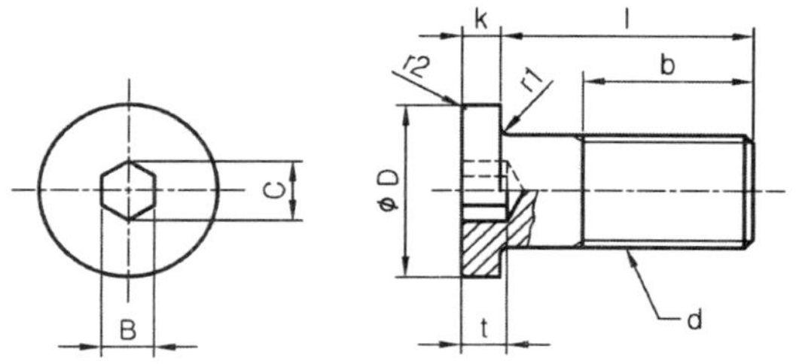

볼트번호	D	k	I	b	B	C	t	r_1	r_2	d
1	18	4	40	35	$6^{+0.105}_{+0.030}$	7	5	0.6	1	M12×1.25-6g
2			55							
3	33		40		$10^{+0.105}_{+0.030}$	11.7	8	0.8	2	M22×1.5-6g
4		7	55	40						

1. 재료는 KS D 3752에 규정하는 SM45C 또는 이와 동등 이상의 것으로 한다.
2. 볼트는 KS B 0220의 표 9에 규정한 것과 같다.

부속서 B

테이퍼록형 테이퍼 게이지

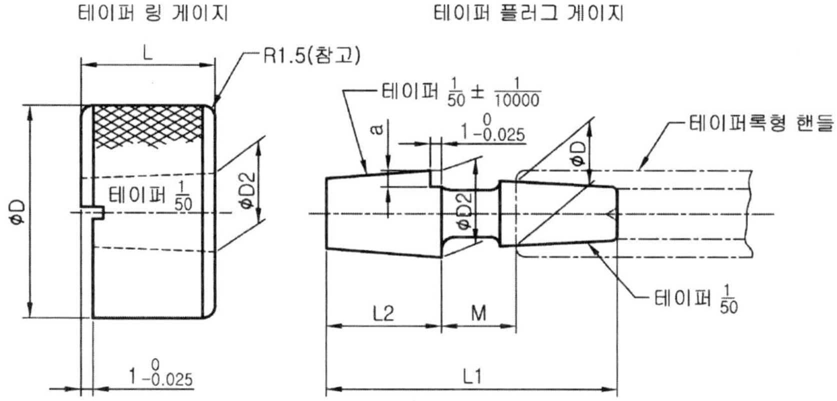

검사할 핸들 번호	링			플러그						
	D_2 0 −0.002	L ±0.025	D	d_2 0 −0.002	L_1	L_2 +0.1 0	a	d	M	핸들번호
1	2.51	11	16	2.51	26.5	11	0.4	2.5	5.5	1
2	4.01	13	22	4.01	31	13		4	6	2
3	5.51	16	32	5.51	34	16	0.5			
4	7.01	21		7.01	43	21	0.7	5.5	7	3
5	0.01	23		9.01	45	23	1			
6	12.01	25	38	12.01	53	25	2	7	8	4
7	16.01	26	45	16.01	58	26	3	9	10	5

1. 테이퍼 링 게이지에 테이퍼 플러그 게이지를 끼워 맞췄을 때, 테이퍼 플러그 게이지의 큰 지름면이 테이퍼 링 게이지의 큰 지름면과 일치하여야 한다.
2. 게이지 재료는 KS D 3753에 정하는 합금공구강 S 3종(STC 3)또는 이와 동등 이상의 것으로 하고, 경도는 HV660~780(HRC 58~63)으로 한다. 또, 게이지면의 표면 거칠기는 원칙적으로 0.4S로 한다.
3. 게이지의 적당한 곳에 게이지 기호 TL, 검사할 핸들 번호, 제조자명 또는 그 약호 및 제조 연월 또는 제조 번호를 표시한다.

참고문헌

1. 최호선, 신공차론: 성안당, 2002
2. 임종태, 공차해석: 도서출판 청호, 2003
3. KS A ISO 1101 : 2013, "형상, 자세, 위치 및 흔들림 공차의 표시방법"
4. KS A ISO 286-1: 2013, "공차, 편차 및 끼워맞춤의 기준"
5. KS A ISO 286-2: 2002, "개별 공차 표시가 없는 기하학적 공차"
6. KS A ISO 2692: 2003, "최대 실체 공차방식"
7. KS A ISO 8015: 2002, "공차 표시 방식의 기본 원칙"
8. KS A ISO 286-1: 2013, "공차, 편차 및 끼워맞춤의 기준"
9. KS B ISO 5458: 2008, "위치 공차 방식"
10. KS B ISO 5459: 2004, "기하학적 공차를 위한 데이텀 및 데이텀 시스템"
11. KS B ISO 10579: 2009, "비강성 부품"
12. KS B 5211: 2001, "한계 게이지의 공차 · 치수 허용차 및 마멸여유"
13. KS B 5248: 2009, "한계 게이지"
14. KS B ISO 1660: 2002, "윤곽의 치수 기입 및 공차 기입"
15. KS B ISO 5460: 2005, "형상, 방향, 위치 및 흔들림공차-검증 원칙 및 기법"
16. KS B ISO 4287: 2014, "표면조직－프로파일법: 용어, 정의 및 표면조직의 파라미터"
17. KS B ISO 4288: 2008, "표면조직-단면곡선법: 표면조직의 평가 규칙 및 절차"

공차설계

2019년 2월 20일 발행

저 자 / 서 정 환
발행자 / 김 천 수
발행처 / 大 英 社

주 소 / 서울특별시 성동구 성수동2가 3동 277-17
등 록 / 제9-204호
전 화 / 02-393-0417~8
F A X / 02-313-0104
E-mail / dypub@naver.com

정가 22,000 원

ISBN 978-89-7163-344-1 93560
